DK

DK威士忌大百科

英国 DK 出版社　著

荀晓雅　等译

科学普及出版社
·北京·

DK Penguin Random House

Original Title: Whisky Opus: The Definitive 21st-Century Reference to the World's Greatest Distilleries and their Whiskies
Copyright © Dorling Kindersley Limited, 2012
A Penguin Random House Company

本书其他译者如下：
李永恺、京藤亮、聂建松、石鑫、张亚军

本书中文版由Dorling Kindersley Limited 授权科学普及出版社出版，未经出版社允许不得以任何方式抄袭、复制或节录任何部分。

版权所有 侵权必究
著作权合同登记号：01-2022-4951

图书在版编目（CIP）数据

DK威士忌大百科 / 英国DK出版社著；荀晓雅等译. 一北京：科学普及出版社，2024.2
书名原文：Whisky Opus: The Definitive 21st-Century Reference to the World's Greatest Distilleries and their Whiskies
ISBN 978-7-110-10398-2

Ⅰ.①D… Ⅱ.①英…②荀… Ⅲ.①威士忌酒—基本知识 Ⅳ.①TS262.3

中国版本图书馆CIP数据核字(2021)第251324号

总 策 划	秦德继
策划编辑	张敬一
责任编辑	胡 怡
图书装帧	金彩恒通
责任校对	吕传新
责任印制	马宇晨

科学普及出版社
北京市海淀区中关村南大街16号
邮政编码：100081
电话：010-62173865 传真：010-62173081
http://www.cspbooks.com.cn
中国科学技术出版社有限公司发行部发行
佛山市南海兴发印务实业有限公司承印
开本：635×965mm 1/8
印张：36 字数：542千字
2024年2月第1版 2024年2月第1次印刷
ISBN 978-7-110-10398-2 / TS·145
印数：1—6000册 定价：268.00元

凡购买本社图书，如有缺页、倒页、脱页者，本社发行部负责调换

FSC 混合产品
纸张｜支持负责任林业
www.fsc.org FSC® C018179

www.dk.com

目录

序言	7
关于威士忌的重要问题	10
苏格兰产区	31
斯佩赛区	34
高地	76
艾雷岛与岛屿区	118
坎贝尔镇与低地	146
爱尔兰产区	159
欧洲其他产区	171
瑞典	174
英格兰	176
威尔士	178
西班牙	180
法国	181
比利时	184
荷兰	186
德国	188
奥地利	192
瑞士	194
列支敦士登	197
美国产区	201
加拿大产区	233
日本产区	247
新兴产区	261
澳大利亚	262
新西兰	276
南非	278
印度	280
巴基斯坦	283
图片版权说明	284
关于作者	285
致谢	286

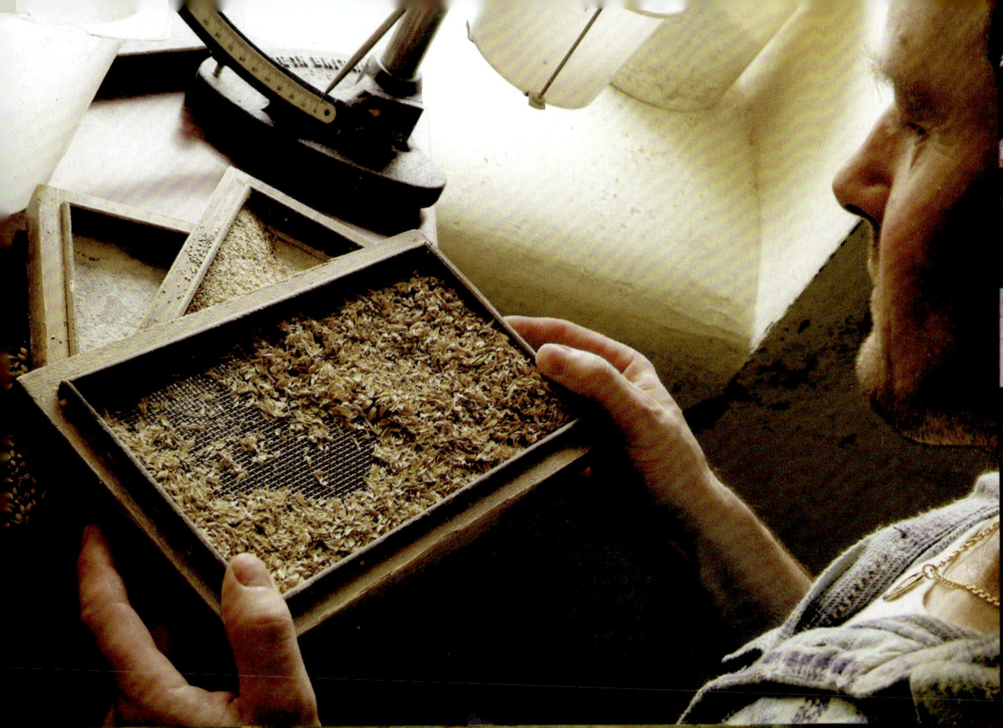
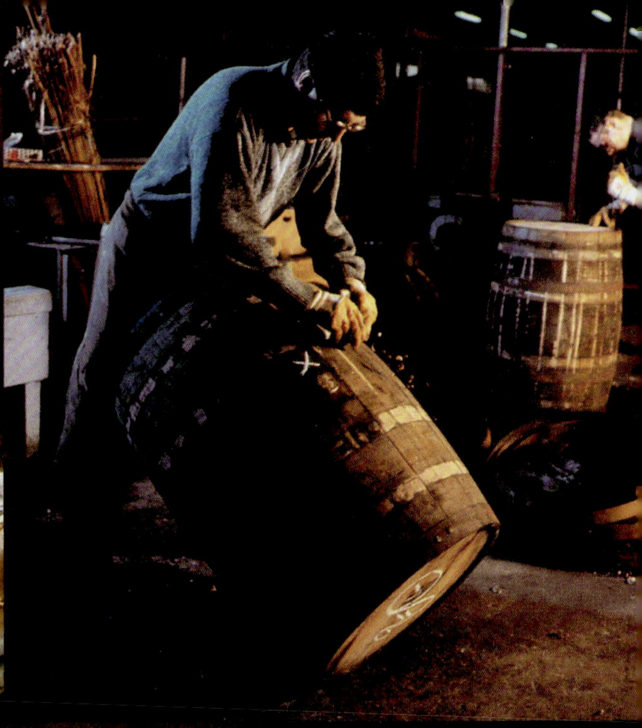
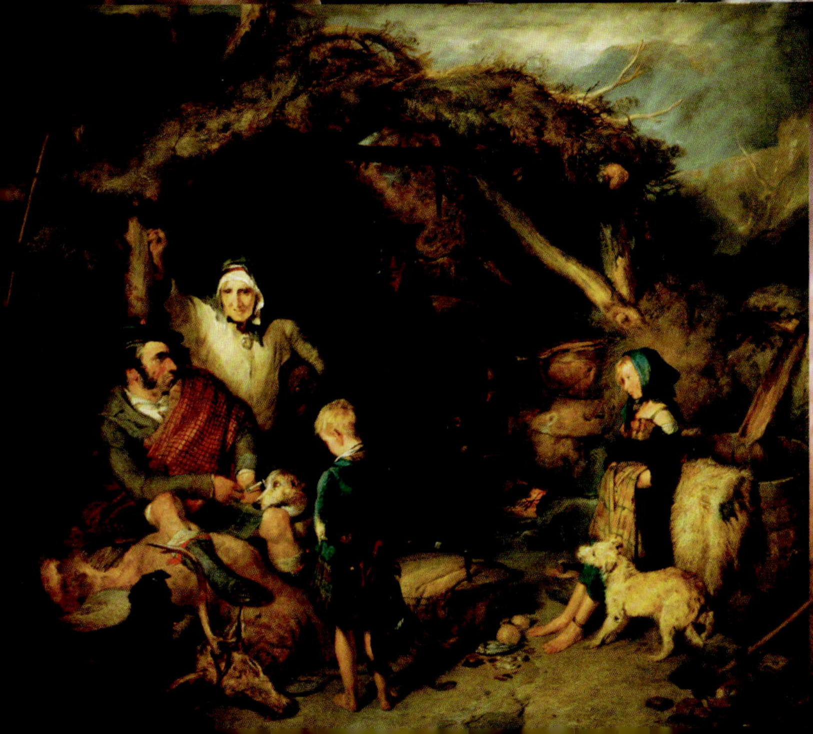
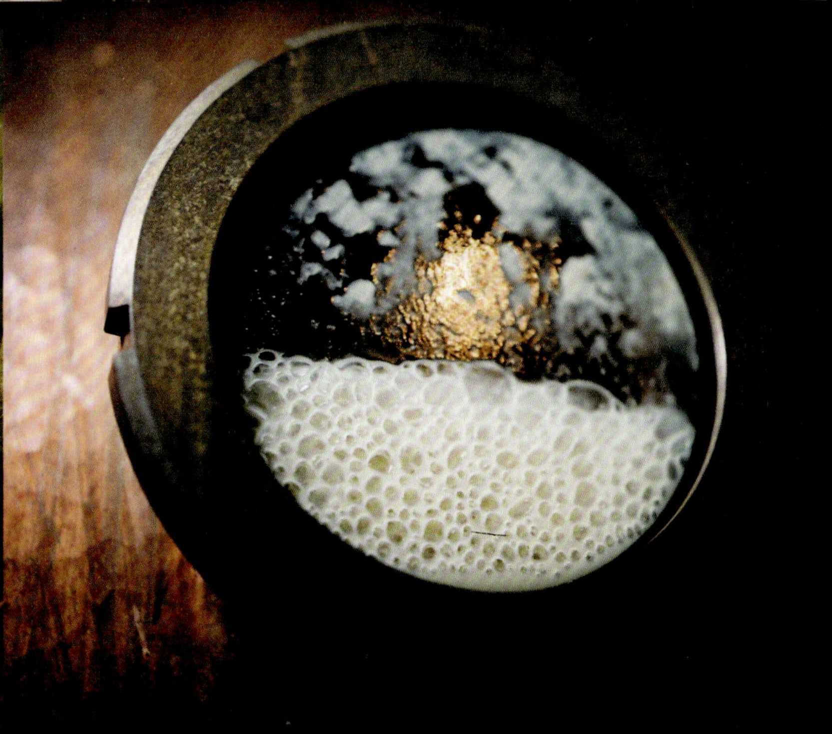

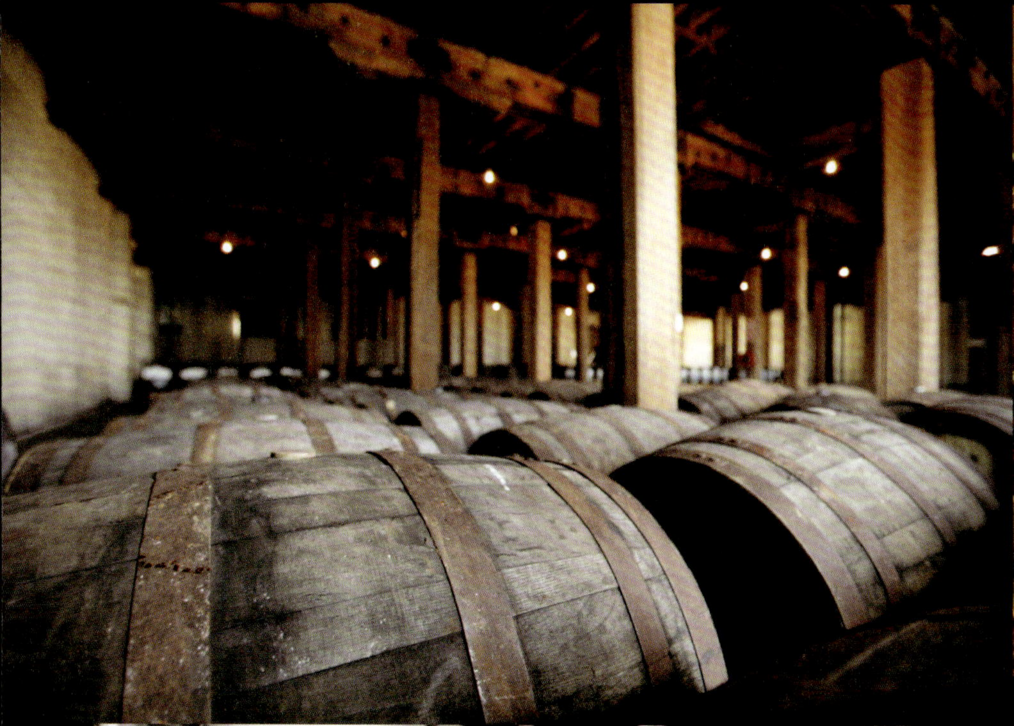

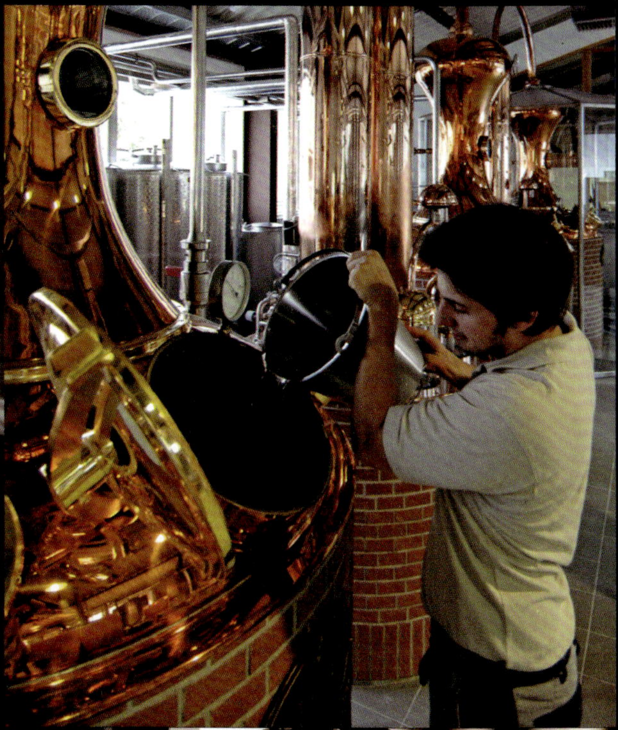

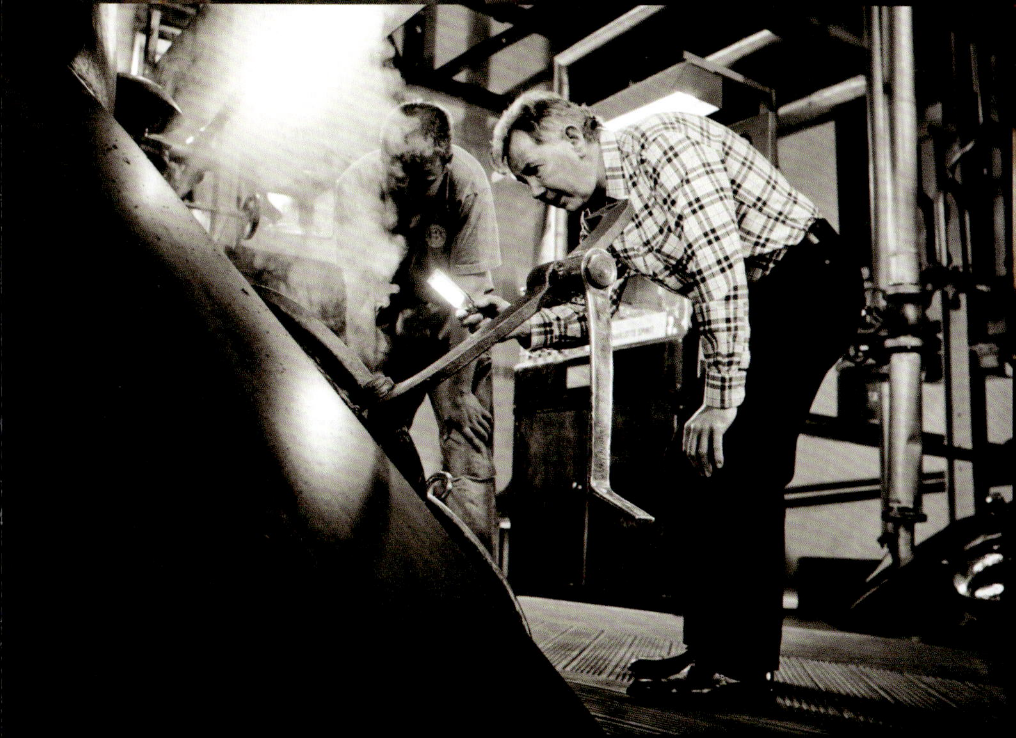

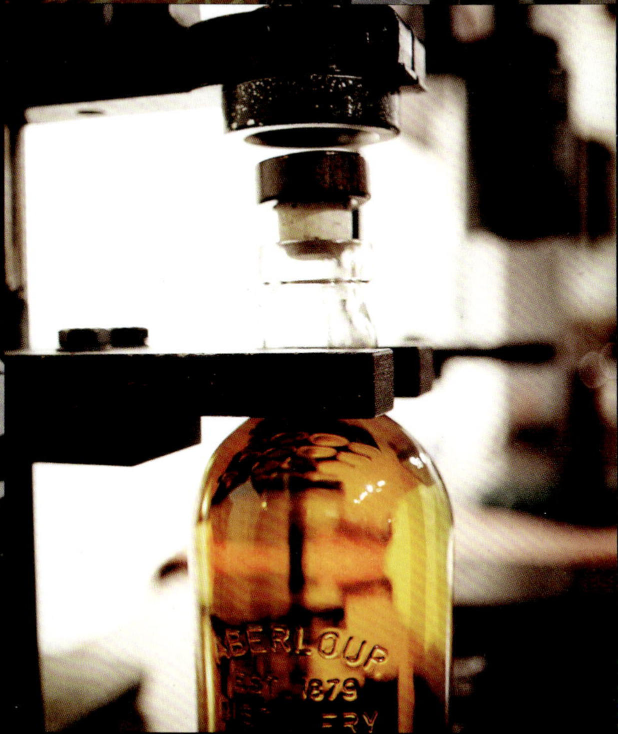

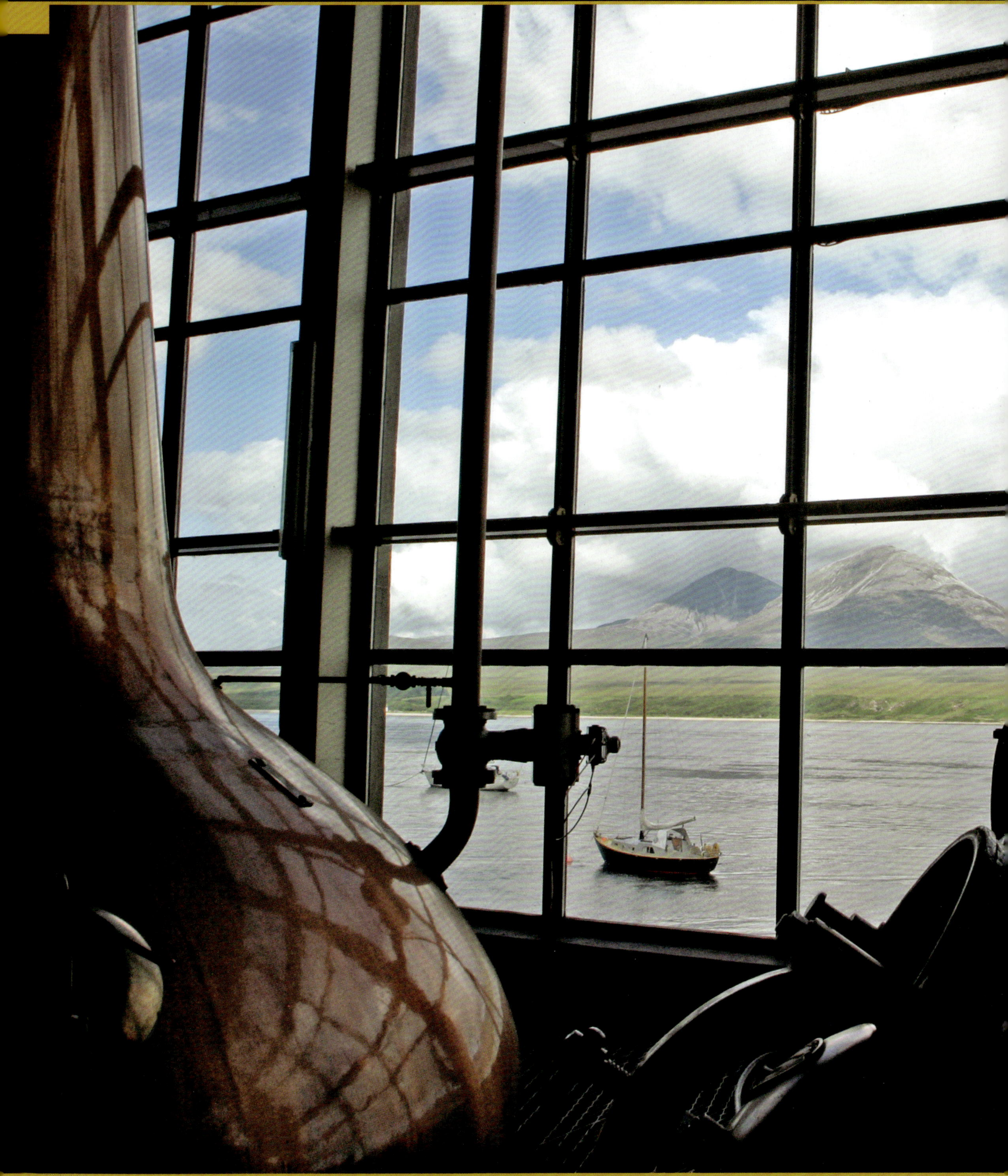

威士忌目前正处于飞速发展的阶段，全球需求量创下历史新高，苏格兰等传统产区正全力以赴地满足这一需求。所有数据都表明，威士忌的繁荣期不会很快结束。

全球人口结构向新兴中产阶级的转变，再加上一些西方国家对饮酒极其讲究及在消费中寻求传承和讲究溯源的趋势都让威士忌行业受益良多。

威士忌的酿造说简单也简单，说难也难——它是谷物、酵母和水的简单组合，先酿造成啤酒，然后再蒸馏成谷物烈性酒。其中，苏格兰威士忌独占鳌头，凭借数百年的经验酿造出了举世闻名的单一麦芽威士忌和混合威士忌。

然而，爱尔兰、美国、加拿大和日本也相继成功地酿造出了各种威士忌，所有这些国家也都从当前的繁荣中受益，但并不止于此。威士忌在全球需求增长的同时，新兴产区像印度、澳大利亚和瑞典等地亦出现了同样引人注目的新酿酒厂，其中许多酿酒厂生产的是世界级的优质酒。数百家新的小型酿酒厂如雨后春笋般涌现，它们都在试验不同的木材类型、木桶储存方式、干燥技术、泥炭和谷物，以将威士忌的类别拓展到新的领域。

负担得起的奢侈品

我们生活在一个瞬息万变的世界。巴西和南美其他国家、中国、印度、东南亚国家及非洲的一些国家对威士忌的需求都在大规模地增长，这些国家新兴的中产阶级也在寻求享受财富的回报。说到酒精，很少有酒精饮料能与威士忌相提并论，因为，在很多国家威士忌是财富和奢侈的象征。传统的苏格兰单一麦芽威士忌一直以来都是这一趋势的最大受益者，即为负担得起的奢侈品。但在许多新兴经济体国家，单一麦芽威士忌并不能满足所有需求。此时，优质的混合威士忌和产自其他国家的威士忌从中获益匪浅。

一本划时代的书

威士忌是一个不断发展且充满活力的有机产业。传统酿酒厂正在提高产能以满足需求，并寻求越来越多的异国贸易伙伴。在最不可能的地方，新的酿酒厂正在涌现，以帮助该地区的发展，并创造新的、令人兴奋的谷类酒。这本《DK威士忌大百科》详细而全面地描述了这些变化。作者们凭借在威士忌领域的丰富经验和人脉，不仅确定了推动当前威士忌热潮的酿酒厂和代表酒类，还找到了它们背后的酿造者。

世界各地的威士忌制造商都被问到了这些"重要问题"，比如"怎样酿制出好的威士忌"及"威士忌发展过程中的关键历史时刻是什么？"对于这些问题，没有绝对正确或错误的答案，但它们会告诉我们这种神奇的酒精饮料是如何在全世界被重新重视和改造的。从奥克尼到奥克兰，从班加罗尔到巴尔的摩，威士忌制造商也被问到了一些小问题，比如他们是如何生产和销售威士忌的，以及是什么使他们与其他地方的酿酒厂不同。这些答案组成了这本《DK威士忌大百科》：一本关于21世纪顶级酿酒厂及威士忌的权威百科全书。

关于威士忌的重要问题
是什么让威士忌在众多酒类中脱颖而出

我们很难找到一种酒能像威士忌那样吸引如此多的爱好者，创造出相同的兴奋感，或引发如此多的研究和调查。威士忌是如何在其追随者的身上引发如此神奇的魔力的？或许是因为这是一种工艺、历史和神秘所混合而成的令人迷醉的酒精饮料。抑或是因为这种精神——要将威士忌酿好是出了名的困难，它是用最粗糙的原料蒸馏出来的。难以想象只凭3种基本成分——谷物、酵母和水就能组合成被称为"威士忌的奇迹"般丰富的口味的。试问谁能抗拒？

> "这是人民的酒。与其他酒类相比，它的口感更好，种类更多，更能激发艺术家、作家和音乐家的灵感。"
>
> ——斯蒂芬·马歇尔（Stephen Marshall），约翰·杜瓦父子公司全球高级品牌大使

> "在人类长期寻求酒精、获得更多酒精并使其口感良好的过程中，威士忌无疑处在顶峰。在一个速度越来越快的世界里，酿造威士忌和享用威士忌都需要耐心和细心。这是一种简单的饮品，由最简单、最普通的原料制成，却呈现出无数奇妙的形式，似乎无穷无尽。你可能认为每一种可能的变化都已经尝试过了，但威士忌从未失去让人惊讶的能力，每一杯都可以让你有不同的感受。"
>
> ——查尔斯·K.考德利（Charles·K·Cowdery）威士忌作家和专家

> "大师级酿酒师的激情和身体力行的搅拌与酿造使威士忌区别于其他蒸馏酒。这个过程是一门艺术，就像任何伟大的艺术一样，它的好永远都不够好。特殊威士忌的效果展示了其制造商的艺术性和创造力，引起了消费者更广泛的兴趣，从而激发了他们在长期的个人喜好之外仍然愿意尝试更多种类的威士忌的欲望。"
>
> ——吉姆·拉特利奇（Jim Rutledge），四玫瑰酿酒厂酿酒师

生命之水。纯净可靠的水源是蒸馏威士忌最基本的要求之一，许多酿酒厂位于泉水、溪流和河流旁边。

威士忌制作的第一步是选择谷物，大麦是苏格兰麦芽专属的谷物，玉米、小麦、黑麦、燕麦甚至荞麦也可以使用。玉米则是制作波本威士忌和田纳西威士忌的主要谷物。

> "旅行者理查德·斯坦赫斯特（Richard Stanhurst）在1506年访问爱尔兰时这样描述爱尔兰人酿酒，'他们酿制的是一种普通的威士忌，制作过程非常严格。'斯坦赫斯特认识到'制造'过程的重要性。不同的蒸馏的方式能让所选谷物产生不同的风味。除此之外，在精选橡木桶中熟化的精致和醇厚效果也相当重要。最后，在一个变幻莫测的世界里，如此悠久的传统酿酒方法能够提供一致的风味是很重要的。"

——巴里·克罗基特（Barry Crockett），米德尔顿酿酒大师

> "人、地点和传统都是代代相传的。"

——约翰·坎贝尔（John Campbell），拉弗格酿酒厂经理

释放美味。麦芽通过浸泡在水中的方式来刺激发芽，然后烘干麦芽来停止发芽，从而释放谷物中的糖分。尽管大多数酿酒厂使用麦芽酒，但一些酿酒厂仍然延续着自己的传统地面发芽工艺。

> "威士忌是一个如此简单的概念，但同时又具有高度的技术性和复杂性——它是科学和艺术的完美结合。也许它如此特殊的原因在于，在这个过程中，变量的总数是无限的。世界上所有的威士忌都有着广泛的差异，尽管它们非常不同，但它们的核心概念都可以追溯到谷物、水和酵母的纯度。"

——卡梅伦·赛姆（Cameron Syme），大南方蒸馏公司执行董事

> 威士忌之美藏于桶与桶之间。当新产品从蒸馏器上卸下并装满木桶时，这两者之间就开始了美丽的互动。当你尝到了一杯完美的威士忌，每一口都能享受到丰富的味道和口感。

——曾琼丽，噶玛兰国际品牌总监

> 威士忌是一种摄人心魄的酒。它是庆祝特殊事件的酒类，也是一种可以保留独特记忆的产品。多年后重品一杯威士忌，可以唤起人们对当初那些特殊时刻的回忆。我还没有在其他东西上发现过这种效果。

——卡梅伦·赛姆，大南方蒸馏公司执行董事

> 苏格兰威士忌是如此特别，因为它融合了苏格兰所有独特的风味和特点。它可以是烟熏的、甜的、咸的、花团锦簇的；抑或是暴烈的、好斗的；甚至是润物细无声的或温暖的。无论你在世界上的哪个地方，只要打开一瓶苏格兰单一麦芽酒，都仿佛已身处苏格兰地区。

——弗兰克·麦克哈迪（Frank McHardy），J.A.米切尔有限公司生产总监

> 表层的挥发物下隐藏着一阵阵醉人的芬芳和美味。

——大卫·考克斯（David Cox），麦卡伦全球体验总监

洗麦芽。麦芽被碾磨成糊状，在醪槽中与热水混合，以提取可溶性糖并产生麦汁。麦汁随后在称为"反冲洗"的酿造容器中与酵母一起发酵。

铜触。发酵产生的洗涤液在蒸馏塔或蒸馏罐中蒸馏。蒸馏器由铜制成，用于净化酒精，金属作为催化剂用于提取硫化物。蒸馏器的大小和形状，以及它的操作方式，将影响威士忌的纯度。

威士忌酿造的基石

大麦是威士忌酿造中最常用的谷物，也是苏格兰威士忌的御用谷物，在几乎所有其他的威士忌中也都能见到它的身影。玉米，小麦和黑麦也是可以使用的。

发芽：大麦经过发芽的加工过程来激活酶，并最大限度地提高淀粉含量，随后转化为糖，最后变成酒。如果在干燥谷物时燃烧泥炭，那么威士忌将会带有烟熏味。

糖化：将麦芽碾磨成粗粒的粉末会得到麦芽粉，随后，在麦芽浆桶里将麦芽粉与热水混合来提取可溶性糖。这种富含糖分的水被称为"麦汁"，通过管道输送供后续使用。

发酵：麦汁与酵母混合后在发酵缸里进行加热。酵母以麦汁中的糖为原料，产生酒精和二氧化碳。这一步发酵产生的酒精实际上是一种浓度很高的酸啤酒，被称为"wash"。

蒸馏：下一步是对洗液进行蒸馏以提取酒精。这个过程很简单：将液体加热，因为酒精比液体的沸点低，因此会以蒸汽的形式从混合液中排出，随后通过冷凝再次成为液体。大多数威士忌要经过两轮蒸馏。

酒心：第二次蒸馏中的前段和尾段不够纯净，无法使用，将会和第一次蒸馏得到的"低度酒"一起重新进行蒸馏。第二次蒸馏掐头去尾后的中间部分才是我们需要的，通常被称为"酒心"，也就是威士忌的"新酒"。新酒可以饮用，也已经具备了一些日后在威士忌中将呈现的特征。各家酿酒厂取"酒心"的比例并不统一，将由酿酒师进行评估并判定取用的比例。

陈年：新酒的酒精浓度一般是最高的，之后会慢慢降到63%或64%ABV（酒精浓度）——这是开始进行熟成的最佳强度。此时新酒通过管道从储存罐运到橡木桶中。将新鲜、清澈的新酒熟化为色泽丰富、口感复杂的威士忌的过程就是陈年。熟化时间因气候条件、木桶类型和大小、储存方式的不同而各异。

酒精保险箱。苏格兰的威士忌酿酒厂会使用酒精保险箱，采用蒸馏罐蒸馏法来方便酿酒厂对酒进行评估。如果追溯到19世纪，那时的保险箱是挂着锁的，以防止新酒被抽走来逃避纳税。

> 在所有的烈性酒中，威士忌毫无疑问是最具多样性的一种，它轻松提供了一系列堪与葡萄酒相比的风味。

——吉恩·唐尼（Jean Donnay），格兰阿莫尔酿酒厂的所有者

> 威士忌是维系苏格兰团结的纽带。不管是出生、毕业、结婚和生孩子，还是周年纪念日、生日、圣诞节和新年，不变的传统都是喝威士忌。甚至是在葬礼上，都有威士忌的身影。

——格里·托什（Gerry Tosh），高原骑士全球品牌经理

> 没有哪种酒能像威士忌一样，在一家酿酒厂和另一家酿酒厂之间存在千差万别的风味变化。最重要的是，没有不好的威士忌——只是总有更好的威士忌！

——阿肖克·乔卡林甘（Ashok Chokalingam），雅沐特总经理

不断成熟的酒。刚从蒸馏器中提取出来的新酒清澈而炽热，但它的口感也十分丰富，可以饮用。新酒只提供了关于日后成熟威士忌味道的最细微指示。一些酿酒厂会断断续续地抽取样品，以监测威士忌的成熟过程。

收尾工作。威士忌的装瓶工作通常在大型自动化工厂进行，但在小型酿酒厂，装瓶、密封和贴标签等工序通常可以手工完成。

什么是好的威士忌

有些人认为只有苏格兰才能酿造出优质威士忌，而优质威士忌只能是单一麦芽威士忌，这恐怕是对于威士忌的一个最大偏见。苏格兰和其他地方都有很棒的混合威士忌，比如爱尔兰威士忌、日本威士忌和加拿大威士忌，抑或是波本威士忌和黑麦威士忌，许多其他国家也都产出了不错的威士忌。威士忌的质量是指优质的原料，以及在酿造威士忌时对待原料的细心处理和小心谨慎。

> 地点、人员和生产设备都很重要，还有最重要的一点是在熟化、陈年的过程中使用优质的木桶。
>
> ——弗兰克·麦克哈迪，J.A.米切尔有限公司生产总监

> 口感和风味的深度。
>
> ——约翰·坎贝尔，拉弗格酿酒厂经理

> 我们应该感谢那些日复一日地工作、酿制威士忌的人们，他们是我们应该感谢的。
>
> ——格里·托什，高原骑士全球品牌经理

> 威士忌兼具复杂性和平衡性。对我来说，真正的威士忌应该从慢慢地啜一小口开始，然后慢慢地让酒持续充盈口腔。如果不这样做的话，我们无法真正地品尝威士忌。
>
> ——吉恩·唐尼，格兰阿莫尔酿酒厂的所有者

威士忌的种类

威士忌有很多种类型，其变化取决于所用谷物的类型、比例及所酿造的方法。大麦、玉米、小麦和黑麦是酿造威士忌的主要谷物，而导致威士忌有不同种类的原因包括蒸馏方式（分批或连续蒸馏）及熟成过程和时长。美国威士忌大多在新橡木桶中进行陈年，苏格兰和爱尔兰则会重复使用橡木桶。

苏格兰单一麦芽威士忌 这是苏格兰高地"原汁原味"的威士忌，完全由麦芽在铜罐蒸馏器中制成。单一麦芽威士忌也是指来自同一家酿酒厂的产品。在苏格兰，它在上市前必须至少经历3年的熟成时间。

纯罐式蒸馏威士忌 纯罐式蒸馏威士忌是爱尔兰独有的威士忌，由发芽和未发芽的大麦混合制成，在罐式蒸馏器中进行蒸馏。在维多利亚时代，大部分爱尔兰威士忌都是这种，但现在已经很少见了。

谷物威士忌 谷物威士忌通常由小麦或玉米混合着发芽或未发芽的大麦在连续蒸馏器中蒸馏制成。谷物威士忌是大多数混合威士忌的主要成分，尽管有些也作为纯谷物威士忌进行装瓶。

波本威士忌 波本威士忌是经典的美国威士忌。威士忌中必须含有至少51%的玉米才能被称为波本威士忌，它还必须在新烧焦的白橡木桶中熟化至少2年。

> "酒桶的选择、现代化的技术、精湛的工艺，以及水、空气、气候等地理因素，都有助于酿造出优质威士忌。"
>
> ——曾琼丽，噶玛兰国际品牌总监

> "专业和耐心。所有好威士忌都需要时间——更长的发酵时间、缓慢的蒸馏速度、恰到好处的成熟度，以及最后的混合。"
>
> ——斯蒂芬·马歇尔（Stephen Marshall），约翰·杜瓦父子公司全球高级品牌大使

> "正是威士忌酿造者的热爱和激情，使各种各样的优质威士忌摆上了商店的货架。"
>
> ——吉姆·拉特利奇，酿酒大师，四玫瑰酿酒厂酿酒师

> "适口度、口感、酿酒师对品质和个性坚持不懈的追求和坚持，才是秘诀。"
>
> ——卡梅伦·赛姆，大南方蒸馏公司执行董事

> "风味、复杂性、价格和余韵。"
>
> ——阿肖克·乔卡林甘，雅沐特总经理

> "优秀的威士忌不止一种。那些最优秀的威士忌在风味、口感和回味方面都体现了传统威士忌的精髓。"
>
> ——巴里·克罗基特，米德尔顿酿酒大师

> "好的威士忌喝起来就像在给你讲故事，教你一些你不知道的东西，还能让你高兴。"
>
> ——查尔斯·K.考德利，威士忌作家和专家

美国黑麦 根据法律，黑麦威士忌必须由含量不低于51%的黑麦泥制成。和波本威士忌一样，需要在新烧焦的橡木桶中至少熟化2年。黑麦有一种辛辣、略带苦味的特性。

玉米威士忌 玉米威士忌由不低于80%的玉米泥以低于80%ABV蒸馏而成，是一种没有设定最低熟成期或木桶要求的美国风格威士忌，通常出售的都是澄清的新酒。

田纳西威士忌 田纳西威士忌的制作方法与波本威士忌相似，配料表中有不低于51% ABV的玉米泥。它的独特之处在于通过糖枫木炭的深层过滤，这也被称为"林肯郡工艺"。

加拿大威士忌 大多数来自加拿大的威士忌都是混合的。基酒通常有着轻柔和中规中矩的特点。对配料表没有任何限制，对黑麦的比例也没有限定。这在一定程度上会增加混合后的辛辣感，反而赋予了加拿大威士忌独有的特色。

调和威士忌 调和威士忌由一种或多种单一麦芽威士忌和一种或多种单一谷物威士忌混合而成，配比的比例通常是40%的麦芽和60%的谷物。高级调和威士忌中使用的麦芽较多，标准调和威士忌中使用的麦芽较少。

饮用威士忌的最佳方式

若酿酒厂被问到这个问题,他们一定会告诉你想怎么喝就怎么喝。加水还是加冰,其实都随你定。如果有人说不应该加水,你可以回复这是酿酒厂的祖传方法。酿酒厂会在进桶贮酒前加水,并在装瓶前加水进行稀释。所以再来点水又何妨?加水可以打开威士忌的香气和口感。加冰也是很多人饮用波本威士忌和调配威士忌的方式。

> "喝威士忌是一种情怀,所以它不仅仅是'品鉴杯中不加冰只加水的液体',我总会联想到很多的时光和地点。像是站在奥克尼群岛的叶斯纳比悬崖上,眺望着大西洋。"
>
> ——格里·托什(Gerry Tosh),高原骑士全球品牌经理

> "伴侣当天的心情会直接影响品鉴的感受。如果他们心情不错,选个40%ABV的威士忌就行。如果他们心情不好,那就直接喝原桶强度的威士忌吧!"
>
> ——阿肖克·乔卡林甘,雅沐特酿酒厂总经理

> "让你最开心的品鉴方式,就是最好的品鉴方式。"
>
> ——查尔斯·K.考德利,威士忌作家和专家

> "我喜欢在品鉴单一麦芽威士忌时加入常温的水,然后将酒精度稀释到22%—28%,这样酒的味道会完全打开。谷物威士忌的话,我喜欢搭配干姜汽水。遇到好喝的波本威士忌我也会加冰。"
>
> ——卡梅伦·塞姆,大南方蒸馏公司执行董事

威士忌杯

为了充分体现一款威士忌的香气,选择适合的威士忌杯至关重要。从雪莉杯演变而来的郁金香杯是行业品鉴标配:杯底的圆弧构造可以让酒体晃动时释放出香气,窄口造型能让香气更容易在杯口处聚集,方便闻香。格兰凯恩杯质感更加厚实,格兰杰杯则是自带杯盖,能将酒的风味牢牢锁在酒杯里。

醴铎威士忌杯　　格兰凯恩杯

如何像专业人士一样品鉴威士忌

以下是几个探索威士忌风味的基础鉴赏原则,仅供参考。

前期准备　专业人士会经常提到"闻香",其关键在于挑选能让香气聚拢的品尝杯。比如古典杯,就不太适合用于威士忌的品鉴。

观色　仔细观察酒的颜色。晃动酒杯时,液体是否附着在杯壁后缓缓流下,这可以说明酒体的程度。

闻香　需注意,原桶强度的威士忌可能会引起酒精刺鼻。花点时间细细闻香,辨别酒中有哪些香气。

品尝　嘬一小口纯威士忌,确保酒能充盈整个口腔,之后的品尝再根据个人喜好加水进行稀释。想要彻底了解酒的风味,一次品尝是不够的。威士忌需要等待一段时间才能释放最完整的味道。

吞咽　吞咽并感受酒的美妙,是否让你想起了其他品尝过的美味?感受口腔中的余味,余味的延展性如何?这里指味道是否持久,咽下后是否泛出其他风味。

社交酒。关于如何品鉴威士忌,有许多的建议和说明,但好的方法或许是无招胜有招。品鉴时的地点、心情、时间,和谁一起品鉴都会影响最终的体验。

品鉴器具。郁金香杯，又被称作尝酒杯（catavino），从雪莉酒杯演变而来，是现在行业里进行威士忌感官品鉴的标配。

> 首席酿酒师、首席调酒师和众多的爱好者和鉴赏家，在品尝测评和日常饮用时会更倾向纯饮。要不就是加一块冰，或是加一点水。

——吉姆·拉特利奇（Jim Rutledge），四玫瑰酿酒厂酿酒师

> 和懂你笑点的人一起享用。

——史蒂芬·马歇尔（Stephen Marshall），帝王威士忌全球高级品牌大使

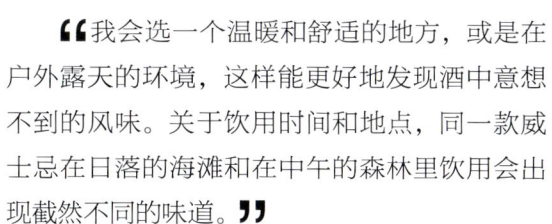

> 我会选一个温暖和舒适的地方，或是在户外露天的环境，这样能更好地发现酒中意想不到的风味。关于饮用时间和地点，同一款威士忌在日落的海滩和在中午的森林里饮用会出现截然不同的味道。

——吉恩·唐尼，格兰阿莫尔酿酒厂所有者

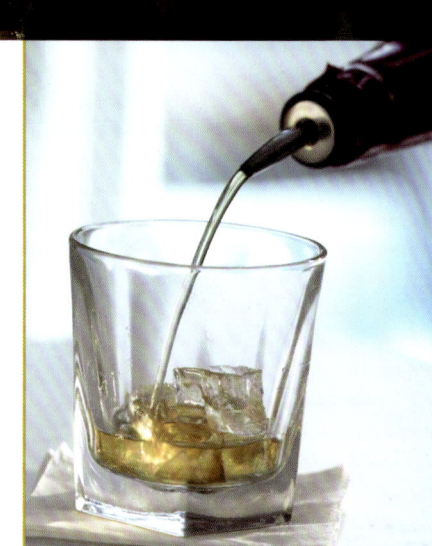

加冰。在品鉴波本威士忌和调配型威士忌时加冰，非常适合放松缓慢地长时间饮用。

郁金香杯 　　苏格兰单一麦芽品酒杯 　　格兰杰杯 　　古典杯

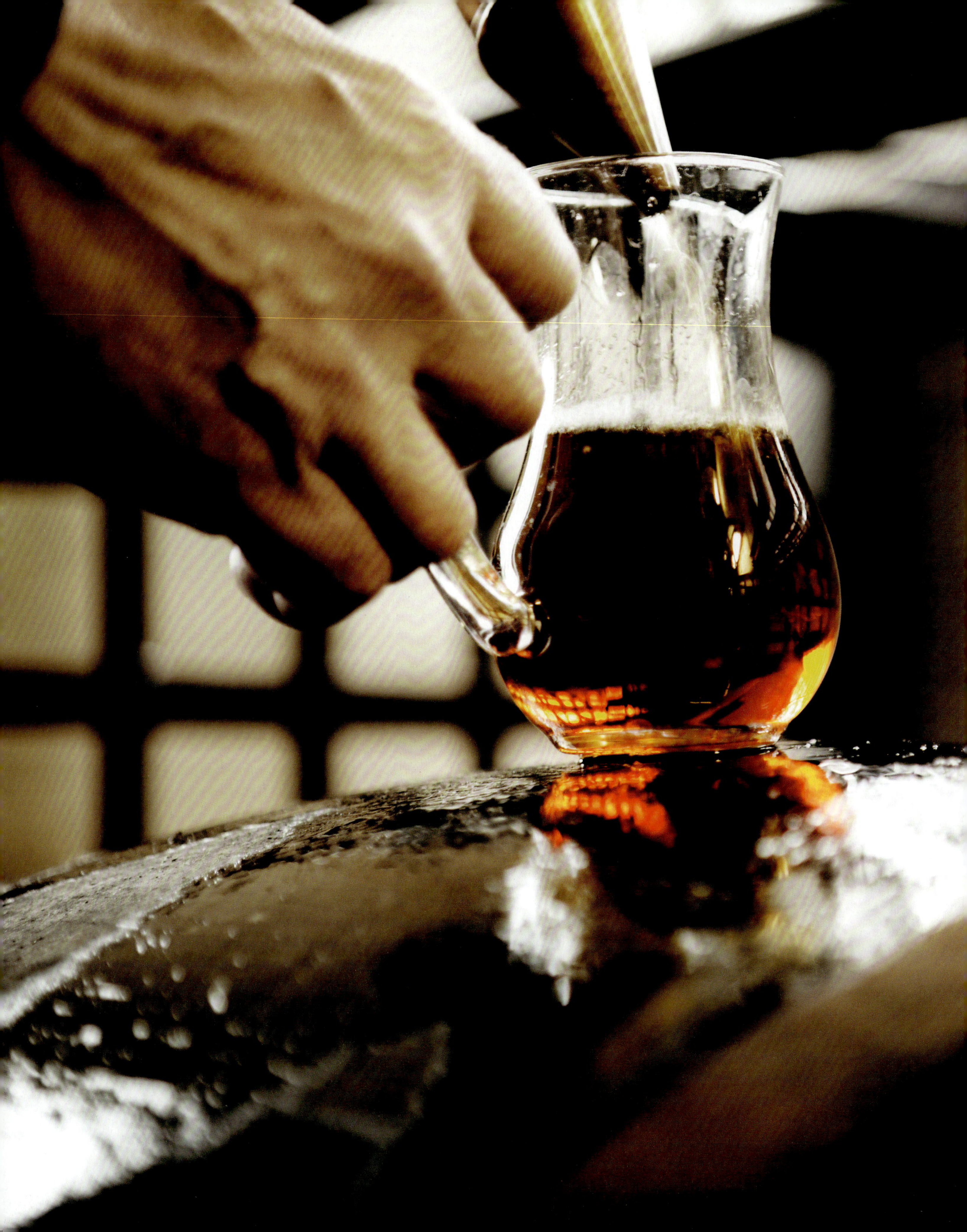

A
3506
2 2001
J.&G. GRANT
GLENFARCLAS
BALLINDALLOCH

谁发明了威士忌

远东、中东，甚至是瓦尔哈拉……关于谷物蒸馏的起源地众说纷纭。说实话，没人知道真相是什么。最有可能的说法是，将酒精与水分离以使浓度变得更高的方法大约是在同一时间发生在世界上不同的地区。酒精（alcohol）这个单词起源于阿拉伯语，由此看来，关于一个旅行者将蒸馏的秘密带回爱尔兰，并且从那里流传到苏格兰西海岸的传说并不是空穴来风。

古老的起源。许多古代人都声称自己是威士忌的发明者，但最有可能的候选者可能是美索不达米亚人，他们似乎曾用蒸馏法制造香水。

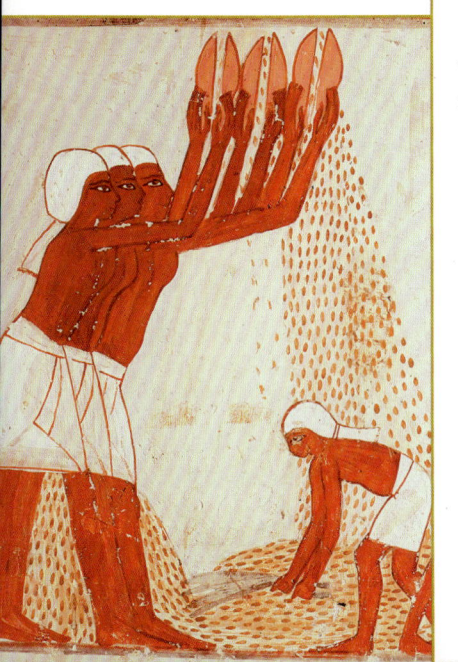

"塞缪尔·莫伍德（Samuel Morewood）于1838年出版的《醉酒史》(A History of Inebriating Liquors)中提出了两个想法。首先，他推测，如果是埃及人或亚洲人知晓蒸馏的方法，他们很可能会把蒸馏引入爱尔兰。其次，他提到了罗马作家塔西佗（Tacitus）的一句话，'爱尔兰的港口和登陆地比英国的更出名'。这两种观点都表明了爱尔兰对威士忌发明的重要作用。现在人们认为蒸馏技术是在美索不达米亚平原发展起来的，然后这种经验和方法被带到了西方。商人和其他旅行者会沿用既定的贸易路线，因此有理由相信蒸馏法是经由北非来到了爱尔兰。"

——巴里·克罗基特，米德尔顿酿酒大师

"我们教会了一位爱尔兰人如何酿造威士忌，并告诉他要保密，否则我们将不得不为它纳税，但他就是做不到啊！"

——格里·托什，高原骑士全球品牌经理

药用特性。蒸馏技术最早可能被用于香水和药物的生产。那时蒸馏酒精也被视为药物，用于治疗多种疾病。

"众所周知，威士忌是在北方发明的，更具体一点是在瑞典。第一个酿造威士忌的是一个名叫奥姆的维京人，他在一千多年前去君士坦丁堡的旅行中学会了蒸馏。"

——拉尔斯·林德伯格（Lars Lindberger），麦格瑞国际营销官

修道习惯。在中世纪的修道院里，蒸馏酒精是一种常见的活动。事实上，最初从中东带回这一方法的可能是旅行的僧侣。

> **"** 你若回到几个世纪前，会发现许多房屋四处漏风，而人们则靠酿造各种酒精饮料来抵御寒冷，其中也包括一种烈性酒。这种烈性酒可能有助于激发他们写作的灵感。**"**
>
> ——弗兰克·麦克哈迪，J.A. 米切尔有限公司酿造总监

> **"** 据我所知，历史上是爱尔兰人将蒸馏技术应用于发酵谷物，这有助于保存多余的谷物。正是苏格兰人将这一技术进一步发展并进行了更广泛的应用。也有人说蒸馏技术来自中东，虽然没人知道到底是谁发明了威士忌，但我很高兴有人这么做了！**"**
>
> ——卡梅伦·赛姆，大南方蒸馏公司执行董事

> **"** 我听说蒸馏技术可以追溯到几千年前的古代中国。大多数文明都使用同样的技术和来自当地的天然原料来给产品调味。**"**
>
> ——约翰·坎贝尔，拉弗格酿酒厂经理

> **"** 我告诉人们威士忌是苏格兰人发明的，因为我没有看到相反的证据。当我拜访芬拉根*时，我从骨子里感觉这肯定是一个重要的地方。**"**
>
> ——斯蒂芬·马歇尔，约翰·杜瓦父子公司全球高级品牌大使

* 指芬拉根湖的艾琳·马尔（Eilean Mòr）岛上的芬拉根城堡遗址，岛议委员会曾在这里召开。该委员会由群岛领主、苏格兰西部岛屿和沿海地区的古代统治者主持，被认为是 5 世纪爱尔兰盖尔入侵者的祖先。

> **"** 在酿制啤酒的国度，有人首次酿制出了威士忌，但他们可能没有成功，或者是因为其他原因没有继续生产，而被遗忘在了历史的尘埃中。数千年前，埃及人生产啤酒并拥有蒸馏技术。很难相信他们甚至一次都没有尝过蒸馏啤酒，也就是威士忌。然而最重要的是，我们始终记得，是北大西洋的某人第一次成功地制作出了威士忌。**"**
>
> ——查尔斯·K. 考德利，威士忌作家和专家

> **"** 当然是爱尔兰人，但是是苏格兰人将它发扬光大的。**"**
>
> ——罗尼·考克斯（Ronnie Cox），格兰路思国际品牌大使

威士忌的传播。有一种观点认为威士忌是由盖尔爱尔兰基督教传教士带到苏格兰的，他们于 6 世纪首次登陆苏格兰的伊斯莱岛和西海岸。

威士忌的发明者是奥姆？是不是维京人在登陆美洲的时候教会了世界如何酿造威士忌？

威士忌历史上的决定性时刻

无论是从威士忌的发明和演变，还是从伴随威士忌发展的经济政治背景来看，威士忌的历史都充满了重要的时刻。但说起最重要的时刻，连续蒸馏器[也称为科菲（coffey）蒸馏器]的发明似乎不够说服力，橡木桶的引入和橡木的碳化也是如此。然而，对于任何喜欢威士忌的人来说，也许最重要的决定性时刻便是你啜饮一口，感觉完全对了的那一刻。还有比这更重要的时刻吗？

月光族（指私自酿造烈性酒的人）。在18世纪和19世纪，许多苏格兰农民为了避税而制作了秘密蒸馏器，在看不见烟雾和蒸汽的夜晚酿制威士忌。

> 对我而言，决定性的时刻是1963年3月的那一天。当时我决定未来要从事威士忌行业，并开始在因弗戈登蒸馏有限公司工作。
> ——弗兰克·麦克哈迪，J.A.米切尔有限公司生产总监

> 最重要的事情莫过于这两件：要么是首次对威士忌征税，要么是首次授予合法蒸馏威士忌的许可证。
> ——卡梅伦·赛姆，大南方蒸馏公司执行董事

> 有两个方法，采用常规橡木桶进行陈酿，以及发明和采用连续蒸馏器。
> ——查尔斯·K.考德利，威士忌作家和专家

> 维京人奥姆旅行归来的那一刻，遇到了一些法国人，他们正要前往不列颠群岛。奥姆教他们蒸馏的技术，这就是关于蒸馏技术的故事，但法国人只将其用于医疗目的。
> ——拉尔斯·林德伯格，麦格瑞国际营销官

> 1823年发布的《消费税法案》。
> ——大卫·考克斯，麦卡伦全球体验总监

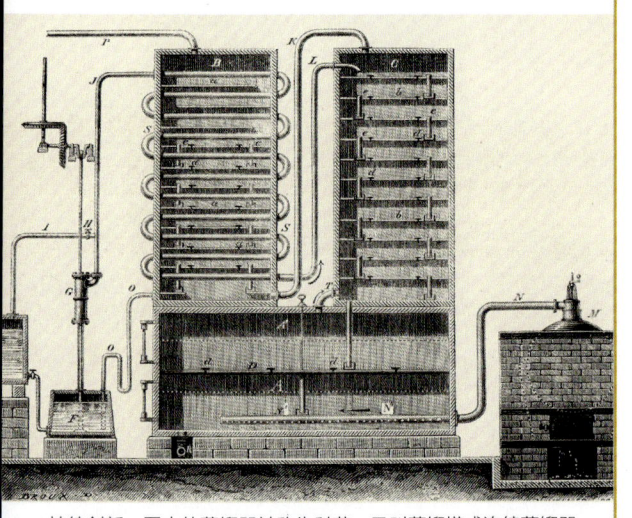

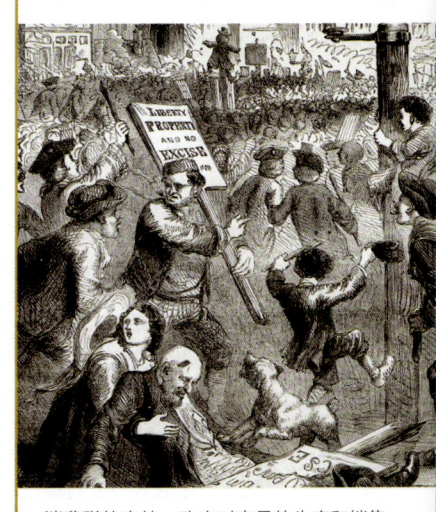

持续创新。图中的蒸馏器被称为科菲，又叫蒸馏塔或连续蒸馏器，它可以连续蒸馏而不是分批蒸馏，可以大量生产谷物威士忌，其清淡的风格可以与麦芽威士忌混合以产生广泛的吸引力。

消费税的害处。政府对商品的生产和销售征税，即所谓的"消费税"，经常遭到抵制。1725年，格拉斯哥的麦芽税暴动导致政府军队被赶出该市。

威士忌历史上的关键事件

威士忌的起源之谜已经消失在时间的长河里，但它们可以追溯到几百年前，甚至几千年前。此外，关于这种烈性酒是如何演变的，以及谁引起了这些改变，也存在很大的争论。那么，接下来就是关键的事件。

第一瓶威士忌。没有人知道谁最先蒸馏了威士忌，但有人认为蒸馏技术发源于中国或美索不达米亚，最初用于医药和香水。当然，健康和美酒之间有很大的联系：想想各个语言里的祝酒词就知道了。

都是神职人员的错。说到酒精，教会是最有发言权的。在中世纪，朝圣者们到处旅行，很可能将蒸馏技术带回欧洲。修道院是酿造和蒸馏技术的守护者，英格兰修道院的解散可能有助于传播这些技术。

数百年来，世界各地的小社区都在生产谷物烈性酒，并经常将其用作购买其他商品的货币。因此，人们经常为躲避税收而"悄悄"酿酒。"月光的阴影"一词指的是在黑暗的掩护下非法蒸馏威士忌的时代。

苏格兰于1823年发布的《消费税法案》使已经蓬勃发展的威士忌贸易合法化。在爱尔兰，威士忌于1608年合法化，并获得了世界上第一个威士忌许可证。在美国，威士忌产业是在南方战乱的重建过程中建立起来的。

关于威士忌的重要问题

> 虽然有很多选项,但我仍然要选择连续蒸馏器的发明,正是它将苏格兰的小型家庭手工业转变为如今巨大的烈性酒市场。

——格里·托什,高原骑士全球品牌经理

> 爱尔兰威士忌历史上的一个决定性时期可追溯到 1780—1826 年。较早的时候是指约翰·詹姆逊酿酒厂在都柏林建立,1791 年,约翰·鲍尔酿酒厂也在都柏林建立。较晚的日期指的是米德尔顿酿酒厂的建立。第二个决定性时刻可以追溯到 1975 年,米德尔顿建造了一座现代化的酿酒厂来取代旧的酿酒厂,这也使爱尔兰威士忌产业的复兴得以重启。

——巴里·克罗基特,米德尔顿酿酒大师

> 当你回顾威士忌的历史时,你会发现过去和将来都有很多有趣的时刻。从法律法案的通过,到连续蒸馏的发明,甚至是葡萄根瘤蚜的爆发。

——约翰·坎贝尔,拉弗格酿酒厂经理

有用的害虫。葡萄根瘤蚜是威士忌进阶的间接"英雄",几乎摧毁了欧洲的葡萄作物,使威士忌取代白兰地成了精英阶级的饮品。

日本的威士忌大师竹鹤正孝(Masataka Taketsuru)获知了苏格兰单一麦芽生产的秘密,并利用这一秘密使日本的威士忌行业得到了发展。如今,他因生产了可能是世界上最好的单一麦芽威士忌而闻名。

全球烈性酒市场。20 世纪的威士忌生产在全球范围内扩张,并在 21 世纪继续增长——从日本到南非,从瑞士、印度到澳大利亚。

> 第二次世界大战后,欧洲大陆的白兰地酿酒厂和小型啤酒厂开始生产威士忌,现在它们已经声名远播。从瑞典、法国和德国到日本、印度,随着生产技术的发展,来自世界其他地方的酿酒商能够为挑剔的消费者生产优质的威士忌。

——曾琼丽,噶玛兰国际品牌总监

> 如果必须挑选一个时刻,那很可能是苏格兰生产商首次开始将谷物威士忌与麦芽威士忌混合的时候。

——吉恩·唐尼,格兰阿莫尔酿酒厂所有者

偶然的机遇。如果没有在橡木桶中经历一段时间的熟化,威士忌在法律上不能被称为"威士忌"。但之前并不是如此,人们很可能是偶然间发现在木桶中储存过一段时间的麦芽酒味道会有所改善:一桶被遗忘多年的麦芽酒尝起来很美味。

没有人能确切地指出橡木桶是什么时候成了威士忌故事的一部分,但几乎可以肯定这是一个愉快的意外。随着出口需求的增长,容器变得至关重要。在苏格兰,威士忌很可能是储存在装过各种东西的木桶里,甚至是装过鱼的木桶。

关于波本威士忌在美国的"发明",有很多传说。事实上,烧焦木桶的技术从旧世界传到了新世界,而配料表里的玉米只是当地最丰富的谷物。

波本威士忌的名字是一个令人高兴的意外:威士忌制造商没有意识到饮酒者正在享用一种在印有"波本"字样的木桶中熟成的烈性酒。

苏格兰人的故事始于 1826 年连续蒸馏法的发明,由爱尔兰人埃涅阿斯·科菲(Aeneas Coffey)进行了完善,但是却被爱尔兰人拒绝。苏格兰人采用这种新蒸馏器来酿造谷物威士忌,当将其添加到单一麦芽威士忌中时,可以酿造出口感顺滑、易于饮用的威士忌,我们今天称为"调和威士忌"。

19 世纪末,由葡萄根瘤蚜引起的毁灭性"瘟疫"几乎摧毁了整个欧洲的葡萄生产,白兰地在富人餐桌上的霸主地位也随之终结——这为威士忌的发展扫清了障碍。

橡木桶何时变得如此重要

诚然，威士忌只由3种成分制成，但它的风味离不开另外两个功臣：一个是有时被用来烘干绿麦芽的泥炭，另一个就是陈酿时用于储存的橡木桶。麦芽酒从蒸馏器中流出时是清澈的液体，之后放入橡木桶中，开始了它的威士忌之旅。它在那里停留的时间取决于许多因素，包括是在哪个国家生产它，它是什么风格的威士忌，以及它想要在多大程度上吸收来自橡木桶的强烈风味。一杯单一麦芽威士忌里有多达四分之三的风味来自木桶，远远高于波本威士忌。威士忌的魔力和奥秘根植于橡木中。

非凡的橡木，欧洲橡木（Quercus robur）和美国白橡木（Quercus alba）是制造威士忌酒桶最常见的橡树类型。

> 早先，威士忌是放在驴背上运输的，因此小橡木桶比罐子更安全。用橡木桶来改善威士忌的风味是人们不断实验后得出的结论。

——吉恩·唐尼，格兰阿莫尔酿酒厂所有者

> 如果你尝过用雪莉酒桶储藏的威士忌，就会知道这款酒妙在什么地方。我一直认为这对鲱鱼产业来说是有意义的，因为橡木桶也曾被用来储存鲱鱼。

——斯蒂芬·马歇尔，约翰·杜瓦父子公司全球高级品牌大使

> 原因之一是橡木具有独特的物理和化学性质。它也是一种很纯粹的木材，不会给威士忌带来过于强烈的味道。此外，它还增加了酒的香味，去除了新酒中不受欢迎的成分。早在18世纪，大约三分之一的出口商品都装在木桶里。此时，有人开始使用橡木桶酿造威士忌，人们才意识到在橡木桶中储存威士忌可以改善酒的味道。

——曾琼丽，噶玛兰国际品牌总监

赫雷斯初尝试。雪莉酒桶通常由欧洲橡木制成，以前用于储存强劲的葡萄酒——雪莉酒。桶中曾储存过的雪莉酒的种类会影响威士忌的风味。

时间的秘密。陈年时间的长短是影响威士忌风味最重要的因素。没有所谓的最佳时间——这完全取决于木桶的历史。每一款威士忌都是独一无二的，同一年份的威士忌和同一家酿酒厂的威士忌在不同的桶中仍有明显的区别。

桶的回收利用。一个新威士忌木桶的生命起点通常是生产美国威士忌，然后被苏格兰、日本和爱尔兰威士忌行业使用。这些被用来储存、熟化美国威士忌的木桶，之后会被拆开，成捆运输，再由木桶匠人重新制作成大木桶。

> "中世纪及之前的欧洲被大量的橡树林覆盖。橡木是建造货舱最合适的木材。很久以后，人们认识到，橡木化合物和蒸馏酒味道之间的相互转换带来了更多的变化，也成就了威士忌的独特性。"
>
> ——巴里·克罗基特，米德尔顿酿酒大师

> "能做到密封不漏水的木材很少。500多年前，英国海军就深知这一点。有些橡树原产于欧洲。法国人教罗马人把葡萄酒灌进木桶里，因为他们之前用的容器实在是太难推了。"
>
> ——罗尼·考克斯，格兰路思国际品牌大使

净化一切的火焰。燃烧木桶内部会导致木材发生化学变化，只有这样新酒才能在里面"成熟"。欧洲的木桶往往是进行轻微的"烘烤"，而美国的木桶则是"烧焦"。

木桶的秘密

威士忌的最终风味很大程度上来自用来制作酒桶的橡木，以及将威士忌新酒放入酒桶之前酒桶中所含的物质。尽管最好的威士忌的味道会因酒桶而增强，却不是由酒桶主导。时间长不一定是好事：在过度活跃的木桶中长时间熟化会导致新酒被来自木材的味道影响。

木与酒的互动 威士忌新酒进入木桶前是清澈透明的液体，一旦进入木桶，就会发生4种反应。首先，随着季节的交替，酒精在木桶中缓慢地膨胀、收缩和移动，酒精"压"进木桶中，获取味道和颜色。这时，第二个效果就产生了：木材会去除酒精中的杂质和负性化合物。第三，木材和酒精相互作用，产生各种各样的味道，也就是威士忌无法解释的魔力。最后一个反应是通过氧化完成的，因为橡木的结构允许空气进入木桶。

桶的大小 虽然威士忌几乎总是在橡木桶中熟化、陈年，但桶的大小不同也会影响成熟的速度。桶越小，酒精与木材接触的就越多，对陈年的影响也越大。雪莉桶的容量为500升，猪头桶容量为250升，而美国桶容量为200升。

桶龄 无论木桶是新的还是旧的都会影响酒的成熟度。例如，波本威士忌必须在一个新的桶中熟化，桶内必须烧焦。然而，苏格兰单一麦芽酒精会被原始橡木破坏，所以它会在已经用于生产其他东西的木桶中成熟，通常是波本威士忌或雪莉酒。如今，越来越多不同类型的木桶会被使用，尤其是曾经储存过波特酒的桶。

空气因素 成熟度也会受到平均温度、极端温度、湿度和大气压力及仓库大小和类型的影响。传统的苏格兰"垫仓"仓库凉爽、潮湿，地面铺着泥土，桶高达3层，这会导致烈性酒的强度降低，但酒度仍然很高。相比之下，在美国，将木桶堆放在简陋的仓库中80米高的地方，靠近屋顶的空气可能是温暖的，甚至是炎热的，并且非常干燥。在这样的条件下，酒的酒精度不高，但依然强劲。

装新酒。新酒的酒精浓度会略微降低直至最佳，并开始熟化，然后从储罐输送至木桶。

> 据说，早年间的烈性酒是用石罐来储存的，很快就被喝光。在某个时刻，一位酿酒师把他的酒储存在一个木制容器里，却忘了把它藏在了哪里。当这酒终于被发现时，人们注意到它的味道有所改善，于是关于酒液陈年的技术就诞生了。

——弗兰克·麦克哈迪，J.A. 米切尔有限公司生产总监

> 如果你够勇敢，要不要试着在橡胶桶中熟化新酒，来看看威士忌的味道如何？

——阿肖克·乔卡林格姆（Ashok Chokalingam），安鲁特总经理

一路向上。仓库的位置和桶的摆放都会影响酒的成熟度。底部木桶的熟成速度不同于顶部，而海边的仓库里的酒可能会带着咸味。

> 橡树对于维京人来说是圣树，因此奥姆（瑞典认为的威士忌"发明者"）认为橡树一定是用来存储他所做的饮品的最佳木材。但橡木桶在苏格兰流行的原因还不止于此。事情要追溯到奥姆的曾孙辈在苏格兰进行掠夺的时候，此时学过蒸馏技术的人们已经把这门手艺传给了当地的一些村民。人们听说维京人正在赶来的路上，于是就在村子周围放了带刺的蓟花，以防他们偷偷溜进来。当维京人试图进入时，就会踩在蓟花上，痛得尖叫并发出声音。这让村民们有时间自卫并击退维京人，这也是为什么蓟花成了苏格兰的国花。
>
> 那这又怎么会和橡树扯上关系呢？当时的一些苏格兰人很吝啬。当年一名刚蒸馏了酒的苏格兰男子听到了尖叫声，他既不想让维京人得到酒也不想让村民偷他的酒，所以他随手找来一个容器装酒，准备把酒埋起来——这个容器碰巧是一个橡木桶。这个贪婪的人在战斗中被杀，他的儿子花了 10 年的时间才发现木桶并挖了出来。后来他意识到橡树和酒一起产生了奇迹！

——拉尔斯·林德伯格，麦格瑞国际营销官

> 对于拉弗格来说，一直致力于保持产品的一致性，这一点从伊恩·亨特（Ian Hunter）在世界各地寻找正确的木桶时就开始了。19世纪20年代，他在达肯塔基州找到了他的木桶。然而，当时的禁酒令是一个问题。因此，直到禁酒令结束后，拉弗格才确定了它的最终成分，我们的秘方也在那时完成。时至今日，我们仍然坚持使用该秘方。

——约翰·坎贝尔，拉弗格酿酒厂经理

> 我对苏格兰威士忌的做法保留意见。但在波本威士忌生产过程中，每次灌装都只能使用一个全新的桶。白橡木桶中的天然糖分极大地影响了波本威士忌独特的甜味。

——吉姆·拉特利奇，四玫瑰酿酒厂酿酒师

在一些酿酒厂，主酿酒师将通过使用一种称为 valinch 的简单管状仪器抽取样品来监测威士忌的熟成过程。

> 当我们的酿酒厂第一次启动时，它会使用任何可用的东西来储存威士忌。我看到最早的记录可以追溯到 1890 年，其中谈到了最好的选择是使用雪莉桶——自那之后从未改变过。

——格里·托什，高原骑士全球品牌经理

> 如果能找到最合适的、连续的木桶供应，你将会惊讶于它们在几年的熟成过程中对威士忌产生的影响！西班牙是第一波供应商，因为他们生产了英国的雪莉桶，第二次世界大战后，美国紧随其后。

——大卫·考克斯，麦卡伦全球体验总监

直接从桶里喝。康柏（Copper Fox，亦称铜狐）是一家美国小型酿酒厂，生产"瓦斯蒙德"（Wasmund）单一麦芽威士忌。这里鼓励游客们了解酒的成熟过程，甚至可以购买桶装工具，以自己的方式对"瓦斯蒙德"威士忌进行陈年。

未来会怎样，有何挑战

威士忌目前处于黄金时代。传统生产商正在日益增长的全球需求中寻求利润，他们意识到威士忌的吸引力离不开它的起源和传承。在酿造优质威士忌时，我们没法投机取巧。与此同时，我们也看到新一代生产商将目光转向了创新。虽然，这些创新的酒大部分不能被称为威士忌，但关于未来是否会发明新的、与之密切相关的饮料类别，还是一件悬而未决的事。

粮仓。全球谷物价格总体呈上升趋势，给威士忌生产商的原材料成本带来了压力。

❝库存管理和原材料成本花费不菲。一切都变得越来越贵。随着世界上喝威士忌的人越来越多，找到平衡是关键。❞

——格里·托什，高原骑士全球品牌经理

❝未来可期。需求在增加，创新也此起彼伏。但不可否认光明之下也有一些乌云，那就是当我们提高产量以满足不断增长的世界需求时，如何保证质量。此外我们还需要确保该行业能够在螺旋上升的历史中生存下来，也就是平稳度过繁荣和萧条的周期交替。❞

——卡梅伦·赛姆，大南方蒸馏公司执行董事

❝最大的挑战可能来自陈年威士忌的短缺。消费者，尤其是来自主要新兴市场的消费者，仍在追逐稀有而古老的威士忌。由于数量有限，供应无法满足不断增长的需求。❞

——曾琼丽，噶玛兰国际品牌总监

❝我们生产优质威士忌的速度是如此之快，以至于我们都来不及等它们成熟。❞

——罗尼·考克斯，格兰路思国际品牌大使

工业巨头 VS 小型作坊。一些老牌生产商通过大型机械化蒸馏来扩大产能，它们有可能会被规模较小、操作更传统的酿酒厂所淘汰。新的小型酿酒厂能够更好地展现自家威士忌的传统、产地和个人风格。

❝威士忌目前面临的最大挑战就是成功，因为成功诱使人们抓住时机走捷径。当威士忌一生产出来就被销售一空时，它的质量难以得到保证。威士忌制造商需要看清真相，而不仅仅是告诉人们他们想听的内容。我们既要赚钱，也要保持热爱。❞

——查尔斯·K.考德利，威士忌作家、专家

❝威士忌面临的最大挑战之一仍然是与白酒的竞争。目前，设备、木桶、原材料和劳动力成本的上涨使单位成本也大幅上涨。❞

——弗兰克·麦克哈迪，J.A.米切尔有限公司生产总监

❝在保持其独特性方面，威士忌必须非常小心。现在，世界各地都在根据不同的法规生产威士忌，消费者在饮用一些被贴上威士忌标签的酒时存在风险，因为有些酒不能提供威士忌应有的深度和复杂性。❞

——吉恩·唐尼，格兰阿莫尔酿酒厂所有者

关于威士忌的重要问题

> "如果人们思想开放，愿意接受新的酿酒厂和新的威士忌生产地，他们将会发现许多新想法和新口味，我认为很多新的威士忌品牌前途无量。"

——阿肖克·乔卡林甘，雅沐特总经理

> "随着越来越多的人开始了解威士忌，世界各地的人们都有很多机会品尝威士忌。人们将会越来越了解威士忌可以来自很多地方，而不仅仅是传统国家。"

——曾琼丽，噶玛兰国际品牌总监

> "我希望在调和威士忌里看到一些真正的创新，为新的饮酒者带来新的口味，并向他们展示苏格兰威士忌可以是一个令人兴奋的酒类。"

——格里·托什，高原骑士全球品牌经理

> "世界经济是一个主要问题。无论世界上哪个地方的政府都很容易对蒸馏酒征税，因为它们认为这项税收所产生的收入不会损害到公众利益。"

——吉姆·拉特利奇，酿酒大师，四玫瑰

> "贸易壁垒和假冒伪劣是该行业目前面临的两个问题。"

——约翰·坎贝尔，拉弗格酿酒厂经理

> "威士忌如今面临的最大挑战是如何在一个将很多东西视为商品的世界中保持最高的质量标准。通过采购最好的谷物、优质的木桶及不断优化蒸馏技术来保持更高的附加值，将有助于确保持续的成功。"

——巴里·克罗基特，米德尔顿酿酒大师

蒸腾的欧洲。欧洲也在利用威士忌热潮，例如瑞典和德国。

液态黄金。从某些方面来说，威士忌被认为是比黄金更安全的投资。为了迎合百万富翁市场的需求，超高端品类应运而生，他们追求更稀有、更成熟，以及包装更精致的麦芽酒，这已经成了一种趋势。

THE GLENFIDDICH DISTILLERY
G
7941
1984
Wm GRANT & SONS LTD
DUFFTOWN
248
THE GLENFIDDICH DISTILLERY
G
7945
1984
Wm GRANT & SONS LTD
DUFFTOWN
254

苏格兰产区

苏格兰

威士忌是一款家喻户晓并深受欢迎的烈性酒，它的产地及饮用人群遍布世界各个角落。但提及其发源地，大家还是会不约而同地脱口而出——苏格兰高地（即使爱尔兰人会抗议，他们认为苏格兰人不是威士忌的鼻祖）。白墙灰瓦的酿酒厂坐落在辽阔的石楠荒地中，波光粼粼的河水从旁缓缓流过。在几个时代的营销人士的巧思和广告的加持下，威士忌和苏格兰壮丽的大自然完美融合，构成了一幅经典的画面。毕竟19世纪80年代工业园区里的老旧水泥建筑和流水线，不太符合畅饮时人们对美酒的幻想。

苏格兰威士忌盛事

苏格兰威士忌长期以来一直是民间庆典的绝对主角。新年跨年夜的欢庆，以及历年为了纪念苏格兰文豪彭斯诞辰（1759年1月25日）的彭斯之夜，都能见到"国酒"的身影。2012年3月27日，一位就读阿伯丁大学的学生——布莱尔·波曼（Blair Bowman），创立了国际威士忌日。

虽然这种广告包装方式背后有着商业利益的驱动，但不可否认的是，苏格兰这些各具风格的酿酒厂，确实都坐落在景色最优美的地区。堪称一绝的是，虽然这个行业经历了多次重大并购及重组，至今仍有将近100多家酿酒厂还在运作中。它们大多数创立于苏格兰调和威士忌独占鳌头的维多利亚时代。如今，苏格兰威士忌再次崛起，虽然美国和法国依旧是苏格兰威士忌两个最大的海外市场，但酿酒厂也发现了像亚洲这样的新兴市场，人们对品尝威士忌的需求日益递增。屡创新高的出口量使得现有的酿酒厂进行了规模扩建，同时市场近年也见证了不少新酿酒厂的诞生，酿酒厂普遍对于未来的市场增长表示乐观。

斯佩塞区的格兰花格酿酒厂，现为J.&G. 格兰特公司所有，自1865年以来，一直是个家族经营式的酿酒厂。

高地和岛屿区的地貌特征，现已成了苏格兰威士忌的标志符号。

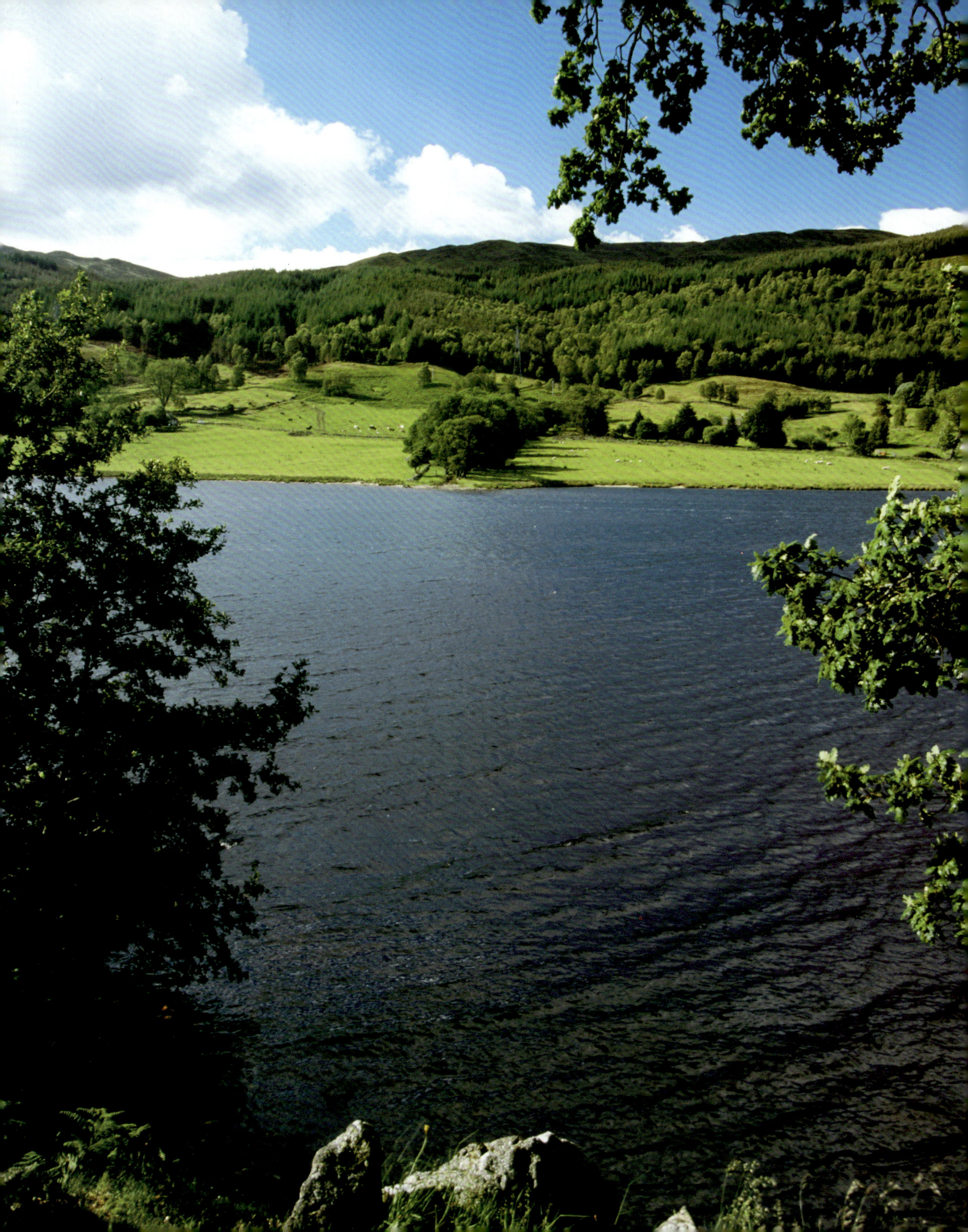

斯佩赛区

也被称作"黄金三角",该地区一直以来是麦芽威士忌的核心产区。"黄金"二字的来历,不光是因为这里盛产好酒,这里同时也是大麦的重要种植区。夏季收割时,伴随着微风,一层层金色麦浪翻涌,似乎在迎接接下来的酿造时刻。

产区特点
一直以来,斯佩塞区的威士忌以风味优雅精致和复杂多变闻名,既有像格兰冠轻盈的青草和花香的风格,也有与其天壤之别的像麦卡伦饱满的重雪莉风格。

作者推荐
百富
诞生于维多利亚时代的经典酿酒厂。酿酒厂一直为家族式经营,是屈指可数的仍旧坚持自己手工翻麦的酿酒厂。酿酒厂的单一麦芽威士忌销售遍布全球,其风味独具特色,且在不断创新中。

托莫尔
比较冷门,但拥有令人叹为观止的酿酒厂建筑,值得推荐。

地区盛事
8家酿酒厂联合达拉斯杜赫酿酒厂博物馆及斯佩塞制桶厂规划了"麦芽威士忌之路"路线,旨在推广威士忌观光旅游。另外本地有两个威士忌节,一个是斯佩塞之魂威士忌节,每年5月举行,为期5天;另一个是为期4天的斯佩塞威士忌节,在每年的9月或10月举行。

位于苏格兰的东北部,高原和峡谷是斯佩塞区的特征地貌,这里的冬天尤为漫长。在过去,这种特殊地形为许多私人酿酒厂的走私买卖提供了天然的保障。

斯佩河,是苏格兰水流最湍急的河流,坐落在这个地区的中心,同时河里肥美的鲑鱼每年也吸引着许多钓客前往一试身手。河的源头位于巴登诺克高地,流经格兰敦、亚伯乐镇、罗斯镇,最后从爱琴镇和巴基镇的入海口流出。就威士忌的生产来说,斯佩塞区涵盖了从西边芬德霍恩河到东边德弗伦河的地域,并往南一直延伸至阿伯丁市。历史上有许多的酿酒厂因着举手可得的优质酿酒用水、高品质的大麦及泥煤,把厂址选在了这里。如今这里聚集了苏格兰超过一半的麦芽威士忌酿酒厂。在19世纪下半叶铁路开通后,斯佩塞区酿酒厂的酒卖到了更南的地区,成了各大顶级调配威士忌酿酒厂里的标配。当调配威士忌开始流行时,斯佩塞区成了最大受益者。今天苏格兰威士忌再次受到了全球市场的瞩目,斯佩塞区一直都是各种活动的焦点。基于对未来的打算,行业巨头如英国帝亚吉欧公司(以下简称"帝亚吉欧公司")和英国芝华士兄弟公司(以下简称"芝华士兄弟公司")在当地进行了重金投资及布局。对于威士忌爱好者,造访斯佩塞区将会是一次美好的威士忌风味探索之旅。

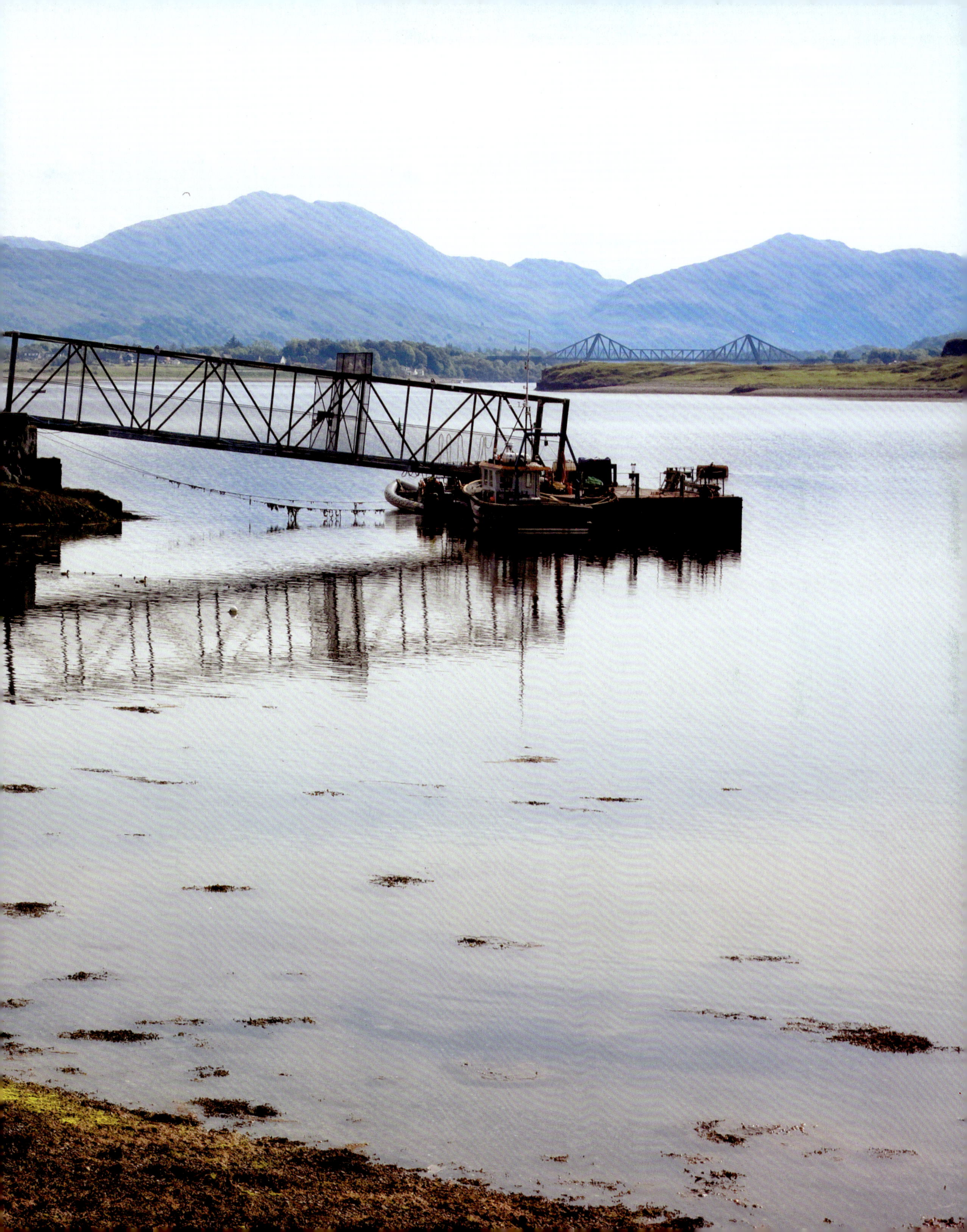

亚伯乐

所有权：芝华士兄弟公司

创始年份：1826 年　**产量**：370 万升

亚伯乐（Aberlour）酿酒厂位于亚伯乐镇西南地区繁忙的 A95 公路旁，村庄的另一头还有一家工厂，生产着苏格兰另一种家喻户晓的特产——奶油酥饼。沃克斯皇家奶油酥饼公司是一个家族企业，就位于此地，它也是奶油酥饼最知名的品牌之一。亚伯乐酿酒厂的单一麦芽威士忌虽然在英国知名度不高，但"墙内开花墙外香"，在法国，苏格兰单一麦芽威士忌是无人不知无人不晓的品牌。

据芝华士兄弟公司品牌总监尼尔·麦克唐纳（Neil Macdonald）介绍，"亚伯乐是第一家被非英国企业收购的单一麦芽威士忌酿酒厂（保乐力加集团于 1974 年进行了酿酒厂的收购）。保乐力加集团为此在法国市场做了不少投入，在国内大力普及单一麦芽威士忌品类，建立起了亚伯乐的品牌知名度。亚伯乐直到现在仍是法国单一麦芽威士忌品牌的绝对领先者。在法国喝威士忌，大家普遍偏好纯饮，这样可以更好地感受亚伯乐温润绵软的持久韵味。亚伯乐是法国最畅销的两个单一麦芽品牌之一，同时在世界最受欢迎的麦芽威士忌排行榜上排名第七。法国是苏格兰威士忌出口量第一的市场，亚伯乐超过一半的销量来自法国。"

雪莉风格的传承

1826 年，彼得·威尔（Peter Weir）和詹姆斯·高登（James Gordon）成立了亚伯乐酿酒厂。现今的亚伯乐酿酒厂建于 1879 年，由银行家詹姆斯·弗莱明（James Fleming）紧邻其原址建造。老厂房曾经历过大火，旧的建筑在大火中饱受摧残，只剩下残根断垣。接下来从 1974—1975 年酿酒厂易主多次，直到保乐力加集团从坎贝尔蒸馏公司手里完成收购。2001 年，保乐力加集团在收购芝华士兄弟公司后，将亚伯乐酿酒厂的经营权迁移至其下。亚伯乐一直以它的雪莉桶（Lasanta）陈年工艺著称，并在 2000 年推出了一款"原桶强度"（A'bunadh），使用欧罗索雪莉桶过桶熟成的亚伯乐"原桶强度"。尼尔·麦克唐纳介绍，"亚伯乐拥有最顶尖的雪莉桶熟成工艺，奠基了其生产的

亚伯乐 10 年

这个维多利亚时代后期创立的酿酒厂，在 1989 年老厂房经历了一次大火后，由威士忌酿酒厂建筑大师查尔斯·多哥（Charles Doig）进行了崭新的设计。

雪莉桶威士忌在行业内数一数二的知名度，其中亚伯乐"原桶强度"有一批忠实的爱好者。"

"在其他的产品线，我们也同样展现了雪莉桶的风味。在我们的双桶陈年系列中，我们会将雪莉桶原酒及波本桶原酒进行混合来呈现更加复杂多变的风味。透过适中大小的壶式蒸馏器所生产出的原酒，拥有平衡的酒体，在雪莉桶里可以很好地进行陈年，同时在波本桶里也能绽放出精致的口感。"亚伯乐的核心产品包含亚伯乐 10 年、12 年、16 年（12 年和 16 年使用的是双桶原酒调配工艺）、18 年，以及"原桶强度"。

品鉴笔记

亚伯乐"原桶强度"

单一麦芽威士忌，59.6% ABV，原桶强度，欧罗索雪莉桶熟成，非冷凝过滤。香气：麦芽、苹果、烟熏和雪莉桶风味。口感：雪莉桶和厚重的果香，苹果、坚果、烟熏和姜的风味。余味持久，融合了蜂蜜、巧克力和香料味。

亚伯乐 10 年

单一麦芽威士忌，40% ABV，波本桶和雪莉桶双桶熟成。香气：蜂蜜及雪莉桶的甜香，融合了香料和橘子的味道。口感：焦糖、雪莉酒和香甜麦芽糖的余味。

亚伯乐 18 年

单一麦芽威士忌，43% ABV。香气：雪莉酒的甜，蜂蜜和橙子奶油的香味。逐渐释放出香料和无花果香。口感：饱满的雪莉酒香料感，杏桃和水蜜桃。奶油及逐渐释放出的香料、无花果和橡木味。

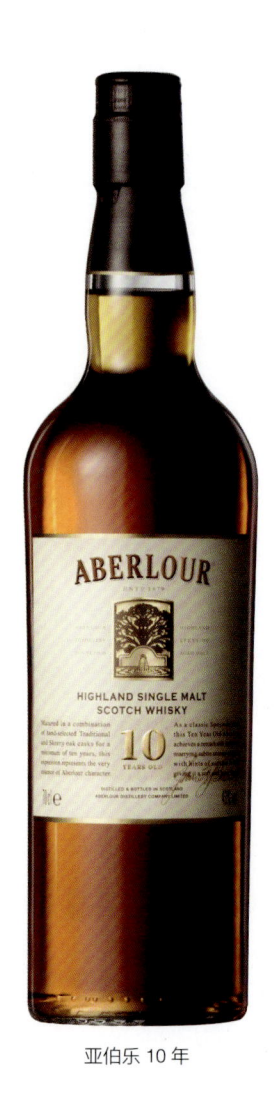

亚伯乐酿酒厂体验

虽然亚伯乐是较晚启动对外开放参观的酿酒厂，但自从2002年游客中心完工后，亚伯乐一直是威士忌专业爱好者的深度游首选。亚伯乐酿酒厂体验项目丰富多样，包含了生产线的参观，在1号仓库的闻香品鉴课程，以及可购买的纪念款定制单桶装瓶威士忌。参加"创始人之旅"的游客则有机会品尝难得一见的原酒，以及参加威士忌和巧克力的搭配品鉴课程。

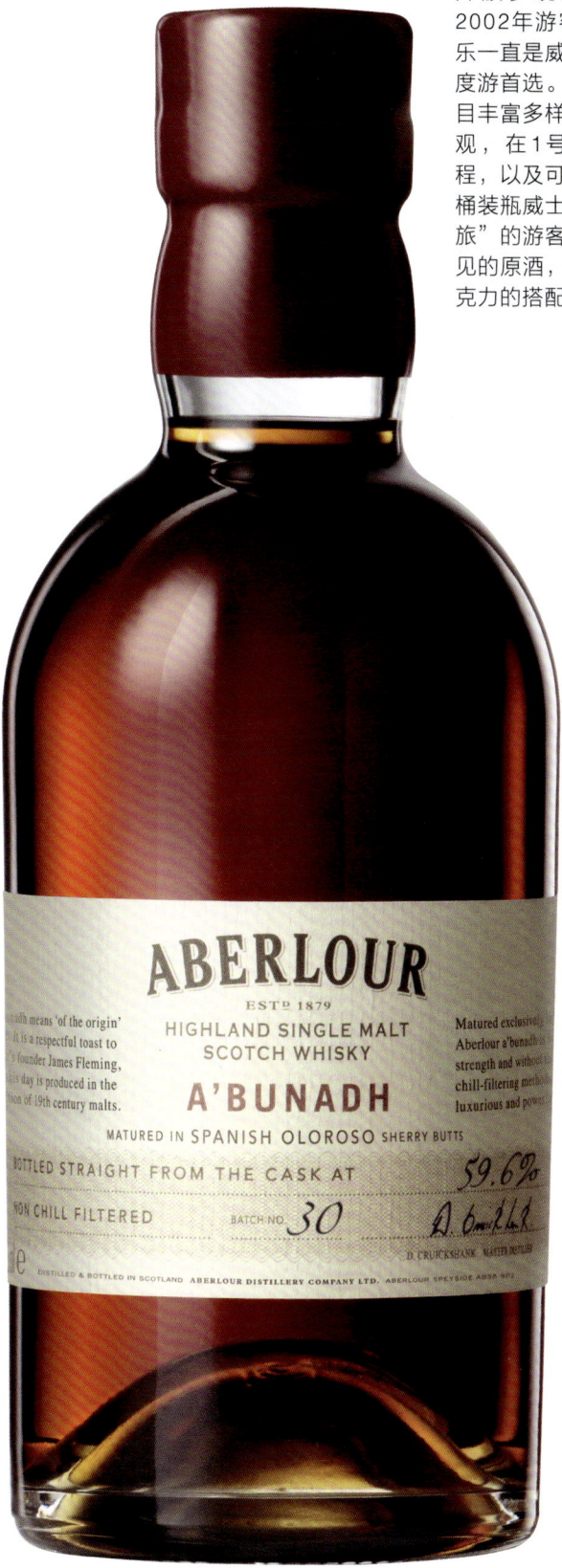

亚伯乐 18 年

亚伯乐"原桶强度"

百富

所有权：威廉·格兰特父子有限公司
创始年份：1892年 **产量**：560万升

品尝苏格兰威士忌最大的乐趣之一在于即便是单一麦芽，也能呈现出无穷尽的独特风格。百富（Balvenie）酿酒厂紧挨着格兰菲迪（Glenfiddich），但风格截然不同。

百富的酿酒大师大卫·斯图尔特（David Stewart）介绍，"百富的新酒有着蜂蜜般的甜，还拥有饼干和麦芽的香味。跟格兰菲迪比起来有更多的花果香和麦芽香。"

格兰特父子有限公司在行业内以有着众多的元老级员工著称，许多员工从祖辈就一直服务这家酿酒厂。大卫·斯图尔特本人于1962年加入格兰特父子有限公司。12年后，他就任公司的首席酿酒师，是公司创建以来第5位首席酿酒师。之后在2009年，他将首席酿酒师的职位传给了"关门弟子"布莱恩·金斯曼（Brian Kinsman），而斯图尔特先生本人则继续担任百富的酿酒大师。

百富一直是格兰特父子的主要混合品牌"家族珍藏"（Family Reserve）调配威士忌的重要原酒来源。斯图尔特介绍，"在调配的工艺上，格兰菲迪会突出花果香，而百富的风格会更加突出麦芽和坚果的香气。"

格兰菲迪的孪生姐妹

百富酿酒厂建于1892—1893年，一开始是格兰菲迪的子工厂。格兰菲迪的创办属于白手起家，等到百富酿酒厂要开始动工时，格兰家族已经积累了不少财富，并在这次的工程中花费了当时创建格兰菲迪的2.5倍的预算。

不仅如此，酿酒厂建造时还从乐佳维林及格兰艾宾采购了一批二手蒸馏器。不是因为预算有限，而是因为这些二手蒸馏器经过了岁月浸润，是打造美酒佳酿的利器。

百富第一瓶的单一麦芽威士忌在1973年正式装瓶，而今天酿酒厂一共配备了5台初次蒸馏器及6台二次蒸馏器。百富是美国单一麦芽威士忌十大品牌之一，同时在英国、法国、加拿大及各大旅游零售店都很受欢迎。

百富的原酒熟成，波本桶占80%，雪莉桶占

百富12年"双桶"

百富17年"新橡木桶"

翻麦是一门技术活。百富酿酒厂每天会进行4次翻麦的工作。

20%。百富有超过40个熟成仓库，里面还储存格兰菲迪及奇富（Kininvie）的原酒。

百富除了自己包办发麦工艺，还拥有自己的制桶厂和铜匠车间。制桶厂和发麦车间一直都是"威士忌深度之旅"酿酒厂参观的重头戏，参观时间为3个小时，每次仅限8人参观。

小而美

大卫·斯图尔特介绍，"我们给百富打造了一个小而美的品牌形象。因为工厂规模不大，跟格兰菲迪相比，我们这里更容易推出一些小批次的产品。百富一直都在尝试各种实验性质的限量款。我们以前推出过百富"经典系列"（The Classic），一款雪莉桶熟成的威士忌。这或许是第一个完全在雪莉酒桶里熟成的产品，但我们没写在酒标上。这款酒衍生出了后来的双桶（Double Wood）和波特桶（Port Wood）。"

百富12年"双桶"和21年"波特桶"是酿酒厂现阶段的核心产品，同时还有12年的"Signature"，15年的"单桶"（Single Barrel），以及其他30年和40年的威士忌。"双桶"是先在波本桶里熟成，再换到雪莉桶进行2年的熟成。"波特桶"是先在波本桶里熟成，再转到陈放过20年波特酒的木桶中完成最后的熟成。"Signature"则是混合了在初次装桶的波本桶，二次装桶的波本桶，以及欧罗索雪莉桶中熟成的原酒。这款产品在2008年上市，取代了之前已上市10年的"创始人珍藏"（Founder's Reserve）。

稀缺产品

比格兰菲迪产量更小的百富,因为推出了前述的几款产品及其他小众版本的酒款,还有一些"只可意会不可言传"的原因,树立起了"传统匠人"的形象。他们也曾经推出过百富14年"深烘麦芽"(Roasted Malt)和百富17年"泥煤桶"(Peated Cask)。第一款选用了黑啤酿造时会用到的黑麦,而第二款则是将17年的新橡木桶熟成的原酒和另一个在2001年重泥煤木桶的原酒进行了混合调配。大卫·斯图尔特提到,"这一款有明显的泥煤味,和百富蜂蜜香甜的经典风格融合到了一起。"

另外一款极为小众的酒是百富在2006年上市的百富17年"新桶"(New Wood)。斯图尔特先生介绍,"这是一款将原始桶香气推向极致的产品。我们将熟成完毕的威士忌换到全新的橡木桶中。我们发现这个方式为酒增添了浓厚的香草及香料的香气。新桶不再遵循百富传统的熟成工艺,不同于原来的双木桶(波本桶和雪莉桶)连续熟成,而是直接用"新橡木桶"(New Oak)来进行熟成。"

品鉴笔记

百富12年"双桶"

单一麦芽威士忌,40% ABV,波本桶和雪莉桶双桶熟成。香气:坚果、麦芽、香蕉、香草和雪莉酒的香气。口感:酒体饱满,水果、香草、雪莉酒、肉桂和一丝丝烟熏味。尾调充满华丽的香料气息。

百富17年"新橡木桶"

单一麦芽威士忌,43% ABV,波本桶和雪莉桶双桶熟成,在新橡木桶完成陈年。香气:香草、蜂蜜、香料和橡木桶融合的香味。口感:橡木桶的味道更加突出,同时还有香料、香草、无花果和枸杞的味道,带有蜂蜜和橡木的持久余味。

百富40年

单一麦芽威士忌,48.5% ABV,猪头桶和雪莉桶熟成,非冷凝过滤。香气:丰富且绵柔,橡木、白葡萄、水蜜桃、蜂蜜、香草和皮革融合一起的香气。口感:姜和煮水果的味道,后面缓慢演变成黑巧克力的味道,有着茴芹和甘草的余味。

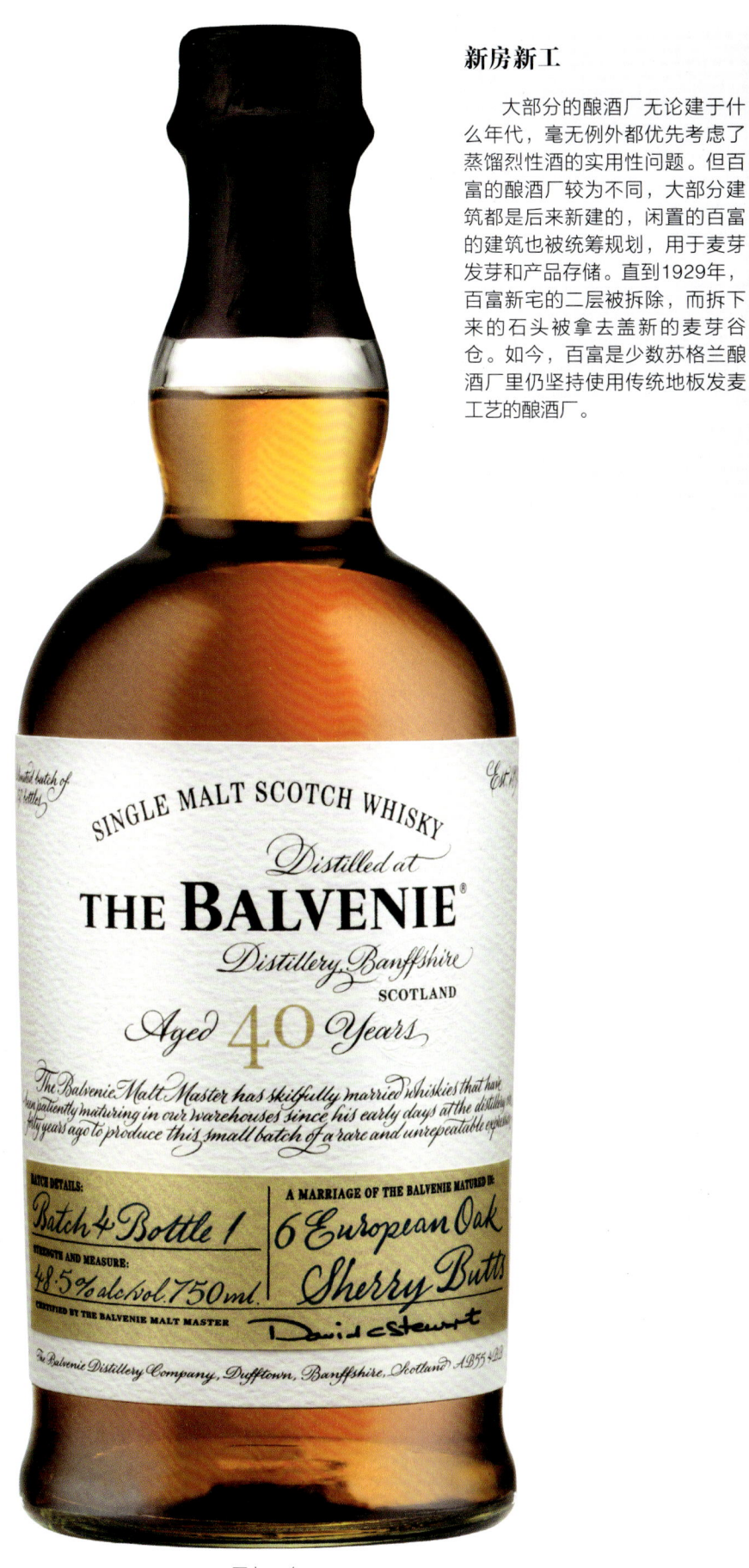

新房新工

大部分的酿酒厂无论建于什么年代,毫无例外都优先考虑了蒸馏烈性酒的实用性问题。但百富的酿酒厂较为不同,大部分建筑都是后来新建的,闲置的百富的建筑也被统筹规划,用于麦芽发芽和产品存储。直到1929年,百富新宅的二层被拆除,而拆下来的石头被拿去盖新的麦芽谷仓。如今,百富是少数苏格兰酿酒厂里仍坚持使用传统地板发麦工艺的酿酒厂。

百富40年

本诺曼克

所有权：戈登-麦克菲尔公司

创始年份：1898 年　产量：50 万升

和斯佩塞区其他的酿酒厂一样，本诺曼克（Benromach）的诞生可追溯到 19 世纪，当时调配威士忌的需求量猛增直接带动了整个苏格兰威士忌行业的发展。本诺曼克蒸馏公司在 1898 年启动了酿酒厂的建造工程，但在 2 年后即将完工时，整个威士忌行业爆发了产能过剩的危机，于是酿酒厂暂停了运营。1907—1910 年期间，酿酒厂曾两次试图恢复运作，但很快因为 20 世纪 30 年代初的经济大萧条，酿酒厂不得不再一次关闭。

本诺曼克的所有权在经历了多次换手后最终于 1953 年卖给了蒸馏酒业有限公司（以下简称"DCL"）。但 30 年后，由于对前景过于乐观，80 年代整个行业再次重蹈覆辙，面临产能过剩的处境。而 DCL 当时则是关掉了旗下的 23 家酿酒厂，其中就有本诺曼克。

在经历了漫长的沉默和等待后，来自爱琴镇著名的独立装瓶商戈登-麦克菲尔公司在 1993 年收购了本诺曼克，并终于在 5 年后，酒厂百年纪念日时正式让酿酒厂恢复了运作。

崭新的烟熏风格

来自戈登-麦克菲尔公司的副总监兼威士忌供应链经理伊文·麦金托什（Ewen Mackintosh）提到，"我们收购本诺曼克酿酒厂前做了很多功课，希望能够找出属于自己的风格。在过程中，我们品尝了一些 60 年代及更早期斯佩塞区产的威士忌，发现都带点烟熏的特点。我们认为这个味道来自酿酒厂原来传统的地板发麦工艺。因此，我们也希望能还原本诺曼克 60 年代时的经典的烟熏风味。"

本诺曼克的大麦普遍会烟熏烘烤到 10—12 PPM（泥煤值），和一般斯佩塞区威士忌的轻泥煤比起来更加突出了烟熏特色。酿酒厂经理基斯·克鲁珊（Keith Cruickshank）介绍，"因为使用了特殊的泥煤烟熏大麦，本诺曼克是一款中度到重度泥煤风味之间的威士忌。"

2004 年 5 月，代表本诺曼克崭新风格的"传统"（Traditional）系列正式面世，这是戈登-麦克菲尔酿酒厂首次蒸馏的烈性酒。

本诺曼克"有机"

本诺曼克"传统"

创新系列酒

本诺曼克从来没有停止过创新的脚步,自第一款产品推出后,本诺曼克又陆续推出了其他风味的款式,如"泥煤"(Peat Smoke)系列及第一款英国土地协会认证的"有机"(Organic)系列威士忌,从原料、装瓶全程按有机标准生产。这款酒经过全新的橡木桶的熟成,使用的木材来自密苏里可持续管理的森林。

"有机"系列旨在展现威士忌不同的精巧酿造工艺对最终风味的显著影响,所有批次都选用苏格兰的黄金大麦(Golden Promise)及"奥匹梯克"(Optic)大麦进行酿造,并用波特酒桶进行熟成。

基思·克鲁克尚克(Keith Cruickshank)表示,"在本诺曼克,生产单一麦芽威士忌就像是在拼拼图。每一块风味拼图虽体积小,但对最终味道的呈现至关重要。"

蒸馏工艺的传承

现在市场上见到的本诺曼克大多是由戈登-麦克菲尔公司生产的,但仍有几款老酒如"本诺曼克1969"为前东家DCL管理时的产物。但消费者可能会发现老版和新版在味道上没有太大的差别。

伊文·麦金托什提到,"虽然换过几次东家,但酿酒厂的蒸馏工艺是一脉相传的。当时戈登-麦克菲尔公司买下本诺曼克酿酒厂时非常幸运地找到了原来老东家蒸馏的原酒。我们把原酒拿去做了研究并和我们的产品进行了对比,发现两者风味极其相似。我们可是连酿酒厂的生产设备都更新过了,唯一能解释这个情况的可能是酿酒厂百年不变的好水质吧!"

品鉴笔记

本诺曼克"传统"
单一麦芽威士忌,40% ABV,80% 初次波本桶熟成,20% 雪莉桶熟成。香气:柑橘类水果、松针、麦芽和一丝泥煤味。口感:花香、烟熏、大麦、香草、丁香、香料、胡椒和烟融合在一起的香甜余味。

本诺曼克"1969"
单一麦芽威士忌,42.6% ABV,二次雪莉猪头桶熟成。香气:香料和雪莉酒的香味,花香和微微的泥煤味。口感:甜雪莉酒、煮水果和柴火的味道,有着相当持久的太妃糖和黑巧克力的余味。

本诺曼克"有机"
单一麦芽威士忌,45% ABV,初次美国橡木桶熟成,非冷凝过滤。香气:香蕉、麦芽面包和橡木桶的香甜气息。口感:香草、太妃糖和树脂混合的甜味,余味有果香和橡木桶的味道。

早熟的酒

本诺曼克是斯佩塞区最小的酿酒厂,一共只有两个员工,其中一个还是酿酒厂经理。本诺曼克的生产设备在20世纪90年代进行过一次更新改造,已和最原始的设备有了天差地别。新的蒸馏器比原来的要小,更宽的天鹅颈能让初次蒸馏的酒液产生更厚重的味道。这样不仅能让酒的熟成期更短,同时酒体中丰富的物质能支撑起在橡木桶里20—30年的陈酿。

新本诺曼克酿酒厂是斯佩塞区最小的酿酒厂,于1999年由威尔士王子正式揭幕并重新开张

本诺曼克"1970"

卡杜

所有权： 英国帝亚吉欧公司
创始年份： 1824 年　**产量：** 320 万升

卡多（Cardow）酿酒厂［卡杜（Cardhu），酿酒厂的旧名］创始人约翰·卡明（John Cumming）在取得官方的酿酒许可前，曾3次因非法蒸馏被判刑。1813年，他与妻子海伦（Helen）建立了酿酒厂的前身卡多农场。

伊丽莎白的掌舵

卡明在1823年的《消费税法案》颁布后，决定停止私酿并按官方要求取得了营业许可。在他1846年去世后，他的儿子路易斯（Lewis）和妻子伊丽莎白（Elizabeth）继承了酿酒厂。路易斯在1872年过世后，伊丽莎白正式成为酿酒厂的主人，她也成为苏格兰威士忌行业里的女性先驱之一。

在伊丽莎白的掌舵下，酿酒厂于1887年进行了扩建，旧的设备（包括一些使用了很久的蒸馏器）则出售给了当时正在筹备建造格兰菲迪的威廉·格兰。

6年后，卡杜酿酒厂被出售给了来自吉尔迈诺克镇的约翰·沃克父子公司，卡明家族保留了独立经营权，酿酒厂正式改名为卡杜。也正是此时调配型苏格兰威士忌开始席卷全球，作为当时"尊尼获加"（Johnnie Walker）调配威士忌的主要基酒，酿酒厂的产能为原酒供应提供了保障。

沃克的心头好酒

全新的卡杜现在已隶属帝亚吉欧公司，酿酒厂也变身为参观地点，卡杜的基酒直到今天仍然是这个全球销量第一的调配威士忌品牌不可或缺的一部分。

尊尼获加调配威士忌源自艾尔郡上的吉尔迈诺克镇。1820年，年轻的约翰·沃克（John Walker）在镇上获得了杂货铺的经营许可并开始做买卖。历史没有太多关于他的记录，但可确认的是他当时已开始在店里贩卖威士忌。约翰·沃克于1857年去世后，他的儿子亚历山大（Alexander）继承了他的事业，10年后，他将尊尼获加首发的正式商品老高地威士忌上独特的金色酒标进行了商标注册。

卡杜 12 年

亚历山大的儿子在 1888 年正式参与公司运营，约翰·沃克父子公司成了全球威士忌行业里的新势力，而著名的插图师汤姆·布朗（Tom Browne）在 1908 年创造的"行走的绅士"（Striding Man）成了公司最具有标志性的商标图案。

如今，尊尼获加每年销量高达 1.3 亿瓶，从最开始被人所熟知的红牌（Red Label）和黑牌（Black Label），陆续增加了绿牌（Green Label）、金牌（Gold Label）及蓝牌（Blue Label，尊尼获加的高端系列）等产品线。

卡杜的西班牙市场

卡杜的单一麦芽威士忌在帝亚吉欧公司旗下的品牌中长期销量名列前茅，西班牙是最重要的市场。21 世纪品牌知名度的提升导致了原酒供应紧张。

据帝亚吉欧公司的尼克·摩根（Nick Morgan）博士介绍，"为了更好地覆盖重点市场，我们对部分地区的供货进行了调整。在需求持续增长的情况下，我们持续加大投入进行扩产（包括未来也会添置新的糖化槽）来更好地平衡市场供需。"

除了 12 年的单一麦芽威士忌，卡杜官方装瓶的产品较为少见。他们曾经在 2009 年推出一款 1997 年蒸馏的威士忌，属于帝亚吉欧公司单桶及原桶强度的"经理选择"（Managers' Choice）系列。独立装瓶商的产品也较为少见，仅有来自阿伯丁的邓肯·泰勒有限公司在 2011 年推出过的一款卡杜 1984 年蒸馏的 26 年单一麦芽威士忌，限量 222 瓶。

品鉴笔记

卡杜 12 年
单一麦芽威士忌，40% ABV，香气：轻盈的花香带着微微的香甜及梨、坚果和微烟熏的香味。口感：酒体适中，麦芽甜，余味有烟熏、麦芽和泥煤味。

卡杜"经理选择"1997
单一麦芽威士忌，57.3% ABV，单桶，原桶强度，波本桶熟成（限量 252 瓶）。香气：麦芽和淡淡花香、水果冰和香料混合一起的香气。口感：饱满的香甜，并带有香草、太妃糖和波本威士忌的口感。余味适中，绵长的香料的味道逐渐转变成黑巧克力味。

卡杜 26 年"邓肯·泰勒罕见原酒系列"
单一麦芽威士忌，54.4% ABV。香气：麦芽香融合了香草、肉桂、橙味果糖和无花果的香气。口感：浓厚及香甜的果味，以及朗姆冰激凌和榛果的味道，余味充满了麦芽香及巧克力的味道。

卡杜"特别珍藏桶陈酿"

克雷格摩尔

所有权：英国帝亚吉欧公司
创始年份：1869 年　**产量**：600 万升

造访斯佩塞区就能感受到当时的铁路革命在苏格兰西北部所留下的印记。细心的人会发现这里有着四通八达的铁路路基和高架桥。19 世纪的铁路革命将斯佩塞区和其他地区连接了起来，这个交通便利的地方也变成了众多酿酒厂选址的上乘之选。

从 1860 年开始，除了水源的质量，便利的铁路交通也成了酿酒厂选址的标准之一。铁路将酿酒的原料大麦和加热蒸馏的煤运进了斯佩塞区，同时也将熟成好的原酒运向调配中心和更南边的装瓶商厂。

克雷格摩尔（Gragganmore）酿酒厂位于白林达罗镇，是斯佩塞区第一个建在铁路旁的酿酒厂。斯特拉斯佩铁路在 1863 年开通了一条从阿维摩尔开向克莱嘉赫跟达夫镇（Dufftown）的线路。酿酒厂的创始人约翰·史密斯（John Smith），当时搭建了自己的私人铁路并跟公共铁路的路线接轨。史密斯对新兴崛起的铁路深深着迷，但由于他体形过于庞大，无法搭乘普通车厢，于是他只能被安排在列车尾部的工作车厢。

1887 年，在史密斯过世一年后，第一辆"威士忌特快"列车正式从白林达罗站出发，列车载满了将近 7.3 万升的威士忌，后来的几年，"威士忌特快"列车的班次越来越多。

克雷格摩尔的起源

史密斯在 1869 年创立克雷格摩尔前已累积了丰富的行业经验，他曾担任过多家酿酒厂的管理者，也曾以租赁方式经营过格兰花格。

史密斯当时聘请了爱琴镇的查尔斯·多依格（Charles Doig）来设计自己位于斯佩河旁的酿酒厂，并于 1901 年酿酒厂现代化改造时再次合作。直到 1932 年，酿酒厂一直由史密斯家族运营指导。4 年后，DCL 拥有了酿酒厂 50% 的所有权，另一半则归白林达罗庄园的乔治·麦克弗森·格兰特（George Macpherson-Grant）爵士。一直到了 1965 年，在酿酒厂添置了两台新蒸馏器，产能翻倍后，DCL 才将酿酒厂完全收购。

1988 年，DCL 进行了重组并成立了联合酿酒集团后，将克雷格摩尔 12 年作为地区的代表单品选入了他们的"经典麦芽系列"（Classic Malts）。虽然，克雷格摩尔长期以来一直是顶级调配威士忌不可或缺的原酒，同时酿酒厂出品的单一麦芽威士忌

克雷格摩尔酿酒厂的选址在原来斯特拉斯佩铁路旁边，该铁路路线于 1968 年停止运营。

克雷格摩尔 12 年

也很受欢迎，但很多人士对于酿酒厂在跟格兰爱琴及慕赫这样的大厂竞争中能脱颖而出表示惊奇。

生产工艺

克雷格摩尔60小时的发酵时长赋予了单一麦芽威士忌独特的风味，帝亚吉欧公司的安迪·坎特（Andy Cant）提到，"我们稍微延长发酵时间，就能呈现克雷格摩尔独特的轻盈花果香。"

但最终决定酒体风格的还是克雷格摩尔的蒸馏工艺。坎特介绍，"初次蒸馏器的林恩臂角度倾斜朝下接入虫管冷凝器，减少了蒸汽和铜的接触。二次蒸馏器的T型顶部设计能够使酒液更好的回流。因此，初次蒸馏所获得的酒液会有些许'厚重'感，经过二次蒸馏后，酒体会变得轻盈。克雷格摩尔的'厚重'感和肉脂感是最令人向往的酒体特性，为了避免酒体过于单薄，酒液不会在二次蒸馏器里停留太长的时间。酒液在蒸馏器里快进快出，避免酒和铜过多的接触。正是酿酒厂特有的发酵和蒸馏的工艺，让克雷格摩尔的酒有更多风味上的层次感。"

品鉴笔记

克雷格摩尔12年

单一麦芽威士忌，40% ABV。香气：馥郁的雪莉酒、奶油太妃糖、坚果、石楠花、烟熏和混合果皮的香味。口感：麦芽、杏仁、草本和果香。余味适中，带有轻微的胡椒烟熏味。

克雷格摩尔21年（2010年限量版）

单一麦芽威士忌，56% ABV，原桶强度，美国橡木桶熟成（限量5856瓶）。香气：橙子、奶油、扁桃仁糖及麦芽逐渐化为糖蜜的香气。口感：新鲜的柑橘类水果味，然后甜感逐渐消失化为橡木的味道。姜和甘草的余韵留香于口齿之间。

克雷格摩尔"酿酒师精选"（1997年装瓶）

单一麦芽威士忌，40% ABV，二次波特桶熟成。香气：蜡脂和花香混合了新鲜水果、香草和一缕烟熏味。口感：丰富的油脂感带着烟熏、麦芽、橙子和香料的味道。余味带着香蕉和橡木味，甜感逐渐消散。

克雷格摩尔俱乐部

虽然克雷格摩尔酿酒厂距离繁忙的A95公路不远，但这里的环境却十分宁静。这家酿酒厂有着白色的墙面和石板瓦搭成的屋顶，是非常古典的建筑风格。

除了常规的克雷格摩尔酿酒厂参观，游客也可以报名参加他们的"风味之旅"。游客可以在不常对外开放的克雷格摩尔俱乐部里品尝3款独特风格的单一麦芽威士忌，并感受这家酿酒厂的历史风貌。同属于帝亚吉欧公司旗下的卡杜酿酒厂全年都可参观，但克雷格摩尔只在4-11月开放。

克雷格摩尔21年

克雷格摩尔"酿酒师精选"

格兰多纳

所有权：本利亚克蒸馏有限公司
创始年份：1826 年　**产量**：140 万升

格兰多纳（GlenDronach）酿酒厂的故事是个经典案例，它给大家展示了一个小公司是如何从跨国企业手里收购曾经的知名酿酒厂，并让将它起死回生的故事。詹姆斯·埃勒代斯（James Allardice）和他掌管的由本地农民和商人组成的合作社，于1826 年创建了酿酒厂。1852 年，格兰多纳被第林可（Teaninich）的前任酿酒厂经理沃特·斯考特（Walter Scott）因产能扩增需求而收购，在他1887 年过世后，酿酒厂所有权转至利斯的一个公司手中。

格兰多纳的知名收购

格兰多纳和两个苏格兰威士忌名门——格兰特（Grants）家族及蒂彻（Teachers）家族有着不可分割的历史渊源。查尔斯·格兰特（Charles Grant）是格兰菲迪创始人威廉·格兰特（William Grant）的第 5 个儿子，在 1920 年收购了格兰多纳。之后，格兰多纳于1960 年被蒂彻家族收购，然后又在1976 年卖给了联合啤酒公司。格兰多纳在 1996—2002 年很不幸地暂时关闭，直到 1996 年停止运营前，虽然产能慢于其他酿酒厂，但格兰多纳还维持使用地板发麦的制作工艺。格兰多纳同时也是苏格兰最后仍在使用煤火蒸馏技术的酿酒厂，但因安全缘故，格兰多纳于 2005 年被芝华士兄弟公司收购时，将煤火蒸馏技术改成了蒸汽工艺。格兰多纳被纳入芝华士兄弟旗下后并没有完成很好的产品规划与融合。由于集团收购的品牌过多，对格兰多纳的运营分身乏术，导致品牌一直不见起色。于是在众人意料之中，2008 年 8 月，格兰多纳被卖给了业内知名度不高的本利亚克蒸馏有限公司。本利亚克蒸馏有限公司之前已有过重新打造自己的单一麦芽威士忌的成功案例，对格兰多纳的收购让当时公司的管理人比利·沃克（Billy Walker）找到了能帮助本利亚克打造完整产品线的"重雪莉"利器。

格兰多纳的重生

"格兰多纳一直是当前单一麦芽威士忌市场上的重磅选手，我们关注它很久了。"沃克介绍到。这位专家将本利亚克名字调整的方式复制到了格

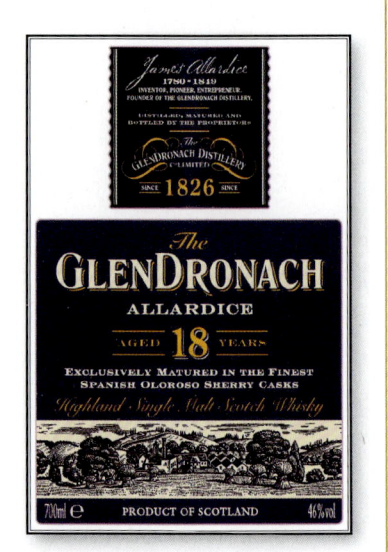

格兰多纳 18 年 "埃勒代斯"

格兰多纳 12 年 "有机"

兰多纳身上，将原来 Glendronach 里面的"d"改成了大写。"这个威士忌现在焕发出了它应有的光彩，"沃克继续提到，"我们刚开始接手时，格兰多纳只有一个产品，我们让品牌彻底焕新。同时我们引进了新的木桶管理方式，丰富了产品线，让威士忌的酒体变得更有力量了。"

有一部分的新酒会在二次雪莉桶里熟成，但绝大多数的酒会在波本桶陈年后再转至雪莉桶熟成。当初酿酒厂被收购时一共有将近9000桶原酒，酿酒厂也就此启动了将50%的原酒转成欧罗索雪莉木桶熟成的计划。现如今，格兰多纳已经成了格兰花格、麦卡伦和大摩强而有力的竞争对手。

格兰多纳产品线

酿酒厂被收购后陆续推出了格兰多纳12年、格兰多纳15年，格兰多纳18年的核心产品，以及格兰多纳33年的5个不同单桶的限量版。12年的产品经过欧罗索雪莉桶的熟成，而15年、18年的产品全部都在欧罗索雪莉桶完成熟成。在2010年，格兰多纳推出了31年的单一麦芽（取代了原来的33年），还推出了庆祝游客中心开幕的1996年单桶单一麦芽威士忌和将近11款年份威士忌，以及4款用了不同木桶熟成的酒款。

这些木桶也都是首次在熟成的工艺上被使用，例如苏玳桶（Sauternes）、莫斯卡特尔葡萄酒桶（Moscatel）、茶色波特桶（tawny port）及新橡木桶。之后酿酒厂又推出了11款年份威士忌，并新增了21年单一麦芽威士忌到酿酒厂的核心产品系列中。

品鉴笔记

格兰多纳12年"有机"
单一麦芽威士忌，43% ABV，里奥哈葡萄酒桶和欧罗索雪莉桶熟成，非冷凝过滤。香气：圣诞蛋糕的香甜。口感：丝滑的雪莉酒、橡木桶、水果、杏仁和香料的味道。香甜的口感初见褪去，呈现出坚果和黑巧克力的微苦余味。

格兰多纳14年"新橡木桶陈酿"
单一麦芽威士忌，46% ABV，非冷凝过滤。香气：轻微的烟熏和橡木桶结合了香蕉、太妃派及可可粉的香气。口感：浓郁的香料、香草、早餐谷物麦片、榛子和锯木头时的味道。甜感逐渐变少，融合了姜的味道。

格兰多纳31年"宏伟"
单一麦芽威士忌，45.8% ABV，原桶强度，欧罗索雪莉桶熟成，非冷凝过滤。香气：麦芽、雪莉酒、姜和咖啡的香气。口感：雪莉酒和煮水果的味道。余味带有煤、蜂蜜、甘草和巧克力的味道。

街头营销

在格兰多纳酿酒厂的建设完工后，创始人詹姆斯·阿拉迪斯（James Allardice）携带酒前往爱丁堡去拓展市场，但当地的酒馆主人对他的商品都不感兴趣。传说他在吃了几次闭门羹后返回酒店，途中路过修士门时碰见了两位女士，并决定邀请她们举杯消愁。当两位女士要离开时，他把剩余没喝完的威士忌送给了她们。结果格兰多纳的好酒，很快传遍了爱丁堡街头，大量的旅舍咨询并纷纷下单。

格兰多纳14年"新橡木桶陈酿"

格兰多纳31年"宏伟"

格兰花格

所有权：J. 和 G. 格兰特有限公司
创始年份：1836 年　**产量**：300 万升

在苏格兰威士忌的产区中，和法国特级葡萄酒产区能画上等号的也只有顶级酿酒厂汇聚一堂的斯佩塞地区了。其中有两家酿酒厂以重雪莉风著称，一个是麦卡伦，另一个是则是格兰花格（Glenfarclas）。虽然麦卡伦可能是世界上最值得收藏的威士忌，最稀有酒款且价格非常高，但喜爱格兰花格的鉴赏家是为了自己消费和饮用而购买，而不是将酒封印起来期待它能升值。这一定程度上是与格兰花格的掌门人约翰·格兰特（John Grant）所提倡的企业理念相关，他目前是这家酿酒厂的第5代家族掌门人。按照家族传统，目前由他亲自担任该酿酒厂的品牌大使。

威士忌是用来喝的

约翰·格兰特认为，威士忌是用来喝的，并根据这个理念制定了格兰花格的价格。他反对目前将产品过度包装的趋势，在谈到 2010 年推出的格兰花格 40 年威士忌时，他说："这是一款大家都能消费得起的酒，因为它没有过度包装，它只是装在一个普通的纸盒里，我们厂几乎都是这样的纸盒。我们赚取合理的利润，而我更希望人们品尝它而不是仅仅用于收藏。我认为我们应该禁止所有的二次包装，从碳排放角度来看，纸盒、圆筒纸盒等材料都不应该使用。如果你买一瓶拉图酒庄或同级别的酒，不管这瓶酒有多贵、多知名，你得到的就是一瓶贴了酒标的酒。为什么苏格兰威士忌行业要搞这种买椟还珠的事情？"

格兰花格酿酒厂是由罗伯特·海伊（Robert Hay）于 1836 年在白林达罗镇建立的，直到 1865 年才被格兰特家族收购。

之后又过了 5 年，格兰花格酿酒厂才由 J. 和 G. 格兰特有限公司正式运营。约翰和他的儿子乔治最初将酿酒厂租给了约翰·史密斯，直到他离开并在附近建立了克雷格摩尔酿酒厂。从那时起，格兰特家族成员就一直运营着酿酒厂，期间经历了许多行业起伏。

格兰花格"175 周年"

格兰花格 10 年

独立运营

"独立运营的最大优势在于我们可以从长远发展的角度出发，做出长期的战略规划，"约翰·格兰特说到，"我们不需要面对那些糟糕的人，他们只在乎更高的股价和更多的分红，而从不关心如何实现它，我们没有这种负担。"

因为看重长期战略，格兰花格的酿酒厂库房里储备了让任何一个酿酒师都会羡慕不已的老酒库存。

对生意的长期战略规划也解释了格兰花格为什么使用欧罗索雪莉桶，而不是波本桶。如果为了满足股东的短期分红及利益而采取限制成本的措施，那只用波本桶即可。因为一个好的欧洲雪莉桶的价格可能是美国橡木桶的 10 倍。

我们今天看到的格兰花格酿酒厂，位于辽阔的山谷里，旁边挨着往返亚伯乐和格兰镇的 A95 公路。酿酒厂是在战后修建的，并在 1960 年增加了两台蒸馏器，后来又在 70 年代中期的一次扩建计划添加了两台蒸馏器。

酿酒厂持续地生产优质雪莉桶威士忌，也经常引来那些觊觎格兰花格酿酒厂的竞争对手。约翰·格兰特说："经常有酿酒厂来找我提收购的事，但我都回绝了，我们掌握着自己的命运，我们全方位把控酿酒厂的运营，连装瓶都是在爱丁堡附近自己的车间来完成。除非我死，要不然酿酒厂永远不卖，我希望它能够一直传承下去。"

格兰花格的产品线

从 10 年到 50 年的单一麦芽威士忌，格兰花格拥有极为丰富的产品线。这要归功于约翰·格兰和他的父亲乔治，从 70 年代中期就开始推广格兰花格的单一麦芽威士忌。格兰特说到，"到 1979-1980 年，我们已有足够的老酒库存来推出 15 年的产品，而到了 80 年代，我们推出了 21 年的产品。80 年代末，我们又上市了 25 年和 30 年的酒。现在，我们能够提供 40 年的产品，作为核心产品系列的一部分。"

2007 年，酿酒厂推出了极具颠覆性和高收藏价值的"家族桶"（Family Casks）系列，其中包括 1952-1994 年间每年的格兰花格单桶产品。如约翰·格兰特所指出的，"我们能推出这样的产品是因为我们有原酒储备，而我们的许多竞争对手没

直火蒸馏

格兰花格拥有在斯佩塞区最大的蒸馏器，不同于其他蒸馏器，它们是通过天然气直火加热，而不是蒸汽。据公司董事长约翰·格兰特说："我们曾经跟米尔顿杜夫（Miltonduff）借了一个蒸汽管道添置到我们的二次蒸馏器并运作了几个星期，结果酒液味道非常平淡。酒的特色、酒体的内核都发生了变化。你从直火蒸馏器中能获得独特的味道，但有许多威士忌从直火换到蒸汽加热后，这些风味都失去了。蒸汽蒸馏的效率更高，但不能把所有的酒都按同一种标准来蒸馏。"

斯佩塞区最大的直火铜制蒸馏器，为酒液增添了独特的风味。

有，道理非常简单。"

格兰花格在 2011 年庆祝了酿酒厂成立 175 周年，并推出了特别的纪念瓶装酒来纪念这一时刻。这个特别版的产品包含 1952 年蒸馏的老酒，这是目前酿酒厂拥有的最高年份的原酒，同时也包含了 1952 年之后 50 年里所蒸馏的老酒。作为酿酒厂庆祝活动的一部分，酿酒厂还发布了限量版的"庄主珍藏"（Chairman's Reserve），产品里包含了 20 世纪 60 年代期间蒸馏的 4 个单桶原酒。

品鉴笔记

格兰花格 10 年

单一麦芽威士忌，40% ABV，雪莉桶熟成。香气：雪莉酒、葡萄干、坚果和香料的香味，一丝烟味。口感：雪莉酒的味道，口感逐渐变成饱满的香甜。余味悠长，有坚果味，甜感逐渐消失。

格兰花格 40 年

单一麦芽威士忌，46% ARV，雪莉桶熟成。香气：浓郁，有甜雪莉酒、橘子果酱、新皮革和水果的香气。口感：酒体丰满，果香浓郁，黑咖啡和甘草的味道逐渐展开，余味有着悠长的香辛料味。

格兰花格"175 周年"

单一麦芽威士忌，43% ABV，雪莉桶熟成。香气：香草、麦芽糖和太妃糖的香气扑面而来。口感：蜂蜜、雪莉酒、肉桂、黑胡椒、旧皮革和橙子的味道，余味逐渐化成一丝可可的香气。

格兰花格 40 年

格兰花格 105 原桶强度

格兰花格 12 年

格兰花格 17 年

格兰菲迪

所有权：威廉·格兰特父子公司
创始年份：1886年 **产量**：1,200万升

有许多声称自己是威士忌老手的爱好者都认为格兰菲迪过于大众，并表示不屑一顾，就像很多开车的人对福特汽车的态度。但正如福特是制造精良、性能可靠的汽车一样，格兰菲迪实际上是一款非常好的威士忌。该品牌每年销量近100万瓶，占据单一麦芽威士忌销量世界第一的位置的时间比任何品牌都要长。

正如格兰菲迪酿酒厂的调酒大师布莱恩·金斯曼（Brian Kinsman）所说："有些人会说格兰菲迪过时了。但他们研究得越深入，就会越感激我们所做的一切。我们是许多其他单一麦芽威士忌的先驱。他们了解越多，就会越尊敬我们！"然而，金斯曼承认威士忌一直在蜕变。"我们保持了酿酒厂一贯的特点，以前的无年份威士忌进化成了我们现在的12年威士忌，而且味道比70年代时更加浑厚、丰富和立体。"

酿酒厂里的巨头

格兰菲迪目前拥有将近28台蒸馏器，分布在2个蒸馏室中。自威廉·格兰特创立酿酒厂以来，产能一直保持增长，曾经在一段时间里它的产能在达夫镇仅次于慕赫。酿酒厂的所有权至今未变。该公司现任董事长彼得·戈登（Peter Gordon），是威廉·格兰特的后代，也是家族的第5代掌门人。

作为苏格兰最大的家族运营企业，格兰特父子公司拥有格兰菲迪、百富和1990年创办的奇富。奇富主要为公司的"格兰特家族珍藏"（Grant's Family Reserve）品牌调配威士忌提供原酒，这是全球排名第4的苏格兰调配威士忌品牌。自1963年以来，格兰特家族还在艾尔郡海岸管理格文（Girvan）谷物威士忌酿酒厂及仓储库房。2007-2008年，这个家族又建造了一个新的、产能可灵活调度的麦芽威士忌酿酒厂，它被命名为艾尔萨湾，年产能为625万升。

格兰菲迪在1969年成为了苏格兰第一家对外开放参观的酿酒厂，至今酿酒厂已接待了超过300万名游客。

新增产品系列

布莱恩·金斯曼解释说："格兰菲迪的12年、15年、18年、21年和30年是我们的核心产品，另外还有40年和50年，每年都限量发售。12年、18年和30年的威士忌，完整地呈现了这条产品线上不同时间陈年酒的风格。除此之外，我们还有15年的产品展现了酿酒厂其他风格，其中包含一些在新橡木桶中成熟的威士忌，使酒变得更有蜂蜜味、更甜、更有香料味。"格兰菲迪15年威士忌的成分采用了索雷拉陈酿系统，这是雪莉酒陈酿的方式。木制的索雷拉酒桶会定期加满威士忌，以确保风味的稳定和质量。

金斯曼补充道，"格兰菲迪21年并不像你想象的那样，是18年的加强版。这是整个系列中风味最香甜的，它是通过使用美国橡木桶和一些西班牙橡木桶实现的。第3个'特色产品'是格兰菲迪的浓郁橡木桶（Rich Oak），由美国和西班牙橡木桶熟成，但它的味道还是非常有格兰菲迪的特色。"

雪凤凰涅槃

2010年，酿酒厂推出了一款名为"雪凤凰"（Snow Phoenix）的全新限量版酒款。2009-2010年的严冬对格兰菲迪的几个仓库造成了破坏，金斯曼从每个仓库中挑选了一些单桶原酒并将它们进行了调配，创造了"雪凤凰"，其中包含了年份为13-30年的原酒。金斯曼将其描述为"一款诞生于逆境中的格兰菲迪单一麦芽威士忌。"

品鉴笔记

格兰菲迪12年"特别珍藏"
单一麦芽威士忌，40% ABV。香气：花香和略带果味的香气。口感：麦芽香的口感优雅柔顺，迸发出丰富的水果味。余味带有坚果和一丝难以捕捉的泥炭味。

格兰菲迪30年
单一麦芽威士忌，43% ABV，欧罗索雪莉桶和波本桶熟成。香气：椰子、水果沙拉、橡木和雪莉酒的香气。口感：口感复杂，带有肉桂、生姜、橡木和黑巧克力的味道。余韵悠长，带有橡木的香甜。

格兰菲迪"雪凤凰"
单一麦芽威士忌，47.6% ABV，欧罗索雪莉桶和波本桶，非冷凝过滤。香气：凝结的奶油、田园水果和雪莉酒的甜美香气。口感：脂香，融合了成熟的苹果、蜂蜜、红糖、速溶咖啡和烟熏味。余味悠长，雪莉酒的味道逐渐转甜。

格兰菲迪15年，威士忌在全新的橡木桶里熟成让酒体更加香甜，多了蜂蜜和香料的口感。

苏格兰产区

家族企业

格兰菲迪酿酒厂在1886-1887年成立的故事无论怎么看都令人惊叹。鞋匠、石灰厂员工、慕赫酿酒厂经理，威廉·格兰特的履历如此传奇。最终与他的5个儿子齐心协力在达夫镇的郊区建立了自己的酿酒厂。酿酒厂的建立很大程度上要归功于卡杜酿酒厂低价转让出来的二手蒸馏设备。最终，威廉·格兰特以一个非常低的成本建立了格兰菲迪。

格兰菲迪"雪凤凰"   格兰菲迪12年"特别珍藏"   格兰菲迪30年

51

格兰冠

所有权：金巴利集团

创始年份：1840 年　产量：590 万升

格兰冠（Glen Grant）是苏格兰唯一一家直接以创始人的名字命名的酿酒厂。约翰·格兰特和詹姆斯·格兰特（James Grant）于1840年建立了这座酿酒厂。1872年，酿酒厂由詹姆斯·格兰特同名的儿子继承。

小詹姆斯是一位精明的商人，非常出色地继承了他父亲和叔叔的工作，将格兰冠发展成为当时最大的酿酒厂之一。

虽然小詹姆斯性格很保守，但他在格兰冠的花园里引进并种植了许多在苏格兰北部见不到的植物品种。参观过酿酒厂的游客都会对美丽如画的花园溪流旁的威士忌库房印象深刻。这个设施是由小詹姆斯亲自安装的，让花园漫步变得不那么枯燥。令访客无比惊艳的是，参观过程中小詹姆斯会打开库房，拿出一瓶格兰冠供客人品尝。如果需要，他也会盛一杯溪流里清澈的水一并提供给访客品尝。

格兰冠扩建

1897年，威士忌正处在维多利亚时代的鼎盛时期，为了增加产能，小詹姆斯在罗斯镇的主干道旁边建造了格兰冠的2号酿酒厂。2号酿酒厂后来更名为凯普多尼克（Caperdonich），该酿酒厂于2010年被拆除。

1973年，酿酒厂从4台蒸馏器增加到了6台，又在1977年从6台增加到了10台。2001年，芝华士兄弟公司收购了格兰冠，最终在2006年酿酒厂和品牌一并出售给了意大利的饮料公司金巴利集团。

意大利风格

金巴利集团做出的第一个且最正确的决定就是找来了丹尼斯·马尔科姆（Dennis Malcolm）来管理他们新收购的酿酒厂。没有人比马尔科姆更了解格兰冠，马尔科姆出生在酿酒厂，他的父亲是蒸馏师，而他的祖父也曾从事糖化管理师和蒸馏师的工作。马尔科姆于1961年开始在格兰冠工作并担任制桶学徒，在后来的职业生涯中他一直

格兰冠单一麦芽威士忌

格兰冠 25 年

格兰冠 1955 年戈登-麦克菲尔公司

和酿酒厂打交道。

"金巴利集团收购格兰冠是因为他们想要拥有一个顶级的烈性酒品牌。格兰冠在意大利拥有大量粉丝。从产量的角度，它是苏格兰单一麦芽威士忌的天花板，"马尔科姆提到。关于烈性酒，他提及，"首次蒸馏器有点像'德制头盔'，避免酒液里的固体在蒸馏器内堆积。蒸馏器的过滤设备在持续运作时会提高酒的回流率，使酒液变得轻盈和细腻。使用木制的发酵槽也会让酒液增添不少特色。"他补充道，"我们现在生产的所有烈性酒用于格兰冠单一麦芽威士忌的装瓶，雪莉桶使用的百分比大概在10%，主要用于 10 年和 16 年的产品。"

格兰冠的酒

在金巴利集团的运营下，酿酒厂已推出了许多限量版和单桶装瓶的威士忌。集团于 2012 年推出了非冷凝过滤原桶强度的"酿酒厂限定版"。核心产品包括"少校珍藏"（The Major's Reserve），专供意大利市场的 5 年、16 年和 25 年酒款。

尽管格兰冠的酒体风格轻盈和充满活力，但丹尼斯·马尔科姆说："就因为我们大部分的威士忌比较轻盈，并不代表我们的酒就撑不起长期的陈年。熟成之后的酒口味非常精彩。当它经过雪莉桶熟成后，会展现非常浓厚和复杂的口感。"

罗斯镇收留的孤儿

小詹姆斯是个特别典型的维多利亚时代的地主，在后来的生活中，他还是一位富有激情的运动员，热爱射击、钓鱼和户外狩猎。1898年，小詹姆斯在一次野外探险时救了一名孤儿，并决定带回罗斯镇收养。小詹姆斯给他取名为比亚瓦·马卡拉加（Biawa Makalaga）。比亚瓦后来在罗斯镇上学，长大后当了小詹姆斯的管家。在小詹姆斯过世后，他一直住在格兰冠庄园，直到1972年去世。

小故事

格兰冠"少校珍藏"

品鉴笔记

格兰冠"少校珍藏"

单一麦芽威士忌，40% ABV。香气：香气在鼻尖优雅地绽放，带有温和的香草、麦芽、柠檬和湿润叶子的味道。口感：非常突出的麦芽和香草味，以及柑橘类水果和榛子的味道，余味轻盈。

格兰冠 1955（戈登-麦克菲尔公司）

单一麦芽威士忌，40% ABV，雪莉酒桶熟成。香气：浓郁的雪莉酒，带有生姜、蜂蜜、柑橘类水果、香料和橡木炭的香气。口感：辛辣，略带烟熏味，带有非常干的雪莉酒和橙子味。余味悠长充满香料味，带有一丝茴香味。

格兰冠 25 年

单一麦芽威士忌，40% ABV，初次与二次雪莉桶熟成。香气：带有桃子、太妃糖、磨损的皮革和茶叶的味道。口感：饱满，带有草莓、成熟的李子、香料和橡木味。余味短，带有生姜和橡木味。

格兰威特

所有权：芝华士兄弟公司

创始年份：1824 年　产量：1,050 万升

格兰威特（Glenlivet）是世界上最知名的苏格兰威士忌酿酒厂之一，它的单一麦芽威士忌销量仅次于格兰菲迪，排名全球第二。格兰威特一直野心勃勃想要拿下榜首，而为此针对原酒储备做了长期的规划。酿酒厂深知要打赢威士忌行业的竞争对手，要拼的是"粮草"的储备。因此，在 2008-2009 年，格兰威特耗资巨款进行了扩建，增加了一个全新的生产车间，其中新增设备包括一个极具现代化的糖化桶、8 个发酵槽和 6 台新蒸馏器。新的生产线使酿酒厂的产量翻了 1 倍，按产量排序，格兰威特现在只排在帝亚吉欧公司的茹瑟勒（Roseisle）和前面提到的格兰菲迪之后。格兰威特在它漫长的历史里，曾经为了一些不太理想的生产设施付出了代价，但后来快速的市场增长所带来的收益，为这家酿酒厂前期的投入带来了应有的回报。

在创新中传承

格兰威特的首席蒸馏师艾伦·温彻斯特（Alan Winchester）是土生土长的斯佩塞人。1975 年，他在格兰花格开始了他的第一份工作。"格兰威特在 20 世纪 60 年代进行扩张改造时舍弃了很多原有的特色，"温彻斯特解释说，"因此当我们扩建新的生产车间时，我们决定风格复兴，同时可以让外面的人透过玻璃看到里面的蒸馏器。我们拟定的风格基本和老酿酒厂保持一致，建材使用了本地的石头。我们知道如何在新的生产车间里完美复制格兰威特的威士忌风格，我们安装了和老酿酒厂一样的木制发酵槽，蒸馏器也是复刻了酿酒厂 19 世纪的经典设计。"

史密斯的格兰威特

格兰威特在政府于 1823 年颁布了翻天覆地的《消费税法案》后成了第一家获得许可的酿酒厂。酿酒厂的主人乔治·史密斯（George Smith）及他的家人从 1774 年以来一直在自家的农场中蒸馏威士忌，距离今天的格兰威特酿酒厂大约 1.6 千米。

1840 年，乔治·史密斯在托明多附近的德尔纳博租下了凯恩戈姆（Cairngorm）酿酒厂，旧的酿酒厂交给了他的儿子威廉来管理。然而，当时市场对史密斯家族生产的威士忌的需求开始暴增，于是在 1858 年，全新的格兰威特酿酒厂建设完毕。两处旧酿酒厂在次年暂时运营。

将近一个世纪，酿酒厂一直为家族式运营。后来，加拿大的施格兰公司于 1977 年收购了该酿酒厂。2001 年，格兰威特被保乐力加集团的子公司芝华士兄弟公司从施格兰公司手中收购。现在的

格兰威特酿酒厂周围的壮丽景色让游客又多了一个来参观的理由。

格兰威特 12 年

格兰威特成为了苏格兰威士忌系列中最闪亮的一颗星。

命名的艺术

芝华士兄弟公司的管理人一直坚持酿酒厂保留"Glenlivet"的名称。这个名称来源于1880年约翰·戈登·史密斯（John Gordon Smith）发起的一场法律诉讼。当时有许多酿酒厂的地理位置并不在格兰威特所在的峡谷，但却滥用这个产品的地理标志。

历史上确实有很多酿酒厂试图利用格兰威特的名气搭顺风车，将自己包装成来自峡谷的威士忌，以致在19世纪下半叶，格兰威特所在的峡谷，被戏称为"苏格兰最长的峡谷"。

但最终法院裁定，只有史密斯的格兰威特酿酒厂才可以使用"The Glenlivet"这个名字，而所有其他酿酒厂只能使用"Glenlivet"作为带连字符的前缀或后缀。

今天的格兰威特

酿酒厂的核心产品覆盖了从12至25年的单一麦芽威士忌，其中包括15年的"法国桶"（French Oak）、18年、21年的"档案馆"（Archive）和"XXV"。2007年推出21年单一麦芽威士忌是现在核心产品里年份最高的酒。另外酿酒厂还有"格兰威特窖藏系列"（Glenlivet Cellar Collection）的稀缺酒款，旗下的"Nàdurra"则是格兰威特经典款的非冷凝过滤、桶装强度的版本。这是一款无年份威士忌，不同装瓶批次对应不同的酒精度。"Nàdurra"在盖尔语中代表"自然"。

品鉴笔记

格兰威特12年

单一麦芽威士忌，40% ABV。香气：充满了蜂蜜和花香。口感：酒体轻盈，口感顺滑，带有麦芽和香草的甜味。余味悠长而精致。

格兰威特16年"自然"

单一麦芽威士忌，55.1% ABV，美国橡木桶熟成，原桶强度，非冷凝过滤。香气：花香、果香、奶油味，带有香草和温和的香料味。口感：果香和花香持续在口腔里迸发。余味带有干燥的橡木和坚果的味道。

格兰威特"XXV"

单一麦芽威士忌，43% ABV，初次雪莉桶熟成（过桶时间约两年）。香气：雪莉酒、樱桃蛋糕、葡萄干和英式早餐茶的香气。口感：口感浓郁，带有坚果、香料和葡萄干的味道。余味转为干燥的橡木味。

格兰威特"XXV"

一触即发的枪

格兰威特位于斯佩塞的一个偏远地区，这里曾经非法酿制的威士忌的数量和质量而闻名。当决定遵循法律法规来运营酿酒厂时，酿酒厂创始人乔治·史密斯发现自己成了同行嘴里的叛徒。当时亚伯乐的地主送给了他一把手枪用于自卫。正如史密斯后来回忆的那样，"我雇了两三个彪形大汉，给他们每人发了一把手枪，让全部的人都知道我会与我的酿酒厂共存亡。"酿酒厂就这样坚强地活了下来。

格兰威特16年"自然"

格兰莫雷

所有权	马提尼克岛集团
创始年份：1897 年	产量：230 万升

如何避免与知名大型酿酒厂产生直接的竞争，格兰莫雷（Glen Moray）酿酒厂树立了一个好的榜样。而它现在的所属的公司打算发挥出酿酒厂最大的优势。

产能优先

这家来自斯佩塞区爱琴镇的酿酒厂，在原来格兰杰有限公司（以下简称"格兰杰"）的管理下，一直是二流酿酒厂的水平。超市里格兰莫雷的售价（按每升来算）和高品质的调配威士忌基本持平。尽管最初被法国公司马提尼克岛集团收购时，酿酒厂的一些老员工十分担心自己好不容易打造的单一麦芽产品，最后会被拿去跟公司的其他酒款混合成调配威士忌，幸运的是，对于现在的格兰莫雷来说这都不是个问题。

如酿酒厂经理格雷汉姆·库尔（Graham Coull）所说："格兰莫雷其实作为公司的单一麦芽威士忌品牌，得到了更多的重视。格兰莫雷现在产能全开，我们目前也在规划酿酒厂的扩建方案。我们 50% 以上的产量用于生产单一麦芽威士忌，25% 用于我们自己调配威士忌，而剩下的 25% 我们拿去跟合作方置换其他酿酒厂的原酒用在我们的调配威士忌里。"

酿酒厂现在可以选择在原来巴斯盖特（Bathgate）附近的谷物酿酒厂旁边建造新的单一麦芽酿酒厂。从 2004 年起，威士忌的调配和装瓶都在谷物酿酒厂里完成，而不是从苏格兰运输到法国后再进行本地装瓶。

泥炭味的探索

虽然与其他几家苏格兰酿酒厂一样，格兰莫雷几乎不生产泥煤风格的产品，但现在格兰莫雷每年在极短时间内会生产小批次的重泥煤威士忌。"现在酿酒厂年产仅有不到 9% 的威士忌是泥煤味的，"格雷汉姆·库尔提到，"2012 年是我们探索泥炭风格的第三年，产量几乎与去年保持不变。绝大多数的原酒将用于我们自己的威士忌调配，但我们也会将一部分原酒拿来陈年，看看酒液会有什么变化。"

格兰莫雷 10 年"霞多丽桶"

格兰莫雷"经典"

啤酒厂的经验

啤酒的酿造和威士忌的蒸馏密不可分，啤酒厂和酿酒厂的生产过程里都会用到谷物和纯净水，而威士忌在某种程度上就是蒸馏以后的啤酒。有许多酿酒厂的前身原先都是啤酒厂，其中就包括格兰杰，蒙特罗斯地区的洛克赛得（Lochside）及格兰莫雷。

格兰莫雷成立于 1897 年，当时斯佩塞区是威士忌行业发展的核心地区，而格兰莫雷从原来的业务中剥离了出来并单独成立了新公司进行运营。

后来苏格兰威士忌的"泡沫"破碎，引发了产能过剩的危机，冲击了广大酿酒厂并导致格兰莫雷在 1910 年停止了运营。除了 2 年后的短暂复苏，酿酒厂一直处于停顿的状态，直到 1923 年，它在新任管理者麦克唐纳·缪尔公司的旗下重新开张。这家总部位于利斯的公司当时旗下已有格兰杰，而当时该酿酒厂的经理在亚伯乐和格兰莫雷两者之间决定进行并购时，选择了后者。1958 年，格兰莫雷进行了重建，原来的地板发麦被替换成了萨拉丁箱，直到 1978 年格兰莫雷不再将发麦环节放在酿酒厂里完成。发麦环节外包出去一年后，酿酒厂添增了蒸馏器。

和法国的渊源

麦克唐纳·缪尔公司于 1996 年更名为格兰杰，之后于 2004 年被法国奢侈品集团酩悦·轩尼诗-路易·威登（以下简称"LVMH"）收购。

LVMH 在收购格兰杰后，对格兰莫雷十分重视，不光为酿酒厂建造了一个新的游客中心，也开始推出不同限量版和单一年份的产品。

2005 年，格兰莫雷推出了 1992 年原桶强度的"第 5 章"（The Fifth Chapter），而在 2003 年和 2007 年分别发布了两款广受好评原桶强度的限量版格兰莫雷"橡山"（Mountain Oak）。"橡山"威士忌采用了 1991 年的原酒，使用的木桶是酿酒厂"优选来自北美深山并特殊烘烤过的橡木桶"。酿酒厂有许多的单一年份的威士忌，迄今为止最高年份的威士忌于 1962 年蒸馏，属于酿酒厂的"经理选择"系列。

尽管格兰莫雷采取了许多创新的运营方式，但在 2008 年，LVMH 决定出售该酿酒厂，同时不再经营苏格兰调配威士忌的业务，以专注于雅伯

（Ardbeg）和格兰杰两个单一麦芽威士忌品牌。格兰莫雷的所有权则是换到了另一家法国饮料公司手上。

不同于 LVMH 的管理层对于华丽品牌的偏好，马提尼克岛集团选择了低调多的格兰莫雷。如果你翻开其他的威士忌书籍，在里面你是找不到有关于这家公司位于巴斯盖特地区的酿酒厂的相关信息的。酿酒厂现在每年的产能高达 2500 万升，全部的原酒都用于马提尼克岛集团在法国最畅销的"格兰特纳"（Glen Turner）麦芽威士忌和"酒标 7"（Label 7）调配威士忌，这 2 个威士忌品牌在海外市场也有很高的知名度。

今天的格兰莫雷

现在格兰莫雷的核心产品包括 12 年和 16 年的"经典"，这两款酒取代了原来的酒款。2011 年酿酒厂发布了波特桶和马德拉桶的威士忌，以及霞多丽葡萄酒桶熟成的 10 年威士忌。2012 年酿酒厂推出了一款 2003 单一年份白诗南葡萄酒桶桶熟成、原桶强度的威士忌。

格兰莫雷 8 年

格兰莫雷"波特桶"

格兰莫雷 16 年

品鉴笔记

格兰莫雷"经典"

单一麦芽威士忌，40% ABV。香气：清新，带有大麦、湿润的青草和温和的水果香气。口感：口感平衡而温和，带有坚果、柑橘类水果和橡木的味道。余味散发柑橘香及带有一丝香料味。

格兰莫雷 16 年

单一麦芽威士忌，40% ABV。香气：干果、丁香和淡淡的皮革香气。口感：口感油润、香甜、饱满，带有脆太妃糖和橡木桶单宁的味道。余味持久平稳，带有坚果和温和的香料味。

格兰莫雷 10 年"霞多丽桶"

单一麦芽威士忌，40% ABV，在霞多丽葡萄酒桶中成熟。香气：闻起来有烤苹果和梨撒上了肉桂粉的味道。口感：口感绵柔，带有香草、肉桂和花香。余味平稳，果味浓郁，且带有香料味。

麦卡伦

所有权：爱丁顿集团
创始年份：1824 年　产量：875 万升

全球单一麦芽威士忌的销量，麦卡伦（The Macallan）位居第三，仅次于格兰菲迪和格兰威特。但如果提到威士忌里最尊贵的品牌，麦卡伦当之无愧。该品牌烈性酒品质的好口碑及在历届拍卖会上创下的纪录，无人可比。2010 年 11 月，一瓶 64 年的麦卡伦——该酿酒厂有史以来年份最高的威士忌，在纽约的慈善拍卖会上以极高的价格成交，打破了纪录，成为世界上最贵的威士忌。

联名合作

对于麦卡伦的爱好者，酿酒厂不间断推出的限量版，这些限量版很可能会随着时间的推移而升值，这吸引了很多的收藏家。"珍稀系列"（Fine & Rare）包括 1926-1989 年的单一年份威士忌，而"摄影大师"（Masters of Photography）系列则是和世界顶尖的摄影师联名推出的特殊酒款。

麦卡伦也曾经和皇室御用的家具品牌"林利子爵"（Viscount Linley）跨界推出了一款用英国毛刺橡木定制的威士忌酒柜，酒柜里含有 6 瓶酒，分别是 1937、1940、1948、1955、1966 和 1970 年份的麦卡伦单一年份麦芽威士忌。这套精品在伦敦哈罗德百货公司售卖，价格昂贵。

肯·格里尔（Ken Grier）是麦卡伦的麦芽威士忌产品总监，他提到了他们把麦卡伦打造成为高端和具有收藏价值的威士忌品牌的理念。"首先酿酒厂需要有传承、典故和信誉，"他说，"这些是为威士忌的价值背书的。其次，你的酒必须非常优质，而不仅仅是包装好看。同时你的品牌要做差异化，提供独特的价值。例如，当我们与摄影大师合作时，我们没有特别溢价。就是按"精选橡木桶"（Fine Oak）30 年的零售价和摄影成本加起来的总和来售卖的，你不能在价格上欺骗消费者。"

麦卡伦的传承

麦卡伦标志性产品单一麦芽威士忌于 1824 年诞生，当时该酿酒厂被租赁给了亚历山大·雷德（Alexander Reid），之后酿酒厂的所有权主要掌握在坎普（Kemp）家族手中，随后日本酒业巨头三得利集团（以下简称"三得利"）于 1986 年收购了麦卡伦-格兰威特公司（麦卡伦前身）25% 的股份。10 年后，高地蒸馏有限公司收购了麦卡伦酿酒厂其余的股票，之后在 1999 年酿酒厂被爱丁顿集团和威廉·格兰特父子公司合伙成立的 1887 公司所收购。

麦卡伦经过多年逐次扩建，现在经营着两个独立的生产车间，共有 21 台蒸馏器。麦卡伦长期以来在行业内以坚持使用雪莉桶熟成而闻名。但在 2004 年，麦卡伦决定双管齐下，推出了与"雪莉桶"（Sherry Oak）并行的"精选橡木桶"系列。这在当时是一个大胆且有风险的策略，但"精选橡木桶"雪莉桶和波本桶的双桶熟成卖点最终吸引了一大批全新的爱好者。"雪莉桶"系列包含从 10 年到 30 年的威士忌，而"精选橡木桶"则包括 10 年到 25 年的威士忌。在旅游零售渠道，酿酒厂还售卖"麦卡伦珍藏版 1824"，展现了麦卡伦的不同风格。

品鉴笔记

麦卡伦 12 年"雪莉桶"
单一麦芽威士忌，40% ABV，雪莉桶熟成。香气：丝滑的雪莉酒和圣诞蛋糕的香气。口感：丰富饱满，带有成熟的橙子和橡木味。余味悠长，带有麦芽味，淡淡的烟熏味和香料跟橡木混合的香气。

麦卡伦 12 年"精选橡木桶"
单一麦芽威士忌，40% ABV，雪莉桶和波本桶双桶熟成。香气：复杂而芬芳，有麦芽、杏仁糖和硬太妃糖的味道。口感：橘子果酱、牛奶巧克力和温和的橡木及香料跳跃般的味道。余味有着果味和香料味。

麦卡伦 25 年"精选橡木桶"
单一麦芽威士忌，43% ABV，西班牙雪莉桶、美国雪莉桶和美国波本桶三桶熟成。香气：格外明显的桃子和木质香。口感：香草、柠檬和椰子的味道与白葡萄、无花果和泥炭味相互融合。余味悠长，带有橙子、香料和雪莉酒的味道。

麦卡伦 30 年"雪莉桶"
单一麦芽威士忌，43% ABV，欧罗索雪莉桶熟成。香气：饱满成熟雪莉酒香气，带有香料和橘子的味道。雪莉酒带来奢华的圆润口感，蜂蜜、葡萄干和五香粉的味道。余味悠长，带有咖啡和纯巧克力的果味。

麦卡伦 30 年"兰金"
单一麦芽，43% ABV，西班牙雪莉桶、美国雪莉桶和美国波本桶三桶熟成。香气：带有柔软的雪莉酒、麦芽、蜂蜜和橙子味。口感：顺滑，带有麦芽、香草、桃子、橡木、蜂蜜和焦糖的味道。余味为太妃糖和橡木味。

麦卡伦 30 年"雪莉桶"

从大麦到装桶

麦卡伦酿酒厂的单一麦芽威士忌风格源自它的各项工艺。使用一定比例的酿酒厂专有大麦品种有助于生产出口味更醇厚带有脂感的酒体。酿酒厂的蒸馏器较小，而且蒸馏时间较长，大约只有16%的酒液会最后被装进橡木桶里。也只有这样醇厚带有脂感的酒液可以在长期熟成的过程中与雪莉桶的风味完美融合。麦卡伦的橡木桶严选于来自西班牙的为酿酒厂定制的雪莉桶，另外酿酒厂的美国橡木桶也是运送至西班牙在进行雪莉桶处理后才拿来使用的。

麦卡伦12年"精选橡木桶"　　麦卡伦25年"精选橡木桶"　　麦卡伦30年"兰金"

斯特塞斯拉

所有权：芝华士兄弟公司

创始年份：1786 年　产量：240 万升

和达尔维尼一样，斯特塞斯拉（Strathisla）应该是苏格兰在建设理念方面最有前瞻性的威士忌酿酒厂。从创立日期来看，斯特塞斯拉或许是苏格兰最古老的酿酒厂，拥有山清水秀的环境、独特尖塔造型的窑炉，甚至还有一个水车。它位于基斯镇的郊区，该镇还有另一个归帝亚吉欧公司运营的斯特拉斯米尔（Strathmill）酿酒厂。

米尔顿的开始

斯特塞斯拉的历史始于 1786 年，由亚历山大·米尔恩（Alexander Milne）和乔治·泰勒（George Taylor）创立，当时被命名为米尔镇（Milltown）。1825 年，酿酒厂被麦克唐纳·英格拉姆公司收购，正式更名为米尔顿。5 年后酿酒厂被出售给威廉·朗莫尔公司。斯特塞斯拉这个名字在 19 世纪 70 年代首次被采用，但在 1890 年又改回了米尔顿。

1940 年，伦敦的金融家杰伊·波默罗伊（Jay Pomeroy）从后来的威廉·朗莫尔公司手中收购了米尔顿酿酒厂。但他于 1949 年因逃税被判刑，成立的公司也因此宣布破产。

施格兰的出现

若干年后发生了一件改变酿酒厂命运的事件。詹姆斯·巴克莱（James Barclay）当时代表加拿大的施格兰公司和芝华士兄弟公司（芝华士兄弟公司当时仍属于施格兰公司的子公司）在拍卖会上买下了米尔顿酿酒厂。酿酒厂启动了一系列的翻新和扩建计划，而在 1951 年，酿酒厂的名称再次更名回斯特塞斯拉。

随着战后芝华士威士忌在北美的销量不断增长，该公司后来在斯特塞斯拉附近建造了一家名为格兰·凯斯（Glen Keith，现已停止运营）的酿酒厂，以增加麦芽威士忌的产量。到了 1965 年斯特塞斯拉的蒸馏器已从 2 台翻倍至 4 台。公司将最核心的生产基地放在了基斯镇，并在郊区建造了大片的仓库，可容纳 1 亿桶麦芽威士忌的熟成。同时所有的芝华士威士忌在运至格拉斯哥装瓶前，都会在这里完成最终的调配。

施格兰的扩张

1978 年，施格兰公司收购了格兰威特蒸馏有限公司，公司旗下又增添了许多知名的酿酒厂，如格兰威特，以及其他位于斯佩塞区为调配威士忌提供高质量原酒的酿酒厂。之后施格兰公司又于 1973 年建造了布拉佛（Braes of Glenlivet，后来更名为 Braeval）酿酒厂，两年后又建成了阿尔塔－布海尼（Allt-a-Bhainne）酿酒厂。如今，两家酿酒厂都为芝华士的调配威士忌提供了大量的基酒。

斯特塞斯拉及施格兰公司旗下其他烈性酒业务于 2001 年被保乐力加集团收购，后来成立了官方的"芝华士之家"。游客中心会在游客品尝芝华士 12 年时播放介绍视频，另外在参观结束前还有机会品鉴一次芝华士 18 年或是斯特塞斯拉 12 年单一麦芽威士忌。

芝华士

芝华士兄弟公司的调酒大师科林·斯科特（Colin Scott）说："凭借其在行业内久负盛名，斯特塞斯拉 12 年单一麦芽威士忌被业界誉为'鉴赏家们的秘密宝藏'。斯特塞斯拉酿酒厂已经销售了将近两个世纪的单一麦芽苏格兰威士忌，12 年的产品是一款酒体饱满，充满了香甜的果味、坚果和草本风味的酒，同时也是芝华士重要的基酒之一。芝华士兄弟公司拥有超过 600 万桶的高年份威士忌，用于高端的苏格兰调配威士忌，其中就包含了斯特塞斯拉的原酒。"

关于芝华士的风格，斯科特表示："它拥有辨识度极高的经典斯佩塞果香，这个风味主要是由斯特塞斯拉的基酒贡献的，同时它和其他基酒一起调配时酒体依旧饱满。另外用于斯特拉塞斯威士忌熟成的木桶也经过精挑细选。酒液经过陈年，会展现出我们想要的那些风味。"

高端市场

斯特塞斯拉的主要市场在苏格兰和瑞典，而芝华士遍布欧洲、亚太地区和美洲将近 150 多个国家和地区销售，整体年销量超过 5000 万瓶，同时也是欧洲高端苏格兰威士忌的头部品牌。芝华士的核心产品包含了 12 年、18 年和 25 年调和威士忌。斯特塞斯拉的核心产品为 12 年单一麦芽威士忌，

斯特塞斯拉 12 年

斯特塞斯拉 16 年"原桶强度"

富豪混搭

斯特塞斯拉酿酒厂的单一麦芽威士忌是芝华士的核心，是世界上最著名的优质苏格兰威士忌之一。该品牌的历史可以追溯到1801年的阿伯丁，当时威廉·爱德华（William Edward）开设了一家杂货店，后来詹姆斯·芝华士（James Chivas）于1836年加入。芝华士兄弟公司于1857年由詹姆斯·芝华士和他的兄弟约翰成立，在积累了威士忌库存后，他们开始酿造自己的威士忌。该公司后来赢得了供应商的声誉和苏格兰贵族的认可，并开始进行混酿以满足贵族对饮用更顺滑的威士忌的需求。"Chivas Regal"是他们的第3个也是最老的产品，于1909年推出，很快就在全球市场上销售一空。

特斯塞斯拉酿酒厂的外观极为美丽，有着马背型的房顶和塔型设计的窑炉。

但戈登-麦克菲尔公司旗下推出过许多该酿酒厂的单一麦芽产品，其中包含了该酿酒厂最高年份的于1949年蒸馏的威士忌。

品鉴笔记

斯特塞斯拉 12 年

单一麦芽威士忌，43% ABV。香气：雪莉酒、炖水果、香料和麦芽香气。口感：糖浆、太妃糖、蜂蜜、坚果、泥炭和橡木的味道。余味略带烟熏味，橡木味慢慢变得突出及带有一丝生姜味。

斯特塞斯拉 16 年原桶强度（1994 年蒸馏，2011 年装瓶）

单一麦芽威士忌，55.3% ABV，原桶强度，非冷凝过滤。香气：浓郁而诱人的蜂蜜、香蕉、香草、和肉豆蔻。口感：上述的味道特征延续至口腔中，带有一点木材和白胡椒的味道。果味余味特别悠长，带有香料味。

斯特塞斯拉 25 年（戈登-麦克菲尔公司）

单一麦芽威士忌，43% ABV，首次和二次雪莉酒桶熟成。香气：柔和、芬芳、黄油般的香气，带有一丝皮革味。口感：酒体饱满，带有雪莉酒、麦芽、李子和橡木的香味，以及丝滑的烟熏味。余味悠长，带有干燥的姜味和橡木味。

斯特塞斯拉 25 年（戈登-麦克菲尔公司）

芝华士 18 年，斯特塞斯拉经典的斯佩塞风味为芝华士调配威士忌贡献了果味和饱满的酒体。

阿德莫尔

所有权：金宾全球酒业集团
创始年份：1898 年　**产量**：520 万升

醍池公司为了能够确保旗下于 1863 年由威廉·泰瑟（William Teacher）推出的广受欢迎的高地奶油调配威士忌的基酒供应，于 1898–1899 年建立了阿德莫尔（Ardmore）酿酒厂。至今这个位于斯佩塞东部的酿酒厂仍在为这款调配威士忌提供基酒，这款威士忌也是目前在印度和巴西顶级的调配威士忌品牌。

酿酒厂和醍池的品牌由金宾全球酒业集团运营。阿德莫尔生产出的酒，泥煤值在 12–14 ppm。泥煤味曾经是斯佩塞酿酒厂的主流，但今天许多该地区的酿酒厂风格已转型。阿德莫尔多年来保持了它的烟熏特色，同时这种独特的风味也使醍池调配威士忌的味道更加饱满和富有特色。这款调配威士忌的麦芽威士忌比例高达 45%，且混合了将近 30 多种不同的麦芽威士忌，其中阿德莫尔是这款威士忌的主要基酒。

阿德莫尔从最初的 2 台蒸馏器逐渐增加到今天一共 8 台蒸馏器，并且它是少数使用煤炭直火蒸馏的酿酒厂之一，直到 2002 年才替换成了蒸汽加热的蒸馏设备。

在阿德莫尔酿酒厂的上空经常能看到飞过的苏格兰金鹰，它们也是酿酒厂的守护者。

新产品

2007 年之前，阿德莫尔的单一麦芽威士忌主要由独立装瓶商出品，但在 2007 年酿酒厂创新地推出了阿德莫尔"传统木桶"（Traditional Cask）。这款酒先在波本桶中熟成了 6–13 年，然后转至手工制作的 1/4 桶（quarter cask）中进行了第二次的熟成。这是一款无年份的酒，但透过 1/4 桶的小容量，让酒和木头充分接触后能使酒液变得更加熟成。2008 年，阿德莫尔也分别在英国和北美市场的免税店发售了 25 年和 30 年的限量款单一麦芽威士忌。

品鉴笔记

阿德莫尔"传统木桶"
单一麦芽威士忌，46% ABV。口感：甜美，脂感饱满。香气：伴随着香料、泥炭、烟草和香草的混合香气。加点水会释放出成熟的果实和泥煤味，余味悠长而醇厚。

阿德莫尔 21 年"SIGNATORY"
单一麦芽威士忌，59.2% ABV，单桶原桶强度，葡萄酒桶熟成，非冷凝过滤。香气：丰富的脂感和泥炭味，并带有五香粉和青草味。口感：具有浓郁的泥炭味、柑橘类水果和黑胡椒味。余味悠长并带有水果和泥煤味。

阿德摩尔 25 年
单一麦芽，51.4% ABV，原桶强度，非冷凝过滤。香气：泥煤、杏仁糖和奶油饼干的香气，逐渐化成樱桃的果味。口感：微咸，带有泥炭、香草和新鲜去皮的橙子味。余味带有泥土、盐和微妙的橡木桶味。

阿德莫尔 21 年"SIGNATORY"

阿德莫尔"传统木桶"

本利亚克

所有权：本利亚克蒸馏有限公司
创始年份：1898 年　**产量**：280 万升

在绝大多数的时候，本利亚克（Ben Riach）的名气一直被它的邻居朗摩（Longmorn）所掩盖。但风水轮流转，今天朗摩酿酒厂大部分生产的威士忌主要用于调配威士忌。本利亚克酿酒厂则是借由振兴计划近几年来推出了不同产品，开始在单一麦芽威士忌爱好群体中大放异彩。

本利亚克（酿酒厂原称一直未变）酿酒厂成立于 1898 年，但从 1900-1965 年酿酒厂一直处于暂停运营的状态，而朗摩在此期间一直"借用"它的地板发麦设备。从 1960 年代中期以来，酿酒厂维持了一段时间的运营，但在 2002 年再次被当时所属的保乐力加集团宣布暂停运营。

小而美

2 年后，本利亚克蒸馏有限公司由一个威士忌行业达人比利·沃克（Billy Walker）领导的公司接管，并于当年恢复了生产。

在新的管理团队运营下，酿酒厂效仿艾雷岛的布赫拉迪，保持了酿酒厂小而美的特色及生产小批次独特产品的灵活度。目前 12 年、16 年和 20 年的"斯佩塞之心"和 10 年的"泥煤味芮格兰单一麦芽威士忌"为酿酒厂的核心产品，同时酿酒厂还有 21 年的"重泥煤"，以及使用了泥煤橡木桶及其他 6 种不同橡木桶熟成的"Fumosus"系列。酿酒厂也曾经发布一些冷门的产品，例如 2010 年推出的 12 年 3 次蒸馏的"至点"（Solstice）系列。

品鉴笔记

本利亚克"斯佩塞之心"
单一麦芽威士忌，40% ABV，波本桶熟成。香气：浓郁的坚果、蜂蜜和香料味。口感：蜂蜜和香料的口感，带有一丝黑胡椒和熟橙子的味道。余味带有胡椒和橡木味。

本利亚克 10 年"泥煤味芮格兰单一麦芽威士忌"
单一麦芽威士忌，40% ABV。香气：先是有点特殊药水味，同时带有泥炭和焦油味，之后会品出柑橘类水果、蜂蜜和软橡木的香气。口感：带有烟熏味、甜味和果香。橡木桶融合了香料的味道，产生甜而绵柔的回味。

本利亚克 30 年
单一麦芽威士忌，50% ABV，先在波本桶熟成再转至欧罗索雪莉桶进行陈年，最后转至雪莉桶完成最后的熟成，非冷凝过滤。香气：葡萄干、巧克力、雪莉酒、肉桂和果脯的气味。口感：丰富、香甜、醇厚，带有雪莉酒、蜂蜜、烟熏橡木和姜的味道。余味带有麦芽和淡淡的橡木桶味。

本利亚克"斯佩塞之心"

本利亚克 10 年"泥煤味芮格兰单一麦芽威士忌"

本利亚克 30 年

格兰爱琴

所有权：英国帝亚吉欧公司
创始年份：1898 年　**产量**：170 万升

帝亚吉欧公司在苏格兰一共拥有 28 家酿酒厂，但它的策略不是把每家酿酒厂的单一麦芽威士忌作为主推产品，而是挑选一些带有产区风格和特点的酿酒厂作为公司单一麦芽威士忌的排头兵。除了大家耳熟能详的泰斯卡、卡杜、乐嘉维林和达尔维尼，集团旗下其实还有一些不为人知的宝藏酿酒厂，格兰爱琴（Glen Elgin）就是其中之一。格兰爱琴一直是受调酒师青睐有加的威士忌，并且是历史悠久的白马调配威士忌的重要基酒之一。2005 年，格兰爱琴的单一麦芽威士忌正式加入帝亚吉欧公司的经典产品行列里。

低调的经典

格兰爱琴一直是斯佩塞区较为低调的酿酒厂。它一共有 6 台较小的蒸馏器和传统木质虫桶来浓缩烈性酒。按逻辑这些设备生产出来的酒会有较为明显的风格，如酒体会较为饱满及口感丰富。但格兰爱琴却打破了这个模式，通过长时间的发酵和缓慢的蒸馏工艺，生产出了相对清爽而且带有果味的酒液。

格兰爱琴酿酒厂成立于 1898 年，于 1900 年 5 月正式投入生产，但当时威士忌行业正处于 50 年大萧条的惨淡时期，于是格兰爱琴在生产了 5 个月的威士忌后宣布停止运营。1930 年，酿酒厂由 DCL 子公司苏格兰蒸馏者公司（以下简称"SMD"）从格拉斯哥的一家公司手中收购，之后正式归入帝亚吉欧集团。

品鉴笔记

格兰爱琴"经理选择"

单一麦芽威士忌，61.1% ABV，单桶，原桶强度，在欧洲橡木桶中熟成（限量 534 瓶）。香气：脆太妃糖的香气，混合了葡萄干、李子和香料的气味。口感：酒体柔顺，带有橙子和桃子的味道，然后逐渐浮现出生姜和黑胡椒的香味。余味呈现出甘草的味道。

格兰爱琴 12 年

单一麦芽威士忌，43% ABV。香气：浓郁的雪莉酒、无花果、香料、蜂蜜和花的香气。口感：酒体饱满，绵柔，具有麦芽味，入口有蜂蜜的感觉并带有生姜和橙子味。余味持久并带有淡淡的香水味和橡木味。

格兰爱琴 32 年

单一麦芽威士忌，42.3% ABV，原桶强度。香气：蜂蜜、黑樱桃、核桃和轻微的烟熏味。口感：口感丰富，带有蜂蜜、成熟的橙子和烟熏味。余味甜度逐渐下降并呈现出坚果的味道。

格兰爱琴 12 年

格兰爱琴 32 年

格兰格拉索

所有权：格兰格拉索蒸馏有限公司
创始年份：1873 年　**产量**：110 万升

对于威士忌爱好者来说，没有什么比酿酒厂停止运作更令人感到悲伤的了。但还好，有些酿酒厂虽经历磨难但结局美好，格兰格拉索（Glenglassaugh）就是这样的酿酒厂。

格兰格拉索位于马里湾的南岸，酿酒厂除了仓库和存放麦芽的谷仓，主要建筑都是在 1957—1959 年建设的。格兰格拉索最初建于 1873—1875 年，连续运营了将近一个多世纪。从 19 世纪 90 年代起它被高地蒸馏有限公司收购，后来又成为爱丁顿集团的一部分。酿酒厂不易主并不代表能够持续的经营，在对酿酒厂完成了新的一轮投资建设后，格兰格拉索还是在 1986 年宣布暂停运作。

新的开始

格兰格拉索酿酒厂最终迎来了救世主，于 2008 年被急于拓展苏格兰威士忌业务的斯卡恩特集团看中，于该年初收购了格兰格拉索，新的管理团队拨出了预算用于酿酒厂设施的翻新。该年的 12 月 4 日，酿酒厂正式恢复营业。

现在格兰格拉索的核心产品包括 26 年、30 年和 40 年的单一麦芽威士忌。2009 年，酿酒厂推出一款极具实验性的未过桶的新酒，紧接着于 2011 年再推出了由斯卡恩特集团监制的 3 年单一麦芽威士忌。

品鉴笔记

格兰格拉索"新酒"

新酒（未经过熟成），50% ABV。香气：奶油、草坪和谷物的香气。口感：起初口感有些辛辣，随着时间推移缓慢浮现出脆太妃糖、果味和香料味。余味呈现出香甜的香料味。

格兰格拉索 26 年

单一麦芽威士忌，46% ABV，非冷凝过滤。香气：香草、肉桂、野生浆果和榛子的味道。口感：明显的果味，还有葡萄干、无花果和香料的味道，余味逐渐化为成熟的橙子且略带胡椒的味道。

格兰格拉索 40 年

单一麦芽威士忌，44.6% ABV，单桶，原桶强度，雪莉酒桶熟成，非冷凝过滤。香气：花香和草本的复杂混合香气，带有干果和磨损皮革的气味。口感：酒体饱满丰富，有干果、老橡木、肉桂和烤咖啡豆融合在一起的味道。余味有着令人愉悦的果味和橡木味。

格兰路思

所有权：爱丁顿集团／贝瑞兄弟-路德公司
创始年份：1878 年　**产量**：5.6 万升

作为一款麦芽威士忌，格兰路思（Glenrothes）一直在调酒师圈子中颇受好评，而且是斯佩塞区少数屡次被调酒师评为"顶级"的威士忌。格兰路思酿酒厂与顺风（Cutty Sark）和威雀（The Famous Grouse）两个调配威士忌品牌一直有着长期的合作关系，但自从酿酒厂易主至爱丁顿集团后，格兰路思将重心逐渐转为推广自己的单一麦芽威士忌。

不寻常的管理模式

该酿酒厂由麦卡伦酿酒厂员工的詹姆斯·斯图尔特（James Stuart）、爱琴镇律师约翰·克鲁尚（John Cruikshank）、银行家罗伯特·迪克（Robert Dick）和威廉·格兰特（William Grant）共同建立。酿酒厂位于基斯的公墓旁边，并在 1879 年 12 月生产了第一桶威士忌。之后由于财务问题，斯图尔特退出了管理团队，剩余的合伙人则联合成立了威廉·格兰特公司。

1887 年，这家公司与艾雷岛蒸馏酒业有限公司合并，新的公司更名为高地蒸馏有限公司，是爱丁顿集团的一部分。然而，酿酒厂的管理和运营方式较为特别，爱丁顿集团虽拥有酿酒厂的实体，但是格兰路思的品牌自 2010 年以来一直归贝瑞兄弟-路德公司管理。

品鉴笔记

格兰路思精造珍藏"精选珍藏"
单一麦芽威士忌，43% ABV，雪莉酒和波本桶熟成。香气：成熟的水果、香料和太妃糖，带着一丝金色糖浆的味道。口感：淡淡的木质香、香草、香料和微酸的口感。酒体柔滑和复杂，有轻微的坚果味和橙子味，余味甜度逐渐消散。

格兰路思"1998"
单一麦芽威士忌，43% ABV，约三分之一在欧罗索雪莉桶熟成，其余的在波本桶熟成。香气：蜂蜜、覆盆子的味道。口感：温和香甜，带有香草奶油冻、椰子和肉桂味。余味平衡，带有肉豆蔻的香味。

格兰路思"阿尔巴珍藏"
单一麦芽威士忌，40% ABV，波本桶熟成。香气：梨、丁香、椰子和白巧克力的诱人香气。口感：柔和平易入口，带有成熟的浆果和椰子味，余味优雅而甜美。

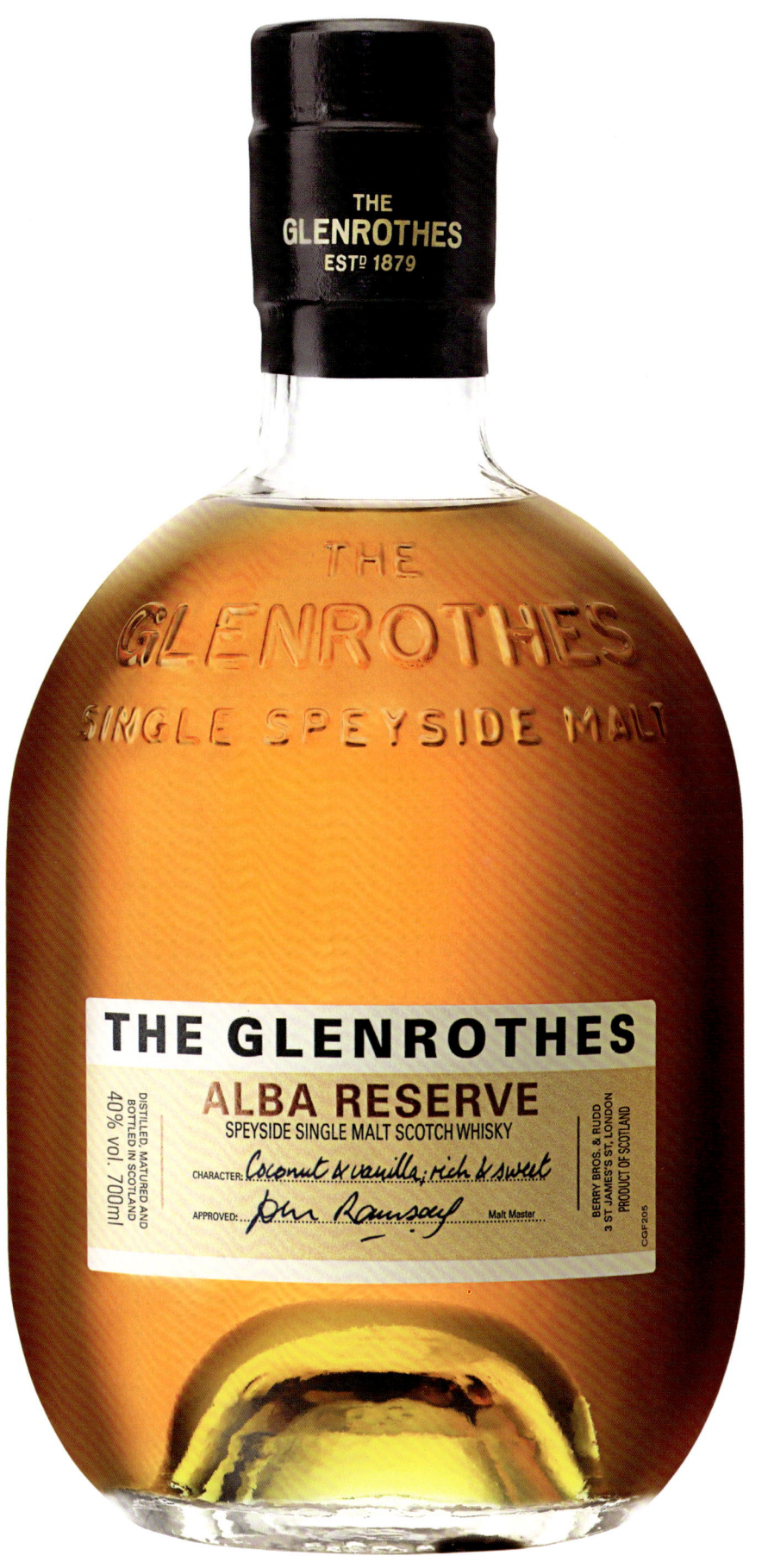

格兰路思"阿尔巴珍藏"

龙康得

所有权：英国帝亚吉欧公司

创始年份：1898 年　产量：130 万升

龙康得（Knockando）长期以来一直是珍宝酒业有限公司出品的（以下简称"J&B"）苏格兰调配威士忌的核心基酒，这款调配威士忌也是销量仅次于尊尼获加和百龄坛的世界排名第三的调配威士忌，尤其在法国、西班牙、葡萄牙、南非和美国格外受欢迎。

J&B"优选"是由 J&B 在禁酒令时代（1920-1933 年）专门为美国市场打造的，其白色的酒体和轻盈的口感很受当时人们的欢迎，在市场上一直是"顺风"的竞争对手。

诞生于威士忌热潮

龙康得酿酒厂的历史始于 1898-1899 年，它是在维多利亚时代威士忌行业繁荣时期的尾声建立的。酿酒厂运作了大概 10 个月就不幸被迫停止运作，并在 1904 年被杰彼斯以低价给收购了。

龙康得和 J&B 之间的关系可以追溯到 1962 年 W&A 格兰白有限公司和联合酒业贸易公司的合并。这两家公司合并后成立了国际酿酒集团，龙康得的产能也在这家新公司旗下于 1969 年通过两个新安装的蒸馏器得以翻倍。之后经过陆陆续续的收购与合并，龙康得和 J&B 两个品牌最终归入帝亚吉欧公司旗下。从 20 世纪 70 年代起，龙康得大部分的产品开始主推单一年份威士忌的概念，但后来酿酒厂在核心产品里还是保留了类似于 12 年单一麦芽威士忌供消费者选择。

品鉴笔记

龙康得 12 年

单一麦芽威士忌，43% ABV。香气：细腻而芬芳，带有一丝麦芽、旧皮革和干草的气味。口感：酒体饱满，柔顺。酒带有蜂蜜、姜和麦芽味。余味适中，带有麦片的味道和更多的姜味。

龙康得 21 年大师珍藏

单一麦芽威士忌，43% ABV。香气：淡淡的酵母香气，其次是蜂蜜、麦芽和炖水果的气味。口感：口感顺滑，带有麦芽的香味和一丝水果味。余味悠长，略带咸味，后面逐渐呈现出胡椒和香料味。

龙康得 25 年

单一麦芽威士忌，43% ABV，雪莉桶熟成。香气：抛光后的木头味，融合了新皮革和脆太妃糖的香气。熟透的香蕉和泥煤的味道逐渐呈现出来。口感：口感丰富，有糖和干果的味道。余味悠长，带有可可粉和单宁的味道。

龙康得 21 年"庄主珍藏"

龙康得 25 年

J&B"优选"

朗摩

所有权：芝华士兄弟公司（保乐力加）
创始年份：1894 年　产量：350 万升

在芝华士兄弟公司的品牌里，格兰威特是最知名的单一麦芽威士忌，斯特塞斯拉则是宣传门面担当，成了威士忌爱好者参观的"芝华士之家"，而朗摩（Longmorn）一直深藏不露地为调配威士忌提供优质的基酒。

朗摩是顶级的斯佩塞区酿酒厂，在调酒师们心目中一直享有很高的地位，早在 1897 年酿酒厂启动生产还不到 3 年时，就已经被一家著名的报社报道"朗摩从第一天起就受到了大批买家的青睐"。

朗摩酿酒厂由约翰·达夫（John Duff）及他的合伙人一起创办，但达夫于 1897 年经过一系列操作独占了公司控制权。而这个不太明智的举动，最后在第二年酿酒厂申请破产时拉下了帷幕，朗摩最终被詹姆斯·格兰特收购。酿酒厂一直处于私有制直到 1970 年格兰威特成立，之后在 1978 年由加拿大的施格兰公司收购。而朗摩作为施格兰公司旗下的品牌，随后在 2001 年被保乐力加集团的子公司芝华士兄弟公司收购。

朗摩一共有 8 台蒸馏器，而在 1994 年前，酿酒厂里的初次蒸馏器一直使用直火蒸馏的工艺，而在另一个隔间进行二次蒸馏时使用的则是蒸汽加热工艺。

朗摩 16 年

品鉴笔记

朗摩 16 年
单一麦芽威士忌，48% ABV，非冷凝过滤。香气：奶油、香料、太妃糖、苹果和蜂蜜。口感：酒体适中，带有软糖、黄油和丰富的香料味。余味悠长，带有橡木和持久的干香料味。

朗摩 17 年"原桶强度"
单一麦芽威士忌，原桶强度，58.2% ABV，非冷凝过滤。香气：桃子、橙子和香草味，并带有麦芽和香料的气味。口感：口感丰富，果味浓郁，有梨、脆太妃糖、香料和三叶草的味道。余味悠长，甜度逐渐转干。

朗摩 30 年（戈登-麦克菲尔）
单一麦芽威士忌，43% ABV，雪莉桶陈熟成。香气：陈年雪莉酒和水果蛋糕混合的浓郁香气。口味：雪莉酒的柔滑口感，带有朗姆酒和葡萄干的气味。余味逐渐呈现出雪莉酒、橡木、甘草和黑巧克力的味道。

朗摩 30 年（戈登-麦克菲尔公司）

朗摩"原桶强度"

慕赫

所有权：英国帝亚吉欧公司

创始年份：1823 年　产量：380 万升

在所有苏格兰的酿酒厂中，慕赫（Mortlach）的蒸馏技术应该是最为复杂细致的，尤其是酿酒厂最知名的 2.8 次蒸馏工艺。整个流程据说关键在 1 号 2 次蒸馏器，也被酿酒厂称作"小女巫"（Wee Witchie）。慕赫整个蒸馏过程会用到 6 台蒸馏器，而且每台蒸馏器的大小和形状都不同。每次蒸馏时，酒液会分作 3 个批次进到"小女巫"蒸馏器里。最后酒液会透过 6 个虫管冷凝系统进行冷却，其中 5 个的材质为木材，最后一个材质为不锈钢。这种独特的蒸馏工艺使得酒体变得强劲和饱满，适合在雪莉桶中长时间熟成。

慕赫的历史

慕赫是第一家建立在达夫镇的酿酒厂，威廉·格兰特在 1886 年创立格兰菲迪前，在该酿酒厂工作了 20 年并曾经担任酿酒厂经理。

从 1853 年开始，考威家族一直掌管着慕赫，直到 1923 年该酿酒厂出售给获加父子公司。在 2 年后，公司被 DCL 收购，慕赫也自然成了新公司旗下的威士忌品牌。尊尼获加和慕赫的合作关系从未间断，慕赫长期以来一直是"黑牌"核心基酒，而随着调配威士忌的需求增长，慕赫自身出品的单一麦芽威士忌则变得更加罕见。但酿酒厂近期的产量扩增让慕赫 16 年"花之物语"（Flora & Fauna）有机会重现江湖，对于喜欢醇厚、雪莉桶熟成、风味复杂的单一麦芽威士忌爱好者，慕赫出品的威士忌皆为鉴赏级别的经典之作。

品鉴笔记

慕赫"经理选择"

单一麦芽威士忌，57.3% ABV，单桶原桶强度，美国波本桶熟成。香气：淡雅、柔和的果味，带有桃子和一丝肉味。口感：香甜果味，浓厚的香草味。余味中等，带有可可粉的味道。

慕赫 16 年

单一麦芽威士忌，43% ABV。香气：浓郁、充满香料、雪莉酒、甜糖浆、胡椒和泥炭烟味。香气复杂、优雅。口感：雪莉酒、蛋糕和黑胡椒的味道。余味悠长，略带烟熏味，略带姜味。

慕赫 32 年 1971

单一麦芽威士忌，50.1% ABV，原桶强度。香气：大麦、新割的干草、蜂蜜和橡木的香气。口感：顺滑，带有香料、胡椒、蜂蜜和一丝炭味。余味悠长并带有甘草和香辛料的味道。

慕赫"经理选择"

慕赫 16 年

盛贝本

所有权：因弗·豪斯蒸馏有限公司
创始年份：1897 年　**产量**：200 万升

盛贝本（Speyburn）酿酒厂坐落在酿酒名镇罗斯镇的郊区，同时也是因弗·豪斯蒸馏有限公司经营的 5 家苏格兰酿酒厂之一，该公司从 2001 年起一直归泰国饮料有限公司管理。盛贝本出品的单一麦芽威士忌在美国颇有知名度，但该酿酒厂主要为因弗豪斯旗下的"轩博"（Hankey Bannister）等调配威士忌提供基酒。

盛贝本在 1897 年斯佩塞区酿酒行业最繁荣的时候成立，并由爱琴镇著名的建筑师查尔斯·多依格设计，建筑结构维持了原有风貌。多依格是酿酒厂建筑师的前辈，他最经久不衰的设计——中式炉窑塔头被认为是苏格兰威士忌酿酒厂的经典符号。

钻石和黄金

盛贝本酿酒厂由约翰·霍普金公司委托建造，约翰·霍普金公司当时已是托本莫瑞酿酒厂的主人。创始人当时为了赶在维多利亚女王的钻石禧年（1897 年）发行限量纪念版，不得不在 12 月的暴风雪中启动蒸馏器，那时新建的酿酒厂还尚未安装门窗。

DCL 后来于 1916 年收购了盛贝本，酿酒厂的首要任务是为调配威士忌提供原酒，直到 1991 年因弗·豪斯蒸馏有限公司成为新的所有者。次年，酿酒厂发布了一款 10 年单一麦芽威士忌，并在 2009 年推出了"金色鲑鱼"（Bradan Orach）无年份威士忌，以纪念苏格兰盛产顶级鲑鱼的斯佩河。

品鉴笔记

盛贝本 10 年

单一麦芽威士忌，40% ABV。香气：香料、坚果、铅笔屑和甜麦芽的气味。口感：甜美易入口，带有草本气息和一丝烟熏味。尾韵中等，带有大麦和橡木味。

盛贝本"金色鲑鱼"

单一麦芽威士忌，40% ABV。香气：果香、花香、橙子、蜂蜜和麦芽的味道。口感：口感平衡，新鲜水果、香草、香料和微妙的橡木味。在悠长余味中逐渐散发出橡木、香辛料的味道。

盛贝本"金色鲑鱼"　　　　　盛贝本 10 年

斯佩塞

所有权：斯佩塞蒸馏有限公司
创始年份：1990年　**产量**：60万升

虽然斯佩塞酿酒厂的正式运作是在1990年12月启动的，但它的创立日期可以追溯到1956—1962年。第一个时间点是格拉斯哥威士忌商人乔治·克里斯蒂（George Christie）购买了这块距离金尤西不远，位于托密河畔旁的土地，第二个时间点则是亚历克斯·菲尔莱（Alex Fairlie）正式被聘请为工匠开始建造酿酒厂的那一年。

酿酒厂的施工进度展现了什么叫作慢工出细活，一共历时近30年。建设完成后，克里斯蒂将这家酿酒厂取名为斯佩塞，这个名字感觉有点普通，但实际上是当地的一个老酿酒厂的旧称。最初的斯佩塞酿酒厂于1895年建立在金尤西市里，在运行10年后暂停营业。

新的斯佩塞酿酒厂虽然花了很长的施工时间，但推出产品的速度却是意外的迅速。酿酒厂在1993年就推出了杜朗单一麦芽威士忌，正好满足了苏格兰威士忌法规要求的陈年时间。10年后，酿酒厂的所有权转到了一群私人投资者的手中，这群投资人当中就包括了酿酒厂创始人的儿子瑞奇·克里斯汀（Ricky Christie）。自2006年以来，酿酒厂每年都会蒸馏出小批次泥煤风格的威士忌。斯佩塞起初在1999年推了年份为8年的单一麦芽威士忌。现在的核心产品包括12年和15年的杜朗和特别版的"黑狗"（Cú Dhub）。这一款黑色包装的单一麦芽威士忌是为了还原一个较少人知道的"黑湖"（Loch Dhu）品牌，该品牌由联合酿酒集团在20世纪90年代创立，当时主要的基酒为曼洛克摩尔（Mannochmore）的双桶熟成单一麦芽威士忌。

品鉴笔记

斯佩赛"黑狗"
单一麦芽威士忌，40% ABV。香气：潮湿的烟灰和一丝雪莉酒的味道。口感：烟熏、麦芽、深色焦糖和干果味。余味适中，带有香甜的烟味。

斯佩塞12年
单一麦芽威士忌，40% ABV。香气：大麦和香草烘烤过后的味道。口感：酒体中等，带有香草、榛子、橡木的味道，口感带有一丝泥炭味。余味悠长并带有太妃糖和橙子的味道。

斯佩塞15年
单一麦芽威士忌，40% ABV。香气：橙子、麦芽和蜂蜜的香气。口感：口感丰富，呈现出更加浓郁的蜂蜜和田园水果的味道。余味收尾偏焦糖味，同时略带了些香辛料和橡木混合的味道。

斯佩塞"黑狗"

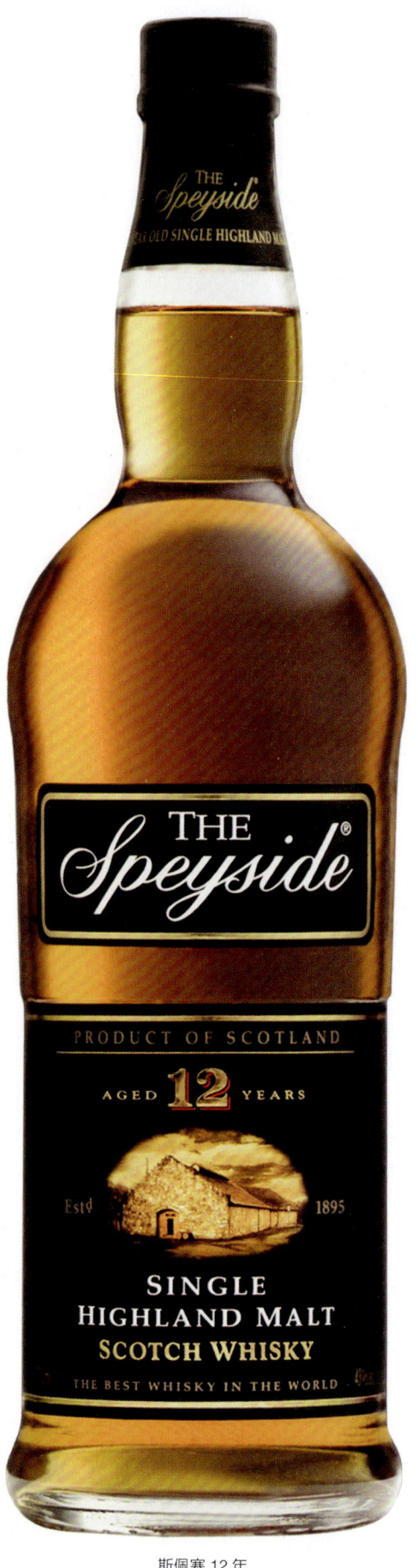

斯佩塞12年

托明多

所有权：奥歌诗丹迪蒸馏公司
创始年份：1964 年　**产量**：330 万升

若要用一个形容词来描述托明多（Tomintoul）酿酒厂的设计风格，那应该就是"务实"。酿酒厂极为简朴的外观和装修风格，与周围苏格兰高地壮丽的风光形成了鲜明的对比。酿酒厂位于格兰威特区，拥有 6 台蒸馏器，其名称源自附近高地上海拔最高的村庄托明多。托明多酿酒厂具体的位置在巴兰特鲁安的格兰威特庄园里，坐落于雅芳河东边，格兰威特森林和克罗姆代尔山丘之间的峡谷中。酿酒厂在规划时，花了一年多的时间才找到山丘上的巴兰特鲁安泉水水源，随后酿酒厂在泉水边开始逐步建设。由于酿酒厂所在的地理位置较为偏远，在 1964-1965 年的施工期间，为了避免恶劣的天气影响施工进度，施工方特别在工地预备了额外数量的建材，以防不时之需。

托明多酿酒厂是由托明多·格兰威特蒸馏公司创立的。1973 年，苏格兰环球投资信托公司启动了一系列的疯狂收购，其中就包含了怀特-麦凯有限公司和它旗下的托明多。

托明多产品系列

托明多在 20 世纪 70 年代时主打单一麦芽威士忌，当时酒瓶所使用的独一无二的"香水瓶"设计现已受到收藏家的追捧。但让托明多真正出名的，是在 2000 年由奥歌诗丹迪蒸馏公司从怀特-麦凯有限公司手中收购了该酿酒厂。而在收购 3 年后，新东家又在酿酒厂里加盖了一个调配中心。今天，酿酒厂一共能容纳 11.6 万个木桶的熟成，其中仓库里还存放着长达 40 年的高年份威士忌。

酿酒厂的单一麦芽威士忌系列的最低年份为 10 年，后来产品线逐步丰富完善。现在单一麦芽威士忌一共有 9 款，其中包含 10 年、14 年、16 年、21 年和 33 年，欧罗索雪莉桶熟成，12 年波特桶熟成，1976 年的单一年份威士忌和泥煤唐（Peaty Tang）威士忌。

酿酒厂位于高地海拔最高的托明多村，风景如诗如画。

托明多 33 年

品鉴笔记

托明多 10 年

单一麦芽威士忌，40% ABV。香气：淡淡的花香，令人愉悦的麦芽香气。口感：酒体轻盈细腻，带有香草软糖、苹果和柠檬的味道。余味适中，带有蜂蜜和挥之不去的麦芽味。

托明多 21 年

单一麦芽威士忌，40% ABV。香气：甜瓜、梨、香辛料和大麦糖的香气。口感：口感丰富带有香料、太妃糖和麦芽的味道。余味悠长，逐渐甜感消失化为可可粉和香料的味道。

托明多"泥煤唐"

单一麦芽威士忌，40% ABV。香气：轻快的泥炭味，带有花香、麦芽和类似石炭皂的味道。口感：口感绵柔，带有麦芽味和甜味，叠加了一层坚果和烟熏的味道。余味带有烟熏味。

托明多 10 年

阿特布海尼

阿特布海尼（Allt-a-Bhainne）酿酒厂位于达夫镇酿酒厂和格兰威特酿酒厂之间，它的历史可以追溯到1975年，酿酒厂由芝华士兄弟公司建造，主要为旗下的调配威士忌供应原酒。酿酒厂的建筑风格大胆现代，运营方式也格外有特色，每次排班一人操作即可。阿尔布海尼没有官方装瓶的单一麦芽威士忌，但曾经以"猎鹿人"（Deerstalker）12年出现在市场上。猎鹿人12年（单一麦芽威士忌，46% ABV，非冷凝过滤）具有燧石和太妃糖的香气，以及一丝水果的气味，口感细腻，余味绵柔温暖。

奥赫鲁斯克

奥赫鲁斯克（Auchroisk）酿酒厂由J&B建于20世纪70年代，和阿特布海尼酿酒厂的创立日期相近，后来被帝亚吉欧公司收购后，这家现代化的酿酒厂一直为调配威士忌提供原酒。同时，帝亚吉欧公司旗下的其他单一麦芽威士忌也将这家酿酒厂的仓库作为熟成存储的基地。待熟成完成后，这些原酒会被运输到装瓶厂跟其他的谷物威士忌完成最后的调配工作。

奥赫鲁斯克10年（单一麦芽威士忌，43% ABV）具有香料、柑橘类水果、坚果和麦芽的香气。口感带有新鲜水果、麦芽的味道，最后化为牛奶巧克力味。

奥赫鲁斯克"经理选择"（单一麦芽威士忌，60.6% ABV）带有橙子和香草的香气，以及略带泥土的麦芽气味。口感上有生姜、橡木、焦糖及融合了的热带水果的味道。余味较短较干，并带有一些坚果和橡木味。

欧摩

欧摩（Aultmore）酿酒厂成立于1896年，长期以来一直为帝王苏格兰调配威士忌提供原酒。这个靠近基思镇的酿酒厂可以追溯到20世纪70年代初进行的一个建筑重建项目，因此在建筑风格上几乎找不到任何维多利亚时代的影子。

欧摩12年（单一麦芽威士忌，40% ABV）具有花香和软糖的香气，以及一些香料的香气。口感新鲜，充满了柑橘类水果、香草、香料和柠檬皮的味道。余味逐渐变干并化成坚果的味道。

奥赫鲁斯克 10 年

克莱嘉赫 14 年

巴曼纳克

巴曼纳克（Balmenach）酿酒厂位于从格兰敦通往阿伯劳尔的公路旁的偏远地区，它的历史可以追溯到1824年，现在归因弗·豪斯蒸馏有限公司所有。

"巴曼纳克"12年（单一麦芽威士忌，43% ABV），具有雪莉酒和蜂蜜的香气，拥有丝滑浓郁的干雪莉酒、蜂蜜和生姜的饱满酒体，余味圆润悠长。

"猎鹿人"18年（单一麦芽威士忌，40% ABV），具有松木、葡萄柚、桉树和雪莉酒的香气。口感浓郁，带有雪莉酒、麦芽和微妙的泥炭味，余味悠长，最后化作柑橘味。

班凌斯

班凌斯（Benrinnes）酿酒厂位于同名的山脚下，同时这里也是斯佩塞的一个独特地标，酿酒厂建于1826年，但现在的工厂建筑实际为20世纪50年代中期重建计划的作品。这里所生产的带有"肉质感"特色的原酒被大量使用在帝亚吉欧公司不同的调配威士忌里。

班凌斯15年（单一麦芽威士忌，43% ABV）具有焦糖、旧皮革、黑胡椒和雪莉酒的香气。酒体饱满，带有雪莉酒、无花果和咸味。复杂的余韵中带有香料和精致的烟熏味。

布拉佛

布拉佛（Braeval）酿酒厂的历史可追溯到20世纪70年代，主要产品为猎鹿人单一麦芽威士忌（10年和15年）。

猎鹿人10年（单一麦芽威士忌，40% ABV）具有柠檬草、果子露和淡淡的香草香气。口感直接，有柑橘类水果的味道及清爽的余味。

克莱嘉赫

克莱嘉赫（Graigellachie）酿酒厂创立于1891年，一直为白马（White Horse）调配威士忌供应基酒。现在酿酒厂大部分酒液主要用于帝王威士忌的调配。克莱嘉赫14年（单一麦芽威士忌，40% ABV）具有谷物和柑橘类水果的香气，并带有蜂蜜和新割干草的气味。口感浓郁、带有香料味和坚果味。余味柔和、略带橡木味。

达尔维尼

达尔维尼酿酒厂（Dailuaine）一直以来为调配威士忌提供原酒，近年来帝亚吉欧公司开始尝试3种不同的蒸馏风格。达尔维尼是帝亚吉欧公司中将雪莉桶熟成工艺融合得最佳的酿酒厂之一。达尔维尼16年（单一麦芽威士忌，43% ABV）具有雪莉酒、坚果和太妃糖的香气。口感丰富，带有麦芽、成熟的橙子、香料和一些烟熏味。余味中带有果味，略有烟熏感。达尔维尼"经理选择"（单一麦芽威士忌，58.6% ABV）具有太妃糖、苹果和雪莉酒的香气，逐渐变甜，最后呈现出糖霜的香气。雪莉酒、太妃糖、成熟的香蕉和生姜的味道充满口腔，余味悠长而温和，收尾带有香料味。

达夫镇

达夫镇是帝亚吉欧公司旗下28家酿酒厂当中，在茹瑟勒和卡尔里拉之后产能排名第3的酿酒厂。除了为金铃（Bell's）调配威士忌提供基酒，自2006年以来该酿酒厂出品的"苏格登"（Singleton）单一麦芽威士忌大受欢迎。

达夫镇苏格登（单一麦芽威士忌，40% ABV）具有香甜的花香，带有桃子、杏子和麦芽的香气。口感上带有香料、麦片和橘子的味道。余味逐渐转成温暖的香料和雪莉酒的味道。达夫镇"经理选择"（单一麦芽威士忌、59.5% ABV）具有香甜芬芳的香料气味，口感丰富、浓郁温暖，有着香料和软糖的味道，余味逐渐变成生姜味。

格兰纳里奇

格兰纳里奇（Glenallachie）酿酒厂位于亚伯乐酿酒厂附近，其历史可追溯至1968年，现在归保乐力加集团管理。酿酒厂的单一麦芽威士忌在市场上十分罕见，绝大多数的原酒都用于金鹰堡（Clan Campbell）调配威士忌。

格兰纳里奇16年（单一麦芽威士忌，58% ABV）香气扑鼻，带有抛光后的橡木、蜂蜜和雪莉酒的气味。口感带有甜雪莉酒、炖水果和香料的味道。余味悠长，带有糖浆、太妃糖和黑巧克力的味道。

格兰纳里奇1992（戈登-麦克菲尔，单一麦芽威士忌，43% ABV）具有清新、芬芳的香气并带有大麦、软糖和草本植物的味道。口感带有黑胡椒和橡木味，香料、麦芽和蜂蜜的味道逐渐浮现出来。

格兰伯吉

格兰伯吉（Glenburgie）是保乐力加集团旗下的酿酒厂，长期为百龄坛调配威士忌提供核心基酒。酿酒厂成立于1810年，现在的建筑设备可追溯至2004年。

格兰伯吉15年（1992年蒸馏，2007年装瓶，单一麦芽威士忌，58.8% ABV）具有细腻的花香和水果香气，以及葡萄柚、梨和苹果的香气。口感上呈现出来的果味甜美，并带有香草和蜂蜜的味道，余味适中并带有水果冰沙的味道。格兰伯吉10年（戈登-麦克菲尔，单一麦芽威士忌，40% ABV）具有柑橘类水果和花的香气，融合了奶油和麦芽的味道。

口感充满了果香，并带有胡椒、橡木、太妃糖和雪莉酒的味道。余味逐渐转干。

格兰杜兰

格兰杜兰（Glendullan）与慕赫都是帝亚吉欧公司旗下位于威士忌重镇达夫镇的酿酒厂。

格兰杜兰创建于1896年，现有的建筑和设备主要来自20世纪70年代的重建计划。酿酒厂最知名的就是它的苏格登麦芽威士忌。格兰杜兰苏格登（单一麦芽威士忌，40% ABV）具有香辛料和草本的香气，带有甜瓜、香草和脆脆的太妃糖味。口感有着柑橘类水果、麦芽、香草和橡木的味道，一丝丝的胡椒味。格兰杜兰"经理选择"（单一麦芽，58.7% ABV）具有香料、麦芽、烤麦片和香草的香气。酒体饱满，口感带有新鲜水果、熟橙子、丁香和橡木的味道。

格兰洛希

格兰洛希（Glenlossie）酿酒厂位于爱琴镇南部的乡村，和曼诺克摩尔酿酒厂相邻。格兰洛希的建筑可以追溯到1876年，比起1971年建成的姐妹厂历史更加悠久。酿酒厂附近还有一个生物能源工厂，工厂的运作全靠生物废料发电。格兰洛希10年（单一麦芽威士忌，43% ABV）口味淡雅并带有香草和刚抛光完的木头香气。饱满的口感混合了生姜、大麦糖和香料的味道。余味悠长醇厚并带有橡木味。

格兰洛希"经理选择"（单一麦芽威士忌，59.1% ABV）香气扑鼻，带有柠檬水、香草和木胶的气味。

格兰洛希10年

格兰纳里奇16年

格兰司佩

格兰司佩（Glen Spey）酿酒厂是罗斯镇上4家酿酒厂里最低调的一个，一个多世纪以来格兰司佩威士忌一直被用于J&B威士忌的调配。1887年，它成为第一家被英格兰公司收购的苏格兰酿酒厂。

格伦司佩12年（单一麦芽威士忌，43% ABV）具有细腻的花香并带有热带水果的香气。还有着柑橘类水果、香草、蜂蜜和榛子的口感。余味有着柔顺的橡木和肉桂的味道。

格兰司佩"经理选择"（单一麦芽威士忌，52% ABV），香气细腻而芬芳，带有香草、春天的花朵和树脂的气味。新鲜水果的口感逐渐化为麦芽的香味。余味带有黄油和软糖的味道。

格兰道奇

从1898年创立的那天起，酿酒厂的产品就注定要用于混合大桶，因为其中一位酿酒厂创始人詹姆斯·布坎南（James Buchanan）同时也创立了"黑白狗"（Black & White）调配威士忌品牌。格兰道奇酿酒厂也曾为醒池（Teacher's）旗下的威士忌提供过原酒，但今天酿酒厂的原酒主要用于"百龄坛"（Ballantine's）威士忌的调配。

格兰道奇1991（戈登-麦克菲尔，单一麦芽威士忌，43% ABV）具有清新的气味，一开始带有果香、甜雪莉酒、蜂蜜和太妃糖的香味。口感上带有甜味、麦芽味，新割的干草和五香粉的味道。余味带有香料和香蕉的味道。

英格高

英格高（Inchgower）酿酒厂靠近巴基镇东北部的渔港，长期以来一直为金铃调配威士忌提供基酒。它现在是帝亚吉欧公司旗下的一员，酿酒厂里的4台蒸馏器所生产的酒液依旧主要供应金铃调配威士忌。

英格高14年（单一麦芽威士忌，43% ABV），清淡爽口，有煮苹果和草的味道。口感微妙，带有橙子、姜和温和的甘草味。余味中等，带有香料味，收尾干净。

英格高"经理选择"（单一麦芽威士忌，61.9% ABV）具有香甜的果味，带有焦糖和雪莉酒的香气。口感上有岩石、糖浆和止咳糖浆的口感。余味复杂，微苦的橡木味融合了海盐和糖蜜的味道。

格兰道奇1991（戈登-麦克菲尔）

安努克1996

奇富

奇富与达夫镇郊区的百富酿酒厂位于同一个位置，酿酒厂实际上是一个蒸馏车间，配有9台蒸馏器，其余的相关生产设备都放在百富酿酒厂里。奇富建于1990年，并为格兰家族旗下的调配威士忌及"3只猴子"（Monkey Shoulder）调配威士忌供应基酒。酿酒厂的单一麦芽威士忌品牌"黑泽尔伍德"（Hazelwood）在市场上极为罕见。

黑泽尔伍德珍藏17年（单一麦芽威士忌，52.5% ABV）具有皮革、牛轧糖和糖浆的香气。口感饱满，带有雪莉酒、香料和巧克力橙子的味道。余韵悠长柔顺。

诺克杜

拥有野兽般的强劲口感，位于汉特利镇的诺克杜（Knockdhu）酿酒厂在推出自己的单一麦芽威士忌时选择了另一个名字，为了避免与和拼写相近的龙康德混淆，"安努克"（AnCnoc）于1993年正式推出。这个建于维多利亚时代晚期的酿酒厂现归因弗·豪斯蒸馏有限公司所有。

安努克12年（单一麦芽威士忌，40% ABV），香气细腻带有花香、橙子和白胡椒的味道。带有口感温和的泥煤、糖果和香料味。在带有香辛料的余味中融合了橙子的味道。

安努克16年（单一麦芽威士忌，46% ABV），闻起来有着新鲜的柑橘类水果和香草太妃糖的味道。口感浓郁，带有香料和太妃糖味。余味中等，呈现出香草、橡木和淡淡的薄荷味。

安努克1996（单一麦芽威士忌，46% ABV），一开始呈现出树脂的气味，然后是雪莉酒和皮革的气味，且带有咸坚果和烧烤的味道。口感饱满，带有干雪莉酒、牛轧糖和浓茶的味道。余味带有香料、花生和可可粉的味道。

林克伍德

这个位于爱琴镇郊区的酿酒厂创立于1821年，但现在的蒸馏车间及里面的4台蒸馏器是1971年扩建时的产物。在老厂房尚未拆除前，曾经有一段时间和新酿酒厂并行生产和运作。

林克伍德（Linkwood）12年（单一麦芽威士忌，43% ABV），香气甜美，带有柔软的水果和杏仁味。

麦克达夫

麦克达夫（Macduff）酿酒厂位于班夫港附近，其历史可追溯至20世纪60年代初期。几乎麦克达夫所有的威士忌都用于百加得旗下的威廉·劳森（William Lawson）威士忌的调配。酿酒厂自己的单一麦芽威士忌则是以"格兰·德弗伦"（Glen Deveron）这个品牌进行推广。格兰·德弗伦10年（单一麦芽威士忌，40% ABV）具有抛光后的木材、树脂和麦芽的香气。口感有花生、香料、麦芽和橘子的味道。余味中短，带有木质香。

格兰·德弗伦15年（单一麦芽威士忌，40% ABV）香气带有香草、蜂蜜和一丝烟味。口感柔顺，带有麦芽和奶油糖果的味道。余味中等并结合了榛子和脆太妃糖的味道。

曼诺克摩尔

曼诺克摩尔（Mannochmore）酿酒厂建创立于1971年，位于爱琴镇。酿酒厂共配有6台蒸馏器，主要生产的酒液用于帝亚吉欧公司旗下的调配威士忌。但该酿酒厂曾经出品过一款在二次烘烤木桶中熟成的"黑湖"单一麦芽威士忌。曼诺克摩尔12年（单一麦芽威士忌，43% ABV）具有香气扑鼻的花香，带有棉花糖和淡淡的柠檬味。甜美的麦芽、生姜和香草的口感。余味中等并带有杏仁味。

曼诺克摩尔"经理选择"（单一麦芽威士忌，59.1% ABV）具有甜美的香气，带有杏、姜、奶油苏打水和金砂糖的气味。口感丰富，带有牛奶巧克力、橙子果酱和葡萄干的味道。余味悠长，带有黑巧克力和橙子的甘甜。

弥尔顿达夫

弥尔顿达夫（Miltonduff）和格兰伯吉一样，一直是百龄坛调配威士忌里的主要基酒之一。这家位于爱琴镇附近的酿酒厂的创立日期可追溯至1824年，但现在的生产设施主要建于20世纪70年代中期。

弥尔顿达夫10年（戈登-麦克菲尔，单一麦芽威士忌，40% ABV）最初呈现出酯味，后面开始展现出苹果和软糖的气味。香料、谷物、麦芽和香草的口感，伴随着糖浆的味道。余味中等，口感逐渐转干。

弥尔顿达夫19年，具有梨子和橙子的柔和香气，同时带有果酱和肉桂的气味。

斯特拉米尔
"经理选择"

托莫尔12年

茹瑟勒

亚吉欧公司旗下的这家在2007-2009年建于爱琴镇附近的酿酒厂，将环境可持续发展作为运营的核心理念。它位于茹瑟勒（Roseisle）的发麦车间旁边，年产能为1250万升，使其成为苏格兰产能最大的酿酒厂。酿酒厂一共拥有14台蒸馏器，可以同时生产轻盈和醇厚风格的斯佩塞威士忌。

斯特拉米尔

斯特拉米尔（Strathmill）酿酒厂虽然也位于基斯镇，但在知名度上和它的邻居斯特塞斯拉比起来较为低调。后者是苏格兰知名观光路线"麦芽威士忌之路"的必经之站，但斯特拉米尔鲜有外来游客造访。酿酒厂大部分产能用于生产J&B调配威士忌的基酒。

斯特拉米尔"经理选择"（单一麦芽威士忌，60.1% ABV），香气扑鼻，花香浓郁，紫罗兰的香气尤其突出。酒体较为厚重，糖浆味浓郁，口感甜美，带有水果冰和香料的味道。余味中等偏干，逐渐化为生姜的味道。

塔木岭

距离格兰威特酿酒厂不远的塔木岭（Tamnavulin）酿酒厂于20世纪60年代中期建立，在经历长时间的暂停运营后，于2007年重新恢复生产。由于怀特-麦凯有限公司将塔木岭定位成调配威士忌的原酒供应厂，因此酿酒厂的单一麦芽威士忌在市场上较为少见。塔木岭12年（单一麦芽威士忌，40% ABV）具有柔和的麦芽和干草的香气。口感充满麦香、香料和水果味。余味带有香料、焦糖和一丝烟熏味。

托莫尔

托莫尔（Tormore）酿酒厂建立于1958-1960年，其艺术的外观看起来一点都不像酿酒厂。然而它的主要任务是为"长脚约翰"调配威士忌提供基酒。托莫尔12年（单一麦芽威士忌，40% ABV）具有清新淡雅的香气，带有新割过的青草和春天花朵的味道。口感顺滑，余味柔和，略带橡木味。

高地

由于高地在地理上是所有产区中覆盖面积最大的,因此每家酿酒厂的地貌环境较为复杂多变,其中包含农田、沼泽、山脉、湖泊及绵长的海岸线。高地人烟稀少,酿酒厂也通常设立在偏远地区,主要是为了纯净、可靠的水源,同时有些酿酒厂的位置也是以前非法私酿威士忌的所在地。各家酿酒厂之间的距离隔的非常远,但在旅行的过程中游客有机会充分地感受高地四季雄伟的自然景观,探索这片土地的原生态,并认识居住在这个独特而美丽地方的人们。

产区特点
虽然高地的风格不太好概括,但总体而言大多数的威士忌具有中等至厚重的酒体,时不时会有泥煤味,口感多变且复杂。即便是风格最轻盈的威士忌,酒体也都相当饱满。

作者推荐
埃德拉多尔
小而美的酿酒厂,靠近苏格兰中部,但威士忌风格还是非常的"高地"。同时也是少数保有原生态农场特色的酿酒厂,威士忌的味道无与伦比。

大摩
古典的建筑风格,位于风景靓丽的海岸线,酿酒厂拥有独特设计的蒸馏器和顶级的游客接待中心,酿酒厂生产的威士忌颇受众多雪莉风格爱好者欢迎。

除了位于"高地线"北部的斯佩塞区,高地几乎覆盖了苏格兰本岛大部分的土地。这条"高地线"从苏格兰西部克莱德湾的格林诺克一直横跨到东部泰湾的邓迪。官方的"麦芽威士忌高地产区"定义主要源自1784年苏格兰出台的《发酵液法案》,直接按照税收将高地和低地两个地区之间做了划分。

高地的辽阔地域及多貌的地理环境,使这个产区所孕育出的单一麦芽威士忌很难用统一的"高地风格"来进行概括。

酿酒厂之间位置上的邻近不代表威士忌风格相似,每一瓶威士忌的风格更多地来自每家酿酒厂独特的生产及熟成工艺。

格兰杰和大摩位于苏格兰同一海岸线上,相距仅19千米,但两家酿酒厂生产的单一麦芽麦芽威士忌风格颇为不同。

巴布莱尔酿酒厂,于1895年搬迁到了靠近铁路的位置。

高地涵盖苏格兰约20家威士忌酿酒厂,虽然近几年不像斯佩塞区出现了茹瑟勒这样的新建酿酒厂,也没有同样大规模的扩建计划,但高地生产的威士忌一直是各大调和威士忌的核心基酒。而这些酿酒厂自己推出的单一麦芽威士忌也一直都是大受欢迎的精品。

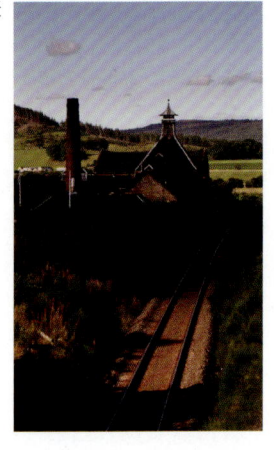

位于珀斯郡的艾柏迪酿酒厂是帝王威士忌游客中心的所在地。

地区盛事
高地目前没有官方的威士忌旅游路线,毕竟这些独特的酿酒厂值得花上几天来慢慢探索。首届因韦内斯威士忌节于2011年的春天正式举办,斯特威士忌节(Spirit of Stirling Whisky)则是在2012年5月期间正式举行。而每年充满了美食、美酒和音乐的节日则是在9月份举办。每一年在这个活动上能见到许多来自苏格兰西部的威士忌。

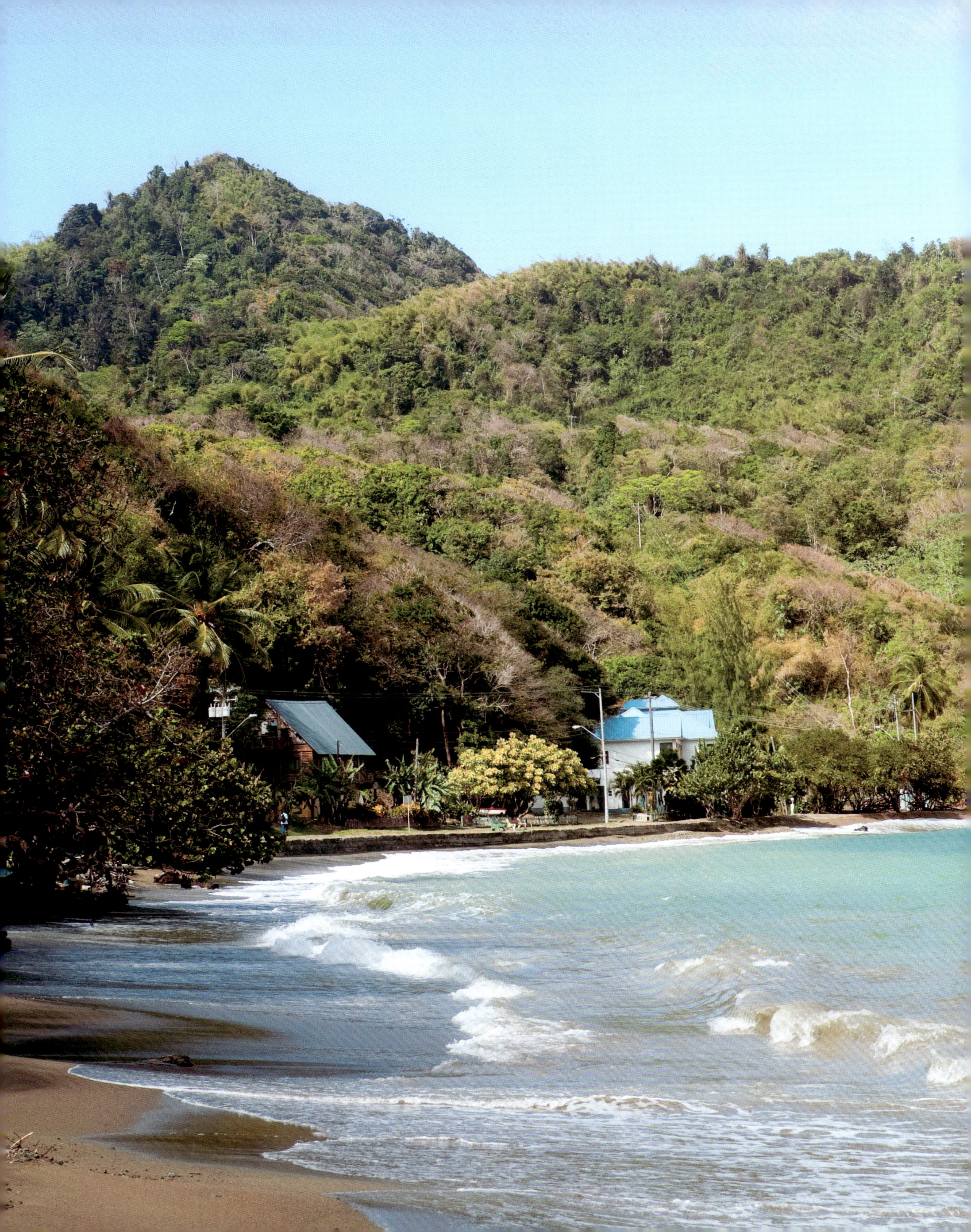

艾柏迪

所有权：约翰·杜瓦父子公司

创始年份：1896年　产量：290万升

艾柏迪（Aberfeldy）属于是苏格兰较为传奇的酿酒厂之一，因为它的名气主要来自酿酒厂内的帝王威士忌游客接待中心，在2000年开业时以具有趣味性的游客互动体验著称。"帝王"（Dewar's）是苏格兰威士忌里面的标志性品牌，但艾柏迪的单一麦芽威士忌在全球市场中较为低调。

艾柏迪所在的小镇距离高地最为繁忙的A9公路西边约16千米，这也是从苏格兰中央地带通往高地的主干道，这条路同时也是游客通往珀斯郡的必经之路。每年大约有4万名来自世界各地的游客源源不断地拜访酿酒厂，在互动式的触摸屏、手持式音频导览的指引下探索酿酒厂，并尝试使用酿酒厂调酒师专用的风味轮来测试自己的品鉴功力如何。

虽然游客接待中心的趣味设置很容易让人忘却严肃的酿酒厂知识学习，但是当蒸馏器"嘶嘶"作响开始运作时，你可以确定艾柏迪不单单只是一个景点，而是一个值得打卡的酿酒厂。

艾柏迪酿酒厂是由珀斯郡上的知名家族企业约翰·杜瓦父子公司在1896-1898年建造的。当时，苏格兰调配威士忌席卷全球，而这个新建的酿酒厂与当时建造的其他酿酒厂一样，旨在为大受欢迎的调配威士忌提供基酒。

优越的地理位置

苏格兰的酿酒厂在选址上一直有着许多的考量，而艾柏迪也不例外。几乎所有的酿酒厂都会优先考虑水的供应，这对威士忌的生产至关重要。在过去，酿酒厂通常也建在相对靠近大麦种植区的地方，为了确保麦芽威士忌的原料供应，同时有些酿酒厂也会因为烘烤大麦的需求，会根据泥煤产量稳定的地区建厂。

然而，许多酿酒厂最后都将地址选在了19世纪后期和20世纪早期错综复杂的苏格兰铁路旁。艾柏迪就是这样选择了酿酒厂的地址，建在了铁路旁边。这条铁路将约翰·杜瓦父子公司位于珀斯的生产和调配中心连接了起来，随后装瓶好的产品就可以利用铁路运输到英国各地，甚至是更遥远的海外市场。

新世纪，新发展

1998年，艾柏迪成了百加得有限公司收购的4家酿酒厂之一，随后百加得有限公司丰富了已有的产品线，并再次赋予该品牌更多的家族传承精神。"我相信其他公司的人可能会忘记这一点，"高级全球品牌大使史蒂芬·马歇尔说，"但知道这个有历史的家族亲自掌舵是令人欣慰的，他们已经形成了一套极有效率的内部沟通机制，所以每个人都在完美地各司其职。"

艾柏迪的25年单一麦芽威士忌于2000年推出，但在2005年被现行的21年单一麦芽威士忌所取代。在过去的几年里，酿酒厂也推出了一些大受欢迎的单桶产品，展示了艾柏迪单一麦芽威士忌最独特的魅力。2011年上市后立刻引起市场关注的14年单一麦芽威士忌在大桶熟成之后再转至雪莉桶过桶，然后装瓶。

由于"帝王"在美国是排名第一的苏格兰调配威士忌品牌，而美国是苏格兰威士忌全球销量排名靠前的市场，为了满足市场需求，艾柏迪大部分的原酒主要用于"帝王"威士忌的调配。史蒂芬·马歇尔指出，"约翰·杜瓦父子管理的5家酿酒厂：艾柏迪、欧摩、克莱嘉赫、麦克达夫和皇家布莱克拉，每年产能加起来一共约1000万升。我们单一麦芽威士忌的销量大约5万箱，因此大部分的原酒一定是用于调配威士忌。"

即便如此，艾柏迪单一麦芽威士忌的销量在7年内还是增长了约400%，达到每年2.5万箱，马歇尔说："艾柏迪单一麦芽威士忌到目前为止知名度较低，我们一直专注于'帝王'的品牌。但自从百加得有限公司接手以来，产品线得到了极大的扩充，而我们将会继续推出一些令人兴奋的新品。艾柏迪12年目前主要供应美国市场。"

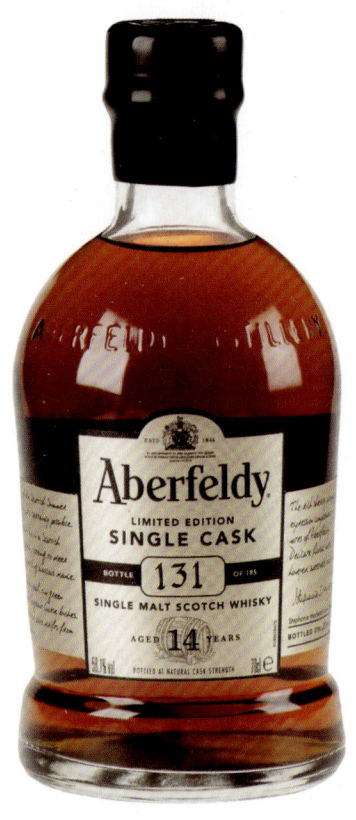

艾柏迪14年"单桶"

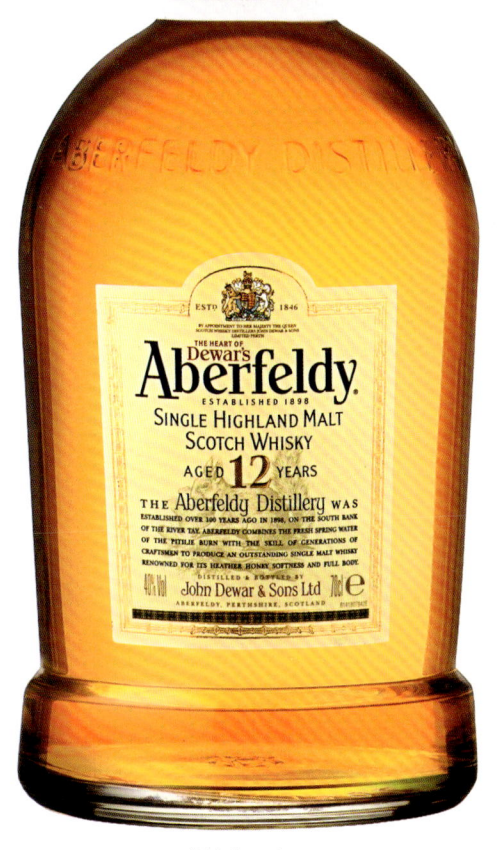

耀眼的创始人

艾柏迪酿酒厂由约翰和汤米杜瓦兄弟创立,后者被誉为苏格兰威士忌历史中最耀眼的人物之一。作为在维多利亚晚期推动苏格兰调配威士忌发展的先驱,汤米除了尽心尽力地担任家族企业的品牌大使外,同时也是个喜欢驾驶游艇、饲养赛马的爱好生活的人。他曾经宣称:"滴酒不沾的人觉得渴望是一种痛苦,而不是一种享受。"

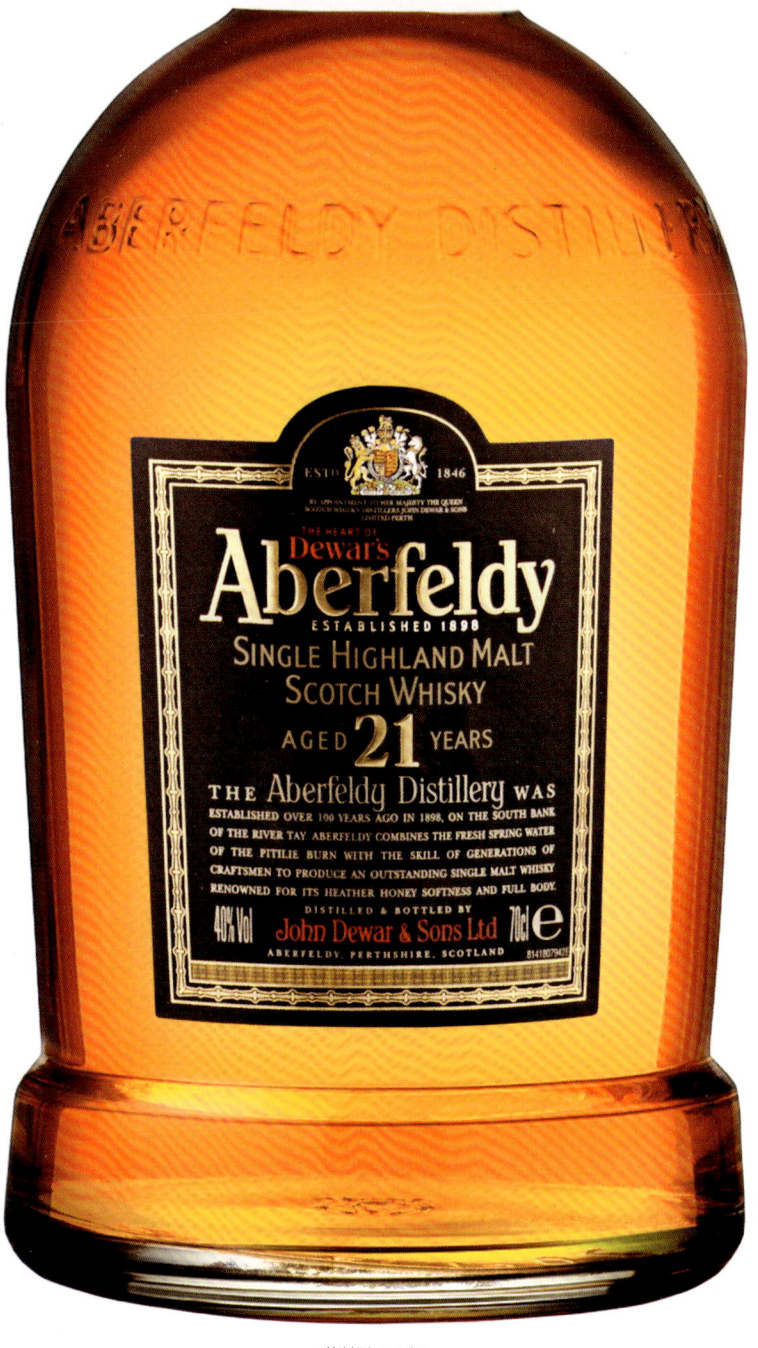

艾柏迪 12 年

品鉴笔记

艾柏迪 12 年

单一麦芽威士忌,40% ABV。香气:甜美,带有蜂巢、早餐麦片和炖水果的气味。口感:饱满优雅,非常浓郁和甜美的麦芽味。余味悠长而复杂,口感逐渐变干而后较为辛辣。

艾柏迪 14 年

单一麦芽威士忌,58.1% ABV,单桶,波本桶熟成,雪莉桶过桶,非冷凝过滤。香气:白葡萄、葡萄干和热巧克力的气味,逐渐展现出焦糖、香草和熟透的香蕉的味道。口感:糖浆的口感,杏子、干果、蜂蜜和雪莉酒的味道。柔和的辛香,余味中带有甘草味。

艾柏迪 21 年

单一麦芽威士忌,43% ABV。香气:蜂蜜、水果、香草和轻微焦炭的木头香气口感:饱满而甜美,带有巧克力和橙子的味道。余味悠长带着辛香,并逐渐味道转浓。

艾柏迪 21 年

班尼富

所有权：	班尼富蒸馏有限公司
创始年份：1825 年	产量：180 万升

和欧本（Oban）一样，班尼富（Ben Nevis）是苏格兰高地西部仅存的两家仍在运作的酿酒厂之一。与高地东部和北部的地区不同，西部并不是酿酒厂的首选之地。尽管如此，在西部的威廉堡曾经孕育出 3 家酿酒厂，即格兰洛奇、尼维斯和仍在运营的班尼富。

科林·罗斯（Colin Ross）是班尼富的酿酒厂经理，他回忆道："作为一个在斯佩塞东北部长大的孩子，我已经习惯那种被酿酒厂环绕的感觉。我父亲一直从事酿酒厂的运输业务，所以我从七八岁起就经常进出酿酒厂，把蒸馏好的酒运送到阿伯丁郡农场的酒糟，以及帮忙运送空的酒桶。"

西部大荒野

罗斯针对高地区西部酿酒厂稀缺的情况进行了推测，他认为，"从东部高地通往高地核心地区的道路比从西部走起来更容易。另一个原因就是东部高地位于达拉斯、诺坎多和阿伯丁郡的新皮茨利戈地区有现成的泥煤来源。

"但我认为，与斯佩塞和高地其他地方相比，导致这里酿酒厂很少的最关键原因在于难以获取优质的大麦。"在阿尔弗雷·巴纳德（Alfred Barnard）的《英国和爱尔兰的酿酒厂》（The Distilleries of the United Kingdom and Ireland）一书中提到，"唐纳德·彼得·麦克唐纳当时需通过自己的小船穿过喀里多尼亚运河航行到莫雷湾将大麦运输到威廉堡才能生产威士忌。"

班尼富于 1825 年由绰号为"长脚约翰"的农场主在威廉堡东北不远处创立，这位创始人因拥有不同于常人的身高而闻名。麦克唐纳家族的威士忌起初取名为"长脚约翰的班尼富露珠"（Long John's Dew of Ben Nevis），后来"长脚约翰"这个名字被用于另一款苏格兰调配威士忌品牌，现在归芝华士兄弟公司拥有。直到 1941 年，班富尼一直由麦克唐纳家族运营，1878-1908 年间，该家族同时经营着名为尼维斯的酿酒厂，尼维斯在运行一段时间后最终与班尼富合并。

谜一般的霍布斯

班尼富最有传奇色彩的老板应该就是从麦克唐纳家族手中买下了酿酒厂的约瑟夫·霍布斯（Joseph Hobbs）了。他于 1891 年出生于英格兰汉普郡，1900 年随父母移居加拿大，在那里他赚到了第一桶金，但后来在大萧条期间失去了这些财富。霍布斯回到了英国并逐渐对苏格兰威士忌产生了浓厚的兴趣，于是他在 1941 年买下了班尼富酿酒厂，直到 20 年后离世。

霍布斯最知名的创新是在酿酒厂里安装了水泥材质的发酵槽，同时他还安装了一台科菲式蒸馏器，以便于厂内可以同时生产谷物和麦芽威士忌来进行调配。1957 年，当霍布斯在蒙特罗斯港收购了一家啤酒厂并将其改造成威士忌酿酒厂时，他按照班尼富的设置安装了 4 台壶式蒸馏器和一台科菲式蒸馏器，以用于生产调配用的麦芽和谷物威士忌。

与日本的渊源

班尼富在其漫长的历史里曾多次易主并经历了数次关闭。但经过 1989 年日本一甲威士忌从酒业巨头惠特布莱德手中收购后，酿酒厂得以继续运作。

目前班尼富酿酒厂主要出品两种烈性酒；一种经过相对较长时间发酵的威士忌，会作为新酒出口到日本，最终用于生产一甲旗下的调配威士忌。第二种酒的发酵时间约 48 小时，用于酿酒厂自己的单一麦芽威士忌品牌，同时也是"班尼富露珠"（Dew of Ben Nevis）苏格兰调配威士忌系列的基酒之一。

科林·罗斯将班尼富单一麦芽威士忌的特点描述为"介于斯佩塞和艾雷岛之间的混合风格。或许是因为酿酒厂的位置刚好处于这两个地区之间，斯佩塞区比较轻盈的风格跟饱满强劲的艾雷岛风格产生了激烈的碰撞。另一家我觉得与班尼富风格相似的酿酒厂是达尔维尼，也符合刚才的逻辑。我们大部分蒸馏出来的酒，口感饱满并带有一丝巧克力、坚果和干果的味道。我曾跟一位酿酒厂经理聊过，他觉得刚蒸馏出来的酒带有'石楠花和蜂蜜'的味道。"

在熟成的环节，罗斯说："我们会使用不同尺寸的二次桶来进行熟成，但每年我们也会使用一些

班尼富麦克唐纳苏格兰单一麦芽威士忌

初次雪莉桶、波本桶和波特桶。我们会针对不同类型的酒桶来进行试验。为了保持我们10年的单一麦芽威士忌的一致性口感，我们会使用二次桶、初次波本桶和初次雪莉酒桶。我们适时调整不同酒桶的占比，以求达到这款旗舰产品的口味平衡。"

现有产品

正如罗斯所言，酿酒厂的"旗舰"产品为10年单一麦芽威士忌，但他也推出了许多限量和原桶强度的产品，特别是19年、25年和26年，以及40年的调配威士忌。最后一款含有1962年酿酒厂利用壶式蒸馏器和科菲式蒸馏器蒸馏的原酒，设备都是之前酿酒厂主人约瑟夫·霍布斯亲自安装的。原酒蒸馏完成，进行了调配以后会添加至木桶进行最后的熟成。

2011年，酿酒厂推出了"班尼富-麦克唐纳"（McDonald's Traditional Ben Nevis）单一麦芽威士忌，科林·罗斯指出："酒的创意来自我们希望还原当年唐纳德·彼得·麦克唐纳掌管酿酒厂时特别受欢迎的威士忌风格。我记得当时"长脚约翰班尼富露珠"的销量远远超过今天我们所知的这些知名威士忌品牌，我觉得如果能够使用泥煤烘烤的大麦，我们或许可以还原当时那个年代的威士忌。这款威士忌与班尼富单一麦芽威士忌的'标准'产品不同，它是用泥煤烘烤过的大麦生产的，而且年份较低一些，并使用了初次雪莉桶熟成。"

品鉴笔记

班尼富10年

单一麦芽威士忌，46% ABV，波本桶和初次雪莉桶及其他木桶混合熟成。香气：一开始是水果的味道，然后逐渐散发坚果、橙子的味道。口感：酒体饱满，有咖啡、脆太妃糖、泥煤及橡木味，一直延续到余味，后面还散发出咖啡和一丝黑巧克力的味道。

班尼富25年

单一麦芽威士忌，56% ABV，单桶，原桶强度，1984年12月蒸馏，波本桶熟成，之后于1998年10月转至雪莉桶过桶；共628瓶，木桶编号98/35/1，2010年1月推出。香气：散发出烟熏雪莉酒、可可和黑樱桃的味道。口感：口感浓郁，带有梅子、李子和一丝烟熏味。余味悠长，带有干雪莉酒、果味、橡木和甘草的味道。

班尼富麦克唐纳

单一麦芽威士忌，46% ABV。香气：一开始散发淀粉的味道，然后是黄油熏黑线鳕的气味，并带有一丝辣椒、雪莉酒和烟味。口感：酒体饱满，口感辛辣，带有榛子和泥炭味。余味中带有炖水果和挥之不去的辛辣烟灰的味道。

班尼富25年

班尼富10年

布莱尔·阿索

所有权：英国帝亚吉欧公司
创始年份：1798 年　**产量**：180 万升

与它邻居艾柏迪和格兰陀伦一样，布莱尔·阿索（Blair Athol）酿酒厂的设施比它出品的单一麦芽产品更为人所熟知。作为帝亚吉欧公司旗下排名第三（排在泰斯卡和欧本后）的游客接待中心，布莱尔·阿索酿酒厂位于珀斯和因弗内斯之间通过 A9 公路可抵达的皮特洛赫里的郊区。

布莱尔·阿索是帝亚吉欧公司里历史最悠久的酿酒厂之一，酿酒厂起源可追溯到 18 世纪后期，当时它由约翰·斯图尔特（John Stewart）和罗伯特·罗伯逊（Robert Robertson）所创立。阿尔特杜尔河贯穿整家酿酒厂，在盖尔语里这个河流的名字意指"有着水獭的河流"。这也是布莱尔·阿索 12 年威士忌酒标上有一只水獭的原因。1825 年酿酒厂在罗伯特·罗伯逊的指挥下进行了扩建，名字也正式改名成了今天的布莱尔·阿索。

正如艾柏迪是百加得旗下帝王威士忌的品牌驻地酿酒厂，格兰陀伦成了爱丁顿集团旗下威雀威士忌的品牌驻地酿酒厂，布莱尔·阿索则是"金铃"苏格兰调配威士忌的"品牌之家"。

布莱尔·阿索 12 年

金铃调配威士忌

布莱尔·阿索于 1933 年被来自珀斯的亚瑟·贝尔父子公司收购，但由于当时的经济萧条，酿酒厂一直没有正式投入运营，直到 1949 年，伴随着酿酒厂大规模的扩建和翻新，生产运营重新启动。金玲调配威士忌的崛起之路和 19 世纪后期诞生的帝王和威雀相似，这 3 个畅销的调配威士忌品牌都是珀斯酒商的杰作。

现在，帝亚吉欧公司将布莱尔·阿索定位成调配威士忌的核心酿酒厂，但酿酒厂的游客接待中心跟帝王的威士忌世界和格兰陀伦的威雀相比还是更传统一些。

尽管在全球十大苏格兰调配威士忌当中只排到第八，并且在大多数地区跟帝亚吉欧旗下的尊尼获加和 J&B 威士忌比起来，金铃威士忌更多感觉像是一个副线品牌，这个品牌在英国本土市场却相当受欢迎。按市场规模，它是唯一能跟威雀在英国本土市场争夺霸主地位的威士忌。

1993 年，由于整个苏格兰威士忌行业拥有大量的老酒储备，金铃曾经推出过大受欢迎的 8 年调配威士忌。但美好的时光总是那么的短暂，帝亚吉欧公司后来不再生产金铃的年份酒，并在 2008

布莱尔·阿索酿酒厂的名字来自一个叫作布莱尔·阿索的村庄，这个村庄同时也是阿索尔公爵的城堡的所在地。

年推出了"金铃喜乐"（Bell's Original），并号称这款威士忌更接近于当年创始人亚瑟·贝尔的原始配方。

金铃威士忌长期以来一直独立运营，直到1985年被啤酒商健力士收购，再之后成了帝亚吉欧公司旗下的品牌。1998年，公司决定将品牌的销售、市场和物流部门迁至位于埃塞克斯郡的哈罗，金铃正式从珀斯的老家搬离至他乡。

2010年，酿酒厂新添了6个不锈钢发酵槽，取代了原有的4个木制和4个不锈钢容器。帝亚吉欧公司的尼克·摩根博士解释说："我们希望能确保布莱尔·阿索的品质稳定，不锈钢材质的设备能帮我们达到这个效果，毕竟我们之前已经使用了几十年了。"

酿酒厂的两对蒸馏器仍在运作，第二台蒸馏器是在1973年添加的，酿酒厂每周运作7天。

单一麦芽威士忌

由于布莱尔·阿索的酒液大多被用于调配威士忌，官方出品的单一麦芽威士忌较为少见。目前推出的12年为酿酒厂官方装瓶的特殊版本，使用了雪莉桶熟成。另外帝亚吉欧公司推出的"经理选择"系列中也包含了布莱尔·阿索的单一麦芽威士忌。

帝亚吉欧公司的首席调酒师吉姆·贝弗里奇（Jim Beveridge）表示，"布莱尔·阿索的酒特别适合雪莉桶熟成，而在布莱尔·阿索12年单一麦芽威士忌里面，雪莉桶熟成的原酒的比例高于许多其他帝亚吉欧公司出品的单一麦芽威士忌。"

品鉴笔记

布莱尔·阿索12年
单一麦芽威士忌，43% ABV。香气：温润醇厚，雪莉酒和脆太妃糖的香甜气味。口感：口感丰富，带有麦芽、葡萄干、白葡萄和雪莉酒的味道。余味悠长、优雅、平衡，口感逐渐变干。

布莱尔·阿索特别瓶装
单一麦芽威士忌，55.8% ABV。香气：一开始有点刺激，但伴随着甜味，慢慢呈现出其他如糖浆桃子罐头和棉花糖的气味。口感：口感饱满，带有太妃糖、干果、香料和一丝茴香的味道。余味悠长并口感逐渐变干。

布莱尔·阿索1995"经理选择"
单一麦芽威士忌，54.7% ABV，单桶原桶强度，欧洲雪莉桶熟成（共570瓶）。香气：浓郁的水果香气，带有无花果和淡淡的草本气息。口感：麦芽和香料的口感，混合了黑巧克力威士忌利口酒的味道。余味中等，经稀释后更辛辣，并带有浓郁的橙色果酱味道。

贝尔家族和布莱尔·阿索

亚瑟·贝尔（Arthur Bell）于1840年加入了桑德曼公司负责珀斯镇的葡萄酒和烈性酒业务，并于11年后在同一个地区成立了自己的公司。利用掌握的调配茶叶的技艺，亚瑟开始使用布莱尔·阿索及其他酿酒厂的原酒来调配自己的谷物和麦芽威士忌配方。1900年，亚瑟去世后，他的儿子接管了公司，并将他们的调配威士忌推向了英国各地进行销售，同时在欧洲市场也得到了很好的反响。他们调配威士忌的广告语"Afore ye go"的典故相当神秘。有人声称这句话源于第一次世界大战，据说跟当时前线作战的士兵上战场前喝到了一瓶免费的金铃威士忌有关。

布莱尔·阿索18年"200周年限量款"

克里尼利基

所有权： 英国帝亚吉欧公司
创始年份： 1819 年　**产量：** 420 万升

克里尼利基（Clynelish）酿酒厂位于萨瑟兰东边布罗拉村，距离因弗内斯东北部约 80 千米，是帝亚吉欧公司旗下中最北边的酿酒厂。目前只有富特尼（Pulteney）酿酒厂在苏格兰比它还要靠北。原来的克里尼利基实际上是两家厂，最原始的石头建筑是为斯塔福德侯爵（后来的萨瑟兰公爵）建造的，跟后来 20 世纪 60 年代建立的二厂并行运作。公爵建造的这家酿酒厂倚靠着丰富的资源，除了稳定的大麦产量，大量的泥煤可供酿酒厂烘烤大麦，还有从 16 世纪以来一直在运作的布罗拉煤矿为酿酒厂提供燃料。

克里尼利基多变的命运

在 1916 年约翰·沃克父子公司收购克里尼利基之前，克里尼利基曾易主多次。DCL 在完全拥有克里尼利基运营权后，酿酒厂摇身一变成了 SMP 旗下的子公司。然而，在 20 世纪 30 年代经济大萧条期间，克里尼利基暂停了运营，直到第二次世界大战爆发前才正式恢复生产。

20 世纪 60 年代，DCL 启动扩建并重建了许多现有的酿酒厂，以满足市场对苏格兰调配威士忌日益增长的需求。就克里尼利基单独来说，在 1967-1968 年，酿酒厂在原有的生产车间旁边建造了一个全新的现代化工厂。旧的酿酒厂于 1968 年 5 月正式休业，但在次年又正式开张并更名为布朗拉（Brora）。

1969-1973 年，布朗拉主要生产重泥煤风格的威士忌，由于 DCL 需要更多艾雷岛风格的原酒用于调配威士忌，随后几年布朗拉开始持续为这个目标进行威士忌的生产。今天，布朗拉出品的泥煤风格威士忌在鉴赏家当中拥有相当高的收藏地位，仅次于已倒闭的波特·艾伦（Port Ellen）。布朗拉的 25-32 年的威士忌在帝亚吉欧公司的特别出品系列当中一直大受好评。

布朗拉最后于 1983 年永久关闭，但酿酒厂设备完好无损，其设计古怪及历史悠久的蒸馏器依旧在厂里。与此同时，新的克里尼利基酿酒厂作为 DCL 的排头兵，一共拥有 6 台蒸馏器，持续为调

克里尼利基酿酒师精选

尊尼获加"金牌"

克里尼利基 14 年

邓罗宾城堡是苏格兰贵族建筑中的经典代表，今天仍是萨瑟兰公爵的住所。

配威士忌提供了大量的基酒。直到2002年，酿酒厂才发布了克里尼利基14年的单一麦芽威士忌。

蜡质感

帝亚吉欧公司生产工艺开发经理道格拉斯·穆雷（Douglas Murray）说："我团队主要的工作就是找出来每个酿酒厂生产的酒液的核心风味究竟是什么。我们了解这个信息并不是为了做风格上的调整，而是学会如何稳定地生产并保持这些威士忌的原有风味。克里尼利基作为帝亚吉欧公司唯一一家带有'蜡质感'的威士忌厂，为我们许多的调配威士忌提供了特殊的口感，尤其是在尊尼获加系列里，最显著的就是尊尼获加'金牌'（Johnnie Walker "Gold Label"）。克里尼利基还带有青草和果香的味道，但这些都藏在蜡质感的背后。蜡质感就是那种口腔里被酒包覆的口感。"

穆雷解释说，"大多数的酿酒厂蒸馏出来的初馏酒精，酒头和酒尾都是盛放在一个集合容器里，但克里尼利基的初馏酒精会盛放在一个单独的容器里，而酒头跟酒尾也都有单独的容器。初馏酒精蒸馏出来后，会透过管道被添加到二次蒸馏器里面。同时从二次蒸馏器得到的酒头和酒尾也会跟下一批初馏酒精一起重新被添加到二次蒸馏器里。"

"由于在混合添加至二次蒸馏器之前，初馏酒精，酒头和酒尾等液体在特定的容器中停留的时间相对较长，因此会积累蜡质感。初次蒸馏过程在工艺上和生产水果风味酒体类似，但使用中间罐可确保最终产生出蜡质感。"

威士忌

2006年，克里尼利基14年的年份酒在"酿酒厂珍藏系列"中发布，该系列均在雪莉酒桶中进行了一段时间的二次成熟。接下来，酿酒厂在2008年出品了酿酒厂参观者专属的原桶强度版，2009年推出"经理选择"组合中的原桶强度、单桶装瓶。

品鉴笔记

克里尼利基"原桶强度版"

单一麦芽威士忌，46% ABV，波本桶熟成，雪莉桶过桶。香气：甜雪莉酒和蜂蜜的香气及丁香的气味。口感：雪莉酒的味道，丁香、当归和香料的味道逐渐展开。余味中等，带有淡淡的姜味。

克里尼利基"经理选择"

单一麦芽威士忌，58.8% ABV，单桶原桶强度，波本桶，共232瓶，非冷凝过滤。香气：香草、姜和淡淡的海水味。口感：饱满丰富，带有麦芽味、新鲜水果及十分跳跃和辛辣的口感。余味悠长，带有橡木和茴香的味道。

克里尼利基14年

单一麦芽威士忌，46% ABV。香气：芬芳而辛辣，带有蜡质、麦芽和一丝烟熏的味道。口感：口中略带蜡质感，并有蜂蜜、柑橘、香料和泥煤的味道。余味辛辣并带有盐水和热带水果的味道。

萨瑟兰家族和佃农的驱逐史

最初的克里尼利基酿酒厂是由第二任的斯塔福德侯爵（Marquess of Stafford）于1819年建立的，主要目的是将自己领土上种植的大麦进行再次加工。该侯爵与第19代萨瑟兰女伯爵伊丽莎白联姻，并于1833年正式被封为萨瑟兰公爵。克里尼利基酿酒厂建成时，萨瑟兰已是欧洲拥有私人土地面积最多的庄主。这个家族与高地佃农的驱逐史息息相关，其中数千名佃农被迫背井离乡。现在戈尔斯皮附近的山顶上还耸立着第一代萨瑟兰公爵的石像。

大摩

所有权： 怀特-麦凯有限公司

创始年份： 1839 年　**产量：** 370 万升

大摩（Dalmore）酿酒厂的故事颇为传奇，它从一个稍有知名度的酿酒厂，经过几年华丽转变，成了苏格兰价值最高的威士忌酿酒厂。大摩也应该是唯一能跟麦卡伦匹敌的酿酒厂之一，每年发布限量版的超高年份威士忌及成交市价，让其他竞争对手只能望洋兴叹。

大摩威士忌总监大卫·罗伯逊（David Robertson）表示，"大摩酿酒厂的地位来自多年的声誉管理及出品的高质量威士忌。我认为，酒本身的质量和忠实客户的拥趸造就了大摩今天的市场地位。同时，也归功于酿酒厂首席酿酒师理查德·帕特森（Richard Paterson）长期以来对大摩的老酒进行着悉心管理，因此我们能在市场上推出 40 年、50 年甚至 60 年以上的年份酒。"

无与伦比的奢华

自从该酿酒厂的所有者怀特-麦凯有限公司于 2007 年被印度公司收购之后，大摩从备受推崇的高地单一麦芽威士忌向横空出世的高端品牌迈出了关键的一大步。

大卫·罗伯逊说："当时我们和市场都严重低估了大摩的价值。这些酒品质极佳，但之前的品牌推广有点对不起为此付出努力的员工。我们的首席酿酒师理查德·帕特森一直出色地打造了那么多款好产品。"

为此，酿酒厂对所有旗下产品的包装进行了升级并扩张了产品线，同时启动了大摩的超高端限量产品，其中包括 40 年、45 年、58 年和 59 年的威士忌。2010 年，大摩推出了限量 12 瓶的 59 年"月神"（Selene）单一麦芽威士忌，酒液来自两个高年份的雪莉桶。紧接着于 2011 年推出了来自同一批酒桶限量 20 瓶的"曙光女神"（Eos），同一年还推出了"星座"（Astrum），该酒于 1966 年蒸馏，并在特殊木桶中过桶熟成了 18 个月。

其中最稀有的威士忌是"三位一体"（Trinitas），这是一款 64 年的大摩，其中包含年份高达 140 多年的老酒，限量 3 瓶。推出后其中 2 瓶立刻被收藏家抢购，而第 3 瓶随后在伦敦的哈罗德百货以很高的价格售出。

大摩酿酒厂位于克罗马蒂湾平静的水域旁，该水湾位于因弗内斯北部的一个湖里。

从 2002 年开始，大摩高端威士忌一直在打破价格纪录，其中一瓶 62 年的大摩以高价易手，创造了世界拍卖史上最昂贵的威士忌价格纪录。该威士忌一共只生产了 12 瓶。而在 2005 年 4 月，一位匿名商人在萨里的彭尼希尔公园酒店购买了其中一瓶，当晚便与他的 5 个友人开瓶分享，让大摩再次登上了新闻头条。在 2011 年 9 月，最后一瓶大摩 62 年在新加坡樟宜机场售出，再次打破了酿酒厂的纪录。

酿酒厂的起初

大摩起初建厂时离"奢华"两个字有些遥远。1839 年，亚历山大·马地臣（Alexander Matheson）在克罗马蒂湾旁边建立了大摩酿酒厂。马地臣后来将酿酒厂的经营权以租赁的方式交由其他租户来运营，在 1867 年，安德鲁·麦肯齐（Andrew Mackenzie）和他的家人接手后，开始经营。

最终，麦肯齐于 1891 年从马地臣家族手中买下了酿酒厂，此时酿酒厂蒸馏器数量已经翻了一番，共计 4 台。之后该酿酒厂一直归麦肯齐家族管理，直到 1960 年麦肯齐兄弟公司与格拉斯哥的怀特-麦凯有限公司合并，后者一直是大摩单一麦芽威士忌的长期客户。1966 年，随着苏格兰威士忌

大摩 12 年

大摩 40 年

行业的蓬勃发展，酿酒厂又添加了 4 台蒸馏器，使产能翻了一番。

今天的酿酒厂陈设基本没变，生产车间里的蒸馏器依旧是苏格兰最为奇特的设计，酿酒厂拥有 4 个不同形状和大小的平顶初次蒸馏器和 4 台带有独特冷却系统的鼓球型二次蒸馏器，其中"2 号二次蒸馏器"的历史可追溯到 1874 年。

雪莉风格

大摩的特点是其浓郁的雪莉风格和长时间陈年所带来的丰富口感。用于熟成的橡木桶主要为波本桶和雪莉桶，大摩是苏格兰唯一和西班牙历史悠久的冈萨雷斯·比亚斯（Gonzalez Byass）酒庄合作采购玛度沙欧罗索雪莉桶的威士忌酿酒厂。

大摩的核心产品含 12 年、15 年和 18 年的单一麦芽威士忌，以及大摩雪茄三桶（分别在 30 年欧罗索雪莉桶、美国白橡木桶和一级庄园赤霞珠酒桶中熟成）和大摩亚历山大三世。大摩亚历山大三世酒名源自 1263 年的一段故事，当时麦肯齐家族的一位祖先拯救了苏格兰国王亚历山大三世，避免他被雄鹿刺伤。从此，雄鹿的头便成了麦肯齐家族的徽章，并出现在如今的大摩酒瓶上。

大摩"特级珍藏"

品鉴笔记

大摩 12 年

单一麦芽威士忌，40% ABV，50% 欧罗索雪莉桶熟成和 50% 波本美国白橡木熟成。香气：麦芽、橙子果酱、雪莉酒和一丝皮革的香气。口感：口感浓郁，带有雪莉酒、香料和柑橘的味道，并平衡地融合在一起。余味长，有着香料、生姜和橙子味。

大摩 40 年

单一麦芽威士忌，40% ABV，美国白橡木桶熟成，雪莉桶过桶。香气：橘子果酱与圣诞布丁及温和的橡木融合的香气。口感：脆太妃糖和苦巧克力并带有辛辣的橙子和杏仁味。余味悠长，带有麦芽和黑巧克力的味道。

大摩亚历山大三世

单一麦芽威士忌，40% ABV，雪莉桶、波本桶和赤霞珠红酒桶熟成。香气：杏仁、树篱浆果、李子、脆太妃糖和糖浆的味道。口感：雪莉酒和新鲜浆果融合了李子的味道，同时带有香草和太妃糖的味道。余味散发橡木、红酒和黑胡椒的口感。

大摩亚历山大三世

达尔维尼

所有权：英国帝亚吉欧公司
创始年份：1897 年　**产量**：220 万升

达尔维尼（Dalwhinnie）酿酒厂的创立时间在 1897-1898 年之间，正好在维多利亚时期威士忌行业大萧条前。酿酒厂当时由斯特拉斯佩酿酒厂赞助并由当地的企业家启动建造。

然而，在 1898 年 2 月正式生产几个月后，创始人由于经济缘故被迫将他们的新酿酒厂出售，酿酒厂名称改为达尔维尼。

收购竞拍

达尔维尼的特别之处在于，它是苏格兰第一家被美国企业收购的酿酒厂，纽约的库克·伯里海姆公司在 1905 年在竞拍卖会上收购了该酿酒厂。达尔维尼当时的收购价体现了苏格兰威士忌行业当时整个大市场的萧条。库克·伯里海姆公司在完成收购后将达尔维尼归置詹姆斯·门罗父子公司旗下作为子公司来运营。酿酒厂之后于 1920 年被詹姆斯·考尔德爵士收购，但酿酒厂名字被保留下来。

6 年后，DCL 收购了达尔维尼。1934 年 2 月，一场大火导致酿酒厂关闭并花了将近 4 年的时间进行重建。在 DCL 的管理下，达尔维尼的业务被授权给了詹姆斯·布坎南（James Buchanan），而至今达尔维尼的麦芽威士忌一直是布坎南调配威士忌系列的核心基酒，该产品在南美洲市场广受欢迎。

黑白狗威士忌

"黑白狗"调配威士忌是由詹姆斯·布坎南于 1884 年推出的。詹姆斯·布坎南出生于加拿大，在北爱尔兰上学，祖辈是苏格兰的企业家。他 15 岁时就已经开始在公司上班，之后帮他亲兄弟打理谷物生意将近 10 年。

在 1879 年，布坎南移居伦敦，开始代理利思的调配威士忌产品，从而正式投身于苏格兰威士忌行业。5 年后他选择自己创业，并推出了他自己的调配威士忌品牌，旨在吸引挑剔的英国饮酒人士。由于瓶身和酒标拥有醒目的黑白设计，品牌正式改名为"黑白狗"。

虫管式冷凝器的回归

1987 年，达尔维尼 15 年被联合酿酒集团（帝亚吉欧公司前身）选至经典麦芽产品系列中推出，并在 4 年后正式对外开放游客中心。1992-1995 年期间，酿酒厂耗资了巨资进行翻新，除了原有的一对蒸馏器，其他设备全部被替换。达尔维尼是为

达尔维尼位于山脉的边缘，是海拔最高的苏格兰酿酒厂之一。

达尔维尼 15 年

数不多的仍然采用虫管冷凝系统的苏格兰酿酒厂之一。1986 年，原有的 2 个冷凝桶被拆除，替换成了"壳管式"冷凝器，但由于新设备影响了达尔维尼的风味，导致产品不受欢迎，于是酿酒厂之后又添加了 2 个虫管式冷凝器。

高冷风格

帝亚吉欧公司的工艺开发经理道格拉斯·穆雷解释说："使用虫管式而不是壳管式的冷凝器往往会让酒的风味变得更加复杂多变。在达尔维尼酿酒厂里，我们的冷凝器中使用的冰水（将雪融化后的冷水）更加突出了酒的风味特点。我们能够非常快速地冷却蒸气，大幅度减少酒液和铜的接触。这种方式让新酒变得更有自己的特色，而在经过陈年后就能变成奇妙复杂的达尔维尼 15 年单一麦芽威士忌。"

在达尔维尼，酿酒厂里一共有 1500 个用于熟成的木桶，由此诞生的威士忌将作为单一麦芽威士忌进行装瓶。帝亚吉欧公司的伊万·麦金塔说："这里的天气条件较为恶劣，给生活和工作带来了很多挑战。然而，我们不相信这样的自然环境会影响达尔维尼 15 年威士忌的最终风味，当然我们可能会比其他酿酒厂稍微少一点'天使的份额'（Angel's Share）。"

达尔维尼的产品系列包括 15 年单一麦芽威士忌和 1998 年推出的"酿酒师精选系列"，酿酒厂也曾经推出过 20 年、29 年和 36 年的限量版威士忌。2010 年酿酒厂正式发布了"经理选择"单一麦芽威士忌。

品鉴笔记

达尔维尼 15 年
单一麦芽威士忌，43% ABV，香气：香气扑鼻，带有松针、石楠花和香草，以及精致的泥煤味。口感：入口顺滑，带有果味的甘甜，以及蜂蜜、麦芽和微妙的泥煤味。余味中等，口感逐渐转干。

达尔维尼蒸馏者系列（1995）
单一麦芽威士忌，43% ABV，欧罗索雪莉桶进行熟成。香气：甜雪莉酒、葡萄干和烟熏的气味。口感：带有麦芽、丁香、雪莉酒和水果的味道，同时融合柔和的蜂蜜和泥煤味。余味悠长、丝滑、口感微微转干。

达尔维尼"经理选择"
单一麦芽威士忌，51% ABV，单桶原桶强度，美国橡木桶熟成（270 瓶）。香气：低调的香气，温和的草本植物和雪莉酒气味。口感：甜度适中带点辛辣，并呈现出饼干、蜂蜜、橙子和柠檬的味道。余味中长，带有挥之不去的香料味，肉桂的味道格外突出。

畅饮威士忌

达尔维尼酿酒厂海拔 327 米，是苏格兰海拔第二高的酿酒厂，仅次于保乐力加集团旗下位于格兰利威南边的布拉佛酿酒厂。它的高海拔使其成为英国最寒冷的地方之一，英国国家气象局在此地设有官方的气象站。而酿酒厂经理的职责之一就是了解气象站发出的天气预报指数。从 20 世纪 70 年代开始，在绕过达尔维尼村之后，即可从珀斯通往因弗内斯的 A9 公路上看到达尔维尼的酿酒厂。达尔维尼也曾经利用邻近珀斯至因弗内斯的铁路线进行运输，但现在所有的产品物流都是通过公路运输完成。

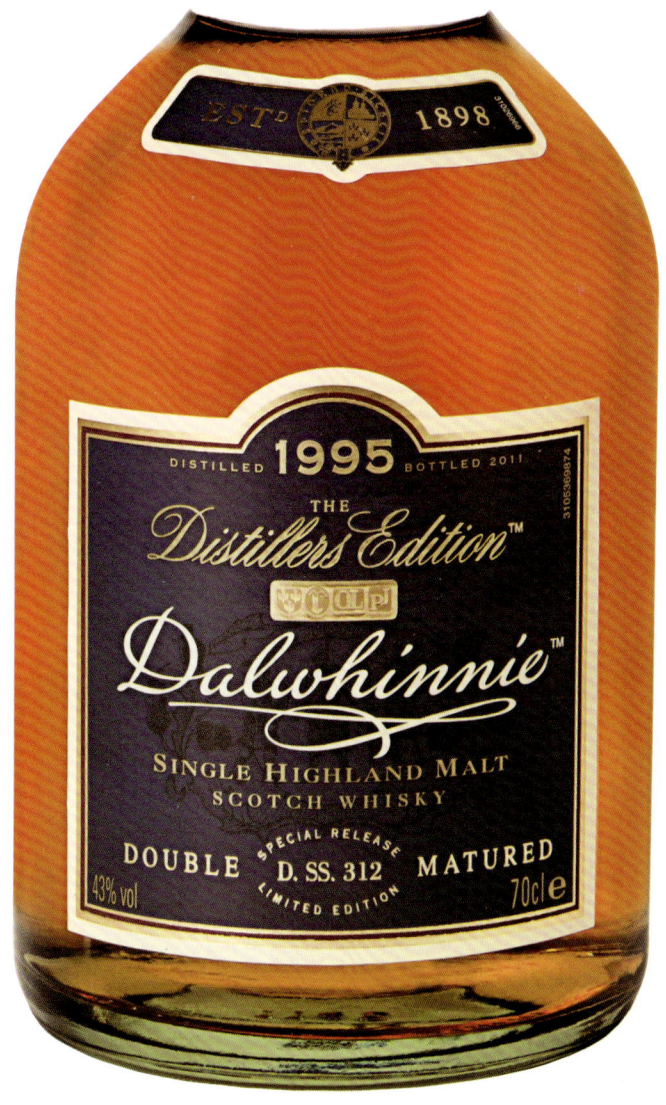

达尔维尼蒸馏者系列（1995）

埃德拉多尔

所有权：圣弗力苏格兰威士忌有限公司

创始年份：1837 年　产量：11 万升

埃德拉多尔（Edradour）酿酒厂一年的产量大概为稍大型斯佩塞区酿酒厂一周的产量。而令人费解的是，埃德拉多尔的酒一直被用于调配威士忌里而没有打造成小批次精品的单一麦芽威士忌。酿酒厂也一直按照这个模式运营，直到2002年被现在的主人、独立装瓶商圣弗力苏格兰威士忌有限公司，以下简称"圣弗力公司"的安德鲁·西明顿（Andrew Symington）收购。

埃德拉多尔的遗产

埃德拉多尔在西明顿接管之前已颇有历史，于1837年就已开始运作。与格兰陀伦一样，是珀斯郡唯一至今仍在运作的"农场式酿酒厂"。在1841年正式成立母公司之前，酿酒厂一直以农民合作社的模式在运作。

1922 年，美国酒商 J.G 特尼父子公司旗下的子公司威廉·怀特利有限公司收购了埃德拉多尔酿酒厂，以确保自己的调配威士忌的原酒供应。

之后，埃德拉多尔与它的红色酒标一样开始步入红红火火的时期。禁酒令期间，威廉·怀特利有限公司旗下的调配威士忌由著名的黑手党弗兰克·科斯特洛（Frank Costello）拿下代理并正式进入美国市场，据说电影《教父》就是根据这位黑道大佬的传奇故事改编成的。有很多史材证明，科斯特洛从20世纪30年代和他的好友欧文·海姆（Irving Ham）通过JG特尼父子公司间接操控埃德拉多尔酿酒厂。

1982 年，埃德拉多尔被保乐力加集团的子公司坎贝尔酿酒厂收购，4年后，该公司推出了"埃德拉多尔"（Edradour）10年单一麦芽威士忌。但在2002年，保乐力加集团在收购了施格兰旗下的苏格兰威士忌酿酒厂后产能已达饱和，导致埃德拉多尔生产的麦芽威士忌产量过剩。与此同时，安德鲁·西明顿（Andrew Symington）一直在市场上物色合适的酿酒厂，并发现了埃德拉多尔的潜力，当时在保乐力加集团的运作下，酿酒厂只有20%的酒按单一麦芽威士忌进行了装瓶和销售。

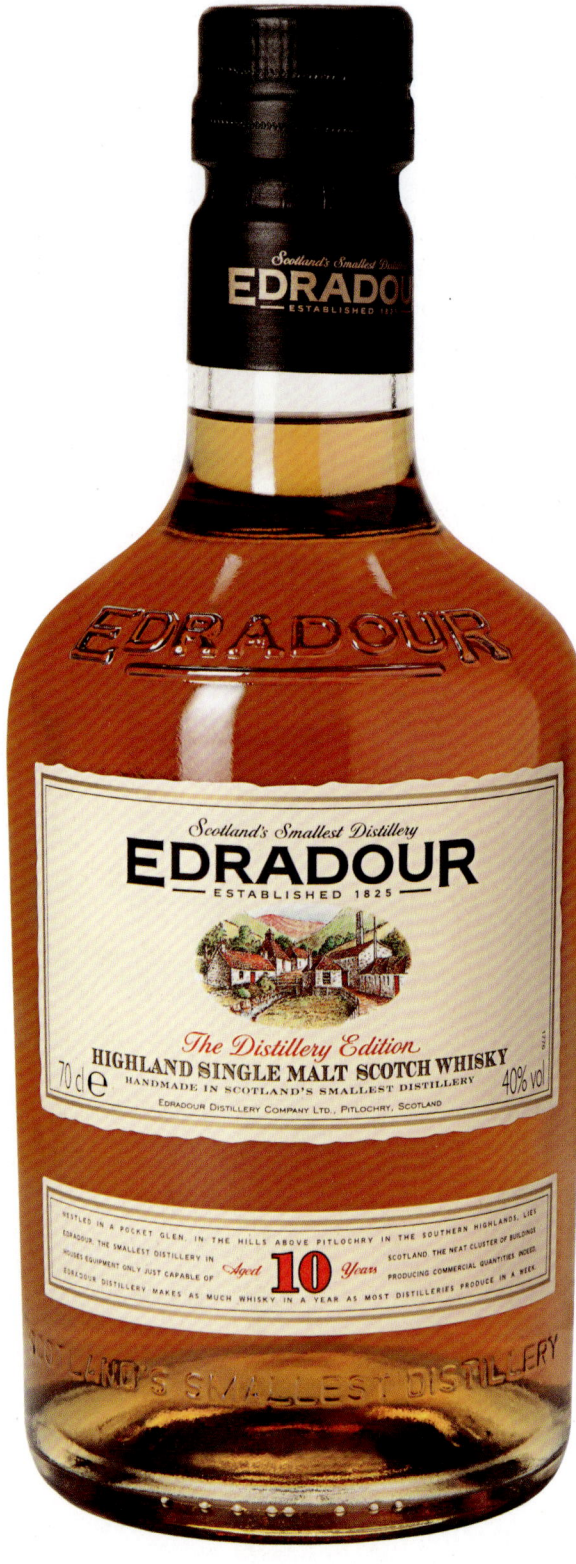

埃德拉多尔 11 年

埃德拉多尔 12 年 "加勒多尼亚"

埃德拉多尔 10 年

圣弗力公司与西明顿

德斯·麦卡赫蒂是西明顿在埃德拉多尔的得力助手,现在酿酒厂也是圣弗力公司的总部所在地。"我们接管酿酒厂时,剩余的威士忌库存年份都比较新。之前酿酒厂大部分的原酒主要用于5年和12年的调配威士忌。因此,我们决定尝试推出使用不同木桶熟成的单一麦芽威士忌,来扩充原来只有10年单一麦芽威士忌的产品线。"麦卡赫蒂补充道,"埃德拉多尔原来的单一麦芽威士忌以雪莉桶为主,但收购酿酒厂后我们发现酿酒厂大部分的酒液都是通过波本桶熟成,目的是为了调配威士忌的基酒供应。于是我们将很多原来的酒液重新添加至雪莉桶进行熟成。现在新蒸馏出的酒都是直接使用全新的雪莉桶或是二次雪莉桶进行熟成,有少量的酒会使用波本桶和葡萄酒桶熟成。"

泥煤风格的埃德拉多尔

圣弗力公司接手以后对酿酒厂的生产采取了创新,并第一次推出了重泥煤风格的威士忌,并沿用了一个附近已关闭酿酒厂的名字巴拉奇(Ballechin)。德斯·麦卡赫蒂解释说:"艾雷岛风格的威士忌的需求量一直在增长,而我们的酿酒厂经理伊恩·彦德森(Iain Henderson)原来服务过拉佛格酿酒厂,他觉得埃德拉多尔的蒸馏器可以生产高质量泥煤风格的威士忌。我们在2003年蒸馏了第一批,对成品非常满意。现在,我们酿酒厂有25%出品的酒是巴拉奇,同时我们也在为15年、18年和21年的产品做储备。"

埃德拉多尔的酿酒厂环境特别有社区的感觉,德斯·麦卡赫蒂和安德鲁·西明顿都住在酿酒厂区里的房子。尽管西明顿已经是公司的执行董事兼首席执行官,但他每天还是穿着车间的工服上班。"我喜欢待在生产一线,喜欢和来访的游客聊天,"西明顿说。

品鉴笔记

埃德拉多尔10年

单一麦芽威士忌,40% ABV,雪莉桶。香气:苹果酒、麦芽、杏仁、香草和蜂蜜的香气扑鼻而来,还有一丝烟熏和雪莉酒的味道。口感:口感丰富、富有奶油味和麦芽味,并带有皮革、雪莉酒和持久的坚果味。在余味收尾时逐渐呈现出香料和雪莉酒的味道。

埃德拉多尔12年加勒多尼亚

单一麦芽威士忌,46% ABV,欧罗索雪莉桶熟成4年。香气:满满的果香,尤其是无花果、葡萄干和丁香的气味。口感:口感丰富而浓郁,呈现出坚果和橙子的味道,同时带有大量诱人的香料味,余味平衡逐渐转干。

埃德拉多尔"巴乐琴6批波本桶"

单一麦芽威士忌,46% ABV。香气:香甜的泥煤、枫树及柔和的香草和干果的香气。口感:迸发出更多的泥煤、柠檬和浆果的味道。同时带有榛子、纯巧克力的味道。

如画如诗的明信片

如果一位浪漫主义画家要绘制一幅高地酿酒厂的画,那幅画一定会看起来很像埃德拉多尔酿酒厂。一座古老石灰色和红色的农场风格建筑,搭配着山丘与河流,酿酒厂距离风景如画的皮特洛赫里旅游中心仅3千米。酿酒厂的生产工艺和设备也非常传统,小型的铸铁锅炉,自1910年起就一直使用的糖化槽,一对使用俄勒冈松树木材制作的发酵槽,另外还有2台蒸馏器与一个用了近100年虫管冷凝设备。埃德拉多尔是苏格兰最小的酿酒厂之一,极受游客欢迎。

风景如画的塔姆尔河,酿酒厂坐落在河的东侧。

埃德拉多尔"巴乐琴6批波本桶"

费特肯

所有权：怀特-麦凯有限公司
创始年份：1824年　**产量**：230万升

多年来，费特肯（Fettercairn）酿酒厂的单一麦芽威士忌在市场上一直非常低调，且评价一直不高。酿酒厂的地理位置算是高地最具魅力的地方，员工敬业而且技术水平不低，但酿酒厂生产出来的威士忌所得到的评论并不那么讨喜，可能有部分原因在于酿酒厂的冷凝器都是不锈钢材质的，一直到1995年才替换成铜制冷凝器。

终于在2009年，怀特-麦凯有限公司决定一改费特肯以往的形象和问题，针对产品线进行了彻底的大调整，推出了24、30和40年的年份威士忌。之后又在2010年推出了费特肯"Fior"，替代现有的12年威士忌。"Fior"包含大量14、15年的老酒，其中还含了15%波本桶熟成的5年重泥煤威士忌，这个改变颠覆了原来酿酒厂的品牌形象。

费特肯的改革

怀特-麦凯有限公司的稀有威士忌总监大卫·罗伯逊谈到这个改变时说，"费特肯对我们来说一直是一个隐藏的宝藏，2009年我们觉得是时候发声，让更多人了解这家酿酒厂的威士忌。我可以公正地说，有些人对之前的产品是有偏见的，但我们的首席酿酒师理查德·帕特森和酿酒厂经理大卫·多格一直对该酿酒厂生产的威士忌充满信心，这也是他们持续推出新产品的原因。而自从推出这些新产品以来，我们看到大家的正面评价也有所增加，销售额也有所提升。新产品打消了大多数媒体的疑虑，而威士忌的专业人士也给出了好评。"

理查德·帕特森自1970年以来一直在怀特-麦凯工作，作为第三任调酒师，他也是苏格兰威士忌行业最受瞩目的从业者之一。"费特肯从调配的角度来说，真正价值在于酒的独特风格。"帕特森说，"当它与斯佩塞区多单一麦芽威士忌进行调配时，能搭建起整个酒体的结构。"

"费特肯绝对是一款高地风格的单一麦芽威士忌，具有浓郁的酒体和个性。它与大多数其他酿酒厂距离相隔甚远，并生产独特风味的威士忌。在'Fior'这款酒上，我们尝试打造了一款和之前完全不同的酒，这款酒拥有15%的泥煤风味原酒——我们发现这个比例成就了我们理想中的产品。'Fior'也因此为酿酒厂赢得了一批新的爱好者。"

多年来，"Fior"泥煤风格威士忌每年都会固定进行生产，这也是怀特-麦凯公司一直以来的政策，即在其运营的酿酒厂（包括大摩和吉拉）低调的蒸馏一定比例的泥煤风格原酒。

"老麦桶" 费特肯13年1991

凯恩戈姆山脚下的费特肯曾接待过包括维多利亚女王在内的诸多皇室访客。

小故事：混合熟成

由于费特肯酿酒厂自1973年以来的所有权一直归位于格拉斯哥的怀特-麦凯有限公司所有，酿酒厂也因此为公司旗下的苏格兰调配威士忌提供了数量庞大的基酒。怀特-麦凯有限公司的历史可以追溯到1844年，他们以独有的"二次混合熟成"工艺而自豪，其中会将不同的单一麦芽威士忌一起混合并添加到雪莉桶中进行几个月的陈年。然后，酒液会和多达6种不同的谷物威士忌再进行混合并添加至新的雪莉桶里进行陈年，直到熟成完毕进行装瓶。

时光倒流

　　费特肯酿酒厂里的 2 台蒸馏器较为特别，酒液直接透过蒸馏器颈部的外部添加水来进行冷却，从蒸馏器的外身流下后会收集并回收继续利用。这个做法会增加酒液"回流"，使口感更加纯净和轻盈。

　　费特肯位于凯恩戈姆山的山脚下，这里也曾经是非法私酿的汇聚地。酿酒厂的历史可以追溯到 1824 年，当时它由亚历山大·拉姆齐爵士（Sir Alexander Ramsay）从一个玉米厂改建而成。到了第 2 年，它以租赁的方式授权给詹姆斯·斯图尔特公司进行运营。1830 年，拉姆齐将他的法斯克庄园（包括酿酒厂）卖给了约翰·格莱斯顿爵士（Sir John Gladstone），这位爵士也是之后担任了 4 届英国首相的威廉·尤尔特·格莱斯顿（William Ewart Gladstone）的父亲。

　　之后酿酒厂的所有权一直在格莱斯顿家族的手中，直到 1926 年酿酒厂关闭。之后，在 1939 年，它被苏格兰联合蒸馏酒业有限公司的约瑟夫·霍布斯（同时也是班尼富酿酒厂的主人）收购。

　　1960 年代的威士忌热潮使费特肯在 1966 年又添加了 2 台蒸馏器，达到 4 台。5 年后，酿酒厂被托明多-格兰威特蒸馏有限公司收购。1973 年，托明多-格兰威特被怀特-麦凯有限公司收购。2007 年，该酿酒厂成为印度企业家贾伊·马尔雅（Vijay Mallya）博士的联合酿酒集团旗下的酿酒厂。

品鉴笔记

费特肯 13 年

　　单一麦芽威士忌，58.2% ABV，1997 年 12 月 10 日蒸馏，欧罗索雪莉桶熟成。香气：太妃糖、橘子果酱、焦糖水果和甘草的香气。口感：焦糖、蜂蜜、菠萝、杏仁糖和雪莉酒的味道，顺滑而饱满。余味悠长并带有雪莉酒的丰富味道。

费特肯"FIOR"

　　单一麦芽威士忌，42% ABV，主要含 14 年和 15 年的基酒，另外含有 15% 重泥煤的 5 年威士忌，波本桶熟成。香气：雪莉酒和烟熏味、姜、橙皮、太妃糖和香草味。口感：烟熏味，带有橙子、糖浆、黑巧克力、雪莉酒及融合了坚果和太妃糖的味道。余味带有甘草和略带辛辣的橡木味。

费特肯 30 年

　　单一麦芽威士忌，43.3% ABV。香气：果酱、李子果酱和太妃糖的香气扑鼻而来，以及一丝雪莉酒的味道。口感：菠萝、杏仁糖和软糖的口感，口味丰富复杂。

费特肯"FIOR" 　　　　　　　　　　费特肯 30 年

格兰盖瑞

所有权：莫里森·波摩蒸馏有限公司（母公司为三得利集团）
创始年份：1797 年　**产量**：100 万升

格兰盖瑞（Glengarioch）在众多苏格兰酿酒厂中属于比较低调的，距离其他威士忌酿酒厂甚至核心产区都有一段距离。若要归类，它和费特肯一样生产高地东部风格的单一麦芽威士忌，同时也都不在游客一般的游玩路线上。酿酒厂距离阿伯丁 27 千米，位于历史名镇奥德梅尔敦的郊区，该镇每天有无数苏格兰石油员工从这里通勤去上班。镇上的盖瑞谷也被称为"阿伯丁郡的粮仓"，生产着苏格兰品质最好的大麦。

酿酒厂起初

格兰盖瑞是苏格兰最古老的酿酒厂之一，在酿酒厂建造之前的原址起初是一家啤酒厂和皮革厂。酿酒厂的创立日期众说纷纭，但格兰盖瑞的主人亲自打消了众人的疑虑，并正式宣布 1797 年为其官方的创立日期，还为此推出了一款"1797 创立者纪念版"（1797 Founder's Reserve）威士忌——尽管材料显示，格兰盖瑞可能在官方创立日期的十几年前就已经开始蒸馏烈性酒了。

历经不同资料考证，在 1798 年，酿酒厂当时的所有权在托马斯·辛普森（Thomas Simpson）手上。尽管酿酒厂宣称约翰·曼森和亚历山大·曼森兄弟创立了这家工厂，但有其他史材称，当时已拥有斯特迈顿酿酒厂的约翰·曼森公司应该是在 1837 年收购了格兰盖瑞。但无论如何，可以肯定的是，1884 年格兰盖瑞被来自利斯的 JG 汤姆森公司收购，后续同样来自利斯的调酒师威廉·沙逊（William Sanderson）对酿酒厂及其威士忌也产生了兴趣。并曾在 1882 年推出了 Vat 69 调配威士忌，其核心基酒即为格兰盖瑞。

沙逊于 1908 年收购了格兰盖瑞蒸馏有限公司和其旗下的酿酒厂，后来该公司在 1933 年被布斯（Booth's）收购。

DCL 于 1937 年收购了布斯后，格兰盖瑞也正式归为旗下。

寂静的春天

DCL 在 1968 年关闭了格兰盖瑞，声称蒸馏烈性酒需要的水源出现了供应问题，但 2 年后，波摩的母公司史坦利·莫里森有限公司收购了酿酒厂并重新继续生产威士忌。

1972 年，水源问题正式解决，当时在邻近的农场发现了泉水，因为泉水深藏地底一直未被发现，所以泉水也号称为"农场的寂静之泉"。该泉水帮助酿酒厂解决了水源的问题后，让酿酒厂的产量增加了 10 倍。而在新公司的管理下，1972 年，酿酒厂添置了第 3 台蒸馏器，随后在 1973 年安装了第 4 台，并在同一年首次正式推出格兰盖瑞单一麦芽威士忌。

酿酒厂一直沿用了地板发麦工艺，直到 1993 年。一年之后，莫里森·波摩蒸馏有限公司被日本酒商三得利完全控股（该公司自 1989 年起就持有约 35% 的股份）。

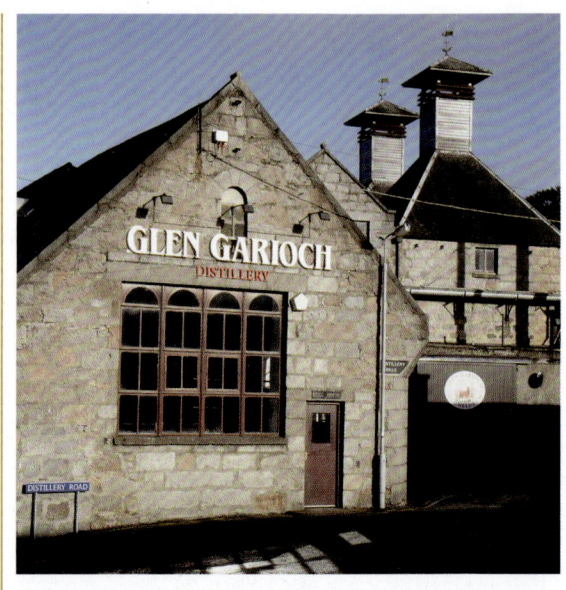

格兰盖瑞重生

从 1995 年 10 月到 1997 年 8 月，酿酒厂一直处于暂停运营状态。在 2004 年时酿酒厂突然推出了 1958 年的格兰盖瑞单一麦芽威士忌，这是酿酒厂有史以来推出过最高年份的威士忌。第二年，酿酒厂在原来制桶车间的位置开设了游客中心，此时，格兰盖瑞的年销量达到了 25 万瓶。2009 年，格兰盖瑞的产品线进行了彻底的升级，产品包装进行了更新采取了更加简洁和现代的设计。

原有的 8 年、12 年、15 年和 21 年威士忌被

格兰盖瑞 12 年

格兰盖瑞 1797 创立者纪念版

自格兰乌格于 1983 年关闭后，格兰盖瑞一直是苏格兰最东边的酿酒厂了。

"1797创立者纪念版"的无年份威士忌和12年单一麦芽威士忌所取代，随后每年推出特殊年份酒。先是1978年和1990年两款正式上市，随后陆续上市了1991年、1986年和1994年的产品。

由于在1993年之前酿酒厂采取地板发麦的特殊处理让酒液的泥煤味会更重，也与后来生产的威士忌在口味上有极大的不同。这个传统工艺目前尚未失传，酿酒厂的主人也曾经表示不排除在未来某个时候会让这个传统技艺重出江湖。

稀有而精致

莫里森·波摩蒸馏有限公司的首席执行官迈克·凯勒（Mike Keiller）说："全球范围我们推出了小批量的精选产品，格兰盖瑞在稀有威士忌的圈子里处于领先地位。格兰盖瑞适合发烧友、收藏家和那些真正欣赏工艺和品质的人，格兰盖瑞为莫里森·波摩蒸馏有限公司已经成功的单一麦芽产品系列增添了不少风采。"

格兰盖瑞品牌经理约翰·穆伦（John Mullen）补充说："质量和传承是我们产品的核心定位。对我们来说，一切在于匠人精神。例如，通过'1797创立者纪念版'，我们的高级调酒师伊恩·马克伦（Iain McCallum）决心制作展现一种新的风格，既可以向当年的酿酒厂创始人致敬，同时又用一种特别的方式来打造一款无年份麦芽威士忌。它独特的果味、甜香草和香料的味道，让我们相信我们呈现出了酿酒厂的传承及风味。"

品鉴笔记

格兰盖瑞12年

单一麦芽威士忌，48% ABV，非冷凝过滤。香气：香甜，新鲜水果桃子和菠萝，加上香草、麦芽和一点点雪莉酒的味道。口感：酒体饱满，浓郁的新鲜水果味道，伴随着香料、脆太妃糖及橡木味。

格兰盖瑞1986

单一麦芽威士忌，54.6% ABV，原桶强度，非冷凝过滤。香气：桃子和生姜的香气，带有软糖和一缕烟熏味。口感：酒体丰满，入口甘甜，带有新鲜水果和紫罗兰奶油的味道。最后是略带泥土味的泥煤味。余味悠长，略带烟熏味。

格兰盖瑞1797 创立者纪念版

单一麦芽威士忌，48% ABV，非冷凝过滤。香气：水果（梨、桃子和杏子）的香气及奶油糖果和香草的香气。口感：浓郁，带有香草、麦芽、甜瓜和淡淡的烟味。收尾干净，余味适中。

行业领先者

20世纪70年代，由于燃料成本急剧上涨，促使几家酿酒厂开始启动节能项目，同时也让能源行业中出现了很多创新案例。

在格兰盖瑞酿酒厂，用于蒸馏器及烘麦的加热系统在1977年进行了改造，打造出了一个将近4,000平方米的温室，可用于种植西红柿、黄瓜、辣椒和茄子及天竺葵和郁金香等花卉。1982年，格兰盖瑞也成为第一家使用天然气作为燃料的苏格兰酿酒厂。

格兰盖瑞1986

格兰哥尼

所有权：伊恩·麦克劳德蒸馏有限公司
创始年份：1833 年　**产量**：110 万升

格兰哥尼（Glengoyne）酿酒厂的产区划分的确容易让人感到困惑。虽然被归到高地，而且酿酒厂的生产车间紧临"高地线"的北侧，但酿酒厂全部蒸馏后的酒会通过 A81 公路运输到低地的仓库中进行熟成。在 20 世纪 70 年代前，格兰哥尼被归类为低地单一麦芽威士忌，并且工厂里 3 台蒸馏器（一台初次蒸馏器和两台二次蒸馏器）的设置也和低地普遍采用的三次蒸馏工艺吻合。此外，酿酒厂从未使用过泥煤味的麦芽，在风格上也和欧肯特轩较为相似。

慢节奏蒸馏

当然，威士忌最重要的还是质量，随着近年来单一麦芽威士忌的销量大幅增长，格兰哥尼团队以其无泥煤味的麦芽和缓慢精心的蒸馏而自豪。

品牌商务经理斯图尔特·亨德利（Stuart Hendry）说："格兰哥尼的蒸馏时间一直较为缓慢。行业里有不同的方法可以为新酒增添风味。可以在发麦过程中添加泥煤进行烘烤，或者也可以用热气将大麦烘干，然后透过蒸馏器的设置来创造口感上的细微差别。大多数泥煤风格的威士忌会尽量缩短酒液在蒸馏器里停留的时间。"

"我们采取的方法是尽可能延长酒在蒸馏器里接触铜的时间，这样可以去除酒液里大部分的硫黄。同时铜还充当催化剂，将发酵过程中产生的糖和氨基酸融合在一起，产生一系列轻盈、浓厚、香甜和酯味的新的风味物质。这些我们称为'酒头'，是我们从蒸馏器冷却后最先得到的酒液，也是我们渴望捕捉到的风味物质。按这个节奏我们同时也会提前将酒心收集起来。"

私酿历史

格兰哥尼距离格拉斯哥仅 19 千米，但尽管它距离城市相对较近，而山脚下树木繁茂的峡谷作为酿酒厂的选址自然是再好不过了。格兰哥尼于 1833 年获得官方的经营许可，但实际上酿酒厂早在取得经营许可之前就已经在这个私酿酒的法外之地悄悄运营了。

格兰哥尼"铜茶壶"

格兰哥尼 12 年原桶强度

酿酒厂起初由乔治·康奈尔（George Connell）负责建造，许可证则是由麦克莱伦（MacLellan）家族的成员持有。最初酿酒厂命名为"Glenguin"，该酿酒厂在1876年被朗兄弟公司收购时被改名为"Burnfoot"。之后酿酒厂名又改回"Glenguin"，或"Glen Guin"，现在的酿酒厂名字"Glengoyne"大约是在1905年更改的。

装瓶商的崛起

1965年，罗伯森-巴斯特公司收购朗兄弟公司之后，启动了一系列的现代化改造工作，并且在1966-1967年酿酒厂重建期间添加了第3台蒸馏器。罗伯森-巴斯特公司现在隶属于爱丁顿集团旗下的子公司。而在公司的运作下，大量格兰哥尼的原酒被用于调配威士忌。接着在2003年4月，酿酒厂、格兰哥尼及大量的库存被伊恩·麦克劳德蒸馏有限公司所收购，这家公司是苏格兰老牌的威士忌调配及装瓶酒商，但以前从未拥有过自己的酿酒厂。

酿酒厂易主后产量翻了一番，新东家开始大力推销格兰哥尼的单一麦芽威士忌。正如斯图尔特·亨德利所说："我们不会偷工减料，我们会尽可能使用最好的大麦。欲速则不达，我们像蜗牛一样花时间慢慢地蒸馏，并长期从我们在赫雷斯的合作伙伴那里采购雪莉桶。"

目前酿酒厂主要的产品包括10年、12年、17年和21年的单一麦芽威士忌，其中格兰哥尼12年还推出了"原桶强度"，同时酿酒厂还出品过13年的"波特桶陈酿"。同时在旅游零售店还能找到"伯恩福特"的无年份威士忌。

品鉴笔记

格兰哥尼12年
单一麦芽威士忌，43% ABV。香气：麦芽和淡淡的蜂蜜香气，同时还带有坚果和柑橘类水果的味道。口感：香料、太妃糖、橙子和巧克力的口感。余味适中，带有醇厚的橡木味和一丝生姜味。

格兰哥尼21年
单一麦芽威士忌，43% ABV，欧洲橡木雪莉桶熟成。香气：雪莉酒、香料和黑糖浆。口感：醇厚，并带有雪莉酒的香气及香料和坚果的芳香。余味的收尾带有甘草和焦糖的味道。

格兰哥尼"铜茶壶"
单一麦芽威士忌，58.8% ABV，原桶强度，分别使用了5个不同雪莉桶熟成9-11年。香气：辛辣，带有红糖、玫瑰水、黑巧克力、雪莉酒和一丝胡椒的味道。口感：浑厚口感并带有炖水果、杏仁和肉桂的味道。余味悠长，散发着橡木和甘草味。

格兰哥尼21年

精选旅游路线

格兰哥尼位于格拉斯哥郊外，从爱丁堡出发的话，有许多交通工具可便利抵达。这里每年吸引约4万名游客，并拥有所有苏格兰酿酒厂中最全面的旅游安排。这里一共有5种不同的套餐，从标准的格兰哥尼一日游到顶级的格兰哥尼大师班，这号称是苏格兰最有深度和全面的酿酒厂参观体验。其中包含关于新酒、熟成和谷物威士忌的知识和介绍，还能让你在酿酒厂的样品室自己动手调配一瓶专属的威士忌。参观结束后，旅客可以将他们刚才调配的作品贴上格兰哥尼10年的酒标，领取证书后直接带回家。

小故事

格兰杰

所有权：格兰杰有限公司

创始年份：1843 年　产量：600 万升

在竞争激烈的商业环境中，创新是企业的生存法则。尽管在某种程度上苏格兰的威士忌酿酒厂因法律上规定而有所限制，然而这并不意味着行业内聪明人士就此放弃创新想法并继续守旧。格兰杰酿酒厂的比尔·梁思敦（Bill Lumsden）博士就是杰出代表，也是目前格兰杰的威士忌酿造与创新的部门负责人。梁思敦拥有生物化学博士学位，也将扎实的科研精神带进了威士忌行业，新产品让人感到耳目一新的同时又保持了酿酒厂的传承。

关于木材

比尔·梁思敦对酿酒厂的木桶管理格外关注，他宣称："我对木桶的理解是，无论你的酒再怎么好，要是没有一个高品质的木桶来进行搭配，就无法呈现出这个威士忌应该有的风味。应该没有其他公司像格兰杰一样，针对木桶有那么多详细的规则。"为了遵循这个原则，酿酒厂甚至在美国密苏里州的奥扎克山区购买了一片林地，所有的木桶都是来自这片林区。这些木桶会用于格兰杰旗下的不同产品的熟成。

得益于梁思敦在木桶管理方面的前沿理念，格兰杰是苏格兰第一个在自己的单一麦芽威士忌里使用过桶工艺的酿酒厂。先是从波特桶开始，之后格兰杰一直在过桶实验的最前沿，并使用了勃艮第桶、苏玳桶、马德拉桶和雪莉桶。

早年的酿酒厂

在酿酒厂 150 年的历史里，格兰杰与苏格兰其他的酿酒厂一样，打造了属于自己的独特的威士忌风格。大多数的酿酒厂皆使用软水来酿酒，但格兰杰却选择了硬水。

格兰杰在 1843-1849 年创立，并推出了酿酒厂的第一瓶威士忌。它的创始人是威廉·马蒂森（William Mathieson），他当时收购了已倒闭的莫兰吉啤酒厂，并于 1887 年正式成立了格兰杰，原来的工厂也被进行了改造，当时格兰杰是苏格兰第一家使用蒸汽而非煤炭作为蒸馏器加热燃料的酿酒厂。

格兰杰 18 年，这款威士忌先是在美国橡木桶熟成 15 年，其中一部分再转至欧罗索雪莉桶过桶。

小故事

最高的蒸馏器

威士忌蒸馏器有各种形状和大小，这些外观和设计对于蒸馏出来的威士忌风味起到非常关键的作用。也许找不出第 2 台像格兰杰酿酒厂一样，格外注重不同蒸馏器对酒的影响。曾经格兰杰出品的一个平面广告上配有一艘船的插图，文案为"有很多单一麦芽威士忌是用较矮的蒸馏器制成的。我们的蒸馏器是最高大的。"蒸馏器的设计始于当初酿酒厂创立时，从伦敦搬过来一台原用于金酒的蒸馏器，这款蒸馏器赋予了格兰杰这个品牌轻盈的酒体及果味和花香的特点。

格兰杰 10 年

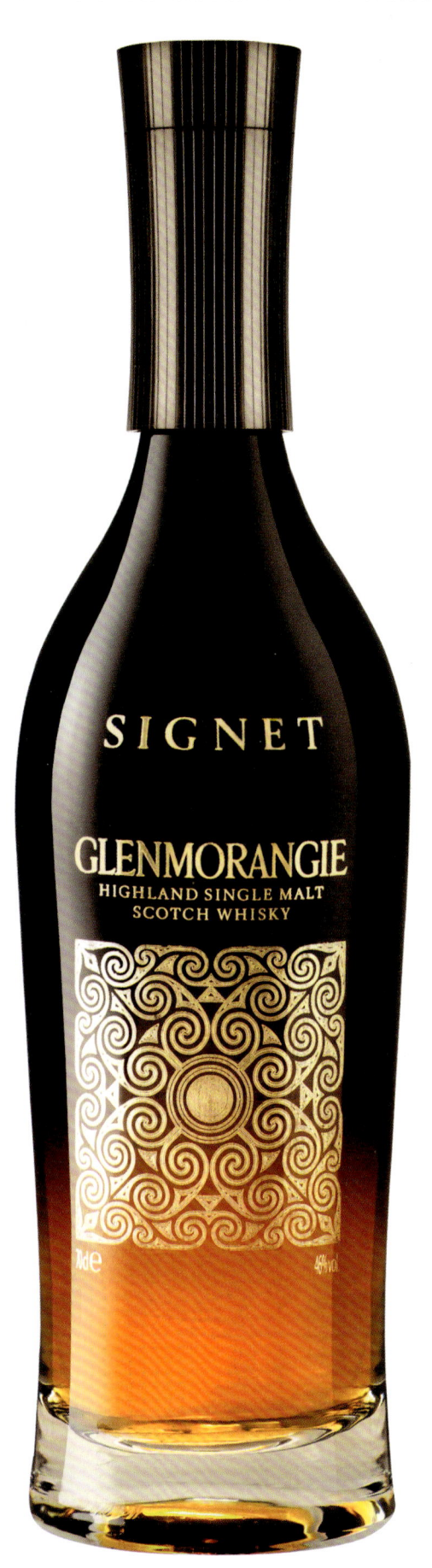

苏格兰产区

麦克唐纳-缪尔有限公司当时作为高地女王（Highland Queen）调配威士忌的母公司，于 1918 年收购了格兰杰大多数的股权，酿酒厂也因此得以度过 20 世纪 30 年代工厂停止运作的艰难时刻。

产能的增长

格兰杰在后来的几年开始步入良性发展，在 1979 年酿酒厂扩建时增添了 2 台蒸馏器，而 10 年后蒸馏器的数量达到 8 台。

2004 年，格兰杰被以高价收购，其中原公司旗下的雅柏、格兰莫雷和格兰杰 3 家酿酒厂正式归这家法国奢侈品集团管理。如今，格兰杰是继格兰菲迪后英国销量排名第 2 的单一麦芽威士忌，并在全球排名第 5。

持续创新

除了雪莉桶、苏玳桶和波特桶 3 种风味，在目前的产品系列里还有一款稀印（Signet），也是梁思敦引以为豪的产品创新。

其中 20% 的威士忌成分由重度烘烤的巧克力麦芽制成，在波本桶及其他新橡木桶中陈年将近 10 年，然后再和其他年份高达 35 年经过雪莉和葡萄酒桶熟成的格兰杰威士忌进行调配。梁思敦同时还推出了"私人珍藏系列"，其中包括 PX 雪莉桶过桶（Sonnalta PX）、"优雅"（Finealta）（使用了一些轻度泥煤和不同年份威士忌的原酒，在雪莉桶和新美国橡木桶熟成）和格兰杰"骄傲 1981"（Pride 1981）。

格兰杰苏玳桶

品鉴笔记

格兰杰 10 年

单一麦芽威士忌，40% ABV。香气：新鲜水果、奶油糖果和太妃糖的香气。口感：口感顺滑、坚果、香料、香草、蜂蜜、橙子和硬太妃糖的味道。余味果味浓郁，带有一丝姜味。

格兰杰"稀印"

单一麦芽威士忌，46% ABV。香气：浓郁的水果、蜂蜜、果酱、枫树、雪莉酒、橡木和香料的甜美香气。口感：浓厚的水果和香料的味道，以及黑巧克力、香草和皮革的味道。余味辛辣，适中。

格兰杰"骄傲 1981"

单一麦芽威士忌，56.7% ABV，原桶强度，波本桶熟成 18 年，苏玳桶熟成 10 年。香气：强烈、辛辣、香料、橡木单宁和甘草的香气。口感：蜡质感，带有果露、蜂蜜、烤苹果、橘子果酱、葡萄干的味道，余味中带有一丝烟熏味。

格兰杰"稀印"

格兰杰"骄傲 1981"

格兰陀伦

所有权：爱丁顿集团

创始年份：1775年　产量：30万升

参观格兰陀伦（Glenturret）酿酒厂的游客若不太确定这家酿酒厂的来历，停车场入口的一个巨大威雀雕塑是一个关键的线索，而酿酒厂的名字则是写在了酿酒厂大门上方的标识上"威雀威士忌体验——格兰陀伦酿酒厂"。

格兰陀伦酿酒厂自2002年成为威雀调配威士忌的品牌之家以来，一直是最热门的苏格兰威士忌旅游相关的目的地之一。在它启动品牌升级之前，酿酒厂已经拥有一个设施完善的游客中心。酿酒厂除了原来的威雀，也将推广重心放在了雪雀（Snow Grouse）、裸雀（Naked Grouse）和黑雀（Black Grouse）上面。而从2010年，酿酒厂新建的品鉴体验区持续地向游客提供威雀系列产品的科普体验活动。

威雀之家

拥有威雀威士忌和格兰陀伦的爱丁顿集团，一直希望在珀斯郡找一个位置合适的地方作为他们旗下畅销威士忌的品牌之家。"格兰陀伦与威雀有着深厚的渊源，因为它是珀斯郡里为我们的调配威士忌提供原酒的核心酿酒厂。"麦芽威士忌业务总监肯·歌瑞尔（Ken Grier）说。他还承认，如果没有"威雀威士忌体验"，爱丁顿集团可能早就不考虑保留这家酿酒厂了，该集团多年来已出售过布纳哈本、格兰哥尼和檀都等酿酒厂。

格兰陀伦单一麦芽威士忌在市场上的宣传很少。歌瑞尔解释说："这是一个产量有限的小型酿酒厂，我们在单一麦芽威士忌品牌上主打高原骑士和麦卡伦。"在2003年，格兰陀伦的10年单一麦芽威士忌取代了原有的12年单一麦芽威士忌，之后还发布了许多单桶装瓶的产品。

蒸馏细节

但对特别关注酿酒厂悠久的历史的鉴赏家来说，格兰陀伦酿酒厂有许多令人赞叹的地方，它拥有一个独特的开放式糖化槽，但不采取机械搅拌，而是使用木杆手工来进行酒液的搅拌工作。另外纯手动操控的蒸馏器有着较慢的蒸馏速度，每分钟能

格兰陀伦10年

格兰陀伦29年

格兰陀伦酿酒厂位于一片树木繁茂的山丘和宁静的湖泊旁。

蒸馏约 9 升的酒液,而其他酿酒厂的蒸馏速度将近快一倍。初次蒸馏器内置了一个滚沸球,形成大量的回流和铜质作用。再加上缓慢的蒸馏速度和长时间在木桶里发酵,使酒液带有果香和花香。

目前每年蒸馏出来 15 万-20 万升的酒约有一半是由透过泥煤烟熏至 80-120 ppm 浓度的麦芽制成的,这部分的原酒会使用在"黑雀"当中。"从系列一致性的角度来说,我们也需要添加格兰陀伦至"威雀"中,尽管数量一定很少,"肯·歌瑞尔说,"我们花了很多精力来推广"黑雀",格兰陀伦能自产泥煤风格的原酒意味着我们将减少对外部采购的依赖。"

历史遗产

格兰陀伦创立日期为 1775 年,在酿酒厂大门正上方有个标志显示着"苏格兰最古老的酿酒厂"。起初酿酒厂进行着非法蒸馏的买卖,在 1818 年酿酒厂以租赁的合作方式授权给了约翰·拉蒙德(John Drummond)进行运作并沿用原来的老名字,最终于 1875 年正式改名为格兰陀伦。酿酒厂在 1921 年关闭,8 年后设备全被拆除,建筑物被改造并用于农产品的仓储。格兰陀伦一直处于暂停运作的状态,直到在 1957 年被商人詹姆斯·菲尔莱(James Fairlie)收购,蒸馏设备重新回归至酿酒厂,并在 2 年后恢复生产。之后酿酒厂所有权于 1981 年易主于人头马君度集团,9 年后由高地蒸馏有限公司接管。1999 年,爱丁顿集团和格兰父子公司合力以非常高昂的价格收购了高地蒸馏有限公司,并成立了新公司来运营相关的威士忌业务,爱丁顿集团拥有该公司 70% 的股份。

威雀的雕塑是后来添置的,但是有另一只动物一直伴随着酿酒厂直到今天。酿酒厂里有一尊青铜打造的猫雕像,为的是纪念酿酒厂的吉祥猫,这只猫在酿酒厂生活的 24 年期间抓了约 2.9 万只老鼠,还因此创造了一项吉尼斯世界纪录。

品鉴笔记

格兰陀伦 10 年
单一麦芽威士忌,40% ABV。香气:坚果味,略油腻,带有大麦和柑橘类水果的香气。口感:口感甜美,果味浓郁,橡木味展现得很平衡。余味中等并甜美。

格兰陀伦 16 年
单一麦芽威士忌,58.4% ABV,单桶,原桶强度。香气:香料、香草软糖和蜂蜜的甜味,融合了麦芽香气。口感:延续了蜂蜜和麦芽的风味,以及大麦和一丝可可的味道。余味悠长,带有辛辣、橡木和牛奶巧克力的味道。

格兰陀伦 29 年
单一麦芽威士忌,55.6% ABV,单桶,原桶强度。香气:香气细腻芬芳,带有柠檬水和香草味。口感:带有花香、干草、蜂蜜、辛辣、橡木和单宁的味道。余味中等,带有太妃糖的味道,橡木味逐渐展开。

苏格兰的国民威士忌

威雀是苏格兰最著名的调配威士忌之一,也是英国仅次于"金铃"销量第二高的调配威士忌。30 年以来,它在高地线以北的市场一直是第一品牌。该品牌起源于珀斯,1896 年,杂货商、葡萄酒和烈性酒商人马修·格洛格(Matthew Gloag)推出了自己的调配威士忌,并决定以苏格兰的国鸟来命名自己的威士忌。这款威士忌在市场上反响之好,以至于 1905 年格罗决定在产品名称里加了"Famous"(著名)一词,以表示自家威士忌的受欢迎程度。高地蒸馏有限公司于 1970 年收购了马修·格洛格父子公司,威雀威士忌(The Famous Grouse)也透过这次收购正式成为该公司旗下的一线品牌。

威雀

欧本

所有权：英国帝亚吉欧公司

创始年份：1794 年　产量：67 万升

约翰（John）和休·史蒂文森（Hugh Stevenson）是奥本地区的本土企业家，他们建立了造船企业、皮革厂和啤酒厂。到 1794 年，啤酒厂被改造成了酿酒厂，也使欧本（Oban）酿酒厂跻身于苏格兰历史悠久的顶级酿酒厂之列，这些酿酒厂大多数创立于 18 世纪。

史蒂文森家族所经营的生意（包括一个当地的采石场），为后来欧本的发展铺平了道路。在维多利亚时期大量的轮船将奥本作为他们停靠的港口，同时通往奥本的铁路于 1880 年正式开通。

休·史蒂文森的儿子托马斯（Thomas）离开奥本前往布宜诺斯艾利斯从事农业相关工作，但在父亲去世后返回并将酿酒厂和采石厂业务收购至自己手中。托马斯在接管家族企业的同时还建造了奥本镇上极为壮观的喀里多尼亚酒店，但由于支持他兄弟的印刷生意导致自身经济困难，最后在还债时只能以威士忌和石板代为垫付。

酿酒厂易主

欧本酿酒厂一直属于史蒂文森家族，直到 1866 年被彼得·昆斯泰（Peter Cumstie）买下，后于 1882 年又将其卖给了詹姆斯·华特·希根（James Walter Higgen）。希根于 1890-1894 年对酿酒厂进行了翻新，但由于威士忌的大量需求，酿酒厂在施工的同时不得不想方设法继续生产威士忌。当今有许多的单一麦芽威士忌在原来一开始都是用于调配威士忌。但欧本从 19 世纪 80 年代开始，酿酒厂的单一麦芽威士忌销量一直很强劲。

运作及后期发展

在经济不景气的世界大战期间，欧本和其他众多苏格兰酿酒厂一样，在 1931-1937 年之间暂停了运作。在 1968-1972 年间，酿酒厂启动了一次重大的翻新计划，并撤除了酿酒厂的地板发麦工艺。

酿酒厂在翻新完毕后由于空间的限制，在产能上实际上几乎没有增加。当时 DCL 想要增添更多的蒸馏器，但工厂里已经没有多余的空间。于是直到今天，欧本仍然只有 2 个灯笼形蒸馏器，尺寸算是苏格兰拥有最小蒸馏器的酿酒厂之一。

欧本的产量在帝亚吉欧公司旗下的威士忌酿酒厂里排名倒数第 2，仅次于皇家蓝勋。欧本的蒸馏器其实每年足以生产出比目前更多的威士忌，但由于欧本单一麦芽威士忌需要经过长达 110 小时的发酵时间，导致酿酒厂每周只能处理 6 个糖化槽

被称为"岛屿首发站"的奥本镇，有着许多赫布里底群岛的主要渡轮码头。

欧本 "MANAGES' CHOICE"

的容量,生产速度无法提升。帝亚吉欧公司的迈克·塔夫(Mike Tough)解释说:"漫长的发酵时间才能确保我们能够展现出酒体的轻盈口感。"

目前所有的欧本原酒都专门用于单一麦芽威士忌,1988年,欧本推出的14年单一麦芽威士忌成了"经典麦芽"(Classic Malts)系列中的元老级产品之一,酿酒厂同时于次年开设了的游客接待中心。

1998年,欧本推出了酿酒厂限定版单一麦芽威士忌,采用了菲诺雪莉桶进行二次熟成。菲诺雪莉酒的颜色浅,口感干而咸,这使它们与欧本的咸味和轻微的泥煤味非常匹配。

2002年,酿酒厂推出了有史以来最高的限量版年份酒——32年的单一麦芽威士忌,在2年后又推出了同个系列的20年的单一麦芽威士忌。

随后,产品线进行了扩张,限量2000瓶的"经理选择"威士忌正式推出,这款威士忌使用了欧洲橡木桶进行熟成。而2010年则是推出了酿酒厂专卖店的一款无年份单一麦芽威士忌,和之前的酿酒厂限定版一样,也是使用了菲诺雪莉桶进行熟成。

如果希望能够买到一瓶酿酒厂专卖店的威士忌,参观酿酒厂的安排是不容错过的。酿酒厂的地理位置面向奥本湾,坐落在陡峭的悬崖底部,上面耸立着未完成的麦凯格塔,这是当地银行家的慈善捐赠,建于1897年,旨在为当地提供就业机会。麦凯格塔外观设计和罗马的斗兽场十分相似。

通往岛屿的首发站

欧本酿酒厂矗立在小镇的中心,它的名字也取自于这个小镇。这绝非偶然,因为小镇实际上是围绕这家酿酒厂慢慢发展起来的。欧本在盖尔语中意为"小海湾"。奥本镇原本是一个小渔村,但在酿酒厂成立和铁路开通之后变成了一个繁忙的港口,促进了羊毛和石板的贸易,当然还有威士忌。今天奥本镇是高地在西边人口最多的地区,吸引了大量游客,同时也是一个繁忙的渡轮港口,另外也是苏格兰"通往岛屿的首发站"。奥本是马尔、科尔、提里、科隆赛、巴拉和南尤伊斯特的主要渡轮码头。欧本酿酒厂也毫无意外地特别受游客欢迎,每年接待超过3万人。

品鉴笔记

欧本14年

单一麦芽威士忌,43% ABV。香气:蜂蜜、太妃糖和一丝滨海气息。口感:口感辛辣,带有煮熟的水果、麦芽、橡木和少许烟熏味。余味圆润而芳香,带有香料和橡木味。

欧本"酿酒厂限定版"(1995)

单一麦芽威士忌,43% ABV,在菲诺雪莉桶中完成熟成。香气:浓郁、辛辣,带有焦糖、牛奶巧克力、橙子和烟熏味。口感:辛辣,巧克力、麦芽、浓郁的水果和盐水的味道。水果和盐味在余味中萦绕不去。

欧本酿酒厂限定版

单一麦芽威士忌,55.2% ABV,原桶强度,在菲诺雪莉桶中完成熟成。香气:蜂蜜、软糖、雪莉酒、丁香及一丝烟熏味。口感:口感微辣,带有橙子和淡淡的盐味和烟熏味。

欧本"酿酒厂限定版"(1995)

欧本14年

富特尼

所有权：因弗·豪斯蒸馏有限公司
创始年份：1826 年　产量：170 万升

在因弗·豪斯蒸馏有限公司的管理下，富特尼酿酒厂成功地打造了自己的品牌，仅用了十多年的时间从默默无闻到现在成了全球知名的威士忌品牌。2011 年，该品牌在英国本土的销售增长超 60%，同时在海外市场的增长也相当可观。

来自海洋的威士忌

富特尼一直称自己为"来自海洋的威士忌"，充分地将镇上富有历史渊源的渔业和产品形象连接了起来，并巧妙地凸显出大多数威士忌在口感上存在的微妙的咸味。富特尼的外包装设计灵感来自维克镇的捕鱼业，在瓶子和纸箱上都印有鲱鱼捕捞船的醒目标志。

虽然这个位于苏格兰最北端的酿酒厂一直被称为富特尼，但它的单一麦芽威士忌长期以来一直带有前缀"Old"字样。

酿酒厂位于维克镇的富特尼区，该地区以英国渔业协会总督威廉·富特尼（William Pulteney）爵士的名字命名，也因此吸引了相关从业者在此定居。在 19 世纪初期，维克镇旁边陆续出现了宽敞的港口。

醉如鲱鱼

鲱鱼捕捞让维克镇的居民攒到了第一桶金，但也导致了该镇有着极高比例的买醉者。据估计在 19 世纪 40 年代每到鲱鱼捕捞季节的高峰，港口每天要消耗掉的威士忌达到 2230 升，这一数字可谓惊人！

当然，其中一些威士忌是由富特尼酿酒厂供应的，该酿酒厂由詹姆斯·亨德逊（James Henderson）于 1826 年建立。经过近一个世纪的经营，富特尼于 1920 年被詹姆森·沃森公司收购。

5 年后酿酒厂被并入强大的 DCL，但在 1930 年富特尼全面停止了生产。全世界当时正处于经济大萧条的状态，而且富特尼还面临一个更严峻的挑战，那就是维克镇通过了禁酒令，瞬间让小镇的威士忌进入了"枯竭"时期。

小故事

禁酒镇

提到禁酒令人们总是会想起美国及 20 世纪 20 年代的私酒贩子、地下酒吧和鼎鼎大名的私酒贩"麦考伊"。然而，苏格兰也曾经实行过禁酒令，或者更准确地说苏格兰的禁酒令就是在苏格兰的维克镇在 1925—1947 年间实施的。颁布禁酒令的原因来自镇上因酗酒导致层出不穷的社会问题。19 世纪，维克镇还是鲱鱼捕捞重镇，辛勤的渔夫大多数都是酗酒者。在维克镇发布禁酒令后，富特尼还是在偷偷地非法私酿并向小镇供应威士忌，而镇上的一家咖啡馆为了私酒贩卖，将威士忌倒入餐厅使用的银色茶壶里假装成茶，并继续向食客提供烈性酒。

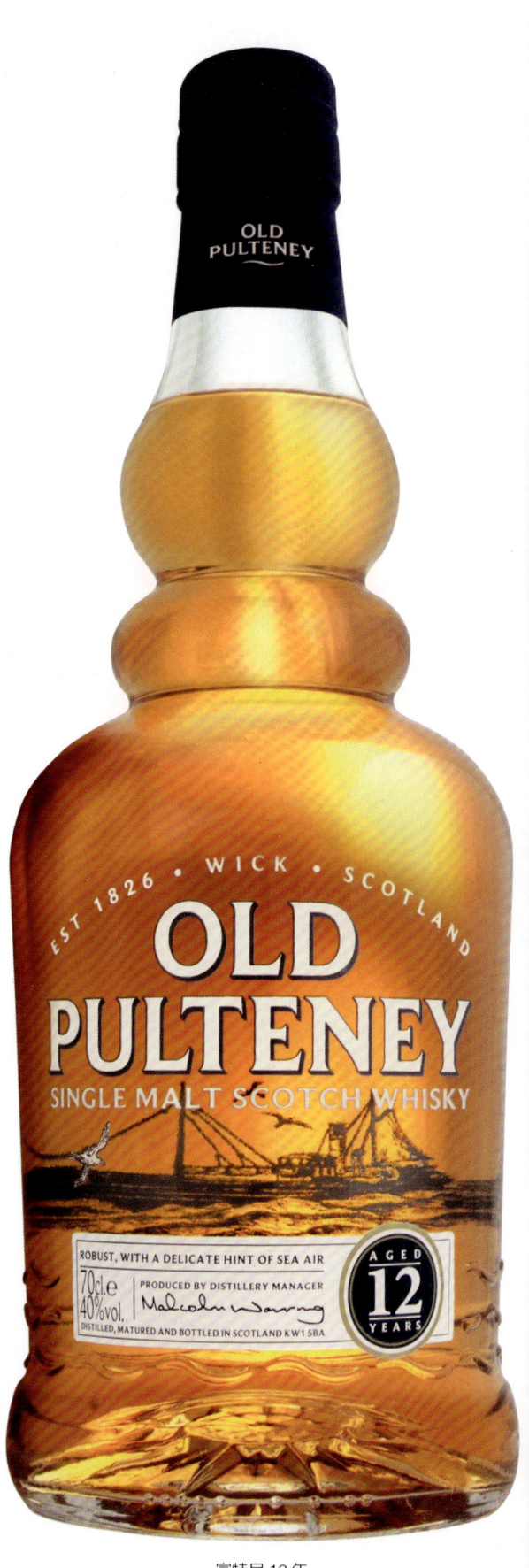

富特尼 12 年

富特尼的归来

富特尼在 1951 年以前一直暂停运作，它与巴布莱尔的所有权都在一位来自班夫的律师罗伯特·博泰·卡明（Robert 'Bertie' Cumming）手上。但加拿大黄金的买卖显然对卡明来说更有诱惑力，于是他决定将酿酒厂脱手卖给当时在战后想扩大苏格兰威士忌业务的拉姆·沃克（Hiram Walker）。酿酒厂在 1958-1959 年间进行了全面的重建，外观因此焕然一新。联合啤酒公司于 1961 年收购了富特尼并一直经营，直到联合多美于 1995 年将酿酒厂和单一麦芽品牌出售给了因弗·豪斯蒸馏有限公司。

2 年后，酿酒厂推出了一款 12 年的单一麦芽威士忌，这款威士忌直到今天依旧是核心产品。除此之外酿酒厂还有 17 年和 21 年的单一麦芽威士忌，分别在 2004 年和 2005 年推出。而 30 年的单一麦芽威士忌则是在 2009 年正式推出，紧随其后的是 2012 年推出的 40 年单一麦芽威士忌，这是酿酒厂发布过年份最高的年份酒。来参观富特尼的游客，则有机会将酿酒厂几款独特的单桶威士忌亲自灌装和密封，最后购买带回家一款量身定制的威士忌。

2010 年，富特尼旅游零售渠道推出了一款无年份的单一麦芽威士忌富特尼"伊莎贝拉 WK499"（WK499 Isabella Fortuna），它的名字取自维克镇上仅存的鲱鱼捕捞船之一。酿酒厂之后在 2012 年推出了"WK209"，这款威士忌使用了欧洲雪莉桶熟成并用了另一艘鲱鱼捕捞船的名字作为酒的名称："好希望 WK209"（WK209 Good Hope）。这艘船于 1948 年在维克建造。这些新产品进一步巩固了富特尼"来自海洋的威士忌"的品牌形象，另外酿酒厂在 2011 年与同样代表海洋探险精神的冒险家乔克·维沙特（Jock Wishart）进行了合作，赞助当年前往北极的探险。

每年 5 月，富特尼都会举办一场禁酒舞会，该舞会成立于 2007 年，旨在庆祝 1947 年 5 月维克镇正式废除"禁酒令"，每次舞会会将所得款项捐赠至当地的慈善机构。在这个活动之后，大家对酿酒厂寄予厚望，希望富特尼能够在雄心勃勃研发生物燃料系统的同时为当地家庭、企业，甚至凯斯内斯综合医院提供物美价廉的燃料，但该计划最终失败。

富特尼 17 年

富特尼 21 年

古恩笔下的富特尼

20 世纪的苏格兰小说家尼尔·冈恩（Neil M.Gunn）是凯斯内斯人，在他 1935 年出版的《威士忌与苏格兰》（Whisky and Scotland）一书中，他提到："我必须说一下富特尼，这是来自我家乡的威士忌，也被称为'老富特尼'那个时候它是一款特别烈的酒，我应该说，大多数在维克镇的码头上选择喝它的人是因为它的烈而不是味道！但当我长大并有机会了解富特尼后，我对其熟成后的风味钦佩得五体投地，它还原了苏格兰北方土地上那些独特的味道。"富特尼有时也被称为"北方的曼萨尼亚（雪莉酒）"，因为其纯净、带咸味的风格让人联想到这个靠近大海生产的雪莉酒。

锯掉的蒸馏器

富特尼酿酒厂里有两个外观独特的蒸馏器，酒液的冷凝环节在一对不锈钢虫管桶里完成。两台蒸馏器内部都装了很大的"滚沸球"促进酒液回流。蒸馏器顶部扁平的外观，据说是多年前酿酒厂定制的新的蒸馏器高度过高，导致无法安装，最后酿酒厂让铜匠将蒸馏器的顶部截了一节再焊接处理的结果。虽然这个故事没有证据记录，但似乎也没有其他人能解释为何蒸馏器有着这样奇特的外观。酿酒厂之后进行了一次改建将屋顶升高。

酿酒厂现在的生产工艺赋予了酒液饱满的口感，其中用于单一麦芽威士忌的原酒大约 95% 会在波本桶内完成熟成。而酿酒厂有大概 40% 的原酒会出售用于其他的威士忌调配，并通过油轮从现场运输至其他地方。酿酒厂一共大约有 2.4 万个木桶分别储存在 5 个不同的仓库里。

品鉴笔记

富特尼 12 年

单一麦芽威士忌，40% ABV。香气：新鲜的麦芽和花香，并带有一丝松木气息。口感：口感甜美，带有麦芽、香料、新鲜水果和盐的味道。余味有坚果的味道，口感轻微的干。

富特尼 21 年

单一麦芽威士忌，46% ABV，雪莉桶和波本桶熟成，非冷凝过滤。香气：香草、抛光后的家具和旧皮革的气味。口感：酒体饱满、平衡、柔顺，带有新鲜水果、香草、蜂蜜和干雪莉酒的辛辣味。余味绵柔悠长。

富特尼 30 年

单一麦芽威士忌，44% ABV，美国橡木桶熟成，非冷凝过滤。香气：香气甜美，带有麦芽、精致的香草、热带水果和成熟的桃子味。口感：口感丰满，水果、蜂蜜和淡淡的橡木的香气。余味悠长，带有辛辣的橡木味道。

皇家蓝勋

所有权：英国帝亚吉欧公司
创始年份：1823 年　**产量**：34.9 万升

皇家蓝勋（Royal Lochnagar）酿酒厂于 1845 年由约翰·贝格（John Begg）在迪伊河边建立。河流对岸的另一家酿酒厂则是由詹姆斯·罗伯逊（James Robertson）在 1826 年建立，后于 1841 年被一场大火烧毁，但酿酒厂在次年完成重建并恢复生产，之后一直运营到 1860 年。

英国皇家认证

贝格在酿酒厂建设完工后将其命名为新洛赫纳加（New Lochnagar），之后，在 1848 年，维多利亚女王购置了酿酒厂附近的巴尔莫勒尔庄园。约翰·贝格知道这是个再好不过的机会，便立刻邀请阿尔伯特亲王（Prince Albert）这位对酿酒技术极感兴趣的皇室成员来酿酒厂参观。

发出邀请后的第 2 天，维多利亚女王、阿尔伯特亲王和他们的 3 个孩子正式访问了贝格的酿酒厂，阿尔伯特亲王说道："我们来品尝你的佳酿，贝格先生。"

维多利亚女王对苏格兰高地的一切事物感到迷恋，对酒精也不是那么的排斥。英国前首相威廉·格莱斯顿（William Gladstone）曾发现女王将威士忌与红葡萄酒兑着喝，有时还会用茶壶倒上一杯威士忌。借着这次的参观，约翰·贝格成功地让自己的酿酒厂获得了皇家认证，并成为女王的皇室供应商，这也让他把酿酒厂的名字正式更改为皇家蓝勋。

时代变迁

酿酒厂于 1906 年进行了一次大规模的改造，10 年后贝格家族将酿酒厂卖给了约翰·杜瓦父子公司。1925 年，酿酒厂又被 DCL 收购，皇家蓝勋正式成为了 DCL 的一部分。1963 年，酿酒厂再次启动了另一项重大的整修和重建计划，扩大了糖化间并改造了蒸馏室，并安装了一对蒸馏器的机械管道系统。在此之前酿酒厂的运作全依靠蒸汽机和水车，但后来都被现代化的电气设备所取代。

1987 年，酿酒厂区里面的旧农场被改造为游客接待中心，11 年后游客中心里多了一家专卖店用于展示帝亚吉欧公司麦芽威士忌的产品，其中包括许多稀有的威士忌。与此同时，皇家蓝勋成为教学基地，为公司员工和特定的顾客提供威士忌生产和营销等各个不同业务板块的知识学习。

皇家蓝勋是帝亚吉欧公司 28 家麦芽威士忌酿酒厂中最小的一家，拥有自己的铸铁糖化槽，并配有机械搅拌器和一对木制发酵槽和铸铁虫管冷凝设

皇家蓝勋酿酒厂位于英国皇室巴尔莫勒尔庄园旁边。

皇家蓝勋"精选珍藏"

皇家蓝勋"酿酒厂限定版"

备。对于帝亚吉欧公司来说比较特别的是，酒液在现场装桶，而不是集中运输到单独的灌装设施中再装桶，酿酒厂仓库里目前拥有超过 1000 个酒桶。

为什么是皇家蓝勋？

由于企业规模不大，皇家蓝勋生产烈性酒的成本明显高于其他大型酿酒厂。像皇家蓝勋这样仍在运作的小酿酒厂意义非凡，因为苏格兰的偏远地区的小酿酒厂往往没法应对较为波动的经济环境。

除了酿酒厂的盛誉和低调不为人知的皇室关系。有很多人不明白为何帝亚吉欧公司还坚持保留像皇家蓝勋这样的酿酒厂，根据帝亚吉欧公司的知识遗产总监尼克·摩根博士的说法，"我们有 28 家酿酒厂，其中一些从生产角度来看是'昂贵的'，无论是因为规模、地理位置还是因为选择传统工艺而导致的额外成本（比如在我们的 9 家酿酒厂里使用传统的虫管冷凝设备）。但是，我们采取这样的方式来生产威士忌是为了确保我们能够提供各种特色的原酒给调酒师，用于制作像尊尼获加这样的优质威士忌。跟规模大小或是皇室认证无关，皇家蓝勋在调酒师的宝库里中格外重要，这也是我们为什么仍然运作这家酿酒厂并持续生产威士忌。"

皇家蓝勋的大部分原酒都用于尊尼获加的调配威士忌里，而酿酒厂自身主打的产品是 12 年的单一麦芽威士忌，"精选珍藏"其中包含年份 20 年左右的威士忌）和 2008 年推出的"酿酒厂限定版"。

品鉴笔记

皇家蓝勋 12 年

单一麦芽威士忌，43% ABV。香气：雪莉酒、麦芽、香草、咖啡和橡木的香气扑鼻而来，还有一丝烟熏味。口感：辛辣的麦芽、葡萄、糖蜜及橡木味。余味转干并带有橡木和泥煤的味道。

皇家蓝勋 "精选珍藏"

单一麦芽威士忌，43% ABV。香气：麦芽、雪莉酒、青苹果和泥煤的浓郁香气。口感：口感丰富，带有水果蛋糕、姜、麦芽和软糖的味道。优雅的余味绽放出太妃糖和烟熏味。

皇家蓝勋 "酿酒厂限定版"（1998）

单一麦芽威士忌，40% ABV，马斯喀特桶进行二次熟成。香气：水果麦芽面包、杏仁和淡淡的皮革香气。口感：口感甜美而圆润，带有葡萄干浸在蜂蜜中的味道。余味中长，带有消化饼干和枣的味道。

皇家蓝勋 12 年

洛赫纳加的老人

皇家蓝勋酿酒厂位于风景秀丽的乡村，这里也被称为"皇家迪赛德"。酿酒厂建筑靠近洛赫纳加山，这座山也是儿童读物《洛赫纳加的老人》（The Old Man of Lochnagar）里被提及的高山，这本读物由英国国王查尔斯三世所著。因为皇家家族的巴尔勒莫尔庄园距离酿酒厂不到 1.6 千米，这位国王曾在酿酒厂附近度过了漫长的时光。而且这位国王毫不掩饰他对巴尔勒莫尔庄园的喜爱，如他所说他对这里比世界上任何其他地方都有感情。同时，由于对优质单一麦芽威士忌的喜爱，这位国王偶尔也会低调地访问皇家蓝勋酿酒厂。

杜丽巴汀

所有权：杜丽巴汀蒸馏有限公司
创始年份：1949年　**产量**：270万升

杜丽巴汀（Tullibardine）酿酒厂常驻苏格兰酿酒厂游客接待最多数量的榜单上，2010年有将近12万人走进了这家酿酒厂的大门。杜丽巴汀之所以广受欢迎，部分原因在于它位于连接格拉斯哥和珀斯两座城市的繁忙A9公路旁。酿酒厂本身设有咖啡馆和游客接待中心，同时旁边的布莱克福德村还是许多著名品牌专卖店的所在地。

虽然酿酒厂于1949年建立在一个原来古老的酿酒厂的旧遗址上，但在18世纪末和19世纪初，在珀斯郡地区就已经出现了以杜丽巴汀为名的威士忌。今天的杜丽巴汀酿酒厂是由威廉·德尔梅-埃文斯（William Delmé-Evans）设计的（他同时也设计了吉拉和格兰纳里奇酿酒厂）。杜丽巴汀蒸馏有限公司（以下简称"杜丽巴汀公司"）从1953-1971年由布鲁迪·赫本（Brodie Hepburn Ltd）经营，之后这家位于格拉斯哥的威士忌酒商被因弗戈登蒸馏有限公司收购。

杜丽巴汀公司随后在1973年安装了第二对蒸馏器，产能大幅提升。当1993年杜丽巴汀公司被怀特-麦凯有限公司收购时，由于公司被认为产能过剩，于次年关闭了。

新市场新气象

然而杜丽巴汀公司非常幸运，一个财团在2003年以高价从怀特-麦凯有限公司手中收购了它，与此同时还在酿酒厂旁边开发了一个零售物业，随后又将其出售给了一家房地产开发公司。于是，杜丽巴汀公司手头有富裕的资金重新启动威士忌的生产并在市场上打造自己的品牌。

杜丽巴汀公司以推出一系列使用不同木桶熟成的威士忌而闻名。正如国际销售经理詹姆斯·罗伯逊（James Robertson）所说，"我们推出这些不同的过桶熟成产品，是因为我们在1995-2003年间停止了生产，导致原酒库存存在缺口。"

"我们采取了不同的木桶熟成方式，让公司依旧可以推出丰富的产品。我们决定推出从1993年开始的年份酒，以避免与原来的10年单一麦芽威士忌造成混淆。这个产品是怀特-麦凯有限公司时代的产物，但我们希望打造全新的产品。"

由于意识到早期的产品质量参差不齐且产品线过于复杂，2007年，公司决定专注于5个核心产品，其中包括雪莉桶、波特桶、朗姆桶、苏玳桶和巴纽尔斯桶。

罗伯逊说："在条件允许的情况下，我们会将酒桶的信息标注出来。除了核心产品以外，我们每年都会增加一个特殊风味带来特别的惊喜。"

虽然之前出品单一麦芽威士忌都包含1992年或1993年蒸馏的原酒，但现在已替换成熟成5年的原酒，进而降低了成本，让这些单一麦芽威士忌价格介于入门级和年份酒之间。

法国集团的苏格兰威士忌

自从2003年被财团收购后，经过几年的运作，杜丽巴汀公司于2011年被位于勃艮第夏山-蒙哈榭第3代的法国家族企业米歇尔·皮卡德（Michel Picard）收购。米歇尔·皮卡德原来一直是酿酒厂的客户，之前主要采购原酒用于自己旗下的调配威士忌品牌。现在所有杜丽巴汀蒸馏出来的原酒除了用于生产单一麦芽威士忌，其他全部会用在米歇尔·皮卡德广受欢迎的"高地女王"和"缪尔黑德"品牌中（这两个品牌是2008年从格兰杰手里收购的）。米歇尔·皮卡德除了拥有自己的葡萄园，同时还在法国经营着其他4家酿酒厂。

品鉴笔记

杜丽巴汀入门级"橡木桶陈酿版"
单一麦芽威士忌，40% ABV，波本桶熟成。香气：大麦、清淡的柑橘类水果、梨、杏仁糖和可可的香气。口感：口感饱满，略带泥土气息，还有一些巴西坚果、香草和柠檬味。余味转干，带有挥之不去的香料味。

杜丽巴汀1998
单一麦芽威士忌，46% ABV，非冷凝过滤。香气：新鲜甜美的柠檬酸，带有一些蜂蜜的香气。口感：口感醇厚、柔滑、果味浓郁。余味有糖浆的味道，带有白巧克力的甜味和香料味。

杜丽巴汀"巴纽尔斯桶"
单一麦芽威士忌，46% ABV，波本桶、巴纽尔斯桶熟成。香气：甜美芬芳，带有玫瑰果、奶油、太妃糖和湿润的泥土气息。口感：入口辛辣，带有野生浆果的味道。余味上果味浓郁，带有覆盆子、黑醋栗和牛奶巧克力的味道，最后逐渐呈现出偏干的橡木味。

杜丽巴汀 1988

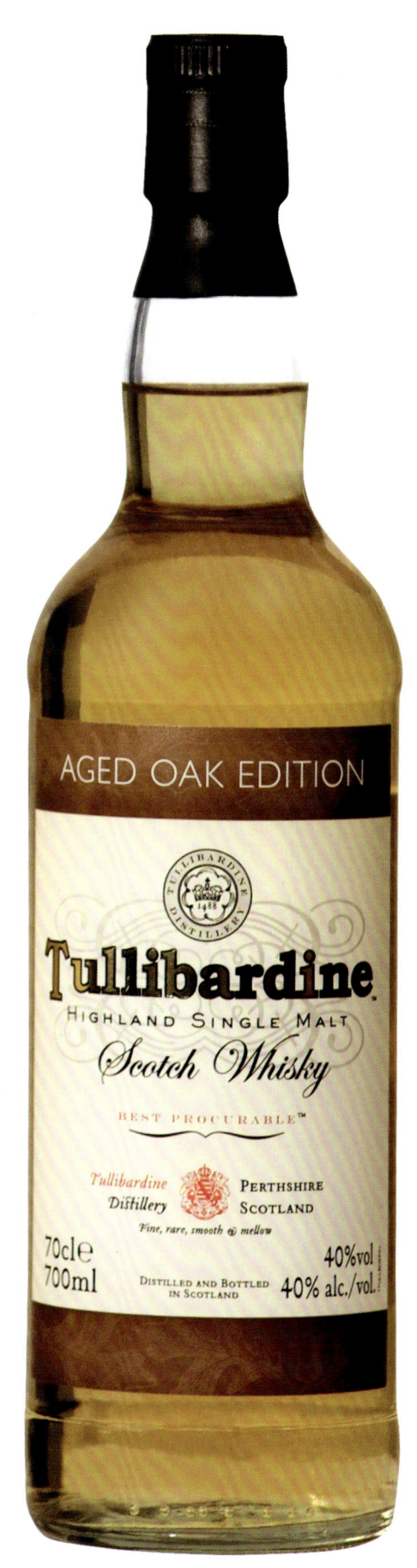

苏格兰产区

杜丽巴汀 15 年

杜丽巴汀"橡木桶陈酿版"

杜丽巴汀"巴纽尔斯桶"

109

巴布莱尔

所有权：因弗·豪斯蒸馏有限公司
创始年份：1790 年　**产量**：140 万升

巴布莱尔（Balblair）酿酒厂位于俯瞰多诺赫湾最佳的地理位置，它也是最靠近北端海湾的酿酒厂。酿酒厂同时还声称自己是苏格兰现存最古老的威士忌酿酒厂之一，其创立日期为1790年。但实际上，酿酒厂可追溯到的历史大约为19世纪90年代，18世纪时的老酿酒厂距离新酿酒厂800米。

农场的起源

原先的老酿酒厂是巴布莱尔农场的约翰·罗斯（John Ross）建立的，1894年之前该酿酒厂一直属于罗斯家族并在1872年进行了大规模的重建。经历完重建后，因弗内斯酒商亚历山大·考恩（Alexander Cowan）通过租赁形式接管了巴布莱尔酿酒厂的运营，并在1894-1895年，将酿酒厂搬迁至现址。邻近的铁路使原材料进口和威士忌出口变得更加便捷。虽然酿酒厂进行了搬迁，但巴布莱尔自18世纪成立以来，生产过程中一直坚持使用来自原址背后山丘上溪流的软水。

重回正轨

巴布莱尔酿酒厂在1915-1947年暂停运作，当时来自班夫的一名律师罗伯特·博泰·卡明（Robert 'Bertie' Cumming）收购了酿酒厂，并在两年后完成了酿酒厂设备升级和增产，酿酒厂重新恢复运营。1970年，卡明退休后，将巴布莱尔酿酒厂卖给了加拿大酒商海勒姆·沃克（HIRAM WALKER）酿酒厂。1988年，公司经过合并成为联合蒸馏酒业有限公司，8年后公司又被卖给了因弗·豪斯蒸馏有限公司。

2007年，因弗·豪斯蒸馏有限公司对巴布莱尔的产品线进行了大调整，将原来的巴布莱尔无年份酒、10年和16年替换成了年份酒，同时针对产品包装进行了全新的设计。后来发布的年份酒正式接替了原有的产品，目前的核心年份酒产品包括2001年、1989年和1978年。

品鉴笔记

巴布莱尔 2001
单一麦芽威士忌，46% ABV，波本桶，非冷凝过滤。香气：柠檬水、香草和焦糖的味道。口感：甜而辛辣，带有橘子、苹果、太妃糖和牛奶巧克力的味道。余味辛辣，带有可可粉和悠长的收尾。

巴布莱尔 12年"单桶"
单一麦芽威士忌，61% ABV，原桶强度，艾雷岛威士忌波本桶熟成。香气：新鲜泥煤、橡木、稻草、太妃糖和咖啡豆的香气。口感：泥煤混合了胡椒再加上炖茶和淡淡的朗姆酒味道。余味中长，带有胡椒和橡木味。

巴布莱尔 1978
单一麦芽威士忌，46% ABV，波本桶，非冷凝过滤。香气：香草、蜂蜜和丁香的香气扑鼻而来。口感：蜂蜜、软太妃糖、牛奶巧克力、杏仁和香料的味道。余味悠长，带有肉桂和橡木味。

巴布莱尔 2001

巴布莱尔 12年"单桶"

汀思图

所有权： 伯恩·斯图尔特蒸馏有限公司
创始年份： 1965 年　**产量：** 300 万升

汀思图（Deanston）酿酒厂是苏格兰酿酒厂里少数通过其他工厂建筑的改造而盖起来的酿酒厂。该建筑的前身是棉纺厂，是座位于河畔的 18 世纪建筑物。

在 20 世纪 60 年代中期的威士忌热潮时期，由詹姆斯·芬利公司和杜丽巴汀公司的主人布鲁迪·赫本成立的汀思图蒸馏有限公司针对原来的棉纺厂启动了改造工作。

汀斯图于 1972 年被因弗戈登蒸馏有限公司收购，在两年后推出了单一麦芽威士忌的产品。1982 年，随着苏格兰威士忌需求下降，酿酒厂停止了运作，但在 1991 年重新开始恢复生产，之后被伯恩·斯图尔特蒸馏有限公司收购。

绿色环保

尽管成立时间较短，但汀思图是一家恪守传统工艺的酿酒厂。直到今天还拥有极为罕见铸铁材质的糖化槽，工厂也没有任何数字化的机械设备。它拥有苏格兰最独特的熟成仓库——一个建于 1836 年的拱形编织棚。早在"绿色环保"成为热门话题之前，酿酒厂就以环保的方式在运营，酿酒厂还有一个靠水力驱动的涡轮机。

汀思图使用 100% 的苏格兰大麦来进行蒸馏，自 2000 年就开始生产有机产品，也是最早生产有机威士忌的酿酒厂之一。2012 年，酿酒厂推出了一款 10 年的有机汀思图单一麦芽威士忌。

在伯恩·斯图尔特蒸馏有限公司的管理制度及酿酒厂经理伊恩·麦克米伦（Ian Macmillan）的运营下，汀斯图单一麦芽威士忌的产品质量和品牌知名度都有所提升。酿酒厂选择了更长的发酵时间和更慢的蒸馏速度，同时增加了酒精强度并采用了非冷凝过滤的工艺。汀思图同时也是伯恩·斯图尔特蒸馏有限公司旗下广受欢迎的苏格·里德（Scottish Leader）调配威士忌的核心原酒。

品鉴笔记

汀思图"原桶"
单一麦芽威士忌，46.3% ABV，原始橡木桶熟成。香气：香甜的青草味，带有香草和新鲜的橡木味。口感：酒体轻盈，带有轻快的香料和水果口感。余味辛辣。

汀思图 12 年
单一麦芽威士忌，46.3% ABV，非冷凝过滤。香气：麦芽和蜂蜜的清新果味。口感：呈现出丁香、生姜、蜂蜜和麦芽的味道，余味悠长、干爽，带有令人愉悦的草本味道。

汀思图 30 年
单一麦芽威士忌，46.7% ABV，波本桶和雪莉桶熟成，最后在欧罗索雪莉桶中熟成两年，非冷凝过滤（仅美国发售）。香气：牛奶巧克力、坚果、水果、麦芽面包的香气。口感：橙子、杏仁和橡木的味道。余味干并带有坚果味。

酿酒厂建筑可追溯到 18 世纪的一个工厂仓库，但汀思图实际成立于 20 世纪 60 年代。

汀斯图"原桶"

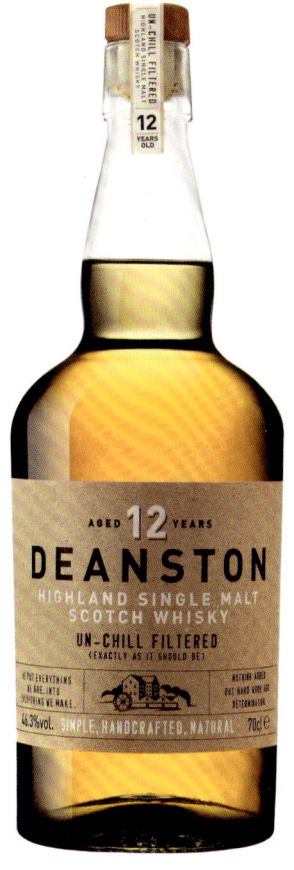

汀思图 12 年

格兰卡登

所有权： 奥格诗丹迪蒸馏公司
创始年份： 1825 年　**产量：** 130 万升

格兰卡登（Glencadam）酿酒厂历史悠久，位于布雷钦的安格斯小镇，处于邓迪市和阿伯丁市之间，该小镇同时也属于苏格兰威士忌产地里的东部高地区。直到 1983 年，这座前皇家城市还是两家酿酒厂格兰卡登和诺斯波特（North Port）的所在地。后者在苏格兰威士忌行业陷入大萧条的 10 年中，很不幸地成为当时 DCL 决定关闭的酿酒厂。2000 年，布雷钦似乎已经不再有酿酒厂正常运作了，当时仅存的格兰卡登在母公司联合多美的决定下，停止了运营。但令人欣慰的是，当时调配威士忌的出口商奥格诗丹迪蒸馏公司于 2003 年出手相救，格兰卡登正式和位于斯佩塞的托明多成为该公司旗下的威士忌品牌。除了酿酒厂，奥格诗丹迪蒸馏公司还进行着威士忌的调配和装瓶工作，每年能够完成近 400 万升威士忌的调配。酿酒厂另有 6 个仓库，其中 2 个可追溯到 1825 年，可储存约 2 万个木桶，而格兰卡登的部分威士忌已经陈年长达 30 年。

醇厚口感

酿酒厂内设有 2 台蒸馏器，当初建造时它们的林恩臂被设计成 15 度角斜向上，而不是像其他大多数的苏格兰威士忌酿酒厂那样向下倾斜。这个设计使得蒸馏出来的新酒口感更加精致和绵柔。工厂用水则是来自距离格兰卡登 14.5 千米的泉水，使其成为苏格兰所有酿酒厂中最长的供水线之一。

格兰卡登是相对少见的位于市区的苏格兰酿酒厂之一，旁边紧挨着一个特别热闹和一个特别安静的场所：一个是布雷钦足球俱乐部的主场场地，而另一个地方则是市政墓地。

酿酒厂易主

格兰卡登由乔治·库珀（George Cooper）于 1825 年创立，经过多次易手后，由吉尔莫·汤姆森有限公司于 1891 年收购。这家格拉斯哥的公司一直拥有该酿酒厂，直到 1954 年它被加拿大酒商海勒姆-沃克有限公司收购，5 年后该公司启动了一项重大的改建计划。

格兰卡登 14 年

格兰卡登 21 年

美丽的南埃斯克河蜿蜒流过布雷钦镇，这里是钓鳟鱼的绝佳地点。

经过一系列收购，格兰卡登的所有权于 1987 年转至联合利昂，联合利昂后来变成了联合多美。

在联合多美和前公司的管理下，格兰卡登的原酒主要用于调配威士忌。但在 2005 年，奥格诗丹迪蒸馏公司推出了格兰卡登的 15 年单一麦芽威士忌。而今天产品线里多了 10 年和 21 年的威士忌及波特桶熟成的 12 年和欧罗索雪莉酒熟成的 14 年。此外，在 2010 年酿酒厂还推出了 32 年的单桶威士忌。

品鉴笔记

格兰卡登 10 年
单一麦芽威士忌，40% ABV。香气：精致的花香气，带有水果、香草和轻微的坚果味。口感：柑橘类水果、麦芽和辛辣的橡木味，口感柔顺。余味相对较悠长，果味浓郁。

格兰卡登 14 年
单一麦芽威士忌，46% ABV，欧罗索雪莉桶过桶。香气：扑鼻而来的香草和香料的气味。口感：口感呈现出花香、辛辣和甜雪莉酒的味道，与饱满的酒体完美融合。另外带有白胡椒和混合香料的味道，余味中等。

格兰卡登 21 年
单一麦芽威士忌，46% ABV。香气：花香并带有柑橘类水果的香气，浓郁的橙子味。口感：口感优雅，带有橙子、黑胡椒和橡木味。收尾悠长，口感偏干。

格兰奥德

所有权：	英国帝亚吉欧公司
创始年份：1838 年	产量：500 万升

在英国和欧洲知名度较低的格兰奥德（Glenord）酿酒厂由于在2006年重新更名并推出了苏格登格兰奥德单一麦芽威士忌，在亚洲市场尤其是中国台湾地区反响热烈。苏格登这个名字在20世纪80年代首次为奥赫鲁斯克所用，现在帝亚吉欧公司主要在亚洲市场使用这个品牌名称进行推广，而在美国则是叫作格兰都兰（Glendullan）。

格兰奥德位于因弗内斯西部肥沃的农田中，其历史可以追溯到1838年，由汤姆斯·麦肯齐（Thomas Mackenzie）创立。该酿酒厂易主多次，之后被约翰·杜瓦父子公司在1923年收购。2年后，帝王威士忌被并购至DCL旗下，而格兰奥德同样转至DCL旗下，成为苏格兰麦芽威士忌业务的一部分。

20世纪60年代的原酒

与DCL许多其他的酿酒厂一样，格兰奥德在20世纪60年代启动了重建计划，蒸馏器的数量从原先的2台增加到了6台。同时蒸馏器都安装在一个带有玻璃窗的车间里，这也使得这个DCL工厂的设计在当时就已经十分前卫。

格兰奥德是尊尼获加系列的核心基酒，从调配的角度来看，该酿酒厂生产的威士忌具有草本植物、果味、蜡质感和饱满的口感。酒的蒸馏速度很慢但温度很高，这是为了确保能够生产出纯净、口感强烈、以及带有草本味道的原酒。

品鉴笔记

格兰奥德12年
单一麦芽威士忌，43% ABV。香气：香气扑鼻，带有苹果、雪莉酒和大麦的味道。口感：丝滑的雪莉酒和香料的口感，带有一丝丝的烟熏味。余味中等，辛辣并带有柔和的橡木味。

格兰奥德12年"苏格登"
单一麦芽威士忌，40% ABV，50%波本桶熟成和50%雪莉桶熟成。香气：牛奶巧克力和橙子的味道融合在一起，并带有蜂蜜和麦芽的花香。口感：口感香甜柔顺，带有雪莉酒、橙子和消化饼干的味道。余味辛辣，口感转干。

格兰奥德"经理选择"
单一麦芽威士忌，59.2% ABV，单桶，原桶强度，波本桶（204瓶）。香气：香甜的香草和柠檬味道，之后呈现出麦芽面包和一丝茴香的味道。口感：口感饱满，味道丰富，有葡萄干和巧克力的味道。余味悠长，带有姜的味道。

格兰奥德12年苏格登

格兰奥德12年"苏格登"

格兰奥德12年

罗蒙德湖

所有权：罗蒙德湖蒸馏有限公司
创始年份：1965 年
产量：1,000 万升谷物威士忌，250 万升麦芽威士忌

虽然罗蒙德湖（Loch Lomond）酿酒厂的名字听起来很浪漫，但该酿酒厂是一座现代化威士忌工厂。酿酒厂位于亚历山大的一个工业区，距离著名的湖泊西岸约 8 千米。

该酿酒厂在 20 世纪 60 年代中期由一家染料厂改建而成，现在酿酒厂归罗蒙德湖蒸馏有限公司所有，该公司同时还在坎贝尔镇经营着格兰蒂酿酒厂。罗蒙德湖酿酒厂在苏格兰的酿酒厂中十分独特，同时生产麦芽和谷物威士忌，后者的蒸馏设备于 1994 年正式投入使用。

酿酒厂采取的蒸馏方式非常多样化和复杂，除了一对传统设计的铜制壶式蒸馏器外，罗曼德湖还配备了 4 台带有不同精馏头的蒸馏器，用来模拟不同林恩臂的蒸馏效果从而生产出不同风格的威士忌。还有一个科菲蒸馏器被用来生产罗斯杜麦芽威士忌。但出于苏格兰对威士忌生产法规及设备的要求，该酿酒厂在苏格兰威士忌协会一直是个异类的存在。

威士忌家族

罗蒙德湖酿酒厂一共生产 8 种不同风格的单一麦芽威士忌，从重泥煤到斯佩塞、高地，再到低地风格应有尽有。酿酒厂核心产品包括罗蒙德湖"单一麦芽"、罗蒙德湖"泥煤"（无年份）及罗蒙德湖"高地调和威士忌"（Single Highland Blend）。此外，在"酿酒厂单一麦芽精选"（Distillery Select Scotch Single Malt）系列中，酿酒厂会不时发布迈伦岛 12 年和单桶装瓶的麦芽威士忌。

品鉴笔记

罗蒙德湖
单一麦芽威士忌，40% ABV。香气：略带烟熏味，之后逐渐转成香甜的糖粥香气。口感：酒体中等，带有青草、坚果和未成熟的香蕉味。余味香甜，带有葡萄干、面包、黄油布丁和橡木的味道。

迈伦岛 12 年
单一麦芽威士忌，40% ABV。香气：早餐麦片、草本植物和花香融合一起的香气。口感：松子、蜂蜜、香料和抛光后的木头的味道。余味短，辛辣。

罗蒙德湖 44 年"1966"
单一麦芽威士忌，40% ABV。香气：刚割过的青草、橡木、坚果和淡淡的薄荷味。口感：太妃糖、香料和香草的味道，并带有木质单宁的味道。同时还有大麦、麦芽、木头和咖啡的味道，余味悠长。

罗蒙德湖酿酒厂位于著名的罗蒙德湖南边，该湖以其美丽的景观而闻名苏格兰。

罗蒙德湖单一麦芽威士忌

迈伦岛 12 年

伊维湖

所有权：约翰·克洛沃西
创始年份：2004 年　**产量**：1,000 升

伊维湖（Loch Ewe）酿酒厂或许是苏格兰乃至全世界最小的酿酒厂。伊维湖是由地产商约翰·克洛沃西（John Clotworthy）和弗朗西斯·奥茨（Frances Oates）在位于罗斯往西的西北部高地酒店的车库里创立的。克洛沃西的威士忌生产知识来自布拉德诺赫的威士忌学校，同时他也和居住在海湖旁的本地人偷用了该地代代相传的私酿工艺，酿酒厂的名字也源自旁边的海湾。

但根据克洛沃西的说法，酿酒厂的威士忌制作工艺借鉴了更早时期的蒸馏技术，"我们使用的蒸馏器，它的设计源于古埃及人在公元前 200 年用来生产香水的设备。到了大约 200 年，欧洲的修道士仍使用这种蒸馏器来制作酿造酒和加强葡萄酒。"

最小的蒸馏器

伊维湖酿酒厂的蒸馏器容量仅 120 升，但在英国，最小法定蒸馏器的容量通常为 1,800 升。伊维湖当时趁着法律漏洞成了苏格兰 190 年以来第一家获得私人酿酒许可的酿酒厂，但后来这个法律上的漏洞迅速被堵住。酒液在蒸馏后，会被装入容量不超过 23 升的木桶中。由于木桶体积小，熟成都是以月而不是年作为计量单位来衡量酒液与橡木之间的陈年反应。

伊维湖酿酒厂出品了 700 多种单一麦芽威士忌，并赢得了无数威士忌国际大奖。其中有一款"伊维湖之魂"（Spirit of Loch Ewe）可供游客单杯购买品尝。同时这里还有各种假日期间的"威士忌体验"项目，让游客可以深度感受源自 18 世纪的威士忌工艺。

皇家布莱克拉 1991
"戈登-麦克菲尔"

帝王"白标"

品鉴笔记

伊维湖之魂

烈性酒，54.3% ABV。香气：香甜的果香，梨子和桃子的味道格外突出。加水能带出淡淡的蜂蜜味。口感：口感清新干净，带有柔和的烟熏味，果味浓郁。余味较短。

皇家布莱克拉

所有权：约翰·杜瓦父子有限公司
创始年份：1812 年　**产量**：400 万升

皇家布莱克拉（Royal Brackla）酿酒厂作为苏格兰被授权可使用"皇家"前缀的酿酒厂之一，在品牌推广上算是强而有力的背书。但很不幸，这家酿酒厂一直在苏格兰威士忌里面属于默默无名的一员。

现在，作为约翰·杜瓦有限公司的一部分，布莱克拉的威士忌开始受到更多人的关注，但不可避免地，酿酒厂大部分产能和原酒还是用于调配威士忌，以满足帝王"白标"（White Label）的需求，这也是美国最畅销的产品。

国王御用

苏格兰只有 3 家酿酒厂被允许在名字里使用"皇家"的称号：已被拆除的位于斯通黑文的皇家格兰乌尼、帝亚吉欧公司的皇家蓝勋和皇家布莱克拉。皇家布莱克拉也是 3 家中第一个获得由威廉四世授予的英国皇室荣誉，并在 1834 年正式推出国王的威士忌（The King's Own Whisky）。

皇家布莱克拉在获得正式皇室授权前已成立了 20 多年，酿酒厂的创始人为威廉·弗雷泽船长。而这个位于沿海城镇奈恩附近的私人酿酒厂，历史记载曾经在创始人的带领下和政府的税务官正面对抗过数次，但最后都以失败告终。

现今的酿酒厂可追溯到 1966 年由当时的 DCL 进行的一项重建计划。4 年后，酿酒厂蒸馏器的数量从 2 台增加到 4 台。但很不幸，皇家布莱克拉是 DCL 公司旗下在 20 世纪 80 年代威士忌行业萧条时的受害酿酒厂之一，酿酒厂于 1985 年关闭。但与当时倒下的其他酿酒厂（包括皇家格兰乌尼）比起来它很快恢复元气并在 1991 年重新开张。DCL 的继任公司联合蒸馏酒商和美国联合蒸馏酒精与葡萄酒生产商在 1997 年斥资对酿酒厂进行了升级，但仅在 1 年后酿酒厂被卖给了百加得。

品鉴笔记

皇家布莱克拉 1991 "戈登-麦克菲尔"

单一麦芽威士忌，46% ABV，雪莉桶熟成。香气：泥土和草本的香气，同时带有柑橘类水果和雪莉酒的气味。口感：口感辛辣，带有雪莉酒、甘草和新鲜皮革的味道。酒体饱满，并带有焦糖味。余味适中，口感逐渐转干并带有温和的炭烤味。

第林克

所有权：英国帝亚吉欧公司

创始年份：1817 年　　产量：440 万升

第林克（Teaninich）酿酒厂跟它旁边的大摩比起来略逊一筹。后者是一家非常传统的苏格兰酿酒厂，位于峡湾沿岸，其酿酒厂生产着世界最顶尖同时也是最昂贵的单一麦芽威士忌。

相比之下，只有那些资深的威士忌迷才知道第林克单一麦芽威士忌。这家位于工业区的酿酒厂的建筑本身也是属于 20 世纪 70 年代初期较为朴实的设计。可实际上，第林克成立于 1817 年，比大摩早了 20 多年，但老酿酒厂的痕迹已经消失殆尽。

第林克由休·门罗（Hugh Munro）船长创立，自 1933 年以来一直属于 DCL。在 1962 年酿酒厂安装了一对新的蒸馏器，并在 1970 年建了一个全新的生产区，安装了 6 台蒸馏器，被称为"Side A"。但之后两个生产区都在 1980 年代被关闭。"Side A"于 1991 年重新恢复生产，老酿酒厂则是于 1999 年被拆除。

饱满的草本口感

第林克的酒具有饱满的草本植物口感，同时酒液主要用于调配威士忌，这得益于酿酒厂使用的麦汁过滤器。这种设备一般会在酿造酒生产时使用，第林克是苏格兰唯一一家使用这种设备的酿酒厂。

帝亚吉欧公司的工艺开发经理道格拉斯·穆雷指出："第林克的原酒主要用于尊尼获加的调配威士忌。它的酒体顺滑，带有独特的口感，这种原酒是调配一款口味醇厚的威士忌的关键原料。"

品鉴笔记

第林克 10 年

单一麦芽威士忌，43% ABV。香气：清新，充满青草味，伴随着菠萝和香草的味道。口感：谷物、坚果和辛辣味，略带草本植物和咖啡的味道。口感逐渐转干，呈现出可可粉和胡椒的味道。

第林克"经理选择"

单一麦芽威士忌，55.3% ABV，单桶，原桶强度，美国橡木桶熟成。香气：芬芳圆润、香甜。口感：带有甜瓜、成熟的香蕉及一丝紫罗兰的味道；同时还有班诺菲派和少许的生姜味。余味适中，辛辣，并带有橡木和香蕉的味道。

第林克"经理选择"

第林克 10 年

汤玛丁

所有权： 汤玛丁蒸馏有限公司
创始年份： 1897 年　**产量：** 500 万升

俗话说人不可貌相，我们不能从一家酿酒厂的外观来判断它出品的单一麦芽威士忌的质量。有很多品质非常一般的威士忌是在环境优美的酿酒厂里生产出来的，而一些顶级的单一麦芽威士忌则是通过一些看起来非常破旧的生产设备蒸馏出来的。

虽然汤玛丁（Tomatin）酿酒厂不完全属于后者，但资深的粉丝如果了解这个位于莫纳利亚山脉荒凉旷野中的酿酒厂，应该会一致承认这家酿酒厂的外观确实没那么吸引人。

日本企业

第二次世界大战结束后的 30 年的经历可以解释为何汤玛丁酿酒厂有着极为工业风的外观。酿酒厂扩建始于 1956 年，直到 1974 年酿酒厂的蒸馏器总数已达到 23 个，每年产能约 1,200 万升，使其成为迄今为止苏格兰产能最大的酿酒厂。

然而，汤玛丁在 1985 年宣布破产，并在 1 年后成为第一家由日本企业全资拥有的苏格兰酿酒厂。

今天，酿酒厂已推出了一系列的优质单一麦芽威士忌。2011 年，汤玛丁"世纪"（Decades）正式发布，以纪念出生于汤玛丁镇的酿酒大师和品牌大使道格拉斯·坎贝尔在酿酒厂工作满 50 周年。

品鉴笔记

汤玛丁 12 年
单一麦芽威士忌，40% ABV，波本桶、美国橡木桶和西班牙雪莉桶熟成，装瓶前于西班牙雪莉桶过桶。香气：大麦、香料、橡木和花香，伴随一丝淡淡的泥煤味。口感：苹果、麦片、麦芽、香料和香草的饱满味道，并带有坚果味。余味适中，果味香甜而饱满。

汤玛丁 30 年
单一麦芽威士忌，49.3% ABV，波本桶熟成，西班牙欧罗索雪莉桶过桶，非冷凝过滤。香气：杏子、葡萄干、辛辣及皮革融合一起的味道。口感：口感饱满，果味浓郁，带有橙子和精致的香料味。余味有着水果和泡泡糖的味道，口感逐渐转干并呈现橡木味。

汤玛丁"世纪"
单一麦芽威士忌，46% ABV，雪莉桶和波本桶熟成。香气：香草、水果、葡萄干、枣和焦糖的香气。口感：口感浓郁，带有果露、肉桂、苹果、姜和太妃糖的味道。余味辛辣、干，并带有橡木味。

汤玛丁 12 年

汤玛丁 30 年

汤玛丁"世纪"

艾雷岛与岛屿区

高地或许是地理覆盖面积最广的单一麦芽威士忌产区,但艾雷岛和岛屿区的酿酒厂之间距离相隔甚远。超过7个苏格兰岛屿上都有威士忌酿酒厂,从西南的艾伦岛,一路横跨艾雷岛、吉拉岛、马尔岛、斯凯岛和刘易斯岛,一直到位于本岛北部的奥克尼岛都能寻见酿酒厂的身影。赫布里底群岛有着历史悠久的盖尔传统和文化,并反映在地名上及岛民日常沟通的语言里。这些群岛都拥有美丽的景观,但道路却崎岖不平。与赫布里底群岛不同,奥克尼群岛的文化传承主要来自斯堪的纳维亚半岛,从地名就能看出北欧的特征,这也影响并塑造了这个岛屿群的文化传承及其故事。

产区特点
艾雷岛的单一麦芽威士忌的口味普遍带有泥煤和药水味,但也有像布赫拉迪和布纳哈本的酿酒厂生产泥煤指数较低的威士忌。从带有烟熏、石楠花、雪莉风格的高原骑士到艾伦的花果味,各个岛屿的酿酒厂风格丰富且多变。

作者推荐
波摩位于艾雷岛的中心地带,创立于18世纪,享誉全球的波摩仍采用传统的地板发麦工艺,并一直生产中度泥煤味的单一麦芽威士忌。

同样在自己的车间里完成发麦的工艺,并以雪莉桶熟成的威士忌闻名世界。

地区盛事
艾雷岛每年在春天都会举行盛大的欢庆活动,也是众人所知的艾雷岛威士忌音乐节。每个艾雷岛的酿酒厂包括临近的吉拉岛都会参与这个盛事,并会选择一天开放酿酒厂,让大家了解威士忌的生产过程。除了这个活动,在同一个时间段也有其他相关联的威士忌旅游和参观的选项,例如一般不开放参观帝亚吉欧公司旗下的波特艾伦酿酒厂,以及艾雷岛艾尔斯(Islay Ales)开放日,后者是艾雷岛上著名的精酿啤酒厂。

小型岛屿对于自身的经济运作都有着较强的危机感,而苏格兰岛屿上的酿酒厂充当了本地经济的支柱,酿酒厂除了提供稳定和良好的薪资福利,同时也吸引了热衷于威士忌的爱好者和游客,来探索他们心目中的上好琼浆。

岛上的酿酒厂,如马尔岛上的托本莫瑞、斯凯岛的泰斯卡和奥克尼群岛的高原骑士都是历史悠久的企业并植根于当地社区。艾伦则是岛屿区上较新的酿酒厂,而位于刘易斯岛上的红河酿酒厂则是近几年刚刚创立的小酿酒厂。

岛屿区的巴拉岛和设得兰群岛也曾有酿酒厂

群岛上的小"首都"吉拉岛所生产的麦芽威士忌泥煤含量明显低于其他艾雷岛的酿酒厂。

考虑过选址在此,但尚未有酿酒厂破土动工。就新建酿酒厂而言,选择岛屿区的位置会极大增加额外的生产和运输成本,这让起初收入规模较小的酿酒厂难以持续运营。

在所有岛屿区的酿酒厂里,艾雷岛上的酿酒厂有着最响亮的名声。这几个"威士忌岛屿"上目前一共有8家酿酒厂。在过去的几十年里,艾雷岛单一麦芽威士忌的泥煤风格和药水般的独特风味在全球受到追捧。岛上的酿酒厂对突然暴增的需求在生产端上有些紧张,除非全球突然不再喜欢艾雷岛的威士忌,但这个可能性极低。整体来看艾雷岛酿酒厂的未来发展还是很有前途的。

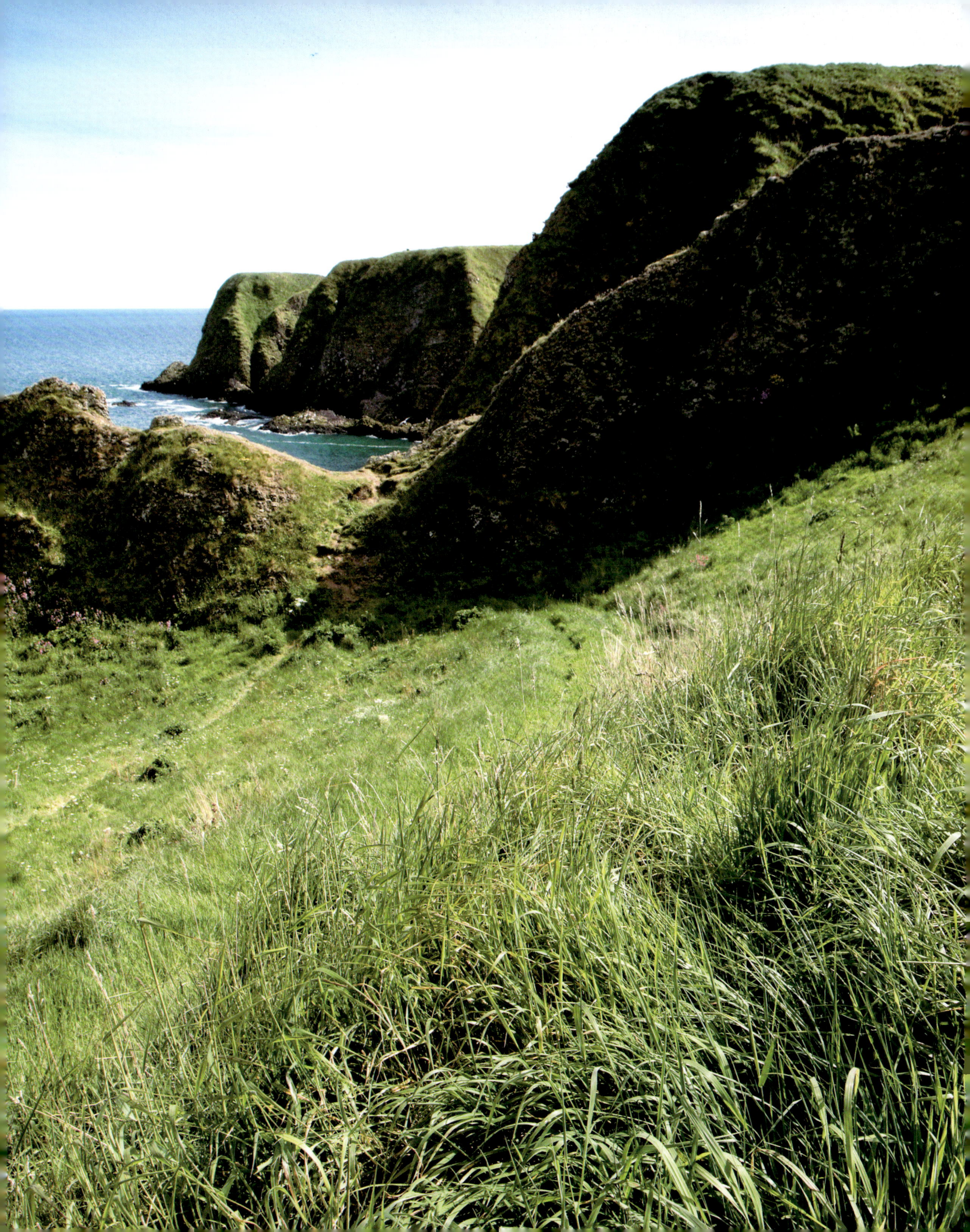

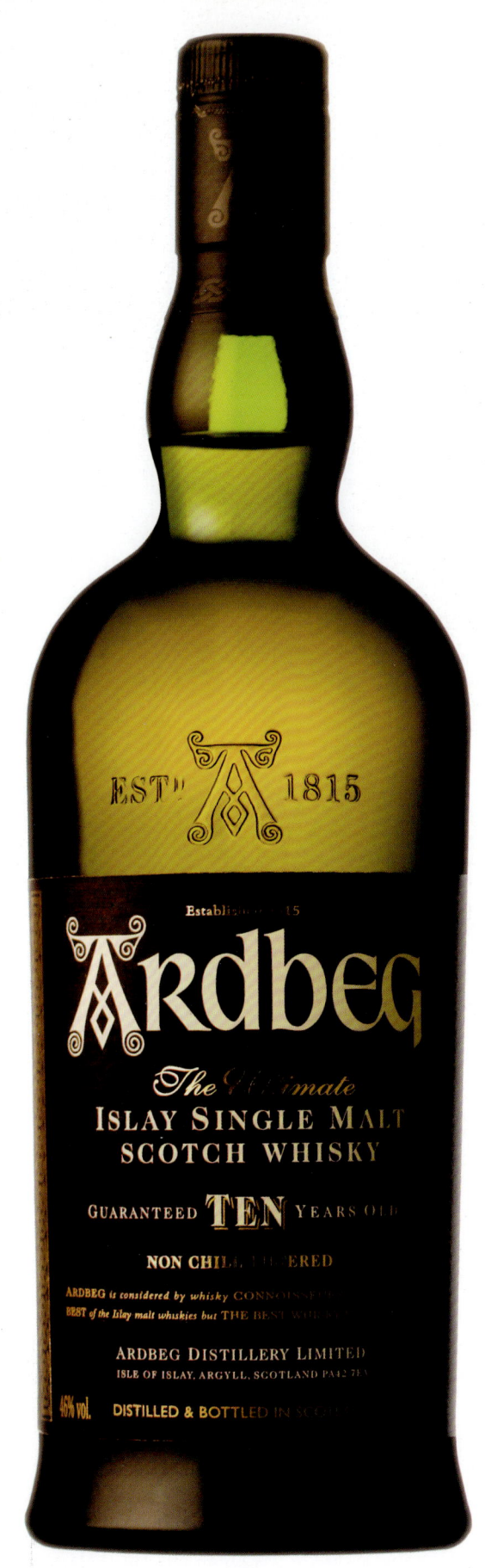

雅柏

所有权：格兰杰有限公司

创始年份：1794 年　产量：115 万升

有时，酿酒厂死而复生的经历会让它更加强大，而雅柏（Ardbeg）就是一家这样的酿酒厂。在艾雷岛单一麦芽威士忌还没流行之前，雅柏就一直有一群狂热的爱好者。重泥煤风格的雅柏现在已经是世界上最受欢迎的威士忌之一。但在 20 世纪 90 年代中期，雅柏的未来和发展却是充满了不确定。

曲折的历史

1794 年，有一家名为雅柏的酿酒厂在艾雷岛上建立，但今天的酿酒厂建筑及厂房实际上是由约翰·麦克德高（John MacDougall）在 1815 年修建的。1959 年之前雅柏一直为私人经营。1973 年，雅柏被海勒姆·沃克酿酒厂和 DCL 联合收购，最终海勒姆·沃克酿酒厂于 1977 年完全控股。

然而，当时市场上还是以调配威士忌为主，雅柏的单一麦芽威士忌还尚未树立起自己的品牌。紧接着因苏格兰威士忌行业大萧条，雅柏酿酒厂从 1982—1989 年暂停了运作。同时，海勒姆·沃克酿酒厂也在此期间被联合蒸馏酒业有限公司于 1987 年收购。两年后，雅柏重新开业但产量有所限制，然后在集团的要求下酿酒厂在 1996 年又再次关闭。这家设备老旧、建筑外观破败不堪的酿酒厂处于低谷中。但时来运转，它在 1997 年被格兰杰收购，母公司花费巨资收购了酿酒厂并启动了一系列的重建工程。

雅柏的逆袭

雅柏在 2000 年推出了 10 年单一麦芽威士忌，也是酿酒厂目前的核心产品。

随着 10 年单一麦芽威士忌的问世，雅柏开始推出了一系列极具创意的产品，许多产品都是经由雅柏委员会（Ardbeg Committee）精选后推出。雅柏委员会是一个由全球各地雅柏粉丝于 2000 年成立的组织，其宗旨是"确保雅柏不再倒闭"并以实际行动去支持酿酒厂。

2004 年，酿酒厂采取了大胆的举措，以"青春系列"（Very Young Ardbeg）的名义推出了一款

雅柏 10 年

雅柏"甘甜"

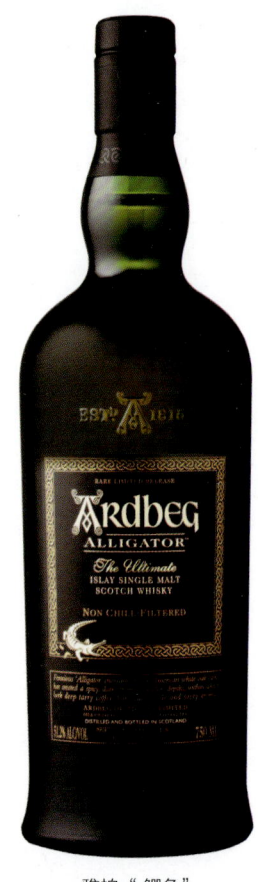

雅柏"鳄鱼"

6年熟成的雅柏产品。之后又推出的"青春永驻"（Still Young）和"即将抵达"（Almost There），是为了展现同一批特定年份（1997年）的原酒经不同时间熟成后所带来的风味上的变化。这个创新的产品计划推行一段时间后，酿酒厂最终发布了原桶强度的10年单一麦芽威士忌"复兴"（Renaissance）。

泥煤怪兽

雅柏在它擅长的泥煤风格上持续进行着创新性的实验，2008年酿酒厂推出了轻泥煤的雅柏"甘甜"（Blasda），之后在2009年发布了雅柏"超新星"（Supernova），其泥煤指数超过了100 ppm。"甘甜"推出时震惊了不少雅柏的老粉丝，它的泥煤指数是雅柏正常水平的三分之一，40%ABV，并采取了冷凝过滤。格兰杰的威士忌负责人梁思敦博士谈到"甘甜"时说："我们希望让消费者有机会品尝到雅柏中的水果和花香风味，而不仅是简单的泥煤味。"

第二年，"超新星"让老粉丝们之前悬着的心算是落了地。正如梁思敦解释的那样，"在超新星中能够品尝到雅柏标志性的浓厚的泥煤味和饱满的口感。"除了10年单一麦芽威士忌和"甘甜"之外，酿酒厂的核心产品还包括原桶强度的"乌干达"（Uigeadail），名字取自为酿酒厂提供水源的湖泊，这款产品于2003年推出。

其他的核心产品还包括"漩涡"（Corryvreckan）和"鳄鱼"（Alligator）。"漩涡"于2008年推出，它的名字取自艾雷岛附近的一个漩涡。这款酒无年份，但酒液包含了1998-2000年蒸馏的原酒。

品鉴笔记

雅柏10年
单一麦芽威士忌，46% ABV，非冷凝过滤。香气：香气扑鼻，带有柔顺的泥煤、石炭香皂和熏鱼的气味。口感：口感浓郁而细腻，带有泥煤燃烧的味道，并混合了干果、麦芽和甘草的味道。余味悠长，烟熏味十足。

雅柏"乌干达"
单一麦芽威士忌，54.2% ABV，原桶强度，波本桶和欧罗索雪莉桶熟成，非冷凝过滤。香气：泥煤、咖啡、大麦、葡萄干、雪莉酒和沥青的气味。口感：柑橘类水果、麦芽、泥煤、糖浆和蜂蜜的味道。余味带有焦糖和泥煤的味道。

雅柏"鳄鱼"
单一麦芽威士忌，51.2% ABV，非冷凝过滤。香气：篝火融合了臭氧的气味。口感：香甜的烟熏感，带有辣椒、姜和茶的味道。余味悠长而柔和，带有甜美的烟熏味，余味呈现柑橘和药水味。

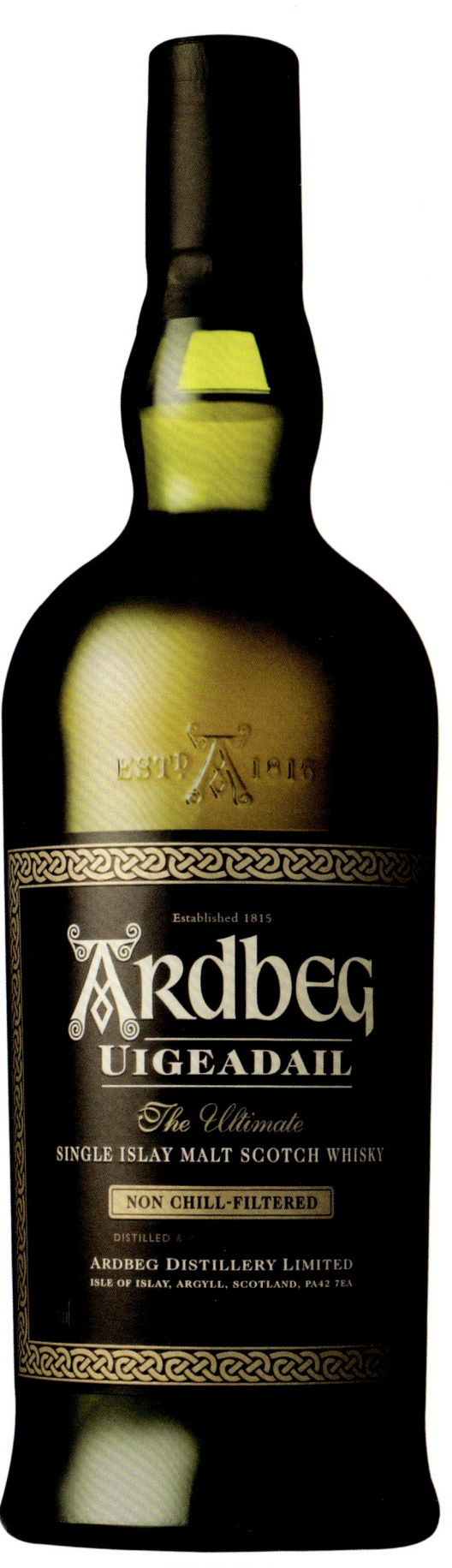

雅柏"乌干达"

海兹的评价

米奇·海兹（Mickey Heads）自2007年从吉拉来到雅柏后就一直担任酿酒厂经理。作为伊利奇出生和长大的居民，海兹在1979年就已经在家附近的拉弗格负责蒸馏的工作，并开始了他的职业生涯。"自从格兰杰接手以来，雅柏得到了很多正面的曝光。"海兹说，"而且正好赶上单一麦芽威士忌大受欢迎的风潮。我一直很喜欢雅柏的威士忌。它的口感轻盈，带有水果和花香，然后是烟味，最后全部的味道在口里融合爆发。大家现在更加追求口感，而不将就于平庸的味道。"

艾伦

所有权：艾伦酒业公司
创始年份：1993 年　**产量**：75 万升

推动苏格兰大部分威士忌酿酒厂创立的契机，在于行业立法和贸易条款的逐渐完善。因此，在 1823 年《消费税法案》发布后的几年里，大量的威士忌酿酒厂出现在了苏格兰的土地上。而到了维多利亚时代后期，威士忌在 19 世纪 80 年代和 19 世纪 90 年代的不断增长的需求，让酿酒厂得以快速发展。之后又在 20 世纪 60 年代和 20 世纪 70 年代，全球对苏格兰调配威士忌的需求出现又一次的增长。

在此之后，新建立的酿酒厂往往规模较小且多数为独立运作。而艾伦（Arran）就是这些酿酒厂之一，这家酿酒厂由前芝华士兄弟公司的总经理和威士忌行业资深人士哈罗德·柯里于 1993 年创立。柯里选择将酿酒厂建立在岛屿北部的洛赫兰扎，尽管 19 世纪时大多数大酿酒厂都设在岛屿南边。酿酒厂选在这个位置主要是因为这里发现了优质水源。而酿酒厂的启动资金来自前期公开发售的 2,000 份债券，而神奇的地方在于每份债券在到达约定时间后，将会以威士忌支付利息和本金给到债券持有人。

艾伦的发展

艾伦是一家拥有 2 台蒸馏器的酿酒厂，设计异常美观，宝塔风格的房顶及雪白的建筑墙体与岛上的历史建筑完美融合。由于所有生产环节都在一个车间内进行，因此它也成了接待访客的理想场所。

尽管酿酒厂已不再为柯里家族所有，但酿酒厂仍保持私人运营，尤恩·米切尔（Euan Mitchell）为艾伦酒业公司的总经理。酿酒厂开始按公司战略着手开发核心产品系列，其中包括 10 年、14 年和 18 年的单一麦芽威士忌，14 年的产品比 10 年的产品在波本桶的使用上会更多一些。但早在 1996 年，艾伦推出的第一个产品是一款陈年 1 年的威士忌，旨在提醒大众酿酒厂已正式启动并运行良好。

之后在 1998 年，酿酒厂推出了第一个合法地苏格兰威士忌，即 3 年单一麦芽威士忌，随后是 4 年单一麦芽威士忌、不同的单桶版本、1996 年的年份酒及一款名为"艾伦麦芽"（The Arran Malt）的无年份威士忌。2006 年是酿酒厂的里程碑，酿酒厂在这一年终于推出了第一款 10 年的单一麦芽威士忌。

艾伦 "100° PROOF"

艾伦 "雪莉单桶"

艾伦 10 年

酿酒厂成品

此时，酿酒厂因独特的木桶熟成工艺开始闯出名号。与本利亚克和杜丽巴汀一样，这些酿酒厂开始透过各种木桶的二次过桶工艺来丰富自己的产品线以抢占市场。

尤恩·米切尔说："这个过桶的策略在当时给了我们很大的帮助。这些产品打破了很多人认为艾伦这个品牌太新、太年轻的印象。"第一批使用过桶工艺的产品于2003年推出并采用了卡尔瓦多斯（Calvados）酒桶，之后酿酒厂每一年都会发布多达6种不同的酒桶熟成威士忌，尽管之后这个数字有所缩减，但像阿玛罗尼桶（Amarone）、波特桶和苏玳桶等版本现在都是酿酒厂的核心产品的一部分。

该产品系列还包括艾伦原始单一麦芽（Arran Original），这是一款无年份威士忌，但基酒使用了熟成5年的威士忌、熟成5年的"罗伯特·伯恩斯"单一麦芽威士忌（Robert Burns Single Malt）和名字源于艾伦西部的一个泥煤沼泽的"麦其力沼泽"（Machrie Moor）。麦其力沼泽按照批次出品，2010年推出的版本包含了2004年和2005年的原酒，泥煤指数达到14 ppm，其口感上不像大家所熟悉的雅柏和拉弗格有着泥炭怪物的口感。然而，近期推出的版本泥煤指数已增加到20 ppm。酿酒厂最初每年会生产约1万升泥煤风味的原酒，但公司现在已将这个产量翻了一番。尤恩·米切尔提到："我们特意按中等泥煤指数来进行生产，以确保艾伦威士忌其他的风味不会被泥煤味给完全淹没。"

品鉴笔记

艾伦10年

单一麦芽威士忌，46% ABV，70%原酒于二次雪莉桶熟成，另外还使用了波本桶和其他雪莉桶进行了熟成。香气：香草、苹果、梨、麦芽和温和的香料气息。口感：酒体中等，带有柑橘类水果、肉桂、消化饼干和温和的橡木味。水果和麦芽的余味逐渐消失。

艾伦"雪莉单桶"

单一麦芽威士忌、56.3% ABV、雪莉桶熟成。香气：无花果、焦糖和香甜的烟熏味，并逐渐呈现出软糖的气味。口感：酒体饱满，带有雪莉酒、枣和圣诞蛋糕上的葡萄干味道。余味醇厚温暖。

艾伦"麦其力沼泽"

单一麦芽威士忌，46% ABV。香气：坚果、泥煤、辛辣、麦芽和柠檬的香气。口感：跳跃的口感，带有大量柑橘类水果，香料、坚果和巧克力的味道。余味悠长，带有柑橘类水果的气息。

艾伦麦其力沼泽"麦其力沼泽"

迷你苏格兰

艾伦岛是苏格兰最南端的岛屿之一，位于艾尔郡和金泰尔半岛之间。因为苏格兰的各种复杂地理环境和地形在这里都能找得到，它通常被称为"迷你苏格兰"。这里拥有美丽的沿海村庄、北部崎岖的山脉及南部连绵起伏的丘陵和林地。艾伦岛的长不到32千米，宽不到16千米，据记载，在19世纪时，这里曾经有将近50户人家运营蒸馏的作坊，大多数都是无执照营业，其中有3个被查获并勒令关闭。1837年随着最后一家拉格酿酒厂的关闭，艾伦岛上的酿酒历史暂时告一段落，直到1993年艾伦酿酒厂的回归。

波摩

所有权：莫里森波摩蒸馏有限公司
创始年份：1779 年　**产量**：220 万升

波摩（Bowmore）酿酒厂不仅是艾雷岛上最早取得经营许可的酿酒厂，也是苏格兰现存最古老的酿酒厂之一。波摩由酿酒师大卫·西姆森（David Simson）建造，易主多次后被威士忌酒商莫里森酒业有限公司于 1963 年收购。1989 年，三得利收购了莫里森酒业有限公司将近 35% 的股份。之后三得利于 1994 年完成了波摩酿酒厂的收购并连同欧肯特轩和格兰盖瑞一起收至旗下。

波摩是为数不多自己完成发麦的酿酒厂之一，大约有 40% 的麦芽是在酿酒厂的 3 个发麦车间里进行加工的，其余的则来自苏格兰本岛，按 25 ppm 的泥煤指数进行烘烤处理。波摩因此在艾雷岛威士忌当中，口味上属于中度泥煤，尽管有些人认为它的烟熏味是最重的。

波摩将传统与创新相结合，并投入了大量时间、精力和金钱来使酿酒厂运作更加环保。酿酒厂开发了一种将泥煤浸渍和烘烤的技术（caff），这个技术能将泥煤用量降到原来的 25%，但可以让麦芽产生更厚重的泥煤味。1990 年，波摩将酿酒厂的一个仓库捐献给了当地社区并改造成了室内游泳池，

波摩耸立在英达尔湖岸边，带着咸味的海风缓慢地吹进酿酒厂的仓库。

波摩 40 年

游泳池的暖能供应来自蒸馏室里冷凝器的热水。

酿酒厂熟成

熟成是生产优质威士忌的关键环节，尤其是单一麦芽威士忌，所用的木桶、质量和储存的位置都至关重要。波摩目前有 20% 的原酒会使用雪莉桶熟成，其余原酒会使用波本桶，所有的原酒都会用于单一麦芽装瓶而不会出售用作调配威士忌。一部分新酒会被运往苏格兰本岛，但大部分都在酿酒厂里熟成，目前一共有 2.7 万个木桶存放在 3 个仓库里。

波摩的仓库负责人是威利·麦克尼尔（Willie MacNeil），他是艾雷岛威士忌行业里的典范人物。"我是在这里出生和长大的，并为此感到非常自豪，"他宣称，"我的祖父和曾祖父都在雅柏酿酒厂工作，我母亲的家人也都出生在那里。我的第一份有关酿酒的工作就在雅柏。"

麦克尼尔说："如果威士忌没在岛上熟成，就不会得到同样的风味。这里有强烈的海洋气候且没有空气污染。我们木桶上使用的是镀锌的箍，由于这里的气候缘故，用钢铁材质做非常容易生锈。这些细微的调整都会对威士忌产生一定的影响。"

麦克尼尔补充道，"1 号仓库是酿酒厂成立时建造的第一个仓库。仓库的部分空间低于海平

面，温度变化小。冬天当室外温度降到零下8度时，1号仓库里温度明显暖和许多，这里主要存放雪莉桶。"

麦克尼尔说："对我来说，理想的仓库应该有厚重的旧墙，高度略低于海平面，这样你会得到潮湿并带有咸味的空气。在这里，酒液蒸发的比例要比那些建在苏格兰本岛的现代化仓库明显要低得多。在过去的20年里，波摩花了很多钱购买木桶。我们现在所有的木桶都是初次填充的橡木桶，从熟成上来讲效果更好。"

销量增长

自2007年酿酒厂对整个产品系列进行了升级和改造后，波摩的销售额开始明显上升。按市场份额占比来看，已开始赶上艾雷岛的其他竞争品牌，如雅柏和拉弗格。2010年，酿酒厂推出了大受好评的限量款40年单一麦芽威士忌。

波摩的核心产品系列包括"传奇"（Legend）、波摩12年、"极暗"15年（Darkest 15 Years）和波摩18年和波摩25年。而销量日益见长的免税渠道则有特供的产品，其中包括"浪涛"（Surf）、12年的"谜团"（Enigma）和"原桶"（Cask Strength）。"极暗15年"是波摩核心产品里中唯一采用过桶工艺的威士忌，先是在波本桶里熟成12年，最后在转至欧罗索雪莉桶中过桶陈放3年。而25年单一麦芽威士忌则是混合了分别在波本桶和雪莉桶的熟成的原酒。

波摩12年

品鉴笔记

波摩12年

单一麦芽威士忌，40% ABV。香气：诱人的柠檬香气和温和的盐水味。口感：口感融合了烟熏和柠檬酸味，之后缓慢释放出可可和煮过的糖水味。余味悠长，口感复杂。

波摩40年

单一麦芽威士忌，44.8% ABV，单桶，波本桶，共43瓶，非冷凝过滤。香气：药水、海洋和烟熏味，并带有香草和橙子糖浆的气味。口感：口感丰富，起初是炖水果的味道，逐渐变成泥煤味。余味持久。

黑波摩42年

单一麦芽威士忌，40.5% ABV，原桶强度，5个不同的欧罗索雪莉桶熟成，共804瓶，非冷凝过滤。香气：浓郁的香气散发着生姜、肉桂、太妃糖、无花果和纯巧克力的味道。口感：口感非常饱满，带有更多的太妃糖和巧克力味，同时融合了陈旧的皮革、咖啡和烟味。余味悠长且舒适。

黑波摩42年

黑波摩

有一些单一麦芽威士忌的产品，光是提起它们的名字，就会让收藏家和鉴赏家十分兴奋。其中就包括了波摩的"黑波摩（Black Bowmore）"。这款1964年蒸馏的烈性酒于1993年首次发布。经过欧罗索雪莉桶的熟成，酒液呈现出明显的深褐色，酒名里的"黑"也是源于这个特殊的颜色。这款产品被市场评价为经典之作。而众所周知，每瓶酒的售价很快从三位数飙升是四位数。2007年，酿酒厂再次发布"黑波摩"，同一批的5个木桶共装瓶了804瓶的42年单一麦芽威士忌。

布赫拉迪

所有权：布赫拉迪酿酒厂
创始年份：1881 年　**产量**：150 万升

若没有布赫拉迪（Bruichladdich）酿酒厂，苏格兰威士忌行业会少了许多的风采。布赫拉迪的团队将自己标榜为"赫布里底最先进的酿酒厂"。这家酿酒厂以它独立且实验性极强的产品开发能力引以为豪。这家酿酒厂从起初就不走寻常路，1881 年，格拉斯哥的哈维聘请了 23 岁的工程师罗伯特·哈维为这个即将在艾雷岛上诞生的酿酒厂进行设计。布赫拉迪与其他艾雷岛的酿酒厂不太一样，它的建筑风格十分现代化且带有庭园，跟很多其他从农场改建过来的酿酒厂有着不同的设计美学。除此之外，它采用高大、窄颈的蒸馏器设计，以用于生产口感较为轻盈、优雅的威士忌。

衰落与崛起

哈维家族一直经营着布赫拉迪，直到 1929 年，由于战争而导致的大萧条及与附近的夏洛特港酿酒厂的竞争原因，酿酒厂暂停了运作。

然而，布赫拉迪于 1936 年恢复运营，接着在 1938 年出售给了本·尼维斯（Ben Nevis）酿酒厂的老板约瑟夫·霍布斯（Joseph Hobbs）和他的同事。然后在 1968 年被因弗戈登蒸馏有限公司买下，酿酒厂的蒸馏器也从原来的 2 台增加到了 4 台。

之后，在怀特·麦凯经过激烈收购竞争买下因弗戈登蒸馏有限公司后，布赫拉迪因产能过剩又再次暂停运营。酿酒厂从 1993—2000 年 12 月没有生产任何产品，之后被默里·麦克大卫公司花费了大价钱完成收购。雷纳和他的团队，包括经验丰富的艾雷岛酿酒师吉姆·迈克埃文（Jim McEwan）和酿酒厂经理邓肯·麦格维（Duncan McGillivray）也因此继承了一个维多利亚时代的经典。布赫拉迪有一个顶部敞开的糖化槽和木制发酵槽，而酿酒厂其中一个初次蒸馏器之一（现已经过翻修），历史可以追溯到酿酒厂的成立的那一年，这也是苏格兰威士忌行业里最古老的蒸馏器。

不同的运营方式

从一开始，新的布赫拉迪管理团队就采取了不同的运营方式，马克·雷纳宣布酿酒厂"不应该

布赫拉迪 3 年"X4+3"

布赫拉迪 21 年

受公司制度的那么多限制。布赫拉迪是一家来自苏格兰的公司，通过运营和管理，生产着苏格兰最正宗的单一麦芽威士忌。我们的运作结合了 19 世纪的手工设备、传统工艺、酒水贸易的经验及最先进的数字通信技术。"

在蒸馏威士忌的同时，布赫拉迪也根据原有的库存发布了各种令人眼花缭乱的限量版产品。酿酒厂现在有 2 个非泥煤味和泥煤味 2 个风格的产品系列，其中引人注目的创新产品包括高度数的、进行了 4 次蒸馏的"X4"。这款产品使用的工艺来自一款著名的盖尔酒精饮料，同时也被称作"危险的威士忌"。

泥炭怪兽

当酿酒厂在 2001 年 5 月恢复运作时，生产的第一批威士忌的泥煤指数高达 40 ppm 左右。这一批次的酒也被命名为"夏洛特港"（Port Charlotte），每年限量发行，现在是酿酒厂核心产品的一部分。酿酒厂也在规划未来会在夏洛特港旧址恢复小规模的酒液蒸馏工作。

布赫拉迪同时生产"泥炭怪兽"（Octomore）威士忌，也被称为"世上泥煤味最重的威士忌"，其中酚含量将近于 80 ppm。2003 年，艾雷岛唯一的装瓶设备被安装在布赫拉迪的酿酒厂里，这使布赫拉迪成为唯一一个使用艾雷岛出产的大麦来酿酒和同时在岛上自行完成装瓶的酿酒厂。布赫拉迪除了两对传统的壶式蒸馏器，酿酒厂还拥有苏格兰最后一台功能齐全的罗门蒸馏器，该蒸馏器于 2004 年在登巴顿的一家老酿酒厂关闭时被保留了下来。

品鉴笔记

布赫拉迪 10 年

单一麦芽威士忌，46% ABV，非冷凝过滤。香气：果香和花香，温和的泥炭和盐水的气味，还融合了蜂蜜和香草的香气。口感：麦芽、香草、蜂蜜、泥煤和盐水的味道，带有香料和茶味。柑橘类水果、生姜、橡木和精致的烟熏味逐渐在余味里展开。

布赫拉迪 21 年

单一麦芽威士忌，46% ABV，欧罗索雪莉桶，非冷凝过滤。香气：成熟香蕉、坚果、脆太妃糖、杧果和葡萄干的香气。口感：口感饱满，带有丰富的雪莉酒、热带水果和焦糖的味道。余味悠长，带有雪莉酒的味道。

布赫拉迪 3 年"X4+3"

单一麦芽威士忌，63.5% ABV，非冷凝过滤。香气：带有谷物和花香及活泼的酚类气味。口感：口感清新、柔顺、浓郁，并带有咸味且口感偏干。余味短但口感强劲。

"被监视的目标"

布赫拉迪绝对属于不容错过的酿酒厂之一，原因是其位于英达尔湖岸边的绝佳美景处。如果你无法亲自前往，可以登录酿酒厂官网，透过联网的摄像头，来一次虚拟游览并观看整个威士忌的制作过程。美国中央情报局（Central Intelligence Agency）曾经有一次登录过该酿酒厂的官网，并利用联网的摄像头来监视酿酒厂。有趣的是，情报人员看到酿酒厂的设备过于老旧，怀疑该工厂是在隐瞒实情并悄悄制造某种化学武器。

布赫拉迪 10 年

布纳哈本

所有权：伯恩·斯图尔特蒸馏有限公司
创始年份：1881 年　**产量**：250 万升

布纳哈本（Bunnahbhain）酿酒厂与艾雷岛的另一家酿酒厂布赫拉迪在同一年创立，布纳哈本于 5 年后的 1883 年正式开始生产。尽管艾雷岛的所有酿酒厂（波摩除外）位置都与外界隔绝，但布纳哈本的所在位置不是一般的偏远，它位于一条未标示的漫长道路的尽头。人们可以欣赏到附近的艾雷海峡及邻近的吉拉岛和其独特的山丘，景色十分优美。

创始人威廉（William）、詹姆斯·格林利斯（James Greenlees）及威廉·罗伯逊（William Robertson）在一开始就挑了这个奇妙的地点，主要为了保证纯净的水源和高质量的泥煤供应，以及其隐蔽的沿海位置。这些条件对于在艾雷岛早期通过海上进行贸易的酿酒厂来说十分重要。

酿酒厂后来于 1887 年归至高地蒸馏有限公司旗下，并一直由其管理，直到 1999 年被爱丁顿集团接手。但爱丁顿集团后来决定将精力集中在一部分的知名单一麦芽品牌上，例如麦卡伦，于是在 2003 年决定出售格兰哥尼和布纳哈本。布纳哈本及广受欢迎的"黑瓶"（Black Bottle）苏格兰调配威士忌最终被伯恩·斯图尔特蒸馏有限公司一并收购。

岛屿的力量

伯恩·斯图尔特蒸馏有限公司的经理兼首席调酒师伊恩·麦克米伦（Ian Macmillan）说："当我们在 2003 年收购这家公司时，'黑瓶'是当时最重要的资产之一。在艾雷岛的厚重泥煤风格中，布纳哈本展现了自己不一样的影响力。"

布纳哈本酿酒厂以其 4 台巨大的蒸馏器闻名，麦克米伦解释说："因为蒸馏器的尺寸让酒液和铜有大面积的接触，同时我们蒸馏的速度非常慢，这样会产生大量的回流，让厚重、饱满的风味物质流回蒸馏器而不是进入冷凝管。这些操作加上和铜的接触会生产出一种绵柔、口味丰富而甜美的酒液。"

关于威士忌的熟成地点对口味的影响一直存在着争论。麦克米伦宣称："我们有一些当时爱丁顿集团运营时蒸馏的布纳哈本威士忌是在苏格兰本岛进行陈年的，同样的威士忌在艾雷岛陈年就会产生口感上的差异。随着威士忌的陈年年数越长，这个特点会变得更加明显。尤其是熟成 20~25 年的威士忌，你能尝到一种可口的咸味，这是在苏格兰本岛熟成的威士忌里找不到的风味。"

泥煤的增加

布纳哈本单一麦芽威士忌一直被称为"艾雷岛温柔的威士忌"，在过去的半个世纪里一直生产着轻泥煤风格的威士忌。但自从伯恩·斯图尔特蒸馏有限公司接手以来，酿酒厂开始每年会生产一批重泥煤风格的威士忌。

"它的需求很大，"麦克米伦说，"我们的很多客户都想要艾雷岛的泥煤威士忌，他们最终选择布纳哈本，因为他们发现其他酿酒厂的酒不太好找。未来我们很可能会生产更多的泥煤味的布纳哈本。每年泥煤味威士忌的比例占总产量的 20%~80% 不等。2014 年我们将推出一款名为'Moine'的 10 年单一麦芽威士忌，'Moine'在盖尔语中是'泥煤'的意思，也是我们布纳哈本泥炭风味威士忌的代号。"

新产品

在 2004 年，酿酒厂发布了 6 年的"泥煤"，4 年后又发行了"Toiteeach"，名为盖尔语中的"烟熏"。这款威士忌包含了低年份的"Moine"及 20 年的重雪莉风格的布纳哈本原酒。"Cruach-Mhona"（泥煤堆）于 2010 年在旅游零售渠道推出，其中使用了低年份、重泥煤的原酒及 20 年以上雪莉桶熟成的布纳哈本。

品鉴笔记

布纳哈本 12 年
单一麦芽威士忌，46.3% ABV，非冷凝过滤。香气：闻起来清新，带有淡淡的泥煤味和一丝烟味。口感：坚果和果味基础上带有更多明显的泥煤味，但仍不算艾雷岛的重泥煤风格。余味浓郁而持久，带有一丝香草和烟熏味。

布纳哈本 25 年
单一麦芽威士忌，46.3% ABV，非冷凝过滤。香气：散发出甜味和花香，香料味逐渐展开。口感：口感优雅，带有雪莉酒和烤苹果的味道。雪莉酒般的余味悠长，令人愉悦。

布纳哈本 10 年"烟熏"
单一麦芽威士忌，46% ABV，非冷凝过滤。香气：微妙的泥煤、香料和温和的药水味融合在一起。口感：口感温暖的泥煤、雪莉酒、柑橘类水果和白胡椒的味道。余味悠长而辛辣。

布纳哈本 10 年"烟熏"

"黑瓶"调配威士忌

布纳哈本与苏格兰威士忌的黑瓶调配威士忌密切相关，后者由阿伯丁的格雷厄姆兄弟于 1879 年推出。最初，"黑瓶"特有的泥煤风格主要来自苏格兰东北部生产的威士忌，但在这个家族不再运营后，"黑瓶"变成了另一种苏格兰调配威士忌。然后在 1995 年，母公司爱丁顿集团做出了一个大胆决定，恢复使用艾雷岛的每家酿酒厂的原酒，布纳哈本是核心基酒之一，也因此"黑瓶"得以还原它的原始和独特风格。

苏格兰产区

布纳哈本 12 年

布纳哈本 25 年

卡尔里拉

所有权：英国帝亚吉欧公司

创始年份：1846 年　产量：640 万升

按产能计算，在 2011 年 11 月帝亚吉欧公司宣布斥巨资扩大酿酒厂规模之前，卡尔里拉（Caol Ila）酿酒厂已经是艾雷岛最大的酿酒厂了。2012 年酿酒厂产能从之前的每年 570 万升提升到 640 万升，设备上的升级包括 1 个新糖化槽和 2 个新的木制发酵槽，使总量达到 10 个。

在提到对卡尔里拉的投资时，帝亚吉欧公司的知识遗产负责人尼克·摩根博士说："我们首先是一家调配威士忌公司。我们生产世界上最好的单一麦芽威士忌，所以才能生产最好的苏格兰调配威士忌，比如尊尼获加或金铃。"

帝亚吉欧公司的首席调酒师吉姆·贝弗里奇补充说："卡尔里拉具有浓郁的烟熏味，与其他的麦芽和谷物威士忌一起调配效果非常好。"尼克·摩根也解释道，"我们旗下的尊尼获加的特点就是浓郁的烟熏味。所以我们麦芽威士忌的管理制度旨在确保我们能够扩大销售的同时维持酒的风味，这一点至关重要。因此，卡尔里拉单独来看是公司整体麦芽威士忌业务的重要品牌，但同时也是我们许多调配威士忌的'必备'基酒。这就是我们的发展战略。"

作为单一麦芽威士忌，卡尔里拉自 2002 年品牌重塑后，在市场上越来越受欢迎，并且正好赶上许多海外消费者对艾雷岛威士忌的需求高峰期。

在悬崖和海峡之间

最早的酿酒厂建筑可追溯到 1846 年，由赫克托·亨德森（Hector Henderson）创立，同时这位创始人还拥有格拉斯哥的凯拉池（Camlachie）酿酒厂。陡峭的悬崖和艾雷海峡之间的位置并不是一个寻常的选择，但它靠近非常好的水源。这条水系的源头是南邦湖，最终在卡尔里拉流入大海。沿海位置的选择对于这些岛屿酿酒厂的物流运输来说非常关键，岛屿的运输工作当时由被命名为"河豚"（puffers）的小型船只来完成。

卡尔里拉后来于 1863 年归到格拉斯哥的调配威士忌公司布洛克·莱德公司旗下，并于 16 年后启动重建工程。但卡尔里拉最引人注目的重建计划发

卡尔里拉 25 年

卡尔里拉 12 年

生在 1972 年和 1974 年。卡尔里拉酿酒厂自 1927 年由 DCL 管理，在当时耗巨资将酿酒厂重新设计成了极具现代风格的外观，蒸馏器的数量也从 2 台增加到现在的 6 台。

卡尔里拉酿酒厂安装了大量的玻璃，从卡尔里拉内部即可向外瞭望美丽的艾雷海峡和邻近吉拉岛的绝佳景色。虽然卡尔里拉全部生产的酒液最后通过汽车运往苏格兰本岛进行装桶和熟成，但是原来留下的设施有一个 19 世纪建设的仓库，目前保持完好并仍在使用中。

卡尔里拉的威士忌泥煤指数能达到 30–35 ppm，而且每年的需求量都很大，但曾经有一段时间帝亚吉欧公司觉得产能过剩。于是，卡尔里拉有几年转为生产无泥煤"高地风格"的威士忌，生产出来的酒液主要是用于调配威士忌，但在 2006 年酿酒厂在一年一度的特选（Special Release）系列中发布了一款无泥煤的 8 年单一麦芽威士忌，之后又陆续推出了 10 年和 12 年的版本。

卡尔里拉的核心产品

酿酒厂核心产品包括 12 年、18 年和 25 年的威士忌，以及"天然原酒"（Natural Cask Strength）和使用了"莫斯卡特尔"（Moscatel）葡萄酒桶进行了二次成熟的"酿酒厂限定版"（Distillers Edition）。2011 年酿酒厂推出了一款无年份的卡尔里拉"Moch"（盖尔语为"黎明"），最初仅面向个别的渠道进行售卖。现在的卡尔里拉开始尝试让大家摆脱对年份、酒精度和木桶的执念，而着重感受威士忌独特的口味。

品鉴笔记

卡尔里拉 12 年

单一麦芽威士忌，43% ABV。香气：碘、鲜鱼和熏肉的香气，并混合了精致的花香。口感：烟熏、麦芽、柠檬和泥煤味融合了厚重的口感，同时带有香草和少许芥末的味道。余味干，口感带有胡椒和泥煤的味道。

卡尔里拉 25 年

单一麦芽威士忌，43% ABV。香气：清新的果味、盐水味和篝火的烟味。口感：甜美，带有浓厚的水果味，加上烟熏、胡椒和一些橡木味。余味干且口感平衡，带有轻微的烟熏味。

卡尔里拉 12 年 1999"特选 2011"

单一麦芽威士忌，64% ABV，原桶强度，波本桶熟成（限量，少于 6,000 瓶）。香气：一丝丝烟草的味道并结合了梨、香草和可可粉的香气。口感：口感甜美，带有夏季浆果、蜂蜜和浓郁辛辣味和果味。余味中带有香料的味道。

卡尔里拉 18 年

卡尔里拉天然原酒

卡尔里拉 12 年 1999 "特选 2011"

废物利用

苏格兰威士忌行业非常重视环保。熬煮麦芽糖后剩下的大麦壳"残渣"通常会加工成牛饲料出售给农民。而"黑色谷物"饲料则是通过加工蒸馏后剩余的酒液，并将其与大麦残渣混合加工制成一个个立方体或大颗粒。

在艾雷岛，并没有那么多的资金能够支撑副产品的再处理，所以那些湿的残渣会加工成饲料喂给牛，而不要的酒液则是通过一个很长的排放管排入海中。岛上很多酿酒厂都会将这些"副产品"用车运往卡尔里拉进行处理。但这种废物管理的方式可能即将发生改变，布赫拉迪最近斥资建立了一个厌氧消化处理系统来处理这些液体排放物。

小故事

高原骑士 40 年

高原骑士

所有权：爱丁顿集团

创始年份：1798 年　产量：250 万升

位于苏格兰大陆北部的奥克尼群岛独具特色，北欧文化影响多过于苏格兰，地理位置更靠近北极而不是伦敦。1472 年之前，这些岛屿实际上都属于挪威。鉴于这个岛屿和人们的特立独行，奥克尼最著名的酿酒厂所生产的威士忌同样也具有独特的风味。

酿酒厂的全球营销经理盖瑞·陶士（Gerry Tosh）宣称："我们能生产优质的威士忌主要有以下原因：传统的地板麦芽、使用奥克尼（Orcadian）泥煤和雪莉桶、低温熟成和木桶风味优化。大多数的酿酒厂会使用其中的 1 种或 2 种方法，但只有高原骑士（Highland Park）会全部用上。"

独特风味

在高原骑士酿酒厂中燃烧的泥炭具有明显的芳香，和艾雷岛其他的泥炭大不相同。奥克尼泥煤来源于石楠花、干草和植物，而不是树木，因为在大约 3,000 年前，奥克尼岛上没有树木。直到今天，这里独有的强风气候导致岛上很少有树木生长。酿酒厂在霍比斯特沼泽拥有很大的泥煤地，每年酿酒厂的炉窑会消耗掉约 200 吨的泥煤为威士忌赋予独特的风味。酿酒厂约 20% 的麦芽原料通过自家的发麦工艺完成，这些酒液的泥煤指数与波摩差不多。其余无泥煤味的麦芽原料则是从苏格兰本岛采购。

每年酿酒厂都要花费巨资在木桶上，所有的单一麦芽威士忌都需要雪莉桶熟成。酿酒厂的 23 个仓库里有 19 个为传统大铺地式仓库，使仓库温度较为凉爽和均匀。每批高原骑士单一麦芽威士忌都是多种原酒的组合。酒液在混合后会重新灌装至木桶再进行二次熟成约 6 个月的时间，高年份威士忌的二次熟成时间可能会更长。

高原骑士的传承

作为苏格兰最北端的酿酒厂，高原骑士位于柯克沃尔的南郊。柯克沃尔是岛上人口最多的聚居区，也是奥克尼群岛的首府。酿酒厂由大卫·罗伯逊（David Robertson）于 18 世纪末建造，但具

高原骑士"新酒"

高原骑士 12 年

体的创立时间就和苏格兰许多历史悠久的酿酒厂一样,难以确认。

从 1826 年开始,博什维克家族成员开始经营高原骑士酿酒厂。1895 年,詹姆斯·格兰特收购了高原骑士,并于 3 年后添置了 2 台蒸馏器使产能翻了一番。1937 年,高地蒸馏有限公司收购了高原骑士,并于 1979 年首次正式推出该酿酒厂的单一麦芽品牌。同时,公司花费重金进行推广,一手打造了这个获奖无数的威士忌在全球的品牌形象。高地蒸馏有限公司随后于 1999 年成为爱丁顿集团的一部分。

在新公司的管理下,高原骑士的销售额从 2000 年开始到之后的 10 年增长了 175%,盖瑞·陶士说:"2005 年是这家酿酒厂的一个转折点,发生了两件大事。首先,我们将产品包装全面进行了升级。我们在酿酒厂找到了一个 1860 年的瓶坯,并将它加工到完整的尺寸,作为新瓶身的设计。第二,在推出新包装过了几周后,我们 18 年的单一麦芽威士忌获得了'世界最佳烈性酒'的荣誉,一下让我们打开了品牌知名度。"

威士忌系列

高原骑士的核心产品由 12 年、15 年、18 年、25 年和 30 年的威士忌组成,同时也售卖 40 年和 50 年的高年份威士忌。在 2005-2008 年,酿酒厂发布了 5 款单桶的大使酒桶(Ambassador Cask),于 2009-2011 年间推出了 3 款原桶强度的"曼格斯伯爵"(Earl Mangus)限量版。高原骑士也非常重视购买威士忌的游客,在旅游零售渠道也推出了稀有的限量年份酒。

小故事

游荡的灵魂

1798 年,高原骑士已在当时的非法酿酒商马格努斯·尤恩森(Magnus Eunson)所运营的酒馆内开始运作。据说,尤恩森将所有非法的威士忌存放在教堂的讲坛下,以应对他在搬家时被税务官突击检查。当政府人员到达尤恩森家时,发现尤恩森和他的家人庄严地聚集在一个看起来像是木制的棺材前,但棺材里面藏的全是威士忌,外面盖上了一块布。尤恩森向检查人员解释这里有人刚死于天花,饱受惊吓的税务官急忙地逃离了现场。

高原骑士 18 年

品鉴笔记

高原骑士"新酒"
新酒,50% ABV。香气:新鲜的酒香,有麦片和可可的味道。口感:浓郁的水果、消化饼干和烟熏味。余味短,带有坚果和灰的味道。

高原骑士 12 年
单一麦芽威士忌,40% ABV,雪莉桶。香气:芬芳的花香,带有一丝石楠花和香料的气息。口感:绵柔而甜美,带有柑橘类水果、麦芽和烟味,余味悠长,略带泥煤味。

高原骑士 18 年
单一麦芽威士忌,43% ABV,雪莉桶。香气:花香扑鼻,并带有石楠花、烟、盐和橡木的味道。口感:口感甜美,带有泥煤、坚果、蜂蜜和干姜的味道。余味辛辣、干且悠长。

吉拉 10 年起源"起源"

吉拉预言"预言"

吉拉

所有权：怀特·麦凯公司
创始年份：1810 年　**产量**：220 万升

尽管在地理位置上离艾雷岛仅隔着一条狭窄的海域，但这个位于吉拉岛首府克雷格豪斯的酿酒厂在风格上其实更接近高地和斯佩塞地区。这是由于在 20 世纪 60 年代初期艾雷岛的重泥煤威士忌还尚未像现在如此受欢迎，吉拉（Jura）酿酒厂决定生产口味更贴近大众的单一麦芽威士忌。因此酿酒厂选择了较高的蒸馏器同时开始生产轻泥煤的威士忌。

威士忌的轮回

吉拉于 1963 年时生产的威士忌与原始的风格非常不一样。酿酒厂成立于 1810 年，并于 1831 年首次授权给威廉·阿伯克龙比（William Abercrombie）经营。之后，酿酒厂以同样的租赁形式和不同人合作，直到弗格森父子公司在 1876 年接手。但由于这家公司和房东科林·坎贝尔（Colin Campbell）之间的争执，合作关系在 1901 年终止。酿酒厂设备在 1920 年被拆卸，而为了避税，酿酒厂的屋顶也被拆除。

吉拉似乎被威士忌行业给遗忘了，但在 1960 年为了增加本地人口及引入新就业机会，来自利斯的威士忌调配商和装瓶商查尔斯·麦金利公司着手开始恢复吉拉岛上的威士忌生产。原杜丽巴汀酿酒厂的设计师威廉·德姆-埃文斯受聘负责建造新的吉拉酿酒厂，并将原来老酿酒厂的建筑融入新的设计里。

到 1963 年酿酒厂正式启动生产时，查尔斯·麦金利公司已被苏格兰纽卡斯尔啤酒公司接管，后者一直经营吉拉酿酒厂直到 1985 年被因弗戈登蒸馏有限公司收购。1993 年，因弗戈登蒸馏有限公司被怀特·麦凯收购后，吉拉酿酒厂正式归入旗下所管理直到今天。

吉拉风格

虽然酿酒厂风格和地理上与艾雷岛有所区别，但吉拉酿酒厂每年都会参与一年一度的艾雷岛威士忌音乐节，酿酒厂在 2011 年将游客接待中心升级后吸引了越来越多的游客。随着酿酒厂推出的不同限量版威士忌，吉拉在市场上变得越来越受欢迎和推崇。

酿酒厂的首席调酿师理查德·帕特森（Richard Paterson）说："吉拉是口味清淡的岛屿威士忌，它风格非常独特，并且风味复杂。在过去的 10 年里，我们启动了一项木桶熟成计划，将低年份的威士忌用波本桶进行熟成。我们挑选了陈年了 3 年的威士忌，之后所有的低年份的威士忌都按这个方式来处理。这让酒的口感达到了一个新的境界，赋予了酒液可口的黄油和蜂蜜味。美国白橡木是吉拉威士忌熟成的关键，而一般的雪莉桶需要酒液陈年至少 16 年才能使用。"

怀特·麦凯稀有麦芽威士忌总监大卫·罗伯逊补充说："吉拉的销量非常惊人，现在它是世界上增长最快的单一麦芽品牌。这是因为我们启动了一系列的公关和市场营销计划，其中包括与苏格兰旅游局合作举办全球摄影比赛，并重新引入我们的'常驻作家计划'，我们会邀请著名作家在岛上写一个故事。当然我们也一直在推出多样化的威士忌产品。"

泥炭风味现在也是吉拉非常重要的特色之一，例如吉拉迷信（Superstition）在 2002 年推出时决定融合重泥煤的低年份原酒和一些高年份的"原味"吉拉原酒。产品在市场上反响热烈，于是酿酒厂又在 2009 年推出了"预言"（Prophecy）。"预言"是一款非冷凝过滤威士忌，泥煤指数提高到了和艾雷海峡另一边的酿酒厂一致的水平。除了泥煤风味的产品，吉拉的核心产品还包括 10 年和 16 年。

品鉴笔记

吉拉 10 年"起源"

单一麦芽威士忌，40% ABV。香气：酒液散发着树脂、油和松木的精致香气。口感：酒体轻盈，带有麦芽和咸味。口感偏干，余味带有麦芽和坚果味，以及浓厚的盐分和一丝丝的烟味。

吉拉 16 年

单一麦芽威士忌，40% ABV。香气：闻起来有麦芽、肉桂、雪松和柑橘类水果的味道。口感：圆润甜美，带有杏仁、蜂蜜、黄油烤饼和温和的香料味。余味带有杏仁糖、浓郁的香料和橡木味。

吉拉"预言"

单一麦芽威士忌，46% ABV，非冷凝过滤。香气：熏鱼、盐水和黄油的香气。口感：质地丰盈，口感醇厚，带有水果、泥煤、香料和甘草棒的味道。辛辣的余味中带着泥煤味，口感逐渐变干并带有烟灰的味道。

作家静修坊

乔治·奥威尔（George Orwell）在1946-1948年期间创作出了他的未来主义小说《1984》时，当时就居住在吉拉酿酒厂北边巴恩希尔的小木屋里。虽然他最喜欢的酒是黑朗姆，但吉拉酿酒厂的"作家静修坊计划"让奥威尔有机会在岛上的吉拉小屋里生活一个月并进行写作。文学作品和吉拉单一麦芽威士忌的深厚渊源也让酿酒厂推出了一款限量版雪莉桶熟成的"吉拉1984"19年单一麦芽威士忌。

吉拉 16 年

乐加维林

所有权： 英国帝亚吉欧公司

创始年份： 1816 年　**产量：** 225 万升

前往艾雷岛的过程中最令人难忘的是，乘坐渡轮前往南部渡轮总站埃伦港。沿途会路过 3 座雪白建筑，分别是位于齐道敦的雅柏、乐加维林（Lagavulin）酿酒厂和拉弗格酿酒厂——这也是岛上最热门的 3 个必经之站。乐加维林酿酒厂享有横跨乐加维林湾和邓韦格城堡（Dunyvaig Castle）遗址的美景。乐加维林和它的 2 个邻居的成立时间相近，酿酒厂于 1816 年以租赁形式由约翰·钱斯顿（John Johnston）经营，当时酿酒厂所在地区是非法私酿的聚集地。一年后，另一家酿酒厂在附近建成，取名为阿德莫尔，由艾奇博·坎贝尔（Archibald Campbell）运营。阿德莫尔在经营 4 年后暂停生产，并在约翰·钱斯顿收购后与乐加维林一起运营到了 1835 年。

乐加维林在 1867 年被詹姆斯·洛根·麦奇公司收购后，与苏格兰调配威士忌白马（White Horse）开始了长期的合作。公司掌舵者麦奇（Mackie）的侄子彼得（Peter）于 1878 年加入公司，并于 1889 年在叔叔去世后正式继承了酿酒厂。

激进的彼得

新掌门人彼得·麦奇（Peter Mackie）一直被称为"三分之一的天才、三分之一的狂人、三分之一的怪人"，并因其持续创新和追求卓越的激情在公司里获得了"激进的彼得"的绰号。在他接管酿酒厂一年后，他将"白马"威士忌推向了海外市场。这个不寻常的策略让"白马"在英国本土直到 1901 年才正式上市。乐加维林是这款调配威士忌的核心基酒，而直到今天"白马"跟其他竞品比起来有着更加明显的艾雷岛风格。这个调配威士忌的名字以苏格兰女王玛丽骑着"白马"车往返荷里路德宫而得名。

彼得·麦奇于 1924 年去世，因他对威士忌行业的贡献被封为爵士。为了纪念其最知名的产品，同年公司正式更名为白马蒸馏公司。1927 年，它成为 DCL 的一部分。

1988 年，一款 16 年的乐加维林单一麦芽威士忌正式被作为艾雷岛风格威士忌的代表选入旗下的经典麦芽产品系列。帝亚吉欧公司的乔治·克劳

乐加维林 12 年

乐加维林"酿酒厂限定版"

乐加维林所在的位置紧靠着一个与酿酒厂同名的美丽海湾。

麦芽酿酒厂的故事

虽然从现在的酿酒厂外观看不出来，但这里曾经还有另一个规模较小，名为麦芽（Malt Mill）的酿酒厂，于1908-1960年间运营，也是艾雷岛上已经不复存在的酿酒厂之一。这家酿酒厂由彼得·麦奇所创立，目的是还原当年私酿酒厂一种特殊的风味。为了达到这个目的，这家酿酒厂在生产时使用了大量的泥煤而不是煤炭。酿酒厂也将原来阿德莫尔酿酒厂的建筑利用了起来（阿德莫尔于1835年关闭）。

1962年，这对来自麦芽厂的蒸馏器被正式转移到了乐加维林。现在的麦芽厂被改造成了乐加维林的游客接待中心，在这里，游客在即将结束参观时可以有机会品尝酿酒厂的威士忌。

福德（Georgie Crawford）说："乐加维林的销售一直在增长，需求量仍然很大，因此有时库存会很紧张。酒液的质量、品牌知名度和稀缺性使得乐加维林在市场上有着更高的溢价空间。我们看到欧洲市场以外的需求和销量一直不断在增长，包括亚洲市场。"

乐加维林的生产

自1974年DCL的艾伦港麦芽制造厂（Port Ellen Maltings）开业以来，乐加维林一直从该设施中获取泥煤味的麦芽原料，再通过55-75小时的缓慢发酵来完整地释放出酒液中的泥煤风味。

乐加维林一共有4台蒸馏器，其中2台为20世纪60年代初期和其他的酿酒厂一样的梨形蒸馏器。在蒸馏的环节上乐加维林也采取了缓慢蒸馏的方式，初次蒸馏时间大约要持续5个小时，第二次蒸馏时间则需要将近2倍的时间。比较特别的是，二次蒸馏器每次会将酒液添加到快满为止，以减少蒸汽和铜之间的接触，从而使威士忌具有独特的强劲口感。

在蒸馏完毕后，乐加维林的酒液会被运往苏格兰本岛进行熟成，但也有将近1.6万个木桶会分别在艾雷岛上的乐加维林、卡尔里拉和波特艾伦的酿酒厂仓库里进行熟成。波特艾伦的石头仓库的历史可追溯到酿酒厂1825年成立之初，仓库和窑炉是这家已关闭的酿酒厂唯一还保留的设施。

在乐加维林16年被选入经典麦芽产品系列10年后，酿酒厂又推出了"酿酒厂限定版"。2002年，产品线又多了原桶强度的12年单一麦芽威士忌，后来发布的其他年份的威士忌都被收录在帝亚吉欧的"特别精选系列"里。直到1987年，乐加维林的核心产品一直都是12年的单一麦芽威士忌。

品鉴笔记

乐加维林12年（特别精选版2011）
单一麦芽威士忌，57.5% ABV，原桶强度，美国橡木桶熟成。香气：典型的艾雷岛风味，盐、海藻和碘的味道。口感：浓郁的果味，带有烟味、香料、混合草药、篝火余烬和石炭皂的味道。余味带有柑橘类水果、泥炭、胡椒和药的味道。

乐加维林16年
单一麦芽威士忌，43% ABV。香气：泥煤、碘、雪莉酒和香草融合在一起的香气。口感：泥煤、碘的饱满口感，加上雪莉酒、盐水和葡萄干的味道。余味悠长、饱满、辛辣。

乐加维林"酿酒厂限定版"（1994）
单一麦芽威士忌，43% ABV，经过主要成熟期后在雪莉酒桶中收尾烟熏和轻微的鱼腥味，带有雪莉酒、炖水果和葡萄干的味道。酒体饱满圆润，带有泥炭烟和雪莉酒的味道。余味悠长，带有淡淡的烟熏味及香料味。

乐加维林16年

拉弗格

所有权：金宾全球酒业集团
创始年份：1815 年　**产量**：290 万升

如同英国马麦酱，拉弗格（Laphroaig）酿酒厂威士忌的口味应该算是威士忌界里的暗黑风格，消费者对它独特强劲的泥煤和药水味有着两极化的评价。该品牌的市场团队在几年前选择酿酒厂的这个特点，发起了"拉弗格——非爱即恨"的品牌活动。其中的宣传标语"这是第一次也可能会是最后一次"十分标新立异。酿酒厂的独特风格却吸引了一批铁杆的爱好者，其中就包括英国的查尔斯国王（当时还是王子）。查尔斯国王对这家酿酒厂非常喜爱，让拉弗格在1994年被授予了皇室认证。

约翰·坎贝尔于2006年接替传奇大师伊恩·亨德森（Iain Henderson）的职位，正式担任拉弗格的酿酒厂经理。同时，他也是艾雷岛最年轻的酿酒厂经理，也是第一位在人们记忆中担任该职位的艾雷岛本地人。对于坎贝尔，酿酒厂保留的发麦工艺赋予了拉弗格独特的风味。目前酿酒厂将近15%的麦芽原料都是在酿酒厂里的4个发麦车间里进行加工，拉弗格会将麦芽烘烤到大约60 ppm的泥煤量。

根据坎贝尔的说法，"拉弗格那种独特的咸味和药水味来自地板发麦的处理。一方面，我们在烘烤麦芽之前会先用泥煤来进行处理，而其他酿酒厂基本上都是烘烤和泥炭加工的环节同时进行，这种方式会减少泥煤丰富的风味。我们会在低温下对麦芽进行泥炭加工，之后再烘烤大麦，这样能释放出更多不同的酚类风味物质。"

拉弗格从原来的2台蒸馏器在1923年增加到了4台，然后在1968-1969年又增加了2台蒸馏器，然后在1974年又增添了1台新的蒸馏器，大幅增加了酿酒厂的产能。蒸馏的过程里，拉弗格会花较长的时间来取"酒头"，这个操作是为了把甜口的酯类物质从蒸馏出的酒液里分离出来，避免影响口感。

拉弗格的主人

拉弗格是世界上最畅销的艾雷岛单一麦芽威士忌，酿酒厂于1815年首次以租赁的方式授权给亚历山大和唐纳德·约翰斯顿兄弟来经营，尽管人们认为这两兄弟应该在谈妥租赁合作前，就已经在拉弗格作业好几年了。

酿酒厂一直由约翰斯顿家族经营，直到1954年最后一位参与管理的家族成员伊恩·亨特（Ian Hunter）去世。亨特去世后，闻名于威士忌行业的伊丽莎白·贝西·威廉姆森（Elizabeth Bessie Williamson）正式继任成为拉弗格的掌门人。她曾

作为少数仍坚持自己发麦的酿酒厂，拉弗格的酿酒厂里总是充满了浓厚的泥煤味。

拉弗格 10 年

优质威士忌之友

1994年，拉弗格以"拉弗格之友"（Friends of Laphroaig）的概念启动了一项营销项目，这个组织在全球现在拥有大约50万名会员。每位拉弗格之友都会获得酿酒厂"授予"的一小块终身产权的酿酒厂土地，每年的"土地租金"将会以拉弗格威士忌的形式支付。这个项目是为了纪念约翰斯顿兄弟在19世纪初建立酿酒厂时为了确保酿酒厂水源的努力付出。兄弟二人最终将这块含着水源的土地购买了下来。此外，酿酒厂还提供多种不同的游客体验，包括猎人远足。体验过程中，参与者可以在酿酒厂水源旁品尝一杯威士忌，自己动手切泥煤，然后拿回酿酒厂完成发麦。

经担任伊恩·亨特的私人助理，而且是当时为数不多的在酿酒厂担任正职的女性之一。

贝西·威廉姆森一直经营拉弗格直至她于1972年退休，尽管在过去10年中，酿酒厂的所有权已归到西格·埃文斯公司。之后著名的酒商惠特布莱德有限公司于1975年收购了西格·埃文斯酒业有限公司。在1989年，联合蒸馏酒业公司接管了惠特布莱德的烈性酒业务。2005年，当联合蒸馏酒业有限公司解散时，拉弗格、阿伯丁郡的阿德莫尔酿酒厂和醒池苏格兰的调配威士忌一并被富俊集团收购。现在，这些苏格兰威士忌的业务都归宾全球烈酒与葡萄酒集团经营。

拉弗格的产品发布

和艾雷岛的雅柏和布赫拉迪相比，拉弗格在新品发布上一直比较克制。之前联合蒸馏酒业有限公司还在管理拉弗格时，酿酒厂在2005年发布了拉弗格"四分之一桶"。"四分之一桶"的灵感来自19世纪时在马背上运输威士忌使用的小木桶，小桶的使用让橡木与酒液接触的面积增加了将近30%，也因此加强了熟成的效果。

拉弗格之后在它的核心产品系列中于2007年推出一款25年的威士忌，于2009年推出了18年的威士忌及在2011年推出了"三桶"（Triple Wood）。

品鉴笔记

拉弗格10年
单一麦芽威士忌，40% ABV。香气：膏药、泥煤及浓厚的海藻味，之后呈现出甜美的果味。口感：口感浓郁，带有鱼油、盐和海藻生物的味道。余味令人惊喜的浓郁且口感逐渐转干。

拉弗格25年"原桶强度版"
单一麦芽威士忌，50.9% ABV，波本桶和欧罗索雪莉桶熟成，非冷凝过滤。香气：雪莉酒、泥炭和香料的甜美气味，另外带有消毒药膏、烟熏和全新皮革的味道。口感：酒体饱满，带有一点雪莉酒的味道，之后呈现更多的泥煤、香料和苹果的味道。余味悠长，带有柔和的烟熏和持久的水果、甘草和碘味。

拉弗格"四分之一桶"
单一麦芽威士忌，48% ABV，先在波本桶完成首次熟成，再转至容量为125升的四分之一桶熟成，非冷凝过滤。香气：甜美的大麦和浓郁的烟熏、药水、煤炭和香料味。口感：太妃糖、榛子、浓郁的泥煤和烟灰味。余味悠长并带有消化饼干和烟熏的味道。

拉弗格"四分之一桶"

拉弗格25年"原桶强度"

泰斯卡

所有权：英国帝亚吉欧公司

创始年份：1830 年　产量：260 万升

泰斯卡（Talisker）酿酒厂由休和肯尼斯·麦卡斯基尔兄弟于 1830 年创立。他们在酿酒厂创立前从家乡艾格岛来到斯凯岛，并在当地购买了农田和泰斯卡的豪宅（鼎鼎大名的作家约翰逊（Johnson）博士和詹姆斯·博斯韦尔（James Boswell）在 1773 年著名的赫布里底群岛之旅期间曾下榻过这里）。

泰斯卡之后易主至安德森公司，但其负责人约翰·安德森（John Anderson）于 1880 年因向客户出售不存在的威士忌而被判刑入狱。同年，公司所有权转到了亚历山大·格里格·艾伦（Alexander Grigor Allan）和罗德里克·坎普（Roderick Kemp）手上，但坎普最终出售了他手里的公司股份，转而去投资了一家名叫麦卡伦的斯佩塞酿酒厂。

"威士忌之王"

在单一麦芽威士忌在苏格兰高地区以外尚未兴起时，泰斯卡就已经名声在外。小说家罗伯特·路易斯·史蒂文森（Robert Louis Stevenson）在安德森被判刑的同一年写道："威士忌之王，在我看来，只能是泰斯卡，艾雷岛或是格兰威特！"

1894 年，泰斯卡正式成立，4 年后，泰斯卡与戴维恩-格兰威特酿酒厂和帝国酿酒厂合并，创建了戴维恩-泰斯卡蒸馏有限公司。随后泰斯卡酿酒厂于 1925 年正式成为 DCL 的资产。

3 年后，即便酿酒厂的 2 台初次蒸馏器和 3 台二次蒸馏器的配置都是原来三次蒸馏工艺的标配，泰斯卡决定放弃三重蒸馏的工艺。

泰斯卡的"祝融之灾"

5 个蒸馏器见证了泰斯卡酿酒厂历史上最大规模的意外事件。1960 年 11 月 22 日，烧煤的 1 号蒸馏器阀门在蒸馏过程中不小心被打开。酒液从蒸馏器洒了出来并迅速引起了大火，蒸馏车间在这次意外事故中被全部烧毁。

酿酒厂在之后启动了重建计划，新的蒸馏车间按原来的 5 个蒸馏器的配置进行了复原。有人说这场火灾在某种程度上拯救了这家酿酒厂，在

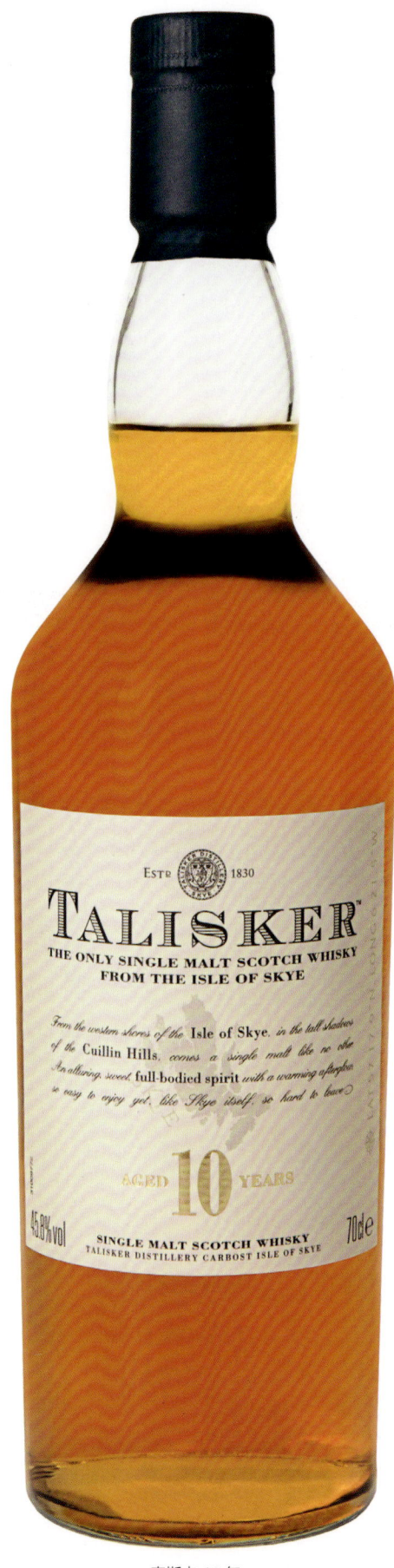

泰斯卡 10 年 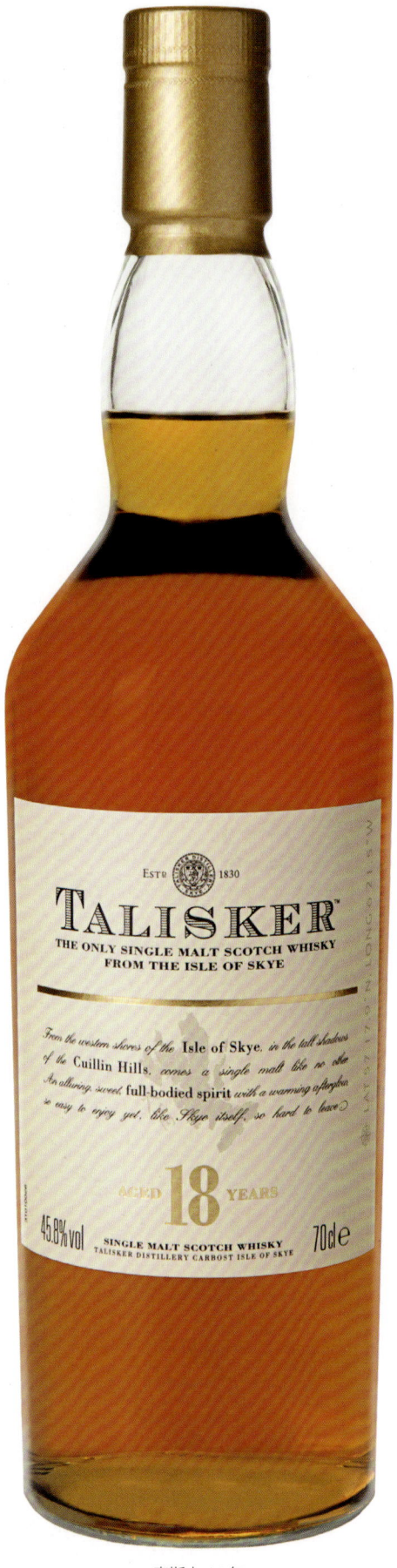　　泰斯卡 18 年

斯凯岛的山丘是由火山熔岩形成的，这也造就了泰斯卡的辛辣和烟熏风味。

库林熔岩

许多苏格兰酿酒厂都拥有优美的环境，但很难找到能与泰斯卡位于斯凯岛西北部的壮丽环境相媲美的例子。酿酒厂位于哈波特湖岸边，笼罩在库林山的阴影下。大约在7000万年前由火山喷发的熔岩形成了这里的独特的锯齿状山丘地貌，泰斯卡也因此有时被称为"库林山的熔岩"，而这个特殊的地理环境也足以说明威士忌里的烟熏味从何而来。这个斯凯岛上的唯一的酿酒厂（英国税务海关总署记录在档），设计非常现代，并具有工业感，与其环境呈现出来的宏伟大自然的背景形成了鲜明对比。

1980年代时，酿酒厂的主人DCL因为泰斯卡的地理位置过于偏远曾经过考虑将它关停。但也有人争论说，公司在酿酒厂前20年进行了那么多的投资，就说明了这家酿酒厂的特殊性和重要性。

1972年，酿酒厂的蒸馏器统一升级使用蒸汽加热，同时酿酒厂不再自己进行地面发麦工艺，而是转而从因弗内斯郡将烘烤好的麦芽运输过来。泰斯卡的泥煤指数为18-20 ppm。

1988年，公司的经典麦芽产品系列里加入了泰斯卡的10年单一麦芽威士忌，酿酒厂的游客接待中心也正式完工。尽管地理位置偏远，泰斯卡是帝亚吉欧公司旗下参观人数最多的酿酒厂，每年接待将近5万人。

今天的泰斯卡

人们对酿酒厂的喜爱反映出消费者对泰斯卡独特风味和个性的追捧，并且在过去几年泰斯卡的销量急速上升。现在酿酒厂的核心产品包括10年和18年的单一麦芽威士忌，以及"酿酒厂限定版"（Distillers Edition）和"泰斯卡北纬57°"（无年份，原桶强度）。而25年和30年的限量版威士忌则是多次被帝亚吉欧选入每年的特别精选系列里。此外，还有一款特供酿酒厂线下售卖的泰斯卡12年原桶强度。

帝亚吉欧公司的马克·洛克希德（Mark Lochhead）介绍了泰斯卡的独特魅力，并指出"泰斯卡的2台初次蒸馏器是独一无二的。连接到颈部的管子是'U'形，这是为了更好地让第一次蒸馏时的蒸汽在还没抵达冷凝管之前就将其分离出来，而另一个小的铜管会将这些蒸汽再传回初次蒸馏器里进行第2次蒸馏。酿酒厂遵循传统的工艺手法，这种独特的双重蒸馏确保了泰斯卡丰富、醇厚的口感。"

品鉴笔记

泰斯卡10年
单一麦芽威士忌，45.8% ABV。香气：辛辣的泥煤、红糖和大量的香料味。口感：泥煤和香料的味道充斥着口腔，同时带有麦芽和胡椒的味道。余味悠长，带有泥煤和辣椒的味道。

泰斯卡18年
单一麦芽威士忌，45.8% ABV。香气：强劲而醇厚的香气，甜美的烟熏味。口感：甜美的果香，之后呈现出焖烤的泥煤味。余味浓郁，带有泰斯卡经典的胡椒味。

泰斯卡"酿酒厂限定版"
单一麦芽威士忌，45.8% ABV，阿莫罗索雪莉桶熟成。香气：的皮革、烟草、黑胡椒、太妃糖和李子的香气。口感：口齿留香、甜美，带有糖浆、雪莉酒、麦芽和肉豆蔻的味道。逐渐余味呈现出果味、黄油味并带有一丝胡椒味。

泰斯卡"酿酒厂限定版"

托本莫瑞

所有权：伯恩·斯图尔特蒸馏有限公司
创始年份：1798年　产量：100万升

托本莫瑞（Tobermory）酿酒厂位于和它同名的渔港和旅游集散地旁边，这里也是内赫布里底群岛的首府。该小镇颇有特色，房屋的颜色缤纷鲜艳，也因是儿童电视节目的取景地而闻名世界。

托本莫瑞是苏格兰现存最古老的威士忌酿酒厂之一，其历史可以追溯到1798年，由本地的商人约翰·辛克莱尔（John Sinclair）所创立。他将这家新成立的公司命名为利德哥，在盖尔语中为"避风港"。然而在接下来的2个世纪里，利德哥并没有成为威士忌生产的避风港，酿酒厂实际上一半时间都处在停止运作的状态。它先是在1837-1878年关闭，在1916年被DCL收购后又在1930-1972年关闭。直到恢复正常运作前，酿酒厂曾被征用作为水手食堂，还曾经短暂地被改造成发电站！

托本莫瑞在1972年再次开始生产，这次是在利德哥酿酒厂有限公司的资助下成立的，这家公司背后由利物浦海运运营商和西班牙雪莉酒企业在提供资金。然而该公司在3年后申请破产。于是，位于约克郡的一家公司于1979年收购了托本莫瑞，但他们也发现了想要维持酿酒厂的利润非常困难，于是他们做了一个很不妥当的决定，把酿酒厂的仓库卖了并改建成了公寓楼，于1989年关闭了酿酒厂。

但托本莫瑞非常幸运，伯恩·斯图尔特蒸馏有限公司看到了这个马尔岛上唯一一家获得经营许可的酿酒厂潜力，并于1993年斥巨资将它买了下来，又投入了大量资金用于威士忌熟成和仓储的建设。

熟成的复杂口感

伯恩·斯图尔特蒸馏有限公司旗下的苏格里德和黑瓶调配威士忌都使用了托本莫瑞和利德哥的原酒，并耗费心思提高托本莫瑞单一麦芽威士忌的形象和质量。他们也借此在2007年将原来的酒窖改造成了一个小仓库，让一部分蒸馏完的威士忌可以在其原产地进行熟成。

该计划的灵感源自威士忌在不同气候下熟成结果会有微妙的差异。而伯恩·斯图尔特蒸馏有限公司的经理和首席调酒师伊恩·麦克米伦坚信于这个原理。"5年前，我将利德哥的酒运到了我们位于珀斯郡的汀思图酿酒厂。在那里完成装桶后，把三分之一桶的酒留在汀思图熟成，另外的三分之一带回马尔岛，然后剩余的三分之一运到了艾雷岛的布纳哈本。这个实验已经进行了5年，为的就是了解进行3批次熟成的酒和普通酒到底有什么不同。我认为很快就可以对这3个批次的酒进行采样和分

在托本莫瑞如画如诗的风景中，最引人瞩目的就是一排排色彩缤纷的房屋。

利德哥10年

析了。也许等威士忌陈放 10 年了，我们会推出 3 瓶装威士忌，让消费者自己判断其中的差异。"

非冷凝过滤处理

和布纳哈本及汀思图一样，自 2010 年以来，托本莫瑞和利德哥的核心单一麦芽威士忌产品的酒精浓度为 46.3%，并不再使用冷凝过滤（冷凝过滤的目的是确保酒精度低的威士忌在低温下酒体不会变混浊）。

"作为一名调酒师，我们经常会接触到未经过冷凝过滤的酒液，所以我知道那些酒和我们见到的经过冷凝过滤后装瓶的威士忌根本是完全不同的东西，"麦克米伦说，"托本莫瑞和利德哥都是非冷凝过滤的威士忌，所以酒液多了风味的深度、厚重感和复杂性。酒体更有结构和层次感。过滤前和过滤后根本就是两种不同的酒液。"

麦克米伦指出："当酒液完成冷凝过滤后，取下过滤板时，我们会发现滤板上的酒液非常有质感，而且能感受到浓郁的香气和层次感。这也是我推出的单一麦芽威士忌里的灵魂。通过冷凝过滤会使威士忌的酒体变得"好看"，但代价是牺牲掉了香气和风味。实际上，威士忌的一部分风味就这样不见了。曾经被市场营销人员视为缺陷的东西，现在反而是一种良心和质量的保证。所有的酿酒厂中，我们是第一家在生产过中不使用冷凝过滤的公司，市场也证明了我们的做法大受欢迎。"

目前，酿酒厂的核心产品包括 10 年和 15 年的托本莫瑞单一麦芽威士忌和 10 年的利德哥。

品鉴笔记

托本莫瑞 10 年
单一麦芽威士忌，46.3% ABV，非冷凝过滤。香气：新鲜坚果的香气，接着呈现出柑橘类水果和脆太妃糖的香味。口感：酒体中等，质地细腻，口感非常干，带有麦芽和坚果味。余味带有一丝薄荷和淡淡的柠檬酸味。

利德哥 10 年
单一麦芽威士忌，46.3% ABV，非冷凝过滤。香气：甜美而饱满的泥煤味，并带有黄油和熏鱼的味道。口感：口感强劲，带有碘、软泥煤和石楠花的味道，并逐渐散发出香料味。余味带有胡椒、生姜、甘草和泥炭的味道。

托本莫瑞 32 年
单一麦芽威士忌，49.7% ABV，欧罗索雪莉桶熟成，共 902 瓶，非冷凝过滤。香气：浓郁而芬芳，带有干雪莉酒、葡萄干和泥炭烟味。口感：口感圆润呈现强劲的雪莉酒、烟熏、巧克力、炖水果和一些单宁的味道。余味中等、干燥，带有咖啡的味道。

泥煤风格

虽然一些生产无泥煤或轻度泥煤风格的酿酒厂偶尔也会生产一些重泥煤口味的威士忌，但托本莫瑞将近 50% 的年产量均为重泥煤威士忌，并以利德哥的品牌进行宣传和销售。利德哥于 1996 年首次亮相，生产的威士忌泥煤指数在 35–40 ppm。"由于托本莫瑞拥有独特的蒸馏器，你会得到一款独特风格的泥煤威士忌。"伯恩·斯图尔特蒸馏有限公司的伊恩·麦克米伦说，"这些蒸馏器都安装了'S'形的林恩臂，这会让酒液产生大量的回流，同时还会赋予酒液烟熏和甜美的口感。"

托本莫瑞 10 年

红河

所有权： 马克·泰伯恩
创始年份： 2008 年　**产量：** 2.5 万升

红河（Abhainn Dearg）酿酒厂是苏格兰最西边的酿酒厂，也是外赫布里底群岛唯一拥有经营许可的酿酒厂，位于刘易斯岛崎岖美丽的大西洋海岸。这里曾经是盖尔文化最为繁盛的中心地带，酿酒厂的名字在盖尔语中意为"红色的河流"。

该酿酒厂于 2008 年 9 月启动生产，在 2011 年推出了限量 2011 瓶的 3 年红河单一麦芽特别版（Single Malt Special Edition）。之后，酿酒厂会在原酒陈年时间达 5 年时再推出新的产品。

别具一格的酿酒厂

红河的创始人马克·泰伯恩（Mark Tayburn）原来是个建筑工人，后来又转去做回收物品的买卖。他在一个鲑鱼孵化场的原址上建造了自己的酿酒厂。酿酒厂蒸馏器的造型十分特别，外观长得很像老式的热水器，蒸馏器的颈部像是一个拉长了的女巫帽尖。酒液最后会通过扭曲的林恩臂，进入木制的虫管冷凝器池里。酿酒厂另外还有一台非法私酿时期的蒸馏器，蒸馏器容量在 80 升，酒液通过这个蒸馏器蒸馏后，会被装进欧罗索雪莉桶进行熟成。

此外，每年酿酒厂会生产约 5 吨泥煤指数为 35–40 ppm 的原酒。"虽然我们 90% 的威士忌都会使用波本桶熟成，但我们也会尝试使用雪莉桶、红葡萄酒桶、白葡萄酒桶、马德拉酒桶和原始橡木桶，"泰伯恩说，"我们的仓库里有一些特殊风味的产品正在进行熟成！我们的 3 年单一麦芽威士忌在市场上反响很好，我希望我们能够推出一款 7–10 年的'标准'产品，同时再推出一些限量版商品。"

品鉴笔记

红河"单一麦芽特别版"
单一麦芽威士忌，46% ABV。香气：姜、蜜饯和杏子的气味。口感：嘴里散发出香料、香草、蜂蜜和太妃糖的味道。余味较短并带有坚果味。

红河"刘易斯岛之魂"
烈性酒，40% ABV，雪莉桶熟成 3 个月。香气：草和梨罐头的香气，另外带有甜麦片和温和的草本气息。口感：愉悦的口感，带有浓厚的大麦味。余味略辛辣，最后带有水果和坚果巧克力的味道。

红河单一麦芽

齐侯门"新酒"

齐侯门

所有权： 齐侯门蒸馏有限公司
创始年份： 2005 年　**产量：** 11.5 万升

齐侯门（Kichoman）在艾雷岛酿酒厂中拥有高知名度和好口碑，让人很容易忘记这家酿酒厂其实是在 2005 年才创立的。齐侯门酿酒厂从建立初期就开放并欢迎游客参观。但更重要的是，齐侯门是少数推出了小瓶装"新酒"威士忌的酿酒厂之一，这也让艾雷岛威士忌的爱好者对齐侯门这家酿酒厂产生了更多的兴趣。自从齐侯门推出了第一款 3 年单一麦芽威士忌，酿酒厂之后持续发布了不同的限量版产品，让这个年头较短的威士忌一下子多了很多的衍生版本。

拥有艾雷岛风格的齐侯门由安东尼·威尔斯（Anthony Wills）在距离布赫拉迪 6.5 千米的洛克塞得农场建立。这也是自乐加维林旗下的麦芽厂酿酒厂在 1908 年成立了将近 100 年后，艾雷岛上的第一家新酿酒厂。酿酒厂会自己生产一定比例的麦芽（通常泥煤指数为 20–25 ppm），其中一部分大麦是在洛克塞得农场种的，其余则是来自波特艾伦的麦芽厂，泥煤指数大约在 50 ppm。在酿酒厂安装了装瓶线后，威尔斯的"所有的生产 100% 在原产地完成"的梦想终于得以实现，因此在 2011 年，齐侯门推出了一款名为"100% 艾雷岛"（100% Islay）的产品。

品鉴笔记

齐侯门 5 年"2006"
单一麦芽威士忌，46% ABV，80% 初次波本桶熟成，20% 二次波本桶熟成，非冷凝过滤。香气：谷物、泥煤、柑橘类水果和香草的香气。口感：泥煤并带有燕麦片和少许黑胡椒的味道。余味适中，带有辛辣和泥煤灰的味道。

齐侯门"100% 艾雷岛"
单一麦芽威士忌，50% ABV，泥炭指数为 10–20 ppm，初次波本桶熟成，非冷凝过滤。香气：大量的盐水、泥煤烟和明显的柑橘味。口感：柠檬与香甜的水果味，之后呈现出药味和泥煤灰味。余味悠长，带有更多的泥煤味。

齐侯门 2 年"新酒"
新酒，63.5% ABV。香气：香气清新，带有谷物味及一丝消炎药水味。整体味道香甜，并含有泥煤和水果味。口感：口感厚重，带有烟熏、梨子、杧果和橙子的味。余味悠长且带有微妙的烟熏味。

斯卡帕

所有权：芝华士兄弟公司

创始年份：1885 年　产量：150 万升

斯卡帕（Scapa）是一款非常优质的单一麦芽威士忌，但因为岛上的另一家酿酒厂高原骑士过于出名，导致斯卡帕酿酒厂一直都不被人知晓。但在 2004 年，该酿酒厂投资了大量资金进行升级并推出了优质的 16 年单一麦芽威士忌之后，斯卡帕快速地打开了知名度。

酿酒厂的传承

斯卡帕的威士忌以极长的发酵时间（长达 160 小时）而著称，这个操作会在蒸馏时为酒液带来明显的果味。酿酒厂的初次蒸馏器是一款罗门蒸馏器，这款蒸馏器于 1959 年安装，目的是为其母公司海勒姆·沃克酿酒厂生产一种口感更厚重的原酒用于调配威士忌。为了更符合现代化的生产标准，酿酒厂移除了蒸馏器里的蒸馏板，这种特殊的蒸馏器配置在如今的苏格兰依旧很先进。

斯卡帕的历史可追溯到 1885 年，当时它由总部位于格拉斯哥著名的斯卡帕锚地岸边建立。之后，斯卡帕有很长一段时间归海勒姆·沃克酿酒厂经营。海勒姆·沃克酿酒厂在 1954 年收购了斯卡帕，并在 1959 年启动了大规模的重建。

1978 年，酿酒厂再次启动了现代化设备的升级，10 年后海勒姆·沃克酿酒厂与其他公司合并成为联合蒸馏酒业有限公司。在 1994 年，斯卡帕酿酒厂被暂停运营，于 3 年后恢复小规模生产。因此，当联合蒸馏酒业有限公司决定在斯卡帕酿酒厂上继续投资时，大家都十分惊讶。现在的酿酒厂主人芝华士兄弟公司依旧将这个奥克尼岛上第二家酿酒厂视为他们的核心资产并继续进行投资和运营。

品鉴笔记

斯卡帕 16 年

单一麦芽威士忌，40% ABV，波本桶过桶。香气：杏子、桃子、牛轧糖和混合香料的味道。口感：酒体中等，带有焦糖和香料味。余味适中，带有姜味，最后出现油脂和黄油的混合味道。

斯卡帕 25 年（1980）

单一麦芽威士忌，54% ABV，原桶强度。香气：肉桂、蜂蜜和谷物的香气，并带有少量海水的气味。口感：酒体饱满，口感丰富，带有蜂蜜、橙子和橡木的甜味。余味悠长而辛辣。

斯卡帕 16 年

斯卡帕 25 年

坎贝尔镇与低地

坎贝尔镇位于阿盖尔郡金泰尔半岛的一个港口，这里也是曾经的皇家城镇，同时也是苏格兰威士忌的历史重镇。19世纪时，苏格兰的威士忌行业在这里蓬勃发展，也从那个时候开始坎贝尔镇成了众多单一麦芽威士忌产区之一，尽管许多酿酒厂如今已经不复存在。低地按地理位置涵盖了"高地线"南边的苏格兰土地，人口数量最高的几个苏格兰城市也都聚集在这里。低地的酿酒厂大多都建在自然环境未受破坏的乡村地区，景色之优美可与高地区和岛屿区相媲美。

产区特点
坎贝尔镇的威士忌口感饱满，带有泥煤味，酒体有油质感并带有一些海洋的风味，这就是当地出品的威士忌的一贯风格。低地的威士忌则相对精致优雅，带有花香并且低调不张扬。

作者推荐
云顶
非常有特色的酿酒厂。从发麦到成品灌装，威士忌的全部生产工艺在这家酿酒厂都能见到。酿酒厂历史悠久，而且生产的威士忌品质非常好。

欧肯特轩
唯一一个处于低地却仍采用三次蒸馏工艺的酿酒厂。欧肯特轩离格拉斯哥较近，也是游客经常会参观的酿酒厂，以丰富的系列产品闻名。

地区盛事
爱丁堡的顶级酒商皇家英里威士忌公司会在每年8月举办威士忌艺术节。爱丁堡同时也是苏格兰威士忌体验中心（The Scotch Whisky Experience）的发源地，参观项目的线下报名地点在一座城堡旁边。这是一个对威士忌新手非常友好的参观项目，同时对级别较高的鉴赏人士来说也是一次很好的科普体验。

在19世纪后期，坎贝尔镇一共有将近20多家酿酒厂，但今天这个数字已减少到3家。斯佩塞地区已取代坎贝尔镇成为苏格兰威士忌的主要中心。目前仍在运作的坎贝尔镇酿酒厂仍然由那些经验老到的掌门人管理，这个老港口的威士忌文化依旧在传承。

从产能上，低地的威士忌曾经一度远远超过高地。大型的低地蒸馏产业早在18世纪70年代就已经颇有规模，地区内有超过23家酿酒厂。

当时的低地有着优质的大麦，用于生产的煤炭供应也十分充足，同时交通基础设施相对发达，让这边的威士忌行业快速地发展了起来。然而和坎贝尔镇一样，低地经过历史的洗礼后，目前只存5家仍在运营的酿酒厂，其中只有3家酿酒厂还在提供单一麦芽威士忌产品。

但由于低地发达的交通和高密度的人口，这里依旧是苏格兰威士忌行业的核心地区。苏格兰6家谷物威士忌酿酒厂中的4家及大多数的调配中心、装瓶厂和酿酒厂业务的行政部门都坐落于此。

达夫米尔在2005年开始全部使用自己耕种的大麦来生产威士忌。

the shetland connection
THE EDINBURGH TOUR
EVERY 15 MINS. EVERY DAY WITH YOUR OWN GUIDE
TO AND FROM: PRINCES ST. CASTLE. ROYAL MILE. HOLYROOD PALACE. GEORGIAN TOWN & RAILWAY STATION.
Other DAILY TOURS to
FORTH BRIDGES &
CANAL CRUISE
STIRLING & TROSSACHS
LOCH LOMOND
ST. ANDREWS
NO NEED TO BOOK...JUST JUMP ON!
GUIDE FRIDAY LTD
TOURISM CENTRE
WAVERLEY STATION
TEL. (031) 556-2244

欧肯特轩

所有权：莫里森·波摩蒸馏有限公司
创始年份：1823年　产量：175万升

每一款单一麦芽威士忌都需要有差异化的风格，一个记忆点，能够让它从众多竞品中脱颖而出。欧肯特轩（Auchentoshan）酿酒厂的母公司莫里森·波摩蒸馏有限公司的市场团队手里就有一张关键的王牌，即欧肯特轩威士忌是苏格兰唯一仍使用三次蒸馏工艺的威士忌。

三次蒸馏的工艺源自爱尔兰，但也是低地威士忌的传统风格。那这种工艺在生产过程是如何实现的，同时这种工艺对酒的风味又带来了什么样的影响呢？

三度蒸馏

莫里森·波摩蒸馏有限公司的品牌营销主管柯尔丝汀·比斯顿（Kirsteen Beeston）表示："欧肯特轩使用3种不同的蒸馏器：初次蒸馏器、二次蒸馏器和烈性酒蒸馏器。三次蒸馏后的酒液酒精度数为81.5%，而大多数酿酒厂二次蒸馏出来的酒大约在70%。三次蒸馏能生产出口感更轻盈、更纯净、更细腻的新酒，之后再装至优质的橡木桶来进行熟成。最终得到口感最顺滑、最细腻的威士忌。"

酿酒厂起初

欧肯特轩于1823年正式启动威士忌的生产，或者更准确地说，应该是酿酒厂的第一个主人索恩（Thorne）于1823年正式取得经营许可，虽然人们普遍认为在1800年左右欧肯特轩就已经开始蒸馏威士忌了。

欧肯特轩在19世纪易主多次，并在1875年进行了大规模重建。1903年，酿酒厂被约翰·麦克拉克伦（John Maclachlan）收购。酿酒厂一直运作直到1960年被竞争对手所收购。之后，欧肯特轩酿酒厂在1941年因战争遭到严重破坏，酿酒厂损失了将近100万瓶威士忌。据当时的媒体报道，克莱德河面上全是燃烧的威士忌。

目前所有权

欧肯特轩于1969年被伊恩·凯恩斯斥巨资收购，收购之后酿酒厂也启动了现代化的升级。1984

欧肯特轩"三桶"

欧肯特轩18年

欧肯特轩21年

欧肯特轩50年"1957"

年，酿酒厂以略高于之前售价的3倍的价格卖给莫里森·波摩蒸馏有限公司。而10年后，莫里森·波摩蒸馏有限公司被日本酒业巨头三得利所收购。

酿酒厂于2004年建立了游客接待中心。这个时尚、现代的设施现在每年会接待将近2万人。同一年酿酒厂还发布一款令人瞩目的42年的威士忌，这是酿酒厂有史以来推出过年份最高的威士忌。酿酒厂的核心产品也多了更多选择，近年来欧肯特轩也推出不少老年份的威士忌。

酿酒厂的核心产品现在包括欧肯特轩"经典"（Classic），于2008年发布的一款无年份威士忌。同时在2002年推出的12年、18年和21年及"三桶"也是核心产品里的爆款。

根据科斯邓比斯顿的说法，"欧肯特轩近年的销售额一直保持着两位数的增长。俄罗斯和中国台湾地区等新兴市场的业绩正在赶超我们其他市场较为成熟的海外地区，我们不同的酒款的需求目前都仍在持续增长。"

品鉴笔记

欧肯特轩"经典"
单一麦芽威士忌，40% ABV。香气：甜美的气味，带有桃子、香草和椰子的香气。口感：口感顺滑，果味浓郁，带有香草冰激凌的味道。余味清新，充满花香，带有挥之不去的成熟桃子味。

欧肯特轩"三桶"
单一麦芽威士忌，43% ABV，美国波本橡木熟成，西班牙雪莉桶过桶。香气：奶油糖果、枣、榛子和雪莉酒的气味。口感：甜美的雪莉酒味道，并逐渐呈现出柑橘类水果和杏仁的口味。余味悠长，带有水果和橡木味。

欧肯特轩50年"1957"
单一麦芽威士忌，单桶，原桶强度，46.8% ABV，欧罗索雪莉桶中熟成（共171瓶）。香气：绿色水果、蜂蜜、旧皮革和烟草的复杂香气。口感：口感干，一开始先是橡木味，之后呈现出橙子、焦糖和丁香的味道。余味中等并带有薄荷味。

欧肯特轩"经典"

格拉斯哥麦芽威士忌

正如东边的格兰昆奇宣传自己是"爱丁堡麦芽威士忌"，欧肯特轩有时被称为"格拉斯哥麦芽威士忌"，因为该酿酒厂距离这个苏格兰最大城市的市中心仅16千米。与此同时，在欧肯特轩以西约9千米处，坐落着曾经是苏格兰最大的谷物酿酒厂的巴顿。这家酿酒厂成立于1938年，但在母公司将谷物威士忌的生产转移到格拉斯哥的史崔克莱酿酒厂后，这家酿酒厂于2002年正式关闭。

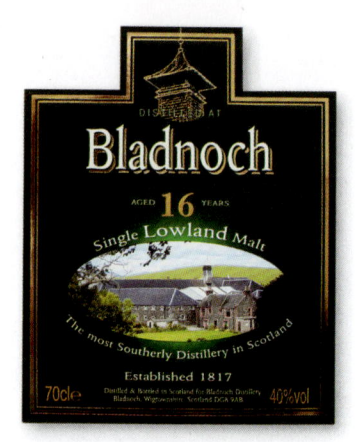

磐火

所有权：协调发展服务有限公司
创始年份：1817年　产量：10万升

磐火（Bladnoch）酿酒厂与附近的村庄同名，酿酒厂位于威格敦，这也是苏格兰最南端的酿酒厂。它由汤姆士·麦克莱德（Thomas McClelland）于1814—1817年创立，并一直保持家族经营，直到1930年被邓威尔的贝尔法斯特蒸馏公司收购。

之后，磐火经历了一段较为曲折的历史，酿酒厂在1936—1956年易主多次并暂停生产长达20年。三次蒸馏一直是低地酿酒厂所采用的传统工艺，磐火也不例外。磐火一直生产三次蒸馏的单一麦芽威士忌，直到20世纪60年代才将工艺进行了替换。因弗·豪斯蒸馏有限公司于1973年收购了磐火，经营了10年后将酿酒厂出售给了当时正在迅速扩张的亚瑟·贝尔父子公司。10年后，酿酒厂成了联合蒸馏酒业有限公司的一部分。但磐火所在的苏格兰西南角地区过于偏远，最后导致母公司决定集中精力在距离爱丁堡较近的格兰昆奇上。1993年6月，磐火在生产完最后一批威士忌后暂停了运作。同年，联合蒸馏酒业有限公司关闭了位于福尔柯克的罗斯班克酿酒厂，以及斯佩塞双雄贝蒂维克酿酒厂和巴门纳亨酿酒厂。

磐火重生

在磐火的历史即将要告终的时候，恰好在这时遇上了雷曼·阿姆斯特朗（Raymond Armstrong），来自唐郡同时也是班布里奇家族建筑企业的合伙人。阿姆斯特朗当时在戴贝蒂（Dalbeattie）附近度假时发现了这个关闭的酿酒厂。雷曼在考察完酿酒厂后发现可以将原有的主要建筑改造成度假公寓，同时还能继续运营酿酒厂关闭时幸存下来的游客接待中心。

雷曼·阿姆斯特朗找到了联合蒸馏酒业有限公司，并在经过一系列艰难的谈判后，磐火由这家北爱尔兰的企业于1994年11月正式接管，这也是酿酒厂第2次归至北爱尔兰企业进行管理。酿酒厂的一项限制性条款阻止了阿姆斯特朗立刻启动生产，而到了1998年，度假公寓计划的搁置，让他更迫切地想探索并启动磐火酿酒厂生产的可能性。联合

磐火16年

磐火8年

小故事

中低区的复兴

维多利亚时代的记者兼作家阿尔弗雷德·巴纳德（Alfred Barnard）在19世纪80年代中期访问了苏格兰，访问了不下于28个仍在经营的中低区酿酒厂。然而现在中低区只剩下欧肯特轩和格兰昆奇酿酒厂。林利斯哥的圣玛格达列于1983年关闭。10年后，罗斯班克、小磨坊和磐火相继关闭。但令人欣慰的是，磐火在2000年重新开张，而法夫的达夫米尔也在2005年正式投产，而安南代尔（Annandale）酿酒厂在1921年关闭后目前正在进行开张前的重建工作。

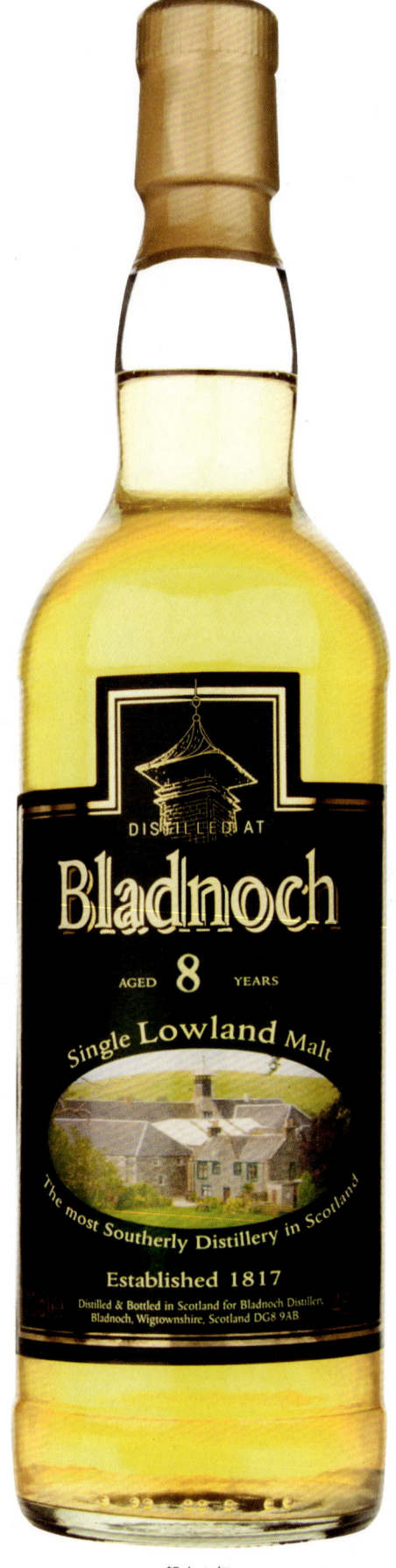

磐火除了漂亮的建筑和美丽的景观，它也是苏格兰第一家设立威士忌学院的酿酒厂。

蒸馏酒业有限公司最终同意每年酿酒厂最多可蒸馏10万升威士忌。

到2000年底，酿酒厂设备再次归位并于2000年12月18日正式启动生产。"我下定决心在2000年一定要让磐火恢复生产。"阿姆斯特朗说。

接管酿酒厂后，阿姆斯特朗推出了各式各样的磐火威士忌，其中大部分的产品为之前联合蒸馏酒业有限公司时期生产的威士忌。但在2008年，酿酒厂推出了全新的3款不同原桶强度的6年威士忌，这些威士忌是在阿姆斯特朗接管后生产的。酿酒厂在2009-2010年达到了另一个里程碑，推出了3款8年单一麦芽威士忌，其中一款为波本桶熟成，另一款为雪莉桶熟成，最后一款则是轻泥煤味波本桶熟成。之后在2010年，酿酒厂又发布了2款单桶、原桶强度20年的威士忌，以及一款较为特别的磐火"露珠泥炭"（Dew Peated New Make）。

品鉴笔记

磐火8年

单一麦芽威士忌，46% ABV，美国橡木桶熟成。香气：混合了柠檬、麦片、软太妃糖和坚果的香气。口感：酒体中等，有姜的味道，口感活泼，另外还带有香草、辛辣香料和榛子的味道。余味持久充满果香。

磐火20年

单一麦芽威士忌，52.9% ABV，美国橡木桶熟成，非冷凝过滤。香气：苹果、刚割过的草、盛开的玫瑰和焦糖的香味。口感：口感辛辣，具有柑橘类水果的味道，之后呈现出炖煮的味道，口感活泼且余味悠长，带有巧克力味。

磐火"露珠泥炭"

新酒，46% ABV。香气：谷物和酵母的味道，并带有泥土以及微妙的泥煤味。口感：甘甜的谷物味，并带有饼干和柔和的泥煤味。余味短而口感强烈。

磐火20年

磐火"露珠泥炭"

格兰昆奇

所有权：英国帝亚吉欧公司
创始年份：1825 年　产量：235 万升

格兰昆奇（Glenkinchie）酿酒厂位于爱丁堡东南部约 27 千米的东洛锡安的农田里，因其地理位置，格兰昆奇也被称为"爱丁堡麦芽威士忌"。这座城市也有自己的"爱丁堡谷物威士忌"，由历史悠久的北不列颠酿酒厂（North British Distillery）生产，该酿酒厂位于西边的一个郊区，由帝亚吉欧公司和爱丁顿集团共同管理。

作为中低区 5 家还在运营的酿酒厂之一，格兰昆奇于 1825 年以米尔顿酿酒厂（Milton Distillery）的名字由一对务农的兄弟约翰和乔治·瑞特（John & George Rate）创立，并自己耕种大麦。格兰昆奇的农业传统一直保持至今。在 20 世纪 40 年代和 20 世纪 50 年代，酿酒厂经理仍亲自经营酿酒厂自己的农场，还培育出了赢得许多大奖的纯种阿伯丁安格斯牛。

格兰昆奇的名字正式于 1837 年使用。在 1853 年，瑞特兄弟将他们的酿酒厂卖给当地的农民后，酿酒厂被改为锯木厂和牛棚。一直到 1880 年，随着调配威士忌的热潮崛起，一个由爱丁堡商人组成的财团购买了该地，随后在新成立的格兰昆奇蒸馏公司的运作下，酿酒厂恢复蒸馏，并在 1890 年正式以有限公司的主体进行运作。

在接下来的几年里，酿酒厂进行了持续的翻新和升级，并在 1914 年和其他 4 家中低区的酿酒厂合并成立了 SMD。这个组织帮助格兰昆奇艰难地挺过了之后 20 年严峻的经济萧条。1925 年，SMD 被 DCL 收购，在 DCL 的管理下为"翰格"（Haig）调配威士忌提供原酒。

与翰格的渊源

从 20 世纪 30 年代到 20 世纪 70 年代，翰格一直是苏格兰第一的威士忌品牌。到 1939 年时，翰格的金方（Gold Label）已是 DCL 旗下的排头兵。这个调配威士忌起源于 17 世纪，翰格也因此宣称他们是世界上最古老的威士忌公司。在 18 世纪和 19 世纪，翰格家族的各个成员都从事于苏格兰威士忌行业。其中，最著名的莫过于位于法夫郡的卡麦隆桥（Cameronbridge）酿酒厂。这家酿酒厂由

格兰昆奇"酿酒厂特别版"

格兰昆奇 20 年

格兰昆奇 12 年

格兰昆奇被称为"爱丁堡的威士忌酿酒厂",其与爱丁堡的近距离吸引了众多游客。

约翰·海格(John Haig)于1824年创立,被誉为苏格兰第一家生产谷物威士忌的工厂。卡麦隆桥酿酒厂于1877年成为DCL的6家创始酿酒厂之一,如今是帝亚吉欧公司旗舰级的谷物威士忌酿酒厂,每年可生产超过1亿升的烈性酒。

经典中低风格

1986年,格兰昆奇作为中低区的代表威士忌被选入了经典麦芽产品系列中,这可能跟1993年罗斯班克酿酒厂关闭有一定的关系。有鉴赏家认为罗斯班克的单一麦芽威士忌非常优质,但要从游客喜好来看,这家位于工业城镇郊区的酿酒厂与东洛锡安的郁葱的牧场相比,确实后者略胜一筹。罗斯班克的客流也因此都转到了格兰昆奇,如今格兰昆奇每年接待超过4万名游客。

格兰昆奇酿酒厂有2台体积较为庞大的蒸馏器,有效地减少了酒液和铜的接触。格兰昆奇也以透明清纯的麦汁而闻名,帝亚吉欧公司的莎拉·伯吉斯(Sarah Burgess)说:"这是通过在糖化槽里反方向搅拌酒液所实现的,但麦汁只是影响最终烈性酒口味的其中一部分原因。麦芽汁的质量、发酵时间及蒸馏手法,加上我们的虫管冷凝器,最终创造出了格兰昆奇。"

核心产品

现在酿酒厂的核心产品包括2007年酿酒厂推出的12年单一麦芽威士忌,以及于1998年推出的14年酿酒厂限定版。酿酒厂在2009年推出了一款1992年单桶的"经理选择",次年又推出了一款20年的特别精选。

品鉴笔记

格兰昆奇 12 年
单一麦芽威士忌,43% ABV。香气:清新的花香,并带有香料和柑橘类水果的气味,以及一丝棉花糖的香味。口感:酒体中等、绵柔、味道甜美,并带有水果、麦芽、黄油和芝士蛋糕的味道。余味一开始有草本的味道,尾韵较长且干。

格兰昆奇 "酿酒厂限定版"(1992)
单一麦芽威士忌,43% ABV,雪莉桶熟成。香气:丰富而复杂,带有蜂蜜、香草、雪莉酒和崭新皮革的气味。口感:口感浓郁,带有炖水果和糖蜜的味道,口感较干、略带烟熏味的味道。余味带有太妃糖、苹果和坚果的味道。

格兰昆奇 20 年("特别精选" 2010)
单一麦芽威士忌,55.1% ABV,原桶强度,波本桶熟成(6,000瓶)。香气:甜美的香气,带有石楠花、麦芽、香草和微妙的香料味。口感:浓郁的花香和果味,同时带有太妃糖、蜂蜜、橡木和温和的甘草味。余味适中并逐渐转干。

模范酿酒厂

所有向公众开放的帝亚吉欧公司旗下的酿酒厂都提供专业且友好的游客体验,但格兰昆奇酿酒厂做到了顶尖。沿着标准的酿酒厂参观路线,游客有机会品尝2种不同麦芽威士忌,若额外付费还能再多品尝另外2种酒款。参观的游客还有机会购买1瓶只在格兰昆奇酿酒厂售卖的原桶强度威士忌。除此之外,自1969年以来,地板发麦车间一直开放参观,现在则正式升级为麦芽威士忌生产博物馆。博物馆里拥有一系列引人入胜的蒸馏设备和纪念品,其中包括曾经在1924-1925年英国展出的一系列蒸馏器模型(在当时,这是全世界最大的展览)。

云顶&格兰格尔

所有权：J&A 米切尔父子公司

创始年份：1828 年（云顶）；2004 年（格兰格尔）

产量：75 万升

坎贝尔镇位于偏远的金泰尔半岛南端，曾经以鲱鱼捕捞业和威士忌生产而著称。苏格兰的渔业已不像以前繁荣，而坎贝尔镇与其他的港口一样受到了影响。这个小镇在 19 世纪时诞生了数个优秀的威士忌酿酒厂，但到了 20 世纪后又急剧减少。坎贝尔镇在 1925 年一共只有 12 家酿酒厂在正常运营，到了 1935 年只剩下格兰帝和云顶（Springbank）两家酿酒厂仍在运作。

传承与生存

云顶是坎贝尔镇直到今天仍幸存的卓越的酿酒厂之一，酿酒厂为米切尔家族成员拥有。酿酒厂主席海德利·赖特（Hedley G.Wright）对威士忌的热情，才让这家酿酒厂得以在坎贝尔镇仍有立足之地。

赖特在 2000 年收购了格兰格尔（Glengyle）酿酒厂。2004 年这家酿酒厂在经过了近 8 年的暂停运作后，终于重新投入生产，成为坎贝尔镇 125 年来第一家新威士忌酿酒厂。由于"格兰格尔"这个名字已被其他公司注册成了调配威士忌品牌，因此格兰格尔决定以可蓝（Kilkerran）这个品牌来打造酿酒厂自己的 12 年单一麦芽威士忌。

云顶&格兰格尔酿酒厂经理盖文·麦拉兰（Gavin McLachlan）说道："我们的威士忌正在变得越来越好。它味道甜美，带有花香和淡淡的泥煤味，而且熟成得很好。我们有一些实验品可供人们品尝，目前装瓶的是我们第三批次的酒。它已经熟成 7 年，里面有雪莉桶、朗姆桶、波特桶及波本桶熟成的原酒。"

云顶&格兰格尔的兄弟酿酒厂建于 1828 年，它是当时坎贝尔镇上成立的第 14 家酿酒厂。它由瑞德（Reid）家族创立，其姻亲米切尔家族在 1837 年经济萧条时从他们手里购买了这家酿酒厂。从那时起，酿酒厂的所有权就一直归米切尔家族，这也是苏格兰最古老的家族运营酿酒厂。

独一无二

担任酿酒厂生产总监的弗兰克·麦克哈迪（Frank McHardy）于 1977 年加入云顶。此前他在百世醇（Bushmills）工作了近 10 年，之后就一直在坎贝尔镇。麦克哈迪解释说："云顶与众不同的地方在于它的威士忌都经过两次半蒸馏。酒液有着淡淡的泥煤味和非常甜美的口感。甜美的果味来自将近 110 小时的长时间发酵。另外云顶的独特之处在于我们 100% 自给自足，从发麦到装瓶全部自己包办。

酿酒厂除了使用初次蒸馏器和 2 台二次蒸馏器来完成两次半的酒液蒸馏。自 1970 年以来同时也生产一款采用二次蒸馏工艺名为朗格罗（Longrow）的重泥煤威士忌，并于 1985 年推出了 10 年的单一麦芽威士忌。另外酿酒厂还生产一批无泥煤并采用三次蒸馏工艺的赫佐本（Hazelburn）单一麦芽威士忌。而制造所有这些威士忌的蒸馏器都是通过内部蒸汽管，并使用燃油进行直火加热。

云顶从 1979-1987 年处于暂停运作，并在 2008-2009 年因燃料和大麦成本居高不下时再次关闭。之后酿酒厂恢复正常生产，但生产规模相对较小，云顶的产量平均占年产量的 60%，其余产能则会分给朗格罗和赫佐本。这 3 款单一麦芽威士忌也同样都推出了无年份的 CV 威士忌。麦克哈迪承诺，"我们未来会持续提出朗格罗的 CV 威士忌，因为低年份的泥煤威士忌有着很厚重的泥煤味，随着熟成时间渐长，泥煤味会慢慢淡化，所以朗格罗采取 CV 的调配方式是最佳选择"。

云顶 18 年

朗格罗 18 年

品鉴笔记

云顶 10 年

单一麦芽威士忌，46% ABV，雪莉桶和波本桶熟成。香气：闻起来清新而咸，带有柑橘类水果和大麦的香气。口感：口感甜美，带有盐水和香草太妃糖的味道。余味悠长而辛辣，之后逐渐展现出更多的盐、椰子油和泥煤味。

云顶 18 年

单一麦芽威士忌，46% ABV，80% 雪莉桶熟成，20% 波本桶熟成。香气：浓郁，带有甜雪莉酒、当归和杏子的香气。口感：奶油般的润滑口感，并带有新鲜水果、烟熏、糖蜜和甘草的味道。余味逐渐优雅地转干。

朗格罗 18 年

单一麦芽威士忌，46% ABV。香气：香甜可口，带有香草、成熟香蕉、秋季浆果和亚麻籽油的味道。口感：充满蜡质感，并带有香草、香蕉和浆果的味道，同时散发出泥煤味。余韵悠长。

威士忌之镇

尽管今天的坎贝尔镇只有3家酿酒厂在运营,但据首次介绍苏格兰威士忌的史料记载,在1591年的金泰尔区就运营将近35家酿酒厂。为了撰写巨著《英国威士忌酿酒厂名录》(*The Whisky Distilleries of the United Kingdom*)一书,作家阿尔弗雷德·巴纳德(Alfred Barnard)于1885年访问坎贝尔镇,并参观了不少于21家酿酒厂。他称坎贝尔镇为"威士忌之镇"。云顶就是当时他拜访的酿酒厂之一,这是一个建于威士忌崛起时期的酿酒厂。在1823-1835年,坎贝尔镇一共创立了24家新酿酒厂。

云顶 10 年

云顶 15 年

艾尔萨湾

所有权：格兰父子公司

创始年份：2007 年　产量：625 万升

格兰父子公司是一家较为低调的公司，所以当艾尔萨湾（Ailsa Bay）酿酒厂在 2007 年 9 月就开始生产威士忌时，大众甚至都不知道这家酿酒厂是什么时候盖好的。艾尔萨湾是近年来低地的酿酒厂中最新的一家。除了地理位置在低地，从威士忌的风格来看它更像是斯佩塞区的酿酒厂。这家酿酒厂位于格兰父子公司旗下的"葛文"（Girvan）谷物威士忌的生产区域里，同时靠近艾尔郡海岸。这也是该地区的第二家麦芽威士忌酿酒厂，雷迪朋（Ladyburn）酿酒厂也曾经于 1966—1975 年在那里生产威士忌。

实验的自由

这家新酿酒厂利用了一家原来生产葡萄糖浆的工厂设施，原工厂于 2003 年关闭。新酿酒厂仅用了 9 个月就建成了。酿酒厂配有 8 台蒸馏器，形状和大小与格兰父子公司位于斯佩塞的百富使用的蒸馏器相似。为了生产富含硫的酒液，初次蒸馏器没有使用铜而是由合金材质制成。酿酒厂一直都在进行酒液风味相关的尝试和调整，酿酒厂首席调酒师布赖恩·金斯曼（Brian Kinsman）打算在二次蒸馏器上安装不锈钢冷凝设备，以便进行进一步的风味实验。

"整个酿酒厂的设计是为了让我们以传统酿酒厂无法做到的方式进行实验，"金斯曼解释道，"艾尔萨湾生产的大约 95% 的威士忌，泥煤含量低于 2 ppm。而其他 5% 则包括轻度泥煤风味，泥煤指数在 5—8 ppm 或重度泥煤风味，泥煤指数达 15 ppm 以上的威士忌。"

该酿酒厂旨在为格兰父子公司旗下的调配威士忌供应丰富的原酒。金斯曼提到像他们的招牌调配威士忌"家族珍藏"（Family Reserve）就是一种带有甜味谷物风味的斯佩塞风格威士忌。金斯曼说："我们旗下的格兰菲迪、百富和奇富三种麦芽威士忌则赋予了酒液的经典果香和花香。我们还会使用少量的泥煤威士忌，让威士忌增加风味上的复杂性，但会确保烟熏味不会过重。"

格兰"雪莉桶"

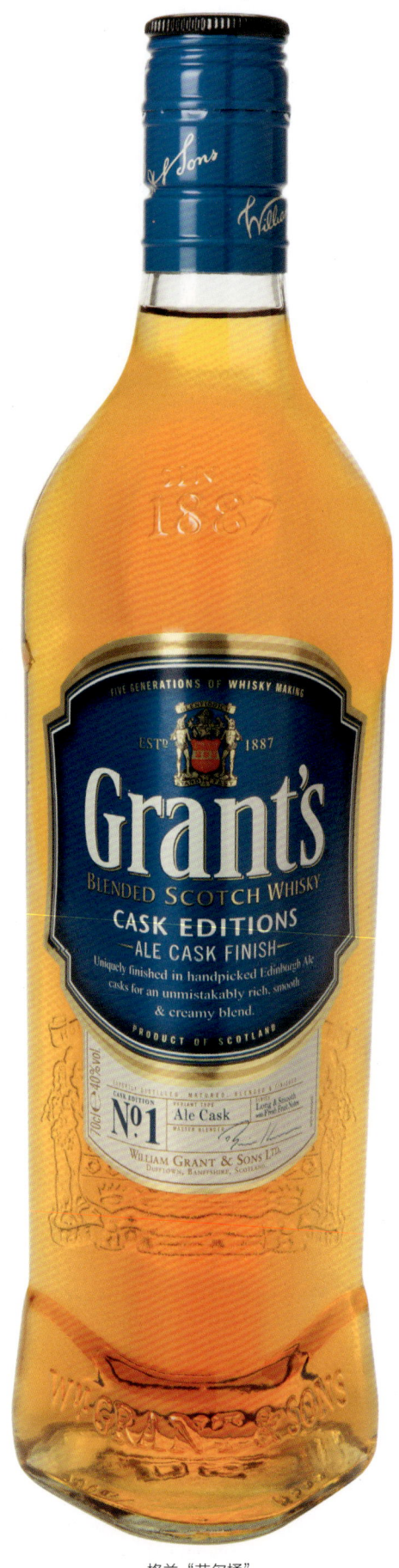

格兰"艾尔桶"

达夫米尔

所有权：卡斯伯特家族

创始年份：2003 年　产量：6.5 万升

很多新建的威士忌酿酒厂急于让酿酒厂的投资商立刻获得财务上的回报，但卡斯伯特家族及达夫米尔酿酒厂却不这么认为。这家酿酒厂的经济条件较好，所以酿酒厂一直循序渐进地将威士忌装入木桶中，然后将其存放在两个传统的仓库熟成。直到他们觉得威士忌已达到最佳的熟成状态后，才会进行产品的发布。

农场历史

卡斯伯特家族也不是大家所想象的有钱没地方花的富人。伊恩（Ian）和弗朗西斯（Francis）兄弟将威士忌买卖与牛群养殖、大麦和土豆的耕作及采石的买卖结合了起来。令人难以置信的是，操作那么多的业务，他们竟然还有时间来生产威士忌。但无论如何他们确实做到了，大部分蒸馏完的酒液都会装进波本桶进行熟成，还有一小部分的威士忌会使用雪莉桶进行熟成。

原来位于达夫米尔农场里的采石场被改造重建为威士忌酿酒厂。

达夫米尔是典型的农场加酿酒厂的综合体，原来农场里闲置的采石场建筑被改造成了酿酒厂。酿酒厂使用的蒸馏器是由斯佩塞区罗斯郡的著名铜匠制作的，但除此之外的设备和专业人才都在本地解决。卡斯伯特家族会将自己种植的大麦送出去发麦后再运回酿酒厂进行蒸馏。达夫米尔于 2005 年 12 月 16 日成功地生产出了第一批烈性酒。整个工艺则是遵循了经典的低地威士忌生产流程。

格兰帝

所有权：罗蒙德湖蒸馏公司

创始年份：1832 年　产量：75 万升

虽然格兰帝（Glen Scotia）酿酒厂长期以来名气没有坎贝尔镇的云顶那么大，但喜欢他们家的单一麦芽威士忌的爱好者在近期酿酒厂的动态上感受到了一丝新气象。目前，酿酒厂正在进行全面的升级，并且未来计划扩充现有的核心产品线。这家酿酒厂仅比云顶晚成立 4 年，但在过了 19 世纪坎贝尔镇最为鼎盛对时期后，这家酿酒厂的命运一直岌岌可危，面临随时关闭的可能。但这家由斯图尔特-加尔布雷思公司建立的酿酒厂仍然在运作中。酿酒厂在 1928-1933 年暂停了生产，此后酿酒厂所有权转至布洛赫兄弟蒸馏公司，并恢复了生产。但之后又于 1954 年被出售给海勒姆·沃克酿酒厂。

在现任母公司罗蒙德湖蒸馏公司的管理下，酿酒厂每年只蒸馏少量的烈性酒，但至少现在看起来这个历史悠久的坎贝尔镇酿酒厂的前途会越来越好。

品鉴笔记

格兰帝 12 年

单一麦芽威士忌，40% ABV。香气：花香、柑橘类水果和温和的酚类味。口感：口感浓郁，带有泥煤、坚果和软糖味。余味悠长带有草本和辛辣的味道。

格兰帝 17 年

单一麦芽威士忌，43% ABV。香气：盐水、姜和精致的泥煤味。口感：口感饱满，带有顺滑的辛辣的麦芽味道。余味悠长，优雅、干，并带有咸花生味。

格兰帝"重泥煤"1999

单一麦芽威士忌，45% ABV。香气：柔和的泥炭和榛子的香气。口感：口齿留香的甜杏仁糖、焦糖和香草的味道。余味转干逐渐呈现出持续的泥煤味。

格兰帝 12 年

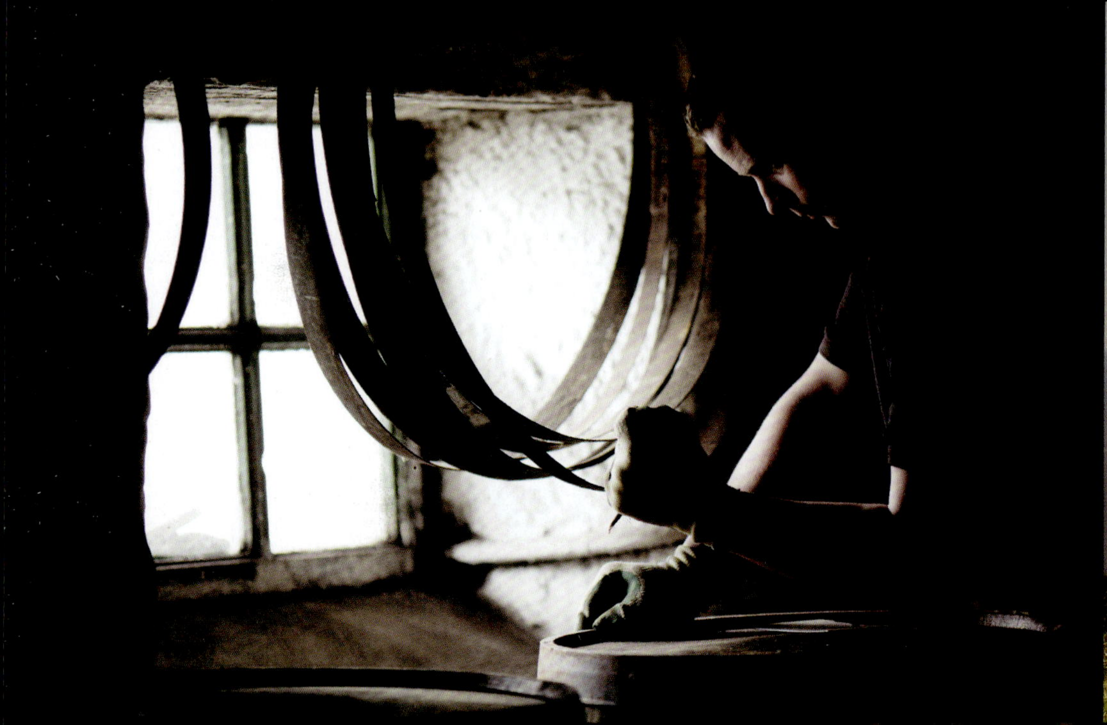

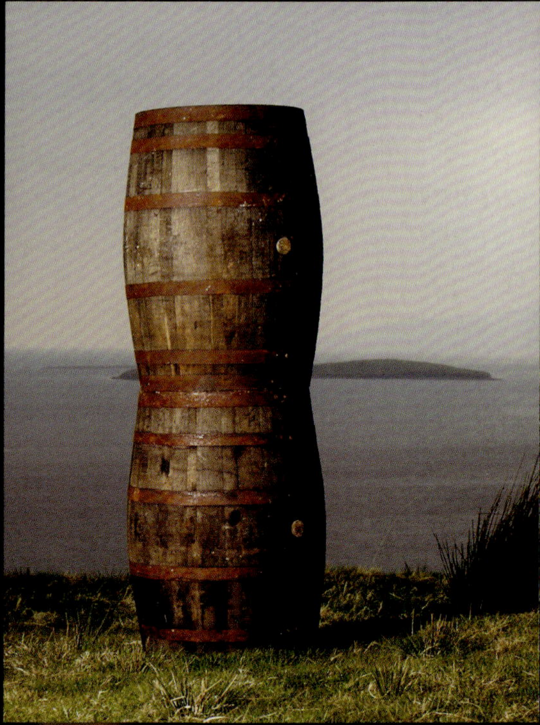

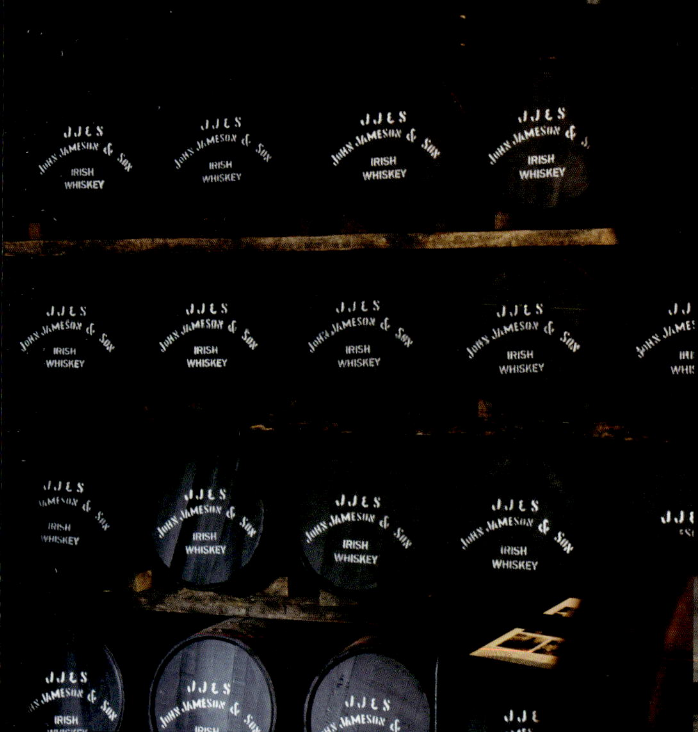
JJ&S
JOHN JAMESON & SON
IRISH
WHISKEY

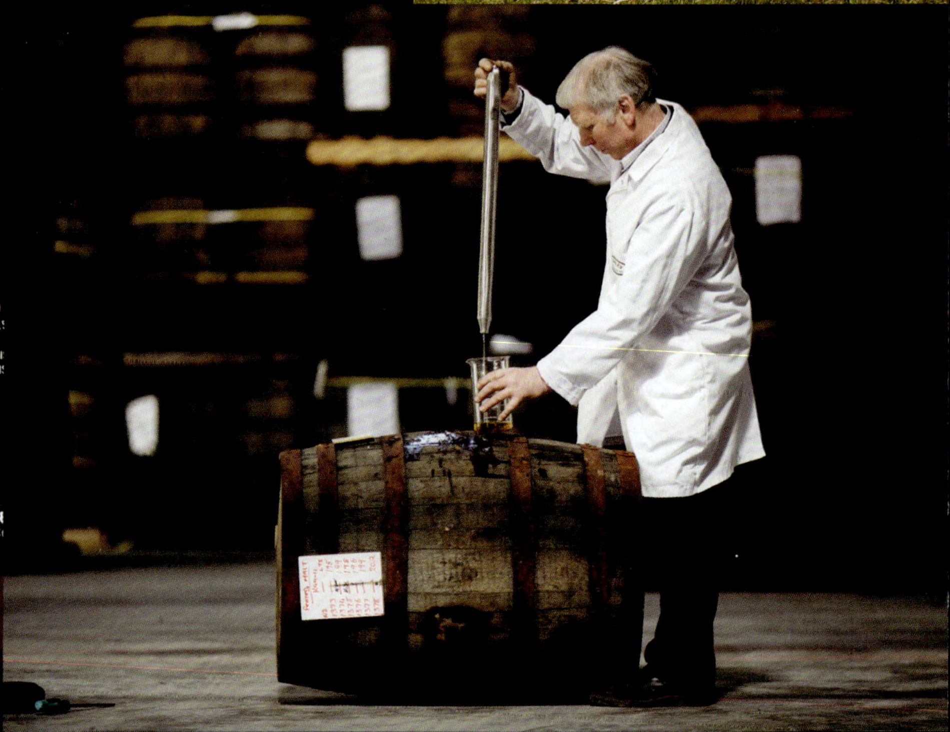

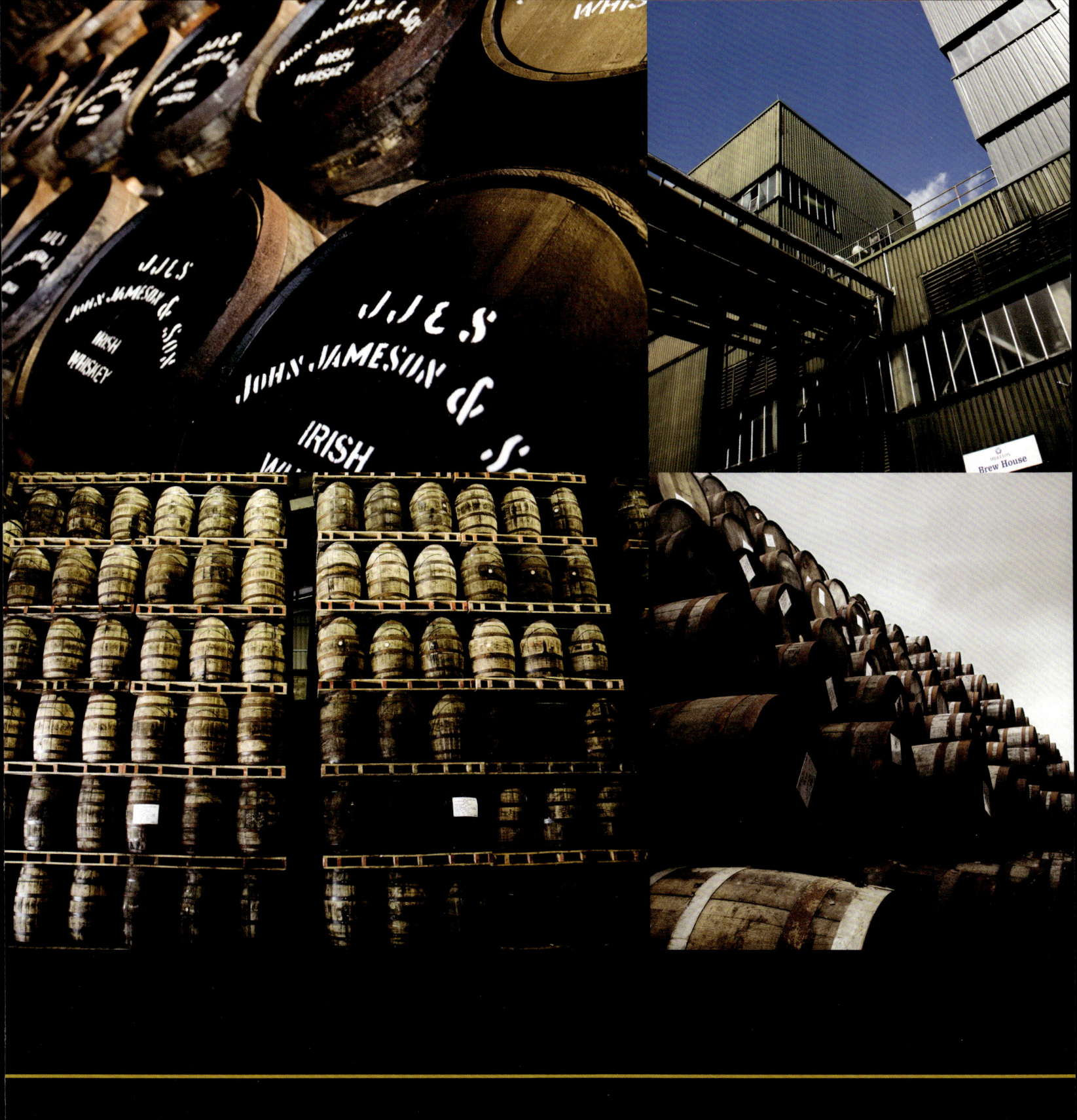

爱尔兰产区

爱尔兰

就威士忌而言，世界上没有哪个国家能比爱尔兰更显著、更成功地扭转其命运，好比是一个拳击手，既受到了美国威士忌的沉重打击，又受到苏格兰威士忌的重拳。

然而，令人难以置信的是，爱尔兰威士忌已经重新站稳脚跟，重新回到了角逐中。事实上，自2010年以来，爱尔兰威士忌开始变得强大起来，在酿造世界级威士忌方面与任何地区不相上下。

产区特点

传统意义上讲，爱尔兰主要有两种威士忌：一种是以口感顺滑、果香醇厚的三重蒸馏典范的尊美醇（Jameson）为代表。另一种是更稀少的，以罐式蒸馏为代表，如知更鸟（Redbreast）。

作者推荐

曾几何时，因为气候宜人、物产丰富，水资源、泥炭充足，爱尔兰有数十家酿酒厂。百世醇坐落于美丽的爱尔兰海岸壮观的巨人堤道附近，是世界上最古老的持有牌照的酿酒厂，坚持传统的迷人风味，强调传承，受到威士忌爱好者的广泛欢迎。

地区盛事

由保乐力加集团和尊美醇所持有的爱尔兰酿酒厂在都柏林和科克附近的米德尔顿都设有游客中心。您还可以参观百世醇酿酒厂。此外，非传统意义上的酿酒厂基尔贝格（Kilbeggan）和图拉多酿酒厂也对公众开放。2011年，"威士忌烈酒秀"（Whiskey Live）首次来到爱尔兰举办，为来自世界各地的生产商和酿酒师创造会面的机会。

爱尔兰威士忌的种类非常丰富，有詹姆逊威士忌，有来自南方的几款小规模投资的爱尔兰混合威士忌，有北方的百世醇混合威士忌和单一麦芽威士忌，以及少量来自米德尔顿（Midleton）和库利（Cooley）的小批量瓶装威士忌。现在，这个国家正减少生产使用三重蒸馏等工艺酿造的威士忌，转而加大生产用新型工艺酿造的威士忌，这些威士忌正在世界各地获奖。

2011年是威士忌行业游戏规则改变的一年。威廉·格兰特加入帝亚吉欧公司和爱尔兰酿酒厂，收购了图拉多（Tullamore Dew），并将库利出售给金宾，此后几年爱尔兰威士忌发展迅猛。

爱尔兰偏远的西部海岸没有任何酿酒厂，但是爱尔兰特克贝格（Inish Turk Beg）威士忌却选择在克鲁湾完成部分威士忌的陈年。

早前的米尔顿酿酒厂已经变成了介绍尊美醇威士忌的展馆。

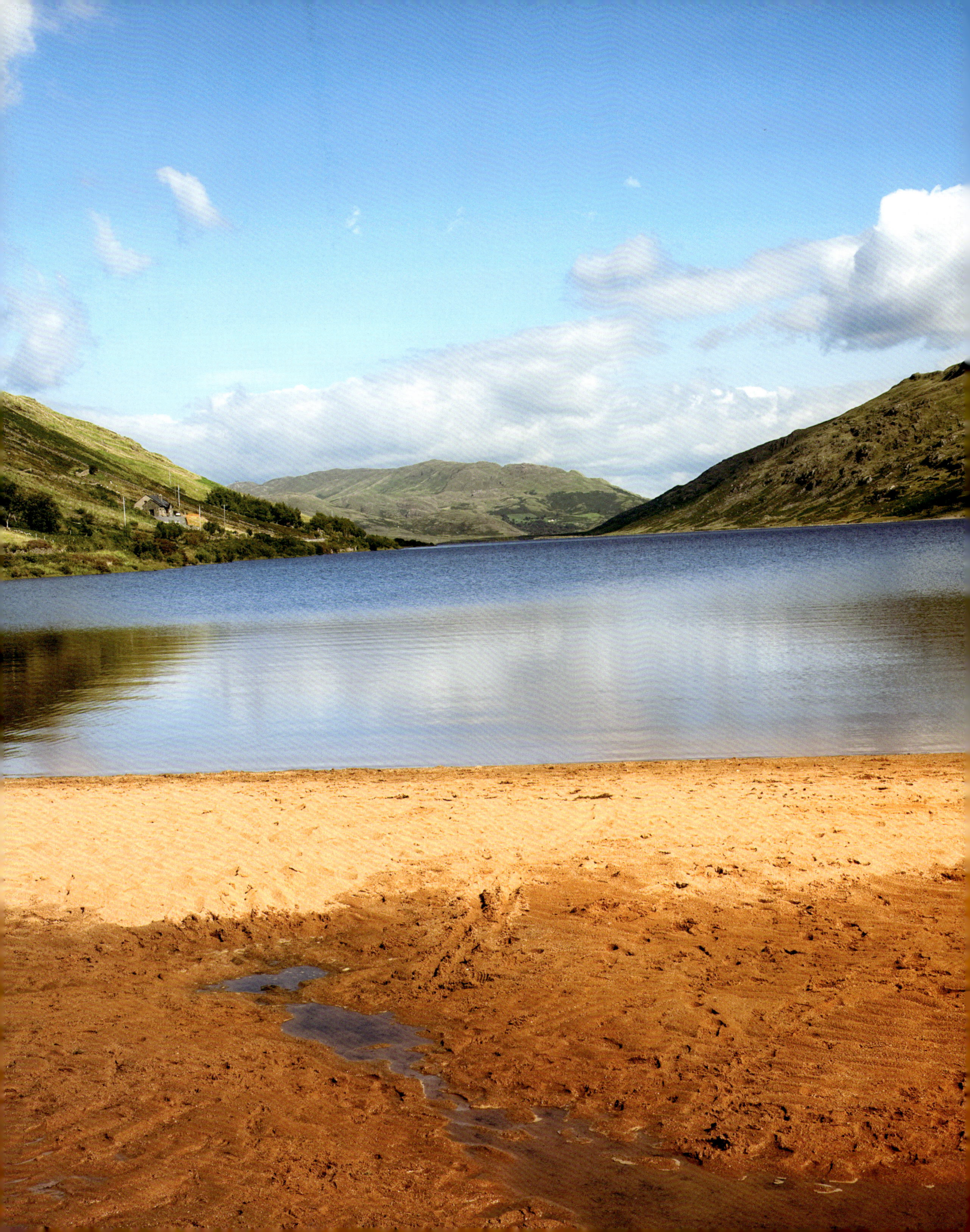

顶级酿酒厂

百世醇

所有权：英国帝亚吉欧公司

创始年份：1608 年　产量：不详

帝亚吉欧公司几年前收购了百世醇酿酒厂，之后对它的待遇就像是英格兰足球超级联赛旗下的球队吸纳了一名炙手可热的球员，然后将他留在预备队，只偶尔在奇怪的二流比赛中出场一样。帝亚吉欧公司对这家酿酒厂的策略令人困惑，一些威士忌爱好者觉得百世醇被辜负了。的确，投资增加了，生产能力提高了，但是尽管近来许多爱尔兰威士忌大放异彩，百世醇却没有位列其中。

交易成交

百世醇酿酒厂曾是爱尔兰酿酒集团的一部分，为保乐力加集团所有。帝亚吉欧公司向这家法国公司开出了条件："让我们买下百世醇，那么当你们想买其他酿酒厂时，我们不会阻碍你们，也不会和你们竞争。"

当时，此举看起来非常合乎逻辑，特别是因为帝亚吉欧公司是围绕爱尔兰啤酒巨头健力士建成的。不过从那以后，除了 2009 年初庆祝酿酒厂 400 周年的一些活动外，该公司几乎没有做任何改变。那时也不是它最高光的时刻，因为它的 400 周年是在 2008 年。是什么导致其缺乏任何实质性活动？在同一时期，爱尔兰威士忌出现了大规模复苏想象，众多酿酒厂都提高了自身的竞争力。但是如果有一家酿酒厂应该在威士忌复苏的阳光下占有一席之地，那就是百世醇。它是您在世界上任何地方都能找到的最漂亮、最棒的酿酒厂之一，以奉献和关怀来生产优质威士忌，并将创新与传统无缝结合。帝亚吉欧公司无疑希望它成为世界冠军，如果有机会，它有可能在爱尔兰的复兴中发挥主导作用。

独一无二

如果帝亚吉欧公司不太确定这次收购是如何发生的，那么它也不是第一个产生这种疑惑的。百世醇一直是一个异象，虽然它是爱尔兰酿酒厂的一部分，但在严格意义上并不属于爱尔兰，而是英国的一部分。即使在爱尔兰酿酒厂之间它也是独一无

百世醇"黑灌木"

百世醇丛林磨坊 21 年

二的存在。因为当像尊美醇、帕迪（Paddy）和鲍金斯（Powers）等酿酒厂生产罐式蒸馏酒或以罐式蒸馏酒为基础的混合型威士忌时，百世醇生产的三重蒸馏单一麦芽和混和威士忌，可以和邻国的威士忌媲美。也许是因为这个原因，该酿酒厂拥有全爱尔兰最令人印象深刻的木桶管理制度。

如今百世醇生产了一些优质的威士忌，如醇厚的雪莉风格的"黑布什"（Black Bush），在过去就曾与尊美醇竞争过。在温暖的酿酒厂里品尝任何一种百世醇威士忌都是威士忌爱好者最大的乐趣之一。

品鉴笔记

百世醇"黑灌木"
40% ABV。这是一款经典的混合酒，融合了苹果、梨及一些柑橘类的味道。口感像爵士乐一样柔软、丝滑。

百世醇 16 年
单一麦芽，40% ABV。保持许多爱尔兰威士忌的甜味，水果味。这是一款世界级的威士忌，是橡木、香料、醋栗和水果之间的复杂组合，既甜又干。

百世醇 21 年
单一麦芽，40% ABV。这款酒有着丰富、多汁的葡萄干和黑加仑的香气，但没有令人讨厌的辛辣味，葡萄和柑橘的香味使整款酒的口感更加丰富。

值得参观的好地方

百世醇是一个值得参观的酿酒厂。爱尔兰最大的讽刺之一是尽管多年来它以治安差闻名，但它却拥有欧洲最美丽的海岸线，这里有未受破坏的美景，并且犯罪率几乎为零。这里的巨人堤道是一种自然现象，小村庄坐落在诗般的田园中。也就是在这里，您会受到来自爱尔兰酿酒厂最热烈的欢迎。这是世界上最古老的获得许可证的酿酒厂，工作人员非常重视保留其旧时魅力。

百世醇 10 年

百世醇 16 年

基尔贝格

所有权：金宾全球酒业集团
创始年份：1757 年　**产量**：不详

基尔贝格（Kilbeggan）酿酒厂是爱尔兰一条街小镇的一个典范，它由几家酒吧、商店组成，别的就没什么了。在这种地方，不会发生什么大事，而且你往往不会驻足。

然而，基尔贝格不一样，它有别于大多数的爱尔兰城镇和村庄：这里的木材和锻铁件以惊人的态势保持着历史的原始状态。多年来，它一直是奇怪的南爱尔兰威士忌世界的一部分，它有成文规定，不酿酒时，可以参观酿酒厂，酿酒的时候就不得参观。

参观酿酒厂是场难忘的体验，仿佛在参观一座陵墓，那里的麦芽和谷物失去了香气，其寒冷、潮湿、木制的尘土飞扬的内部更像是鬼船玛丽号的主甲板，而非一家威士忌酿酒厂。

洛克酿酒厂的复苏

现在一切都变了。库利酿酒厂的约翰·蒂林（John Teeling）有一个梦想，就是把威士忌带回这个令人惊叹的酿酒厂，他做到了。大水车再次转动，活塞震动，车轮呼呼作响，虽然大多数的主要酿酒厂的活动只是为了展示，但你会发现一家完全运作的微型酿酒厂生产各种古怪的、奇怪的，奇妙的我们所熟知的爱尔兰威士忌。

库利的营销总监斯蒂芬·蒂林（Stephen Teeling）说："该场地再次推出威士忌真是太棒了。我们可以尝试推出各种新威士忌，有些会有助于延续更多爱尔兰威士忌种类的趋势，生产更多样化的爱尔兰威士忌。我们已经找到了过去洛克酿酒厂的原始配方，我们正在尝试它们。有一种使用发芽和未发芽的大麦及一些燕麦的罐式蒸馏器配方。您绝对可以尝出燕麦和黑麦的味道。这种不完全符合我口味的威士忌是在绿茶桶中完成的。"

对库利酿酒厂来说，洛克酿酒厂不仅仅是公司风景如画的重要场合，还能以库利酿酒厂不具备的方式生产威士忌。库利酿酒厂位于都柏林北部，是一个古老的工业酒精厂，既不接纳游客，也没有一些有趣的关于的爱尔兰威士忌的故事。它包含罐式和柱式酿酒，是库利威士忌的大规模生产中心，但库利系列中缺少一种威士忌风格，恰恰是与爱尔兰最相关的一种：单一罐式酿制威士忌——也就是用混合的麦芽和未发芽大麦制成的威士忌。

蒂林说："这种混合会让我们的设备变得非常

酿酒厂位于爱尔兰的"马国"中心，洛克家族在 1879 年为克尔伯格赛马场的第一次正式会议提供了场地。

基尔贝格 18 年

混乱，堵塞我们的设备。这会造成相当大的伤害，很难处理，库利酿酒厂的人也不在乎。在基尔贝格，我们还可以做罐式酿酒，而燕麦实际上可以帮我们过滤。"

爱尔兰威士忌的复兴

多年来，正是库利酿酒厂为爱尔兰威士忌行业奠定了基础，让世界关注到了威士忌中的泥炭、木桶精加工、双重蒸馏和单一麦芽。但是现在有4家大公司生产爱尔兰威士忌，爱尔兰酿酒厂生产的都是顶级烈性酒，图拉多也得到了大量的支持，竞争就像过去10年一样激烈。"这只能是一件好事，"蒂林说，"总的来说，它给爱尔兰威士忌带来了更多关注，这将带来新的客户。爱尔兰威士忌正在享受真正的复兴，我认为这里产出更多好的威士忌是好事情。我们欢迎新的威士忌，但我们相信，我们可以在未来继续生产令人兴奋的创新的威士忌。"

堵车

当商人约翰·蒂林提出成立一家爱尔兰威士忌公司的想法时，不少人认为他疯了。对许多人来说，当他决定沿乡村道路运输一个巨大的铜罐时，这种观点更加强烈。基尔贝格曾经位于从都柏林到西海岸的主干道上，这座城市的商户在每个周末都会向西航行。

蒂林和他的团队是在一个星期五的下午动工的，因为酒罐很重，起重机几乎瘫痪。耗时数个小时，这条路线仍然很阻塞，导致了长达数千米的交通拥堵。

基尔贝格

品鉴笔记

基尔贝格混合

40% ABV，一种爱尔兰的混合威士忌，带有果香，它的核心是强大的麦芽，它的主旋律是甜苹果和香草回甘。

基尔贝格 15 年

陈年共混，40% ABV，令人印象深刻的是过度成熟的浆果和绿色水果味道，还有一系列香料味道：包括肉豆蔻、肉桂、辣椒和足够的单宁，避免过度甜腻。还有一些苹果、黑巧克力的味道伴随其中。

基尔贝格 18 年

陈年共混，55.3% ABV，额外的陈酿意味着单宁和一大波美味的香料混合变成了典型的爱尔兰威士忌。它从苹果、梨、桃子和浆果开始，然后香料和单宁像剑一样穿过味蕾。

基尔贝格 15 年

米德尔顿

所有权：爱尔兰酿酒厂

创始年份：1780年　产量：不详

爱尔兰威士忌现在发展势头很好，但并非总是如此。从18世纪和19世纪的辉煌时期开始，爱尔兰威士忌就遭受了漫长而不体面的衰败。其命运部分是自己造成的，部分是社会、经济和政治动荡的结果，部分是由于其竞争对手的恶劣商业行为，特别是在苏格兰。到20世纪60年代，爱尔兰少数幸存的酿酒厂联合成立了爱尔兰酿酒厂，并将自己定义为与苏格兰威士忌截然不同的实体，强调它们的特点是无泥煤、三重蒸馏、甜味与果味的混合威士忌。

爱尔兰酿酒商的兴旺

近年来，爱尔兰威士忌的增长速度几乎超过了世界上任何其他威士忌类别，在进入创新和多样性的新浪潮后，爱尔兰威士忌成为新浪潮的核心。从2011年开始，爱尔兰威士忌的复兴初现端倪，推出了3款新的罐式蒸馏威士忌和一款壶式蒸馏为主的尊美醇-詹姆森混合威士忌。

爱尔兰罐式蒸馏威士忌

罐式蒸馏的威士忌是爱尔兰独有的，它是用谷物混合而成的。一位爱尔兰威士忌专家说："这是一个很难达到的技巧，因为这种混合会变得非常混乱，而且会阻碍发酵设备的使用。这需要相当多的时间和精力来纠正，但如果做得正确，结果就会非常显著。"

罐式蒸馏威士忌通过米德尔顿的特殊装瓶，以及Redbreast（由爱尔兰酿酒厂定期提供支持，在12年和15年时装瓶）得以幸存。但在2011年，爱尔兰酿酒厂推出了12年的"知更鸟"（Redbreast）、米德尔顿的"巴里·克罗基特传奇"（Barry Crockett Legacy）和鲍金斯的"约翰巷"（John's Lane）的木桶强度版本。

酿酒厂的仓库里有各种不寻常的木桶，里面装着米德尔顿酒。这些天，爱尔兰威士忌爱好者们真的很兴奋，他们很享受经验丰富的米德尔顿和库利之间的战斗。至于获胜者是谁，相信他们心里早就有定论了。

米德尔顿"知更鸟"12年

尊美醇

米德尔顿的前世今生

如果你想去米德尔顿酿酒厂，从科克市驱车一小段路就能到达。这个地方实际上是两个厂区的所在地，一个是米德尔顿新酿酒厂，它不对公众开放，但它是爱尔兰酿酒厂目前蒸馏业务的发电站，生产世界级的詹姆森威士忌。另一个是老米德尔顿酿酒厂，几年前关闭了，现在为游客提供参观酿酒厂历史的体验。坚固精美的维多利亚时期石制建筑坐落在邓古尔尼河边，这条河上仍转动着曾经为老酿酒厂提供动力的巨大水车，现在也为新酿酒厂提供动力。

品鉴笔记

詹姆森

混合型威士忌，40% ABV。定义了经典爱尔兰威士忌的最佳品质，拥有恰到好处的油性，风味猛烈，是一款果味丰富的罐酿威士忌，能够品尝到一些红色浆果雪莉酒的余韵和大量的水果与牛奶巧克力的混合味道。

詹姆森精选"黑桶"

40% ABV。是一款更尖锐、更猛烈、更有活力的詹姆森威士忌，由老式灌装酿制威士忌和罕见的粮食威士忌混合而成。有黑浆果的味道，还有一些更尖锐的水果的味道，以及木头和黑巧克力的味道。

米德尔顿"知更鸟"12 年

57.7% ABV。丰富、饱满、油性并且有雪莉酒余韵，伴随着蛋糕和苦橙的味道。

旧米德尔顿酿酒厂现在是一个游客中心，为游客们提供尊美醇的饮用体验，讲述约翰·詹姆森的故事。

尊美醇精选黑桶

库利

所有权：金宾全球酒业集团
创始年份：1987 年　**产量**：325 万升

库利酿酒厂的游客不是很多，如果从都柏林向北行驶，可以看见库利半岛，但有可能看不见库利酿酒厂。它藏在偏离公路的一堆破旧厂房后面，周围还有铁丝网围栏。

库利的员工现在不那么保守了，但是据市场总监斯蒂芬·蒂林说，2012 年金宾全球酒业集团的新老板参观工厂时，库利的气氛还是显得不自在。那时，金宾全球酒业集团以为他们收购了一家一路高歌猛进，所向披靡的爱尔兰威士忌酿酒厂，然而第二天，去基尔贝格考察的经历就颠覆了他们的想法。

酒精发电厂

不管怎样，库利酿酒厂是爱尔兰威士忌的发源地。这是一个古老的工业酒精工厂，拥有柱式蒸馏器和罐式蒸馏器，在过去 30 年中生产的烈性酒使爱尔兰威士忌行业发生了翻天覆地的变化。一家小型的独立公司受到了如此大的威胁，拒绝按照传统规则运营并开始尝试爱尔兰威士忌风格。

但是，蒂林家族靠着自有品牌低价营销的模式生存了下来，并缓慢但坚定地开始摸索如何推出新的威士忌。如今，许多新品类已经变得像"米德尔顿"、"鲍金斯"和"帕迪"一样出名，而且随着爱尔兰酒品类别的普遍繁荣，库利也从中获益良多。

在库利生产的威士忌品样中，"康尼马拉"（Connemara）是最不寻常的，因为它是用泥煤大麦制成的单一麦芽威士忌。除了包括出色的木桶强度版本在内的核心系列外，库利还尝试了创新的饰面和限量版装瓶，例如"泥煤"和"橡木"。"马德拉桶"高品质优质单一麦芽威士忌在各种木桶中完成，包括雪莉酒和波特酒，而"格里诺尔"（Greenore）则是一系列谷物威士忌。甜的、带有香草味的威士忌以 8 年、15 年和 18 年的年份出售，后者是有史以来最古老的爱尔兰谷物瓶装威士忌。

库利威士忌，在前洛克酿酒厂仓库中熟成。

品鉴笔记

康尼马拉"桶装强度"
单一麦芽，57.9% ABV，美国橡木桶陈酿通常与该类别相关的传统甜青果和软香草色调在酒液混合，烟熏味挑逗着味蕾。

泰康内尔 10 年"雪莉桶"
"雪莉酒"单一麦芽，46% ABV，温和的香料在起作用，防止它变得过于腻人。令人印象深刻。

格林诺尔 15 年
谷物威士忌，43% ABV。这种单一谷物威士忌喝起来是一种享受，它的甜玉米、糖果、香草和蜂蜜的甜味都很明显，但其弥久的年份使其木质单宁给浅尝时增加了味觉体验。

库利格林诺尔 15 年

康尼马拉"桶装强度"

野猪岛

所有权：纳迪姆·萨迪克
产量：不详

野猪岛（Inish Turk Beg）酿酒厂在爱尔兰的西海岸附近。纳迪姆·萨迪克（Nadim Sadek）为该岛带来了水和电，为游客提供度假住宿，与康尼马拉（Connemara）一起开设了一所骑术学校。他还推出了艺术家驻场计划，与顶级音乐家一起录制爱尔兰音乐，开启了高端海钓业务，最重要的——他还推出了高档威士忌。

购买一瓶野猪岛威士忌，你就会品尝到用岛上波汀桶（poteen）进行部分熟化的口感。它装在一个玻璃瓶里，并利用岛上收集的雨水降低酒装瓶强度。但威士忌既不是在岛上蒸馏的，也没有在岛上度过最关键的熟成时光。这种威士忌实际上是在都柏林北部卢思县的库利酿酒厂生产的，已经陈酿了至少 10 年。

野猪岛"首航"

野猪岛是克鲁湾众多岛屿中最大的一个。

品鉴笔记

野猪岛"首航"

单一麦芽，44% ABV，在波汀桶中熟化，是一款浓郁、饱满、充满果味的爱尔兰威士忌。混合着甜瓜、梨、醋栗和葡萄的风味，但带有一些可辨的盐和胡椒的味道，以及一些显著的单宁和谷类味调。

图拉多

所有权：威廉·格兰特父子公司
产量：不详

图拉多（Tullamore）酿酒厂是一个建在城镇中的酿酒厂，其历史最早可以追溯到 1820 年。酿酒厂在 20 世纪 50 年代停止生产，旧址如今改为威士忌博物馆，这对一个曾经伟大的行业来说是一个悲伤的现实。

图拉多在詹姆逊老家米德尔顿生产了很多年。后来酿酒厂被苏格兰家族公司威廉·格兰特父子公司收购，这次收购让酿酒厂获得了新的生命。

2012 年，图拉多系列被扩展、重新包装，并获得了大量资金支持。扩建仓储和更新装瓶设施的计划已付诸实施，还有人说要建造一座新的图拉多酿酒厂。无论它是否成为现实，我们都有可能在未来看到更多的图拉多系列酒款。

品鉴笔记

图拉多

混合威士忌，40% ABV。几乎保留了标准的爱尔兰威士忌风味，这是一款不断提高的威士忌，获得了大量资金支持。它混合各种水果的味道，有一些油腻的特征，还具有一种令人愉悦的、易于饮用的甜味。

图拉多 12 年

特级珍藏陈酿的混合酒，40% ABV，在曾经酿造过波本威士忌和欧罗索雪莉酒的木桶中熟化。这款混合酒的柔和与顺滑感使它在众多酒款中脱颖而出。

图拉多"黑 43"

三重蒸馏混合酒，43% 的 ABV，在雪莉酒桶中陈酿的罐式蒸馏威士忌额外的强度，使得这款限量威士忌拥有许多爱尔兰威士忌所缺乏的强烈口感。雪莉酒桶被用来强化风味，在这个过程中出现了一种额外的辣味，使这款威士忌的口感有一种持续的、深刻的释放。

图拉多

The Belgian Owl
WHISKY
Barley raised Whisky made in Belgium
BELGIAN SINGLE MALT
HANDCRAFTED
50 cl
Belgian Owl
BELGIAN SINGLE MALT
NOT AGED

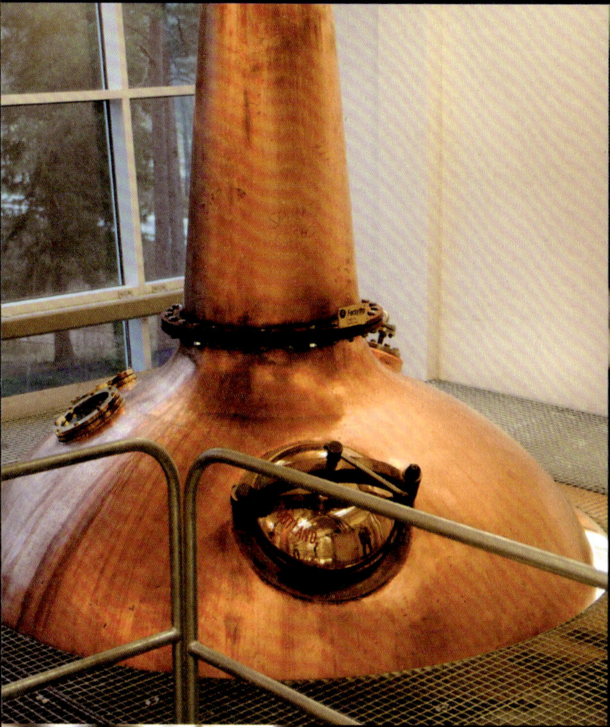

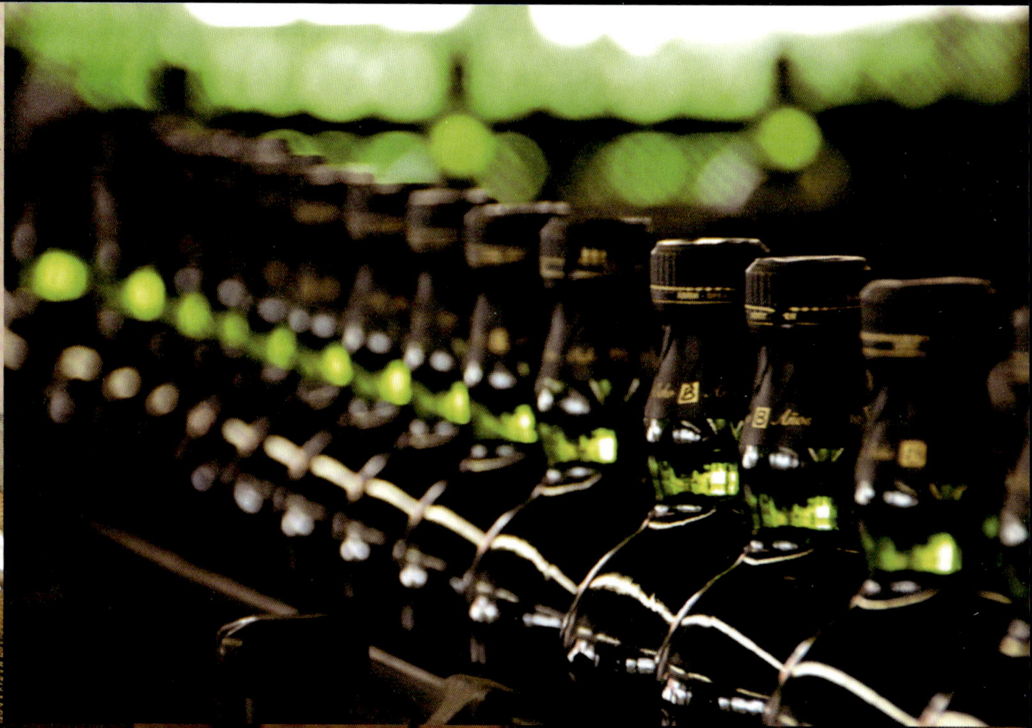

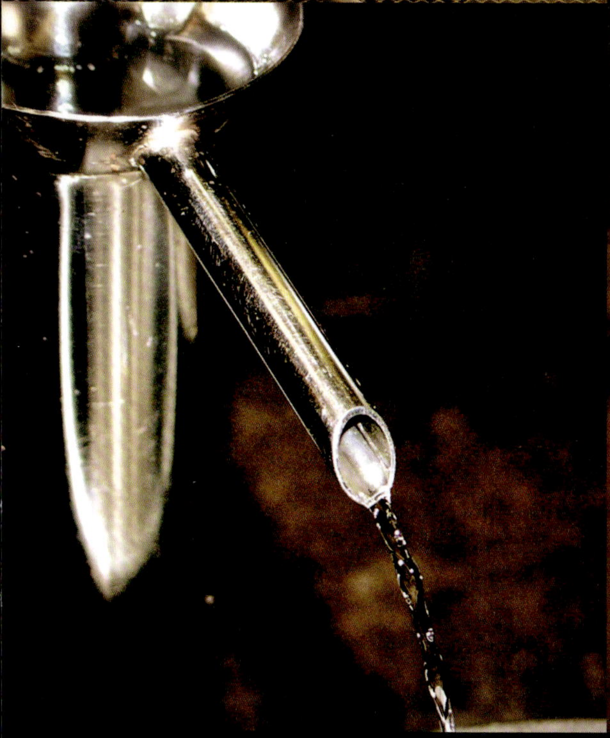

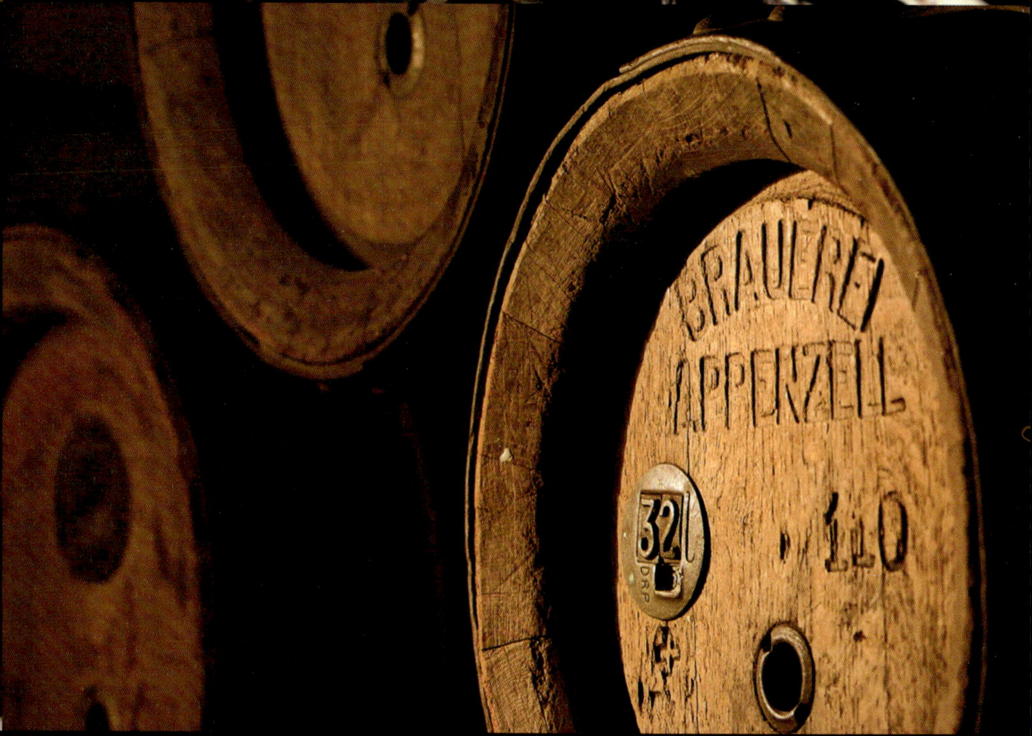
BRAUEREI
APPENZELL
32
110

欧洲

当谈到威士忌制造，没有哪个地区会比欧洲大陆遭到更多的质疑。从某些方面来说这是可以理解的，因为除了苏格兰和爱尔兰，其他地方也没有很耀眼的威士忌文化。尽管欧洲可以夸耀自己拥有着酿造威士忌的关键资源：谷物、酵母和水。例如比利时、荷兰、英格兰及德国，还有法国的某些地区，他们都能酿造出很好的啤酒，而这也是制作威士忌的起点。很多欧洲国家也非常擅长蒸馏，可以制造"荷兰式金酒"（genever）、白兰地（brandy）及各种果味利口酒（liqueurs）。但是，为何威士忌就没有位列其中呢？

产区特点
整个欧洲没有什么典型的地域特点，各种威士忌的类型齐备，包括甜型、果香型、重度泥煤型和香料型。某些国家的威士忌完全不同于苏格兰，它们有自成一派的口味。

作者推荐
法国的"格兰阿莫尔"（Glann ar Mor），比利时的"比利时猫头鹰"（The Belgian Owl），德国的"蓝鼠"（Blaue Maus），威尔士的"潘德林"（Penderyn）都有不错的威士忌，纯净、甘甜，犹如美味的糕点一样。
英格兰的"圣乔治"（St. George）有苏格兰式泥煤和无泥煤威士忌。
麦格瑞（Mackmyra）用瑞典的泥煤和橡木及当地谷物制作出了独特的威士忌，口感很干。

地区盛事
各种威士忌节遍布于欧洲，这些活动都是由《威士忌杂志》组织并在各地举办，其中就包括了巴黎和伦敦。北欧威士忌爱好者可以参加许多巡展活动，比如从瑞典的斯德哥尔摩出发的维京威士忌节。在每年9月，荷兰还会举办被称为"谷仓"的周末露营活动，并且同时在伦敦还会开展一个名为"纯净"的面向年轻人的威士忌音乐节。

毋庸置疑，欧洲确实产威士忌，但是生产已经被高度地方化了，且产量也相对较小。欧洲威士忌的爱好者们已经被大量的来自苏格兰和爱尔兰的威士忌给"惯坏"了，乃至他们几乎对于去寻找一款存在于欧洲大陆某个小众地区出品的威士忌已毫无动力。尽管如此，随着对于高质量的烈性酒的需求达到了历史最高点，并且甚至需求量还在持续增长，相当一些欧洲产威士忌已经蓄势待发要争取属于自己的一席之地。或许时机已到，一些酿酒厂觉得他们对生产优质威士忌已经有了足够的自信，是时候走出国境线向威士忌买家们展示自己的成果了。

如同新兴产区的威士忌，欧洲各家酿酒厂普遍可以归为两大类：一类是有一些酿酒厂在模仿苏格兰式的酿造风格，他们用与苏格兰酿造方法相同的方式去酿造他们的单一麦芽威士忌及调和型威士忌。另一类酿酒厂则是尝试着使用各种新的谷物、新的配方、新的木材种类，乃至某种新的烘干麦芽的方式，以期做出不同风格的威士忌。随着人们对于威士忌的兴趣越来越高涨，支持更加多元化的威士忌产品的发行，以及大量的市场拓展，欧洲的威士忌正在探寻一条属于它们的通向世界威士忌新领域的道路。

我们当中的很多人已不再惊讶于货架上出现的日本威士忌，抑或是印度威士忌。然而，我们也可以看到越来越多的来自威尔士、英格兰、瑞典、法国、比利时及荷兰的威士忌正逐步出现在我们的生活中。

圣乐士（Slyrs）能成为最高水平的酿酒厂得益于从巴伐利亚山脉上流下的纯净泉水。

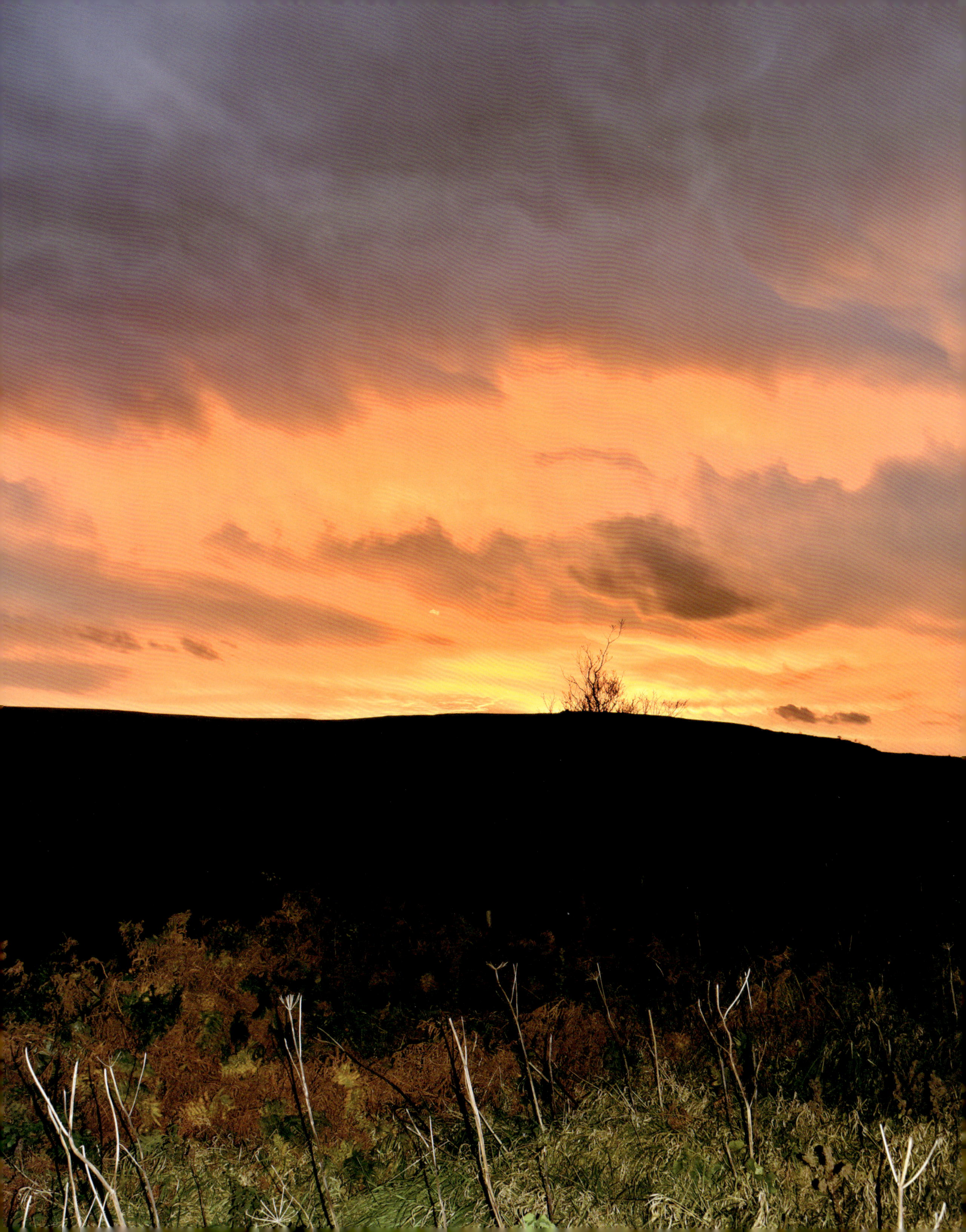

瑞典

瑞典人对威士忌很着迷，所以当麦格瑞在这个国家建立了自己的酿酒厂并成功时，也就不足为奇了。自此之后，很多独立小酿酒厂建立起来，但仍旧是处于早期阶段的初级制造商。当麦格瑞在2012年将自己搬进一个有能力制造大批量威士忌的新酿酒厂的同时，他们迈出了重要的一步，将成立麦芽威士忌联盟（Malt Whisky League）提上了日程。

麦格瑞

所有权：麦格瑞
创始年份：1999年　产量：120万升

麦格瑞酿酒厂已经从仅仅是一群朋友之间的会心一笑开始，成长为了一个苏格兰和爱尔兰之外的最大麦芽威士忌生产工厂。它起源于一场滑雪旅行，一群友人租下了一座山间别墅，每个人都买了一瓶苏格兰威士忌存放在吧台。在饮用这些威士忌时，他们开始开玩笑说，为什么瑞典有着得天独厚的自然条件，却没有生产本土的威士忌。

自那晚以后，他们建立了公司，并开始了酿造威士忌的实验，而公司也常以最为奇特的方式不断地成长。这家酿酒厂的威士忌会在不同的地点进行熟成，譬如在一处矿坑及一座海岛。

一段时间以来，麦格瑞已经成了传统威士忌生产国度之外的一个关键角色，但即使按照其崇高的标准，从2012年开始也很特殊。在此前的10年，它一直为其国内市场提供了威士忌，并且开发了独特且格外优质的瑞典本土麦芽威士忌，随后在2012年通过股票上市及开设一家4倍于以前产量的全新酿酒厂，获取了大量的利润。

这家公司是在千禧年之际建立起来的，它选址在瑞典的斯德哥尔摩北部157千米的乡间，仅有一台改造过的风车和一个牛棚。

瑞典法律规定由国家掌控酒精经销，就像所有其他超过3.5%ABV的饮品一样，麦格瑞新出厂的酒也要通过政府经营的烈性酒商店来销售。鉴于这家酿酒厂的声望，威士忌开卖当天的商店外常常排起长队，而且往往几个小时内就会销售一空。因为这个原因，与许多新兴产区的威士忌的情况一样，到2011年为止仅有一小部分的麦格瑞威士忌能够出口。

麦格瑞酿酒厂坐落于耶夫勒西边博塔尼亚湾（the Gulf of Bothnia），有着一条覆盖着针叶林的未开发的海岸线，还有几处传统的村落。

麦格瑞向世界的进发

在2011年12月底，酿酒厂新的设施正式启用，这意味着麦格瑞终于有能力增产，并朝着世界级的成功拾级而上。营销范围覆盖整个世界，其中包括美国和英国。

"酿酒厂投入了巨额资金，"市场经理拉斯·林德伯格（Lars Lindberger）说，"建造工程始于2010年11月，所以这差不多花费了我们整整一年。我们努力地让这里成为一家环境友好型的酿酒厂，在所有可能的地方都进行能源再利用。我们使用生物燃料加热，而且还利用了重力——我们把水、麦芽和酵母升高，然后在酿造过程中自然落下。据我们所知，如今我们是唯一一家使用这项技术的酿酒厂。我们将这片新区域命名为'麦格瑞威士忌村庄'，这里距离'麦格瑞磨坊'及另一处酿酒厂几千米远。在威士忌村庄，我们也为顾客建造了一个库房来存放30升的客户桶，现在在那个库房里已

麦格瑞"磨坊威士忌"

经存储了 2,500 桶了。"

威士忌村庄

麦格瑞威士忌村庄就在耶夫勒城外，距离阿兰达机场一个半小时的车程。这里的产量比之前高了 4 倍，达到令人难以置信的 120 万升。"2011 年是伟大的一年，发生了很多重要的事情"，林德伯格说到，"新酿酒厂及威士忌村庄成了最大的事，但是对于接下来几年的财务筹划也已经就位。我们可以更好地将业务拓展到瑞典和斯堪的纳维亚半岛之外，从 2010 年 4 月开始，我们的同事乔纳森·卢克斯（Jonathan Luks）已经常驻纽约了，你现在可以在曼哈顿的 25 家商店及 20 家餐厅中找到我们的'初版'威士忌，我们要从那里开始扩张。我们也曾 4 次拜访中国，有许多中国人对我们的威士忌都表示出了极大的兴趣。"

林德伯格说："我们在市场覆盖方面也做得更好了，比如在法国和西班牙。我们现在拥有超过 50 个雇员，正在扩大规模。我们可以发售各种有趣的酒款。在'特选'（Special）系列之下制作了限量版装瓶，并且发售了一些小产量系列，例如'时刻'（Moment）系列。在瑞典我们仍然是在'顶级'和'超顶级'分段中最畅销的麦芽威士忌。"这是重要的一年，麦格瑞接下来要去向何方？

维京人发明了威士忌？

在 2011 年建造新厂的过程中，建造者们发掘出了一座古老的坟墓，正好就在通向酿酒厂的新路上。这里埋葬的一定是一位富翁：他身着一件高贵的长袍，并且还殉葬了一些马匹、狗和猫。考古学家在这片墓地还找到了很多大麦。这或许是那位传奇的维京人奥姆（Orm），那个被认为在北欧一带发明威士忌蒸馏的人？果真如此的话，这里是否就是他掌握制作麦芽威士忌技艺的地方？麦格瑞的人们肯定乐意这么想，而这家新酿酒厂也会将威士忌的故事继续传颂下去。

品鉴笔记

麦格瑞"初版威士忌"

单一麦芽，46.1% ABV，在瑞典橡木桶里熟成。标志性的盐和矿物质组合而成的瑞典大杂烩的风味被调配到其中，而后隐约的桃子、杏及柑橘的核心水果风味呈现出来。香草和糖果香气压过了胡椒香气，使得这款酒成了一款简单易饮的美酒。

麦格瑞"磨坊威士忌"

单一麦芽，41.2% ABV，在瑞典橡木桶里熟成。直到这款酒发售，你通常都不会将精美、巧妙、复杂这些词汇与麦格瑞联系在一起。然而，这款酒则是麦格瑞的清淡版，一款精美、巧妙且复杂的威士忌，被设计用来招揽新一代的威士忌爱好者。

麦格瑞"时刻威士忌"系列

不同的酒精度，多种桶的熟成方式正如一个要追寻根源的摇滚乐队，在为粉丝们演奏乐队出道之时的经典歌曲，"时刻"系列研发出了各种古怪且奇妙版本的麦格瑞，它们中的大部分都回归到最浓重的盐味和泥煤味。其中也有一些带有水果香甜的惊喜之作，但大多数则是麦格瑞的激流重金属音乐风格（thrash metal）——黑暗且厚重。

麦格瑞"初版威士忌"

麦格瑞"时刻威士忌"

英格兰

英格兰曾面临过在一个多世纪的漫长时期中没有一家威士忌生产商的局面，而如今其已经有4家拥有不同阶段产量和不同程度投入的生产商。迄今为止，最先进的是诺福克的圣乔治酿酒厂，该酿酒厂于2006年11月投入运营，但英格兰最古老的威士忌酿酒厂比圣乔治酿酒厂的诞生要早一年，是由康沃尔郡的苹果酒农场和啤酒厂合作生产的。

英国威士忌公司出品，"第7章"威士忌

圣乔治

所有权：内尔斯卓普家族
创始年份：2004年　产量：21万升

当英国威士忌酿酒师大卫·菲特（David Fitt）被问及他和他的团队是否可以继续生产优质威士忌时，同时还是继圣乔治5年熟成威士忌和新版本"第7章"（Chapter 7）朗姆桶陈年威士忌的推出又一次受到好评时，他不得不如此回答："我不认为我们继续前进会有什么困难。难免有一天我们会制造一款人们不喜欢的威士忌——我很肯定这一点。不是因为我们想要这样，而是因为你不可能一直取悦所有人，威士忌就是如此个性化的饮品。"你会怀疑这种事情是否会发生或者何时会发生，菲特一定会兑现他说的话，他不会因为一个小挫折就原地踏步。

冲向成功

从一开始，农民詹姆斯·内尔斯特罗和安德鲁·内尔斯特罗就将目标定为制作优质的威士忌，他们拒绝偷工减料。从取得英格兰东部诺福克郡深处的乡村酿酒厂的规划许可，到开始蒸馏烈性酒，他们仅仅用了11个月的时间。

在2006年底，他们用上了佛塞斯（Forsyths）的设备蒸馏烈性酒，并运用着出色的苏格兰蒸馏大师伊恩·亨德森（Iain Henderson）的技术，在此之前亨德森曾经为包括拉弗格（Laphroaig）和格兰威特在内的酿酒厂工作。不仅如此，酿酒厂的第一波出酒已经足够好到可以放入桶中熟成了。自此以后，成功接踵而至，从一开始就如此顺利，是因为当他们的威士忌熟成3年后就开始装瓶，这最开始

这家在诺福克郡乡间塞特河边上的酿酒厂，借鉴了苏格兰威士忌的酿造传统。

小故事　英格兰的期望

作为第一家威士忌装瓶商，圣乔治酿酒厂已经有上百年的历史了，但它并不是第一家在21世纪进行蒸馏的酿酒厂，目前英国像这样的酿酒厂不少于4家。阿尔弗雷德·巴纳德在其19世纪出版的权威著作《英国的酿酒厂》（The Distilleries of the United Kingdom）当中写下了很多家英国酿酒厂，其中大多数酿酒厂都会酿造威士忌，但最终会运往北方用来添加到苏格兰调和型威士忌当中。最后一家被拆除的酿酒厂的原址现在伫立的是伦敦奥林匹克体育场。让英格兰再度生产威士忌的计划正在进行中，人们要求改革英国的酿酒法案以便为更多的小型酿酒厂提供便利，该行为使立法者面临的压力越来越大。

的存货量仅在半天之内就被一扫而空了。

圣乔治与许多其他初出茅庐的蒸馏企业的不同之处在于，从酿酒厂的早期阶段，他们就参考了苏格兰威士忌的蓝图，并且只要一有机会就会做出微调。这甚至包括了一些简单的事情，比如木桶储存：为了避免这样一个小型蒸馏团队将木桶移入和移出仓库进行灌装和清空时的卫生和安全问题，酿酒厂创建了一个系统，通过该系统可以就地使用每个木桶，并且可以在不移动它的情况下灌装和清空。

酿酒厂的多元化

至于威士忌本身，这家酿酒厂提供了非常多元化的选择。考虑到伊恩·亨德森的历史，你或许期待着那里有一系列的泥煤桶，那里不但有，而且比你期待的更多。亨德森及其后的继承者，前任格林王（Greene King）的酿酒师大卫·菲特，都表现出想要在桶的类别上进行实验来以便对威士忌进行重新过桶（recask）的意愿，事实上相较自然变化的进程，他们更喜欢在这之前使用自己创造的二次灌装桶技术（second-fill casks），并且从这一步开始的结果是显而易见的。

根据菲特的说法，这款广受赞誉的"第 7 章"朗姆桶陈年的威士忌所呈现出的味道不过是冰山一角。"我们在库中对酒桶的使用进行了一些真正的混搭，我正在密切关注着其中的一些"，菲特说到，"举个例子，用葡萄酒桶代替在收尾阶段过桶威士忌，我们实际上是在这些桶中进行全部熟成。莫斯卡托桶（Moscatel）和苏玳桶一起混用真的非常棒。"

品鉴笔记

英国威士忌公司出品，"第 6 章"
单一麦芽，46% ABV。令人愉悦且百饮不厌的麦芽威士忌，有着柠檬和苦橙的味道，还带有新鲜大麦的甜味和灿烂且跃动的香草味，并且还有着些许胡椒气息，赋予其浓郁的酒体和深度。

英国威士忌公司出品，"第 7 章"
单一麦芽，46% ABV，朗姆桶熟成。这是一款充满了甜味朗姆和葡萄干的味道，并且将水果和甜炼乳的味道全部融为一体的威士忌。有一丝丝嫩麦芽的气息，但整体的感受是干净且凝练的。

英国威士忌公司出品，"第 11 章"
单一麦芽，59.7% ABV，原桶装瓶强度。圣乔治发售的第一款顶级别的"怪兽"，一种咆哮着的、浓郁的、带有醇厚的柑橘香气、绿色水果和樱桃风味的威士忌。它彻底平衡了这些元素并且有着醋栗和泥煤的尾韵。

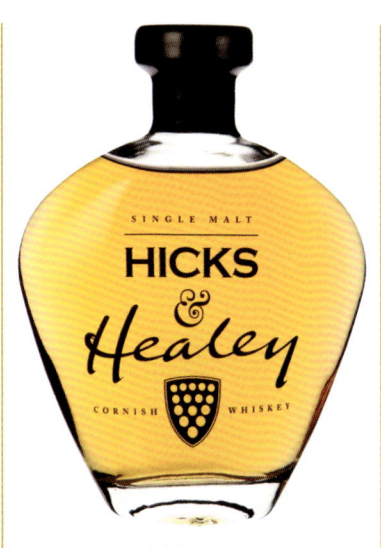

希克斯和希利

英国威士忌公司出品，"第 11 章"威士忌，原桶装瓶强度

阿德纳姆斯啤酒厂
地区：萨福克郡

这家创新的酿酒厂坐落于东盎格鲁海岸线，恰好完美地坐落在未开发的维多利亚海岸的南沃德（Southwold）度假地的中心。这家酿酒厂以其麦芽啤酒而闻名，并涉足烈性酒领域。如今酿酒厂已经制造出了不同寻常的伏特加和杜松子酒，从谷物到玻璃，使用的都是纯天然产品。该公司还在陈酿麦芽酒，从 2013 年底开始装瓶。有 3 款迷人的核心产品威士忌会在此酿酒厂熟成：熟成于未被使用的橡木桶中标准的单一麦芽威士忌；使用 60% 的小麦和 35% 的大麦，以及 5% 的燕麦美式威士忌；再加上 100% 纯黑麦威士忌。

希克斯和希利
地区：康沃尔郡

在康沃尔郡，希利（Healey）酿酒厂在家族运营的农场中将苹果酒蒸馏成苹果白兰地。2000 年，这家公司与当地的圣奥斯特尔（St Austell）啤酒厂达成了合作，生产少量的威士忌。2011 年，他们将 7 年陈酿装瓶发售，令其成了英格兰陈年最久的威士忌。他们未来酿造威士忌的广度仍需观察。

希克斯和希利威士忌（单一麦芽，68%ABV，原桶装瓶强度），具有苹果酥和香草冰激凌的口感，混有一些肉桂味。

千湖酿酒厂
地区：坎布里亚郡

酿酒厂在 2011 年底获得批准，并于 2012 年秋季开始生产第一批烈性酒。因此，第一批酒在 2015 年才上市。几年来，湖区（Lake District）的酿酒厂一直在计划中，而之前的项目已经停滞不前。但在克服了可以理解的严格规划限制后（湖区位于自然保护区内），这家酿酒厂的未来看起来很光明。该地区吸引了大量游客，它与苏格兰的酿酒厂有很多共同之处。

威尔士

威尔士的威士忌制造业正面临考验。由于禁酒运动的力量，酿酒业历来都让人眉头紧皱。很多酿酒师横跨大西洋，而他们的技术则帮助收留他们的国度建立起威士忌产业。近年来，一些复兴威尔士威士忌产业的尝试大多也是令人失望的。这种情况一直持续到了威尔士本土威士忌公司的成立。

潘德林"波特桶"

小故事

独立且团结

吉莉安·麦克唐纳表示："成为威尔士境内唯一一家酿酒厂真的是太棒了。自2004年的'圣大卫节'成立以来，威尔士的人们已经接纳了潘德林的一切，并且支持这家酒厂的成长。它真的成了威尔士引以为豪的标志。但与此同时，很高兴看到更多的酿酒厂在世界各地开业，因为这增加了威士忌世界的多样性。越多越快乐！我认为人们有兴趣了解尽可能多的信息，并意识到不单是苏格兰人也能酿造出优质的威士忌。消费者有兴趣了解制作威士忌的不同方式，而这也会抓住全世界消费者的眼光。"

潘德琳

所有权：威尔士威士忌公司

创始年份：2000年　产量：70万升

如果你决定蒸馏麦芽威士忌，你有两种基本选择：你可以试着模仿人们在苏格兰使用的久经考验并且广受信任的系统，此系统在苏格兰被证明行之有效。或者你可以撕掉一切的书籍并发明一套全新的系统来酿酒。

后者就是人们在潘德林（Penderyn）酿酒厂所做的事情。通过呼唤拥有完整威士忌酿造技术的"修理先生"（Mr Fixit 是一个电信设备修理公司）吉姆·斯万博士（Dr Jim Swan），以及大卫·法拉第（David Faraday）博士，他与电力领域著名的科学家迈克尔·法拉第（Michael Faraday）有直接联系——他们发明了一套全新的蒸馏系统，潘德林的管理方式进入了一片未知领域。前任蒸馏主管吉

这家酿酒厂得益于其选址，它就在国家公园当中，紧挨着风景如画的布雷肯山。

莉安·麦克唐纳（Gillian Macdonald）不是唯一的女性蒸馏师，但在她被任命时，女性蒸馏师极为罕见，这也解释了这家酿酒厂的与众不同之处。"我们有很多不同点，"她说到，"首先，酿造不是在酿酒厂完成的，而是由一家独立的酿造商按照我们的规范完成。而在苏格兰，法律规定酿造必须在所属酿酒厂里完成。卡迪夫（Cardiff）的'布莱恩啤酒酿造厂（Brains Brewery）'只从英国采购麦芽并且在发酵的过程中只用自己的酿酒酵母，由此生产出一种风味十足的带有果香的发芽大麦原酒，而后这种大麦酒会被运送到我们的酿酒厂。然后，就由我们的法拉第蒸馏罐发挥作用。潘德林有着一套独特的'单壶'（single-pot）系统。比起传统的双壶设备，它会生产出一种有着更高强度的烈性酒。我们的产品馏分（product cut）的酒精度差不多是

86%–92%，而典型的苏格兰威士忌馏分则是 65%–75%，其结果就是我们生产出了一种不同类型的烈性酒，比典型的苏格兰式口味要轻，保留着麦芽汁（malted barley wash）的果香特征。"

熟成的重要性

　　威士忌在酿酒厂中熟成有很多种不同方式。大多数熟成都用的是美式波本桶，但是在最后 6 个月当中则会放入马德拉（Madeira）酒桶中。经过 4 年的熟成——相比苏格兰威士忌，时间较短，但是对于潘德林已经足够了，并与世界各地的许多酿酒厂不同，4 年期一到，所有威士忌会倒出装瓶。其结果就是每一批的风味都略有不同，因此每个瓶子上都标注了年份和月份。

　　这家酿酒厂制造 3 种类型的威士忌——上述的标准款、一种雪莉桶型及一种泥煤型。但要再说一次，这与传统意义上的苏格兰风格泥煤不同。"我们潘德林的'泥煤'版本实际上是一种没有泥煤熏过的泥煤"，麦克唐纳解释说，"我们不会用泥煤熏制麦芽，这种泥煤风味是通过使用之前装过泥煤威士忌的苏格兰桶来赋予的。这些酒要么是完全在这些桶中熟成，要么是被转移到这些桶中熟成一段时间，让酒能够萃取出那种泥煤风味。"

品鉴笔记

潘德林"马德拉版"威士忌

　　单一麦芽，46% ABV，在马德拉酒桶中完成熟成。威士忌中的芭蕾舞者，带着一种不寻常的利口酒品质，有某些花香，几乎是香水的香调，并且还有某些复杂的水果香气，这都让它成了一款独特且有趣的威士忌。

潘德林"泥煤版"威士忌

　　单一麦芽，46% ABV。它如走钢丝一般游弋于两种情况之间：一方面它有一种反衬出香草、杏和柑橘水果的香气的醒目又刺激的泥煤味；一方面它有着一种烟熏味和水果味的更加舒服的风味。在某种程度上，它也是两边不讨好，泥煤味让干净的水果味变得杂乱，但又不足以刺激喜好泥煤的人们，总之是一款耐人寻味的威士忌。

潘德林"波特桶"威士忌

　　单一麦芽，60.6% ABV，在波特桶中完成熟成。波特桶是否会取代雪莉桶成为威士忌的特质的来源？具有丰盈、充沛的红酒气息，美味且复杂，这款潘德林可谓最佳。

潘德林"泥煤版"　　　　　　　　潘德林"马德拉版"

西班牙

虽然西班牙长久以来都有饮用威士忌的传统，但直到 2011 年它才拥有第一家属于自己的酿酒厂。西班牙威士忌（Destileríasy Crianza，简称"DYC"）现为"金宾全球酒业集团"所拥有，并且还是一家"一站式"的威士忌商店。

西班牙威士忌

所有权：金宾全球酒业集团
创始年份：1958 年　产量：不详

在马德里以北开车一个小时左右，你会发现自己会身处于历史悠久的塞戈维亚的小镇当中，这是一个非常古老的小镇，镇上最夺人眼球的是一条古罗马时代的水渠。人们通常不会将西班牙与威士忌联系起来，到了冬天，这里可是苦寒之地，山顶有积雪覆盖，而威士忌也看起来并非遥不可及。

在几十年的时间里，DYC 就在这附近酿造威士忌。在很多年的时间中，这家酿酒厂是一个隐秘的存在，但自从度过了 50 周年纪念日后，就成了塞哥维亚旅游路线的一部分，这真的是它应得的。

DYC 是一家很大的酿酒厂，也是金宾全球酒业集团的一部分，为游客提供出色的观光和试饮，我们能在这里发现西班牙式的建筑和威士忌酿酒厂的融合。他们在此制作了一系列的烈性酒，其中还包括倍受推崇的拉里奥斯（Larios）牌优质金酒；也有壶式蒸馏器制作麦芽酒产品，以及柱式蒸馏器制作的谷物威士忌产品；他们在这家酿酒厂现场对酒进行调和、装瓶并且制作礼品，这就是其运作方式。

DYC 的进步

DYC 的奠基者唐·尼克门德斯·加西亚，从 1919 年开始就一直参与到烈性酒的生意中，在他刚满 18 岁，就接手运营了他父亲的小酿酒厂。直到 1958 年，在去了几次苏格兰学习了威士忌制作的奥秘之后，他才建立了 DYC。该酿酒厂于次年开始蒸馏并且在 1963 年装瓶售卖。

DYC 是一家不断进步的酿酒厂。多年以来，它曾满足于为世界最大的威士忌饮品交易市场之一提供西班牙本土调和威士忌。它也生产一种被称为是"纯麦"（pure malt）的酒，它是由酿酒厂生产的麦酒与各种由金宾提供的麦酒混合而成的，其中包

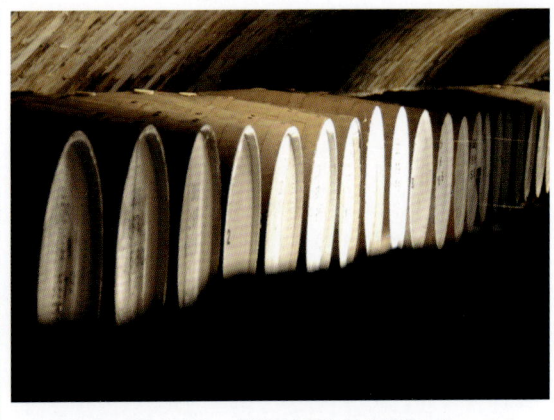

熟化在美国橡木桶中进行，烈性酒主要为国内市场生产。

括了阿德摩尔（Ardmore）和拉弗格（Laphroaig）。但是他们的单一麦芽威士忌推出后，事情开始变得有趣——首先是一款 8 年陈酿，然后是一款 50 周年纪念装瓶，然后又是一款 10 年陈酿，每一款都比上一款更优秀。塞戈维亚已经因为其美食和该地区出产的高质量葡萄酒而闻名了。如今它也试图将威士忌和 DYC 酿酒厂列入其美味供应的核心部分，这一举措预示着未来的美好发展。

"我们鼓励人们在挑选威士忌的时候来上一款'塞戈维亚'威士忌"，当地的导游说到，"我们有一些值得骄傲的东西，但我们从来没有恰当地展示过它，现在正是改变的时候。"

品鉴笔记

DYC "纯麦"威士忌
调和型威士忌，40% ABV，混合了 DYC 和各家苏格兰酿酒厂的单一麦芽。从好的方面来说，它是一款口感柔顺、果香浓郁且易饮的酒；不好的一面是，它太"害羞"了，不想被过度冒犯，还试着做到八面玲珑，但这不会让任何人感到刺激或者额外之喜。

DYC 8 年陈酿
调和型陈年威士忌，40% ABV，混合了各种谷物，你会不禁赞叹它的组合如此美妙，它命中了甜味的靶心，并且有着一种不错的果香。就把它当作一款轻松的、顺滑的、有趣的威士忌吧，这样去想不会让你失望的。

DYC 10 年陈酿
"精选之桶"单一麦芽威士忌，40% ABV，在使用过的波本桶中熟成。在这款混合着淡香草及黄色水果味的核心麦芽酒中，包裹着一种讨喜的胡椒香味。这使得其成为迄今为止 DYC 最出色的单一麦芽酒，并且暗示着之后还会有伟大的作品。它仍然是轻盈的、裹着糖衣的易饮之酒，但酒体的口感更醇厚，回味宜人。

DYC 10 年"精选之桶"

法国

法国以其葡萄酒而闻名,以至常常被忽略一件事,这个国家提供的酒精产品其实更加多元,在其北部的酿酒传统中用得更多的是苹果和谷物,而非葡萄。诺曼底地区出产品质极好的苹果西打和卡瓦多斯苹果白兰地,而布列塔尼地区则有着一颗凯尔特人的心,在那里啤酒和威士忌很容易就融入其中。尚未有一个明显的布列塔尼风格,但这个区域的酿酒厂正在生产质量越来越好的威士忌。

立石阵酿酒厂

所有权:居伊·勒雷
创始年份:1986年 产量:2.5万升

布列塔尼的特色在于当地的苹果和以苹果制成的饮品——旁姆酒(Pommeau)、西打、格温纳瓦拉酒(gwenaval,一种白兰地)及兰比格酒(lambig,一种苹果白兰地)——这些都是居伊·勒雷在决定转向威士忌之前所关注的产品。在他把自己的计划付诸实践之前,他已经经过深思熟虑,他的主要目标是确保他在威士忌蒸馏业务中采用与苏格兰生产商相同的高标准。因此,他没有使用他现有的苹果酿酒厂,而是投资了一个单独的工厂。

立石阵(Des Menhirs)酿酒厂的名字源于耸立的石阵,指的是崎岖而偏远地区的当地景点之一。为了生产一种具有独特风味的烈性酒,勒雷并没有用发芽大麦,而是用了当地的荞麦,在法语中它被称为"黑麦"(blé noir),在布列塔尼语中是"埃杜"(eddu)。"埃杜"系列产品是否真的算是威士忌,这些问题尚有待商榷,但毫无疑问的是这家酿酒厂正在制造不同寻常的烈性酒。

品鉴笔记

埃杜"银标"威士忌
单一麦芽威士忌,40% ABV。这是一款酒体饱满并且风味十足的单一麦芽威士忌,带有花果的香调,以及丁香和肉豆蔻的风味,余味有一丝焦糖的味道。

埃杜"金标"威士忌
单一麦芽威士忌,43% ABV。一款大气、骄傲的威士忌,必要的元素都出现了。具有清新的春天气息,天鹅绒般丝滑且讨喜的桃子和杏子口味,还有舞动的香料和橡木桶香气。

埃杜"灰岩"威士忌
调和型威士忌,40% ABV。混合了30%的埃杜威士忌和70%的谷物威士忌,令人愉悦,易饮,带有柑橘、桃子和一些更尖锐的苹果香调。

瓦罕哥姆酿酒厂

所有权:瓦罕哥姆
创始年份:1900年 产量:不详

与欧洲许多其他酿酒厂一样,瓦罕哥姆(Warenghem)酿酒厂建立起来是为了制造水果利口酒,以及蒸馏丰富的本地苹果作物。然而,就像立石阵酿酒厂一样,它已经改变了布列塔尼地区传统中制造苹果白兰地的传统,将重心放在威士忌的产品上。

这家酿酒厂有着可以超过百年的历史,但只有到了千禧年之际它才关注起威士忌。它的主要威士忌名为"阿莫里克"(Armorik),此外除了标准版,这家酿酒厂还通过使用不同的桶,以及雪莉桶收尾的方式试验了双重熟成酒款。这里也有一款调和型威士忌名为"布列塔尼威士忌",这是一款令人愉快、丰满且易饮的酒。

虽然布列塔尼如今拥有多家威士忌酿酒厂,但它仍然没有开发出一套共通的系列。在这一地区的3家酿酒厂中,瓦罕哥姆酿酒厂是一家在品鉴印象上最为接近苏格兰威士忌的酿酒厂。

品鉴笔记

阿莫里克"经典"威士忌
单一麦芽威士忌,46% ABV,非冷凝过滤,在不同的橡木桶中熟成。装瓶的酒龄比较短,或许只有5年,并且运用了美国和布列塔尼橡木桶。这是一款走向正轨的威士忌,在它丰润多汁的香调褪去后,取而代之的是活泼的具有气泡感的大麦香和苹果的果香,并且有一种令人愉悦的浓郁香料和香草、盐以及胡椒的香调回味。

阿莫里克"雪莉桶"威士忌
单一麦芽威士忌,42% ABV,在波本桶中陈年并以雪莉桶过桶。仍然保留着绿色水果、盐及胡椒和香草的气息,但是雪莉桶增加了一种凝重的红色浆果和柑橘果香。

阿莫里克"初版"

埃杜"银标"

格兰阿莫尔

所有权：吉恩·唐尼
创始年份：2004 年　产量：不详

法国的酿酒师做得非常出色，以致当我们谈到法国的饮食时，我们不可避免地会想到葡萄酒，或许也有白兰地，可能还有卡瓦多斯苹果白兰地酒。而想到啤酒、西打和威士忌可能性则要小得多。然而这 3 种酒都在该国北部有一席之地，而布列塔尼威士忌则正是这其中很大的一部分。这里的气候非常适合谷物生长，因此也适合酿造啤酒和威士忌。吉恩·唐尼生产了两款截然不同的威士忌：一款是以酿酒厂名命名的充满甜美果香的产品，以及一款被称为"蔻赫诺"（Kornog）的泥煤酒款。这家酿酒厂坐落在一个风景如画、地面崎岖不平的地方，靠近大海。

开拓与试验

格兰阿莫尔是一款有待完善的产品，但每一年这款酒的酿造标准都在变得更高。2012 年，对 2008 年建造的原始酿酒厂进行的扩建工作也已完成。但是，唐尼说仍然有很长的路要走，而且进展要比他想象的更慢一些。"我们仍然不得不在威士忌熟成刚满 3 年的时候就进行装瓶，幸运的是，我们享受现有的异常有利的成熟条件，这不是问题，"他说到，"但我迫不及待地期待着那一刻，即我们的熟成储货能允许我们在稍微多陈年一些的时候再进行装瓶。我们每年都会比前一年多生产那么一点儿，但我们距离酿酒厂满负荷生产仍然有着很长的一段路要走。此刻，我最先要保证的还是稳定的一致性，建造一家新厂肯定不是容易的，但是我对于我们目前装瓶的产品一致性还是感到满意的。提供更多拥有异国情调表现的产品很容易，但这不是优先事项。一致性意味着你每一次只能进行很小的调整以取得进展。这样做会防止你犯错。但是从另一方面来说，你需要付出一些代价。我总是不断问自己很多问题，比如'如果我做的调整是此非彼，那么将会发生什么？'"

唐尼补充道："我最终尝试了这些调整中的一小部分。在威士忌的传统制造过程中，其实没有什么真正新鲜或者不寻常的，只要有很多小的调整就能制造出明显的差异。不过，这事情自然只有时间才能真正表明是相关还是无关。"

来自苏格兰的影响

虽然这一地区的酿酒厂之间彼此交流，但唐尼不相信有某种布列塔尼的类型正在形成。"只有 3 家布列塔尼酿酒厂提供威士忌，分布在一个很小的范围内，我们以某种方式想方设法地拥有非常广泛多样的威士忌类型"，他说到，"我并不把我的参考对象是苏格兰作为秘密。这并不意味着我要模仿苏格兰威士忌。我在自己的酿酒厂做很多事情，就像他们在苏格兰做的那样，但也有很多事情是我按照自己的方式做的。再说一次，小的调整也会带来显著的变化。"

凯尔特的个性

无论未来如何，唐尼相信他生产的是布列塔尼威士忌，而不是法国威士忌。"对我来说，不论它以前是什么，格兰阿莫尔现在是一家布列塔尼的酿酒厂，它位于法国这反而是次要的。只有时间会证明一切，但我认为布列塔尼会最终成为一股威士忌的势力。威士忌是一种凯尔特人的饮品，它是各种不同传统之中的某个独特文化的一部分，但也与地理环境和气候相关。

布列塔尼不盛产葡萄酒，而盛产谷物。当你拥有谷物而非葡萄的时候，你会生产啤酒，而当你生产啤酒的时候，你就会蒸馏它并且制作成威士忌。布列塔尼有着很长的制造啤酒的传统，它的历史可以至少追溯至 19 世纪中叶，尽管难言其规模有多大。"

品鉴笔记

格兰阿莫尔

单一麦芽威士忌，46% ABV。酒龄较短，它仿佛是在杯中呈现出来的甜蜜和轻快欢乐的夏天，带有柔和的灌装梨味，还有丝柔的苹果、甜葡萄和浆果味。它是一款简单且直接的麦芽酒，却完美无瑕，具有新鲜的果香。

蔻赫诺"泥煤之子"

单一麦芽威士忌，46% ABV。如果你怀疑法国有能力生产世界级的威士忌，那你就需要尝尝一款。这是一款艾雷岛泥煤风格的愉悦之酒，混有着苦味的柠檬和黑巧克力味，而且在各种能够想到的风味之间达到了最佳的平衡。没有弱点，悠长的泥煤尾韵很出色。

凯尔特的基因

当吉恩·唐尼宣称格兰阿莫尔是一家"凯尔特酿酒厂"的时候，他一直被一个世纪以来在布列塔尼人和英国的凯尔特人之间的亲缘关系所吸引，苏格兰人、威尔士人、康沃尔人等长期以来一直认为自己的国家与英国和法国两个"伙伴"有所不同。一部分凯尔特人从盎格鲁-撒克逊人的入侵中逃离，他们从康沃尔半岛出发，定居到了布列塔尼，开启了一段共享语言、文化和贸易的漫长历史。在之后的几个世纪当中，威士忌很可能在英吉利海峡两岸运输的货物中占有一席之地，因此布列塔尼人再次吹捧自己的威士忌酿酒厂并没什么不妥。

格兰阿莫尔

蔻赫诺"泥煤精灵09"

比利时

比利时因其啤酒而闻名，从某种程度上来说，它的荷兰式金酒（genever）也有些名气。荷兰式金酒和麦芽威士忌之间的差距比较细微，而啤酒是威士忌的基础。比利时拥有3家酿酒厂，而其中销售最好的产品来自"比利时猫头鹰"（The Belgian Owl）酿酒厂。

比利时猫头鹰

所有权：埃添·布隆
创始年份：2004年　产量：不详

几乎没有什么酿酒厂的访问活动能让你完全沉浸在当地文化之中，除非你去一趟比利时猫头鹰酿酒厂。乘着火车，你可以抵达列日（Liège）的城市中心。这是一座极具历史感的城市，它坐落于欧洲的心脏，这使得它既是一个文化熔炉，也是一系列文化的十字路口。这一地区几个世纪以来一直被反复争夺，城市见证了无数战争，举办了无数胜利庆祝活动。因此，列日是一个懂得如何欢聚的城市，美食和饮料融入当地社区的文化中，一家威士忌生产商在此摆下货架也不足为奇。

这家酿酒厂自身也进一步反映出创造它的地区环境。它在3个地点运营——一处在乡间，一处在郊区，一处则在工业城市当中。这种独特的运营方式是自然而然发展出来的，但这并不完全是威士忌制造者埃添·布隆（Etienne Bouillon）想要的结果。"我长久以来一直期望在一个地方完成所有威士忌的酿造，并且我希望能尽快实现，但这显然比我想要花费的时间更久了一些。"他说道。

小规模的运营

布隆对待他的威士忌十分认真，他的技术一部分师承传奇人物吉姆·麦克尤恩（Jim McEwan），这位威士忌制造者曾就职于苏格兰艾雷岛的布赫拉迪。麦克尤恩有时候仍然会到这里露一面，并且对每一种装瓶产品提供一些建议。

你可以理解为何这二人相处甚欢，布隆是风土概念的拥护者，他的威士忌是在他的一位投资者的农场附近成长起来的。由于这次机缘，他得以解释这里的土壤成分，以及为何这里是生长大麦的理想地点，并且可以提出十分确信的证据来解释为何这种特别的大麦在对熟成的威士忌会产生影响。这种麦芽会拿去发芽，接着在这个农场中发酵，然后再

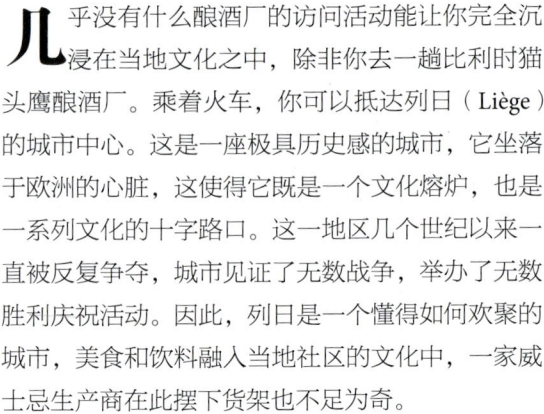

小故事

名称之源

"比利时猫头鹰"那极具特色的包装及其独特的商标——一只猫头鹰伫立在一根枯树枝上，都表明埃添·布隆对市场营销多少有些了解。其名字出于好奇心，它源自一则古老的民间传说，关于一个猫头鹰魔法师将一条肮脏的小溪流的水变得纯净，随后教会当地民众如何制作纯单一麦芽威士忌的故事。

比利时猫头鹰"比利时单一麦芽"

列日这座迷人的城市坐落在默兹河畔,一直都是文化的温床。

送去酿酒厂所在的郊区。实际上,这个"酿酒厂"似乎多少有些太过浮夸。这幢建筑更像是一个美化过的车库或者库房,用一些酒瓶样品、包装、海报及一些有关"比利时猫头鹰"的剪报新闻装饰。厂里的蒸馏器本身就是一个历史的珍品,一个装饰过的超大尺寸的红铜壶装在一个带有轮子的木车上。"这是法国式的,"布隆解释道,"葡萄园主们都曾租用过它,它的拥有者会把它搬到乡间各处,用来把葡萄酒蒸馏成白兰地。"

布隆感到无比的自豪。"这是一种小型运作方式,但是我能够把我的时间都用来保证烈性酒能达到的最好的品质,我对此倾注了全力。"他说道。

强力甜型威士忌

蒸馏完成后,威士忌就会被转移到一个木桶中,而当这个木桶装满后就会被运送到最为奇特的熟成仓库当中。仓库靠近一条繁忙的公路,在工业园区的边缘,你会在当中找到一家那种看起来十分平常的库房。这里是一处温暖、灯火通明的设施,贮藏在这里的桶装酒在4年的熟成过程中强度得到极大的提升。桶强威士忌的酒精度能够稳定推到70%以上是非常不寻常的,但在"比利时猫头鹰"这里他们做到了。

布隆在波本桶中熟成威士忌,并且到目前为止他仍然坚持一种轻盈的、香草甜点般的威士忌风格,这种酒富含着甜苹果和梨的香味。

这家酿酒厂的小规模性质及其生产威士忌的工艺已经阻碍了其扩展的步伐,但它的麦芽威士忌已经开始出现在加拿大的商店中。对于布隆来说,这张拼图的最后一块就是当整个生产过程都转移到农场的时候,其产量能够提升。

品鉴笔记

比利时猫头鹰

比利时单一麦芽威士忌,46% ABV,非冷凝过滤,4年熟成。这款威士忌有着奶油、香蕉的气息,并且包裹着甜点和水果的味道。其香气消减掉了任何可能来自相对年轻的酒体中的轻浮。蜂蜜、太妃糖和面团的味道为其整体所提供的精致感锦上添花。

比利时猫头鹰"比利时单一麦芽"原桶装瓶强度

单一麦芽威士忌,74.1% ABV,非冷凝过滤。要小心地接近这款酒,在你和其中包含的风味之间横躺着一面酒精之墙,当它倾倒出来的时候,会带有一种让人无法呼吸的厚重味道。它需要加水,但也要小心,因为它超出一般的强度,用来啜饮更好。香甜的柑橘、香蕉和梨罐头的味道都会如数登场。

荷兰

荷兰有着漫长的酿造啤酒的历史，人们会期待荷兰也有一段威士忌的历史。但是，此处制造的烈性酒，通常是橡木桶中熟成的谷物烈性酒，总是被用于制造荷兰式金酒，也就是金酒的起源。这个国家有着热情的威士忌饮用群体，并主办了不少威士忌展览，而赞德（Zuidam）酿酒厂生产的麦芽威士忌也对得起这些荷兰的粉丝们。

赞德

所有权：赞德家族
创始年份：1975年　产量：5万升

当谈到世界上正在出现的各家新兴酿酒厂时，其中有一个话题会反复出现，那就是有些酿酒厂为了现金流会将威士忌在陈年不足时便装瓶，这在赞德酿酒厂就不是一个问题。这家酿酒厂有超过600条生产线，并且已经生产各种烈性酒超过35年。当它开始制造威士忌时，秘诀非常简单：好东西总是留给愿意等待它的人。

乱中有序

赞德酿酒厂乍看没什么特殊之处，与其他酿酒厂没什么两样。但是当进入到建筑之中，你会发现自己进入了充满壶式和直立式蒸馏器的宝库。这里还有成箱的水果，并且有成群结队的工人正在切橙子和柠檬。你还能看到堆积成箱的黑醋栗，或者正在把桶塞入到蒸馏设备之间的工人。

"这是组织管理的一场噩梦，"总经理帕特里克·赞德（Patrick Zuidam）承认这点，"因为有太多不同的产品线，并且每一条线都要按部就班进行生产。"

赞德很大程度上是一家家族公司。它是由帕特里克的父亲弗雷德和母亲海伦娜所创立的，现在海伦娜仍然从事着出色的设计和包装工作，帕特里克负责经营业务，兄弟吉尔伯特则负责销售。酿酒厂允许试验各种饮品，比如使用了5种谷物并雪莉桶陈年的荷兰式金酒。

"我用了玉米、大麦芽、小麦、黑麦和斯佩尔特麦（spelt），"帕特里克说到，"斯佩尔特麦千年来被广泛种植，我本以为它会增加一些特殊的风味，但实际上它基本没什么用。我使用它就是因为我想凑齐5种谷物。"如此直白的表达，再配上自信和幽默让帕特里克成了一个有趣又值得尊敬的酿酒厂主人。他还同样直白地表示，他的磨盘麦芽威士忌用的是从当地风车磨坊中磨出的麦芽。

"这或许看起来像个噱头，但实际上当我接管这里的时候，我想要创制一款新的荷兰式金酒，但是那时候一点儿钱都没有，所以我问了当地的磨坊主他的麦芽是否能便宜些，而他则说他可以免费，但要求一瓶荷兰式金酒作为回报。我们现在用了7家当地的风车磨坊的麦芽，现在这是一件工作量很大的事情，因为你不能把卡车开到风车磨坊，它们都建在山上。每一包麦芽都必须上上下下反复搬运。磨坊主们说，以这种方式研磨而不产生任何热量，会磨出不会焦黄的更好的产品。但实话实说，我并不相信这点。"帕特里克十分专注于细节，这反映在蒸馏过程的每一处，而这意味着他为自己设定了一套高标准。"在荷兰，没有多少人像我们一样做事，"帕特里克说道，我们非常重视我们的威士忌。"

赞德酿酒厂制造泥煤和非泥煤的麦芽威士忌既在全新的美洲橡木桶中熟成，也在250升的小型雪莉桶中熟成。该酿酒厂还生产令人印象深刻的黑麦威士忌。

品鉴笔记

磨盘单一麦芽威士忌
单一麦芽威士忌，45% ABV。按照苏格兰的标准，该酒尚属年轻，熟成的环境帮助这款酒获得了比预期更加浓厚的质感。顺滑、浓郁的水果香气，带有桃子和杏子味道的混合体，有着毫无棱角的麦芽芳香，余味伴随着一抹愉悦的香草香气。

磨盘"泥煤"威士忌
单一麦芽威士忌，40% ABV。泥煤风味不会过分占据主导地位，衬托出了瓶装标准的水果、太妃糖和香草味。在尾韵部分不会持续太久。

荷兰黑麦威士忌
单一黑麦威士忌，40% ABV。这款酒在近些年来进步非凡，现已经成为该酿酒厂一款重要的威士忌产品，带有茴香籽、甘草、樱桃和黑巧克力风味，并混有一些柑橘类水果的风味。

荷兰黑麦

黑麦的挑战

黑麦是出了名地难以发芽，必须用一种复杂的工艺才能从糖转化为酒精。大部分黑麦威士忌的制作会加入一定比例的发芽大麦，以协助其转化的过程。你可以酿造百分百使用黑麦芽的威士忌，但必须要准备经历一番斗争。帕特里克·赞德解释道："我真的喜欢黑麦威士忌的口感，但是黑麦是一种难以蒸馏的谷物。麦芽浆会变得像糨糊一样黏稠。如果它发酵得太快，二氧化碳的大气泡就会爆炸，将浓稠的物质喷得到处都是，但你又必须避免这些问题的发生。"

磨盘单一麦芽

磨盘"泥煤"

德国

德国的麦芽威士忌生产始于罗伯特·弗莱什曼（Robert Fleischmann）于1983年建立的蓝鼠（Blaue Maus）酿酒厂。在21世纪，德国威士忌制造商的数量迅速增加。到了2012年，已有50多家酿酒商生产了至少3年的威士忌，或者即将发布他们的第一批"液态黄金"了。

蓝鼠

所有权：罗伯特·佛莱什曼
创始年份：1978年　产量：不详

当你和罗伯特·佛莱什曼谈起威士忌，他的眼睛会开始放光——这些是关于一个被挑战驱使的男人，以及驱使他在巴伐利亚北部的法兰克尼亚地区制造威士忌的故事。

1983年2月15日，佛莱什曼开始生产纯粹的麦芽酒。他的第一款威士忌名为"海盗威士忌"，正如他所说，"这款酒还有改进的空间"。所以，他持续增进他的产量和储量，而如今他生产了很多不同的麦芽威士忌，其中的大部分都是单桶。佛莱什曼从本地的麦芽制造商那里购买发芽大麦，用于熟成的木桶也是从当地获得。

"格伦老鼠"的争议

当佛莱什曼开始他的威士忌酿造生涯的时候，他从来没想到在1998年会获得如此多的关注，当时苏格兰威士忌协会强迫他改掉其中一款威士忌的名字："格伦老鼠"这个名字与某些已经成功并建立知名度的苏格兰威士忌品牌过于相似，并且"格伦"这个特有词汇只被允许留给苏格兰威士忌来用。当他将另外一款早期威士忌"格伦蓝标"（Glen Blue）推向市场的时候，也被迫改变了好多次名字。佛莱什曼曾深陷各种麻烦当中，但作为一个百折不挠献身于其热情的人，他坚持他的事业并且生存了下来。

他曾在海军服役很多年并且从来没失去他对大海的依恋，因此诸如"三角帆"（Spinnaker）、"绿猎犬"（Grüner Hund）及"老法尔"（Old Fahr）这样与航海和海军有关的名字，用以替代了之前有争议的名字。如今佛莱什曼仍然在他的小酿酒厂中制造威士忌，他不经常露面，但是他生产的各种威士忌绝对是真正的德国原创，并且是德国威士忌制造业开始的一个标志性象征。

"蓝鼠"单一麦芽桶威士忌

"绿猎犬"单一麦芽桶威士忌

品鉴笔记

"蓝鼠"单一桶麦芽威士忌

40% ABV，单桶，熟成于德国橡木桶。淡琥珀色，主要有种牛轧糖布丁的香气，尾韵中带一些麦芽的香调。这款威士忌尝起来有很强的奶油味，并且会突然间展现出一种坚果的风味。这种感觉会在长久的奶油感的尾韵上若隐若现。

"三角帆"单一麦芽桶威士忌

40% ABV，单桶，熟成于德国橡木桶。颜色相对较浅，几乎就像深色的稻草。闻上去有某种柑橘类香调，而后一种持续的干型酒香气占据主导。口感呈现一种非常甜的麦芽味，然后是一些柑橘风味，略有轻微的苦涩。

"绿猎犬"单一麦芽桶威士忌

40% ABV，单桶，熟成于德国橡木桶。呈深琥珀色，尝起来带有更多的木质感，伴随着持久的干爽，突然间展现出胡椒和苦巧克力的香调。余味变为黑胡椒和麦芽味道。这款酒需要加一些水来带走一些干燥和木香，来为香料风味留出更多空间。

"老法尔"单桶麦芽威士忌

40% ABV，单桶。酒体呈深琥珀色，闻香带有浓烈性酒精味和苦巧克力香气。口感出奇的温和，带有坚果味和中度苦味，一直延续到收口。

博什

所有权：安德烈斯·博什

创始年份：1948年　**产量**：不详

这家属于安德烈斯·博什（Andreas Bosch）的酿酒厂，由其祖父约翰内斯·雷兹（Johannes Renz）创建，因此该酿酒厂最重要的产品使用其祖父姓名的首字母命名，即"JR"。在过去几年间，施瓦本地区的很多家专注于生产水果白兰地的酿酒厂都转而去生产威士忌，并且对一些厂家来说威士忌已经成为其重要产品。各家酿酒厂的员工每年都会齐聚一堂，在"施瓦本威士忌节"（Schwäbischer Whisky Tag）展示他们的产品，每个人都可在此享用各式各样的威士忌。

博什还是一个小男孩的时候，就在观察父亲和祖父的工作了，还从他们那里学会了如何蒸馏。今天，他负责起这桩家族生意并且用与他的先辈一样的热情来掌控蒸馏技艺。

博什的经典组合

博什以本地生长的斯佩尔麦作为主要成分，经典组合中也用到了一种纯净的小麦。为了增加风味的特征，博什更喜欢在麦芽浆中增加不同的麦芽：斯佩尔麦、大麦和黑麦，但是他没有对配比进行详述。对于每种双重蒸馏酒，他都以1000升的量开始。

博什还有一款熟成于法国的利穆赞橡木桶（Limousin oak casks）的威士忌，博什相信这些木桶的质量和孔隙度（porosity）能为他的威士忌增加最后一抹甜味和平衡感。

博什"黄岩"单一谷物威士忌

博什"JR"施瓦本威士忌

品鉴笔记

博什"JR"施瓦本威士忌

斯佩尔麦威士忌，40% ABV，熟成于利穆赞橡木桶。闻起来充满杏的香气，随后是李子的香味，隐约有一丝香料及淡淡的烟熏香气。尝起来有焦糖、蜂蜜及隐约的发涩的木质感。中度收口以甜味开始，以厚重的木质感结束。

博什"黄岩"单一谷物威士忌

单一小麦芽威士忌，40% ABV，熟成于利穆赞橡木桶。闻起来有烟熏香气，随后带有饱满苹果和梨的水果香气，再加上一些香草的香气。品尝起来甜味占主导，随之而来以焦糖风味收口。余味悠长，并且出奇得温和。

圣乐士

所有权：圣乐士蒸馏公司
创始年份：1999 年　**产量**：不详

1998 年，在巴伐利亚南部制造第一款麦芽威士忌的想法萌生在了弗洛里安·史戴特（Florian Stetter）的脑海中，在此之前，他一直从事啤酒酿造和水果白兰地蒸馏。史戴特凭借一名经验丰富的酿酒师对啤酒和麦芽之间关系的理解，以及受益于来自巴伐利亚山脉的纯净泉水，他完全有能力实现他的梦想。在访问苏格兰以了解麦芽威士忌生意的技巧后，他于 1999 年开始生产第一款威士忌，使用以前用于生产水果白兰地的蒸馏器并从当地供应商处获得木桶。熟成的过程是在施利尔塞镇的清新空气当中进行的，而该地因其良好的气候及能一览阿尔卑斯山美景的全貌而闻名。

第一款蒸馏酒于 2002 年作为 3 年熟成威士忌发布，在德国引起了人们的注意，成为真正的佳酿。令人惊讶的是，这款威士忌一飞冲天，并且需求迅速增长，酿酒厂在每年的 5 月初会发售新的年份特选，通常月底就会售罄。由于这家酿酒厂迅速成名，扩建是一个显而易见的决定，但由于无法在原有建筑物内进行改造，因此在沿路不远处建造了新的酿酒厂，并于 2007 年开业。现代化的壶式蒸馏设备用来进行双重蒸馏，产能也获得了显著增长——这是一笔巨大的启动资金，也是一项高风险的长期投资，但自从史戴特将他的威士忌制造的梦想变为现实之后，越来越多的新的威士忌酿酒厂开始出现在德国的市场上。

扩张进行时

2007 年，首席蒸馏师汉斯·凯门阿特（Hans Kemenater）开始第一次进行双重蒸馏。当第一滴新酒从蒸馏器中流出时，对于那些前来参加新酿酒厂的开幕仪式的人们来说，那一刻真的让人紧张。新酒清淡，带有一丝熏制大麦的烟熏味，并且在新蒸馏的酒中所呈现出来的水果质感也仍旧保持着老厂的风格。

今日，圣乐士的威士忌都是从新酿酒厂生产的，糖化和发酵用的不锈钢罐正对着 2 台新的红铜壶式蒸馏器。缓慢的双重蒸馏制法有助于保存巴伐利亚大麦芽的风味特征。而熟成则在酿酒厂综合大楼后面的新建仓库中进行。新鲜的白色橡木桶原料来自美国的奥扎科群山当中，经过烘烤和烧制，新桶只会用在 3 年熟成的特选年份酒，每年发售一批。当这批新木桶出酒后，这些木桶会被再度装满，用以将现有的库存酒进行更长时间的熟成。

恶魔的珍品（2010）

一个现代的红铜壶式蒸馏器安装在新的酿酒厂中，于 2007 年第一次点火。

恶魔的珍品（2008）

品鉴笔记

圣乐士 3 年款（2011）
单一麦芽威士忌，43% ABV，在全新的美国白色橡木桶中熟成。闻香的时候，其主调表达出来最多的是香草香气，随后是蜂蜜和柑橘类的香气。入口香草风味萦绕在口中，而后有焦糖风味和淡淡的甜味，最后以香料风味的收口。整体余味中等，带有大量干焦糖风味。

恶魔的珍品（2010）
调和型威士忌，55% ABV，原桶装瓶强度，非冷凝过滤。具有葡萄干的风味和一丝淡淡的烟熏香气及甘草风味，而后是黑巧克力风味紧随烟草香气。

恶魔的珍品

圣乐士"恶魔的珍品"这款独特的调和型威士忌中混合了一些其他圣乐士威士忌酒液,它由约根·戴贝(Jürgen Deibel)和汉斯·凯门阿特酿造。每一年份的原桶装瓶强度及其混酿的特点都很特殊:2008年特选年份款就被形容为只要你加入几滴水,它就会呈现出天使般的甜蜜,并以恶魔般的刺激结束,但2009年款就会带有更重的泥煤味。不是每一年都会有特选年份款,因为只有在找到合适的桶,并且当时的威士忌的质量恰好与调和风格相匹配的时候,才会推出一款特选威士忌。

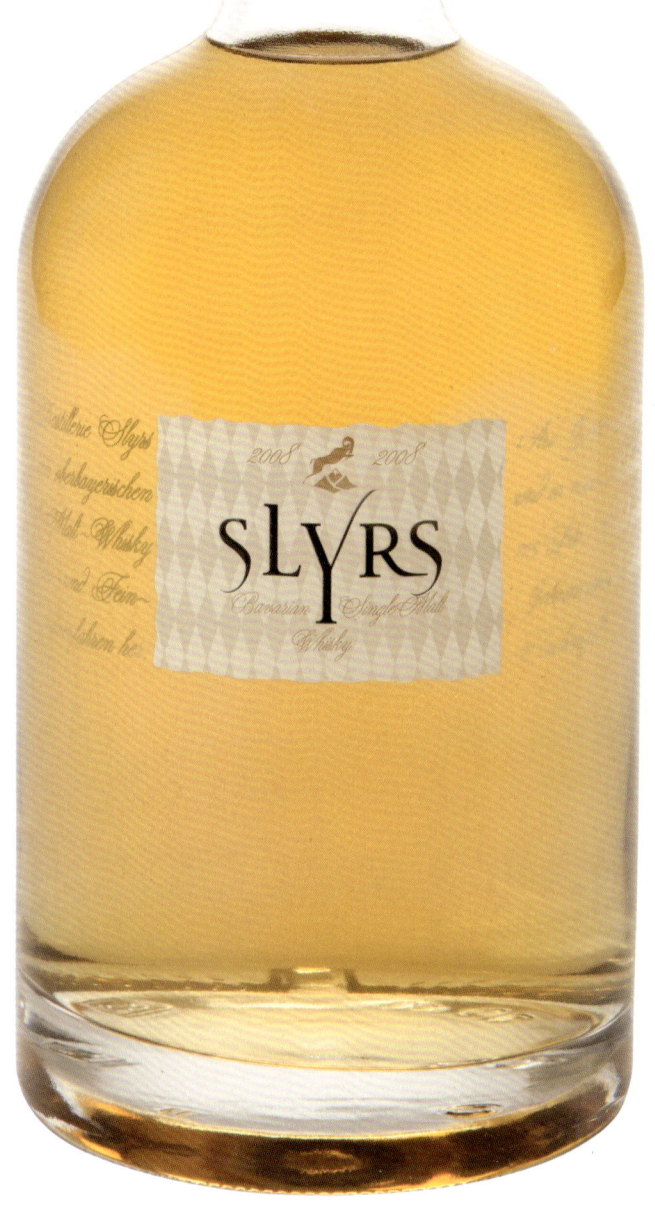

圣乐士 3 年陈年(2007)

圣乐士 3 年熟成(2008)

奥地利

奥地利拥有生产高质量水果白兰地的经验，受到苏格兰威士忌流行的启发，酿酒师们满怀热情地投入威士忌的生产领域中。1998 年，约翰·海德尔（Johann Haider）和汉斯·海瑟鲍尔（Hans Reisetbauer）率先留下了自己的印记，而如今不仅有越来越多的蒸馏商，同样也有不少酿造商参与到酿制奥地利本土威士忌的事业中。

海瑟鲍尔

所有权：汉斯和茱莉亚·海瑟鲍尔
创始年份：1995 年　**产量**：1 万升

汉斯·海瑟鲍尔确实是个人物，他狂热地执着于保持高品质及创造令人兴奋的新产品。然而，当他在 1994 年开始蒸馏水果白兰地时，他并没有预见到他会在 1998 年成为奥地利有史以来第一个威士忌生产商。

这家酿酒厂是由海瑟鲍尔和他的妻子茱莉亚（Julia）所拥有，位于在林茨（Linz）和维也纳之间的阿克斯堡。海瑟鲍尔对威士忌品质的追求始于他自己在该地区种植的大麦。这种未经烟熏的大麦芽会在附近的麦芽商处进行发芽，然后在碾碎过后制成麦芽浆，在 65 ℃的恒定温度下糖化，以期精细控制从淀粉到糖的转化。发酵 70 个小时让风味充分发展，并且在红铜壶式蒸馏器中进行双重蒸馏。这些蒸馏器已经被海瑟鲍尔调试了很多次，能够实现他所期望的威士忌饱满浓郁的香气。

在最后阶段，蒸馏产品会倒入装过霞多丽和贵腐葡萄酒的木桶中进行熟成，这种贵腐葡萄酒所用的葡萄都是经过精挑细选的葡萄，并留在藤上风干直到采收季末，而这种葡萄会给威士忌带来一种独一无二的风味。

品鉴笔记

海瑟鲍尔 7 年
单一麦芽威士忌，43% ABV，在装过红酒的桶中熟成。闻起来有某些葡萄酒的香调和麦芽感，但并没有夸张地表现出甜味和红酒味。当蜂蜜、葡萄酒和黑巧克力的味道突然和谐融合时，口感会发生变化。伴随着黑色水果和坚果风味，随之而来的是一种悠长的水果蛋糕般的收口。

海瑟鲍尔 12 年
单一麦芽威士忌，48% ABV，在装过红酒的桶中熟成。天鹅绒般丝滑且柔软的香气。尝起来几乎是油腻的，带有小麦、榛子及烘烤的香气。伴随着一些巧克力风味，迎来的是余味异常悠长的香料风味。

海瑟鲍尔 7 年

海瑟鲍尔 12 年

罗根霍夫

所有权：约翰和莫妮卡·海德尔
创始年份：1995 年　**产量**：3 万升

回到 1995 年，约翰·海德尔和他的妻子莫妮卡在罗根瑞斯（Roggenreith）建立起他们的酿酒厂，这里是位于奥地利境内的瓦尔德维特勒地区的一处小村庄。如今，它是奥地利境内风景最优美的酿酒厂之一，设有一个博物馆和"水与火花园"（Fire and Water Garden）供游客参观享受。

每年有接近 80 吨谷物会用来制造威士忌。在酿酒厂系列中的 5 款威士忌中，除了单一麦芽只用发芽大麦，黑麦是被使用最多的谷物，因为它是奥地利境内的主要粮食作物。实际上，"罗根霍夫"这个名字的意思就是"黑麦农场"。这家酿酒厂拥有 2 台产自德国的大容量红铜烈性酒蒸馏器，新蒸馏的烈性酒在威士忌酒窖中熟成，而窖中还有一口水井用来确保必要的湿度以减少蒸发。

熟成的重要性

酿酒厂用桶最多使用 3 次。由于橡木桶已经赋予威士忌很多特色，因此第一次灌装的橡木桶仅陈酿 3 年，然而第 2 次装桶就可以持续更久一些，一般差不多会在熟成 6 年后迎来顶峰。在第 3 次使用桶之前，海德尔喜欢把它们拆开，以便让每一根木头能得到焦化和刨光，如此一来这些桶就能储存威士忌 12—18 年之久。他将威士忌都以"瓦尔德维特勒"（Waldviertler）命名，同时也提供原桶装瓶强度的版本。

品鉴笔记

瓦尔德维特勒 J.H."原版黑麦"
黑麦威士忌，41% ABV，奥地利橡木桶熟成。用 60% 的黑麦和 40% 的发芽大麦制成，其口味在两种谷物的不同特点之间达成了一种和谐的平衡。"曼哈茨伯格"（Manhartsberger）夏日橡木桶中的熟成会带给浸没其中的威士忌一种温和的香草气息。

瓦尔德维特勒 J.H."黑麦特别版"
纯粹的黑麦威士忌，41% ABV，奥地利橡木桶熟成。烘烤至更深暗色的麦芽给予威士忌一种厚重的麦芽口感，还有一抹巧克力和牛轧糖的味道。至少在"曼哈茨伯格"橡木桶中熟成 3 年。

瓦尔德维特勒 J.H."单一麦芽"
单一麦芽威士忌，41% ABV，奥地利橡木桶熟成。入口首先识别出一种轻盈洁净的麦芽和焦糖的风味，这种味道在威士忌中占主导地位，直至收口都是如此。至少在"曼哈茨伯格"橡木桶中熟成 3 年。

瓦尔德维特勒 J.H."单一麦芽特别版"
单一麦芽威士忌，41% ABV，奥地利橡木桶熟成。由 100% 的深色烘烤大麦芽制成，有一种烟熏和干型的口感，并且带有浓重的焦糖风味。"曼哈茨伯格"夏日橡木桶中的 3 年熟成期为该酒提供了平衡感。

瓦尔德维特勒 J.H."黑麦特别版"
黑麦威士忌，46% ABV，装过红酒的木桶熟成。这款限量版的纯黑麦威士忌是由 100% 深色泥煤烘烤的黑麦芽制成，并且在来自奥地利境内的朗格卢瓦地区的红酒桶中熟成。尝起来有种悠长持久的巧克力和牛轧糖味道，并且会带有水果和一些培根香气。在尾韵中有苹果香调。

产自德国的蒸汽朋克式的红铜蒸馏器，在这家极具奥地利特色的酿酒厂中运行。

瓦尔德维特勒 J.H."原版黑麦"

瓦尔德维特勒 J.H."单一麦芽"

瑞士

直到1999年，瑞士蒸馏酿酒厂仍然只专注于生产水果白兰地，威士忌找不到容身之所。然而，当瑞士的法律允许蒸馏谷物之后，人们也开始热衷于威士忌的酿造。在今天，这个国度自傲于其拥有的20余家酿酒厂，其中某些酿酒厂只致力于瑞士本土威士忌的生产。

凯撒的威士忌城堡

所有权：鲁艾迪·凯撒
创始年份：2000年　**产量**：2万升

它看起来不像一座城堡——更像是一处美国农庄或者教堂。实际上，这是一家由鲁艾迪·凯撒（Ruedi Käser）所创建的酿酒厂，也是瑞士最成功的一家威士忌酿酒厂之一。

从1995年开始，凯撒致力于手工蒸馏，当时他还不是一个蒸馏匠，要求一家生产商给他蒸馏一些水果白兰地。他对酒的质量充满信心，用蒸馏液参加了比赛，但被认定为"不可饮用"而被拒绝。由于这次经历的触动，凯撒下定决心要学习蒸馏的技艺。在这次挫折之后的短短几年时间里，凯撒因其优质的酒款不断获奖，并且在拥有多年生产水果白兰地和其他蒸馏酒经验之后，他决定涉足威士忌领域。如今，他的小企业生产不少于18种产品。

为了让威士忌变得尽可能地正宗，凯撒安装了一台类似于苏格兰威士忌生产商使用的壶式蒸馏器用于二次蒸馏。不同种类的谷物被用来生产威士忌，但是凯撒仍然相信发芽大麦是非常重要的一种成分。酿酒厂的木桶来自不同的地区，都对产品的最终特性作出了贡献，凯撒想要打造一款真正个性化的"瑞士风格"的威士忌。

城堡"双桶"威士忌

城堡"古堡"威士忌

瑞士以其高山景观而闻名，直到近年来才在威士忌酿造方面享有盛誉。

虽不像真正的城堡那样风景如画，凯撒的现代化酿酒厂仍然与周围环境和谐地融合在一起。

品鉴笔记

城堡"双桶"威士忌

单一麦芽威士忌，43% ABV。这款威士忌所用的谷物是烟熏大麦芽，闻起来有明显的坚果气息，还可以察觉出某些水果气息，带有一丝烟熏味的麦芽气息占主导地位。入口后这款威士忌又会呈现出各种不同的坚果香调，再加上某些烤栗子的风味。收口是有一些木质气息，但出人意料的温和宜人。

城堡"烟熏大麦"威士忌

单一麦芽威士忌，43% ABV，全新的法国橡木桶熟成。由于使用烟熏大麦芽，闻起来的第一印象是烟熏香气，紧随其后的是一些杏仁和榛子的香气，但还是以麦芽香气为主导。以一丝新鲜的培根香气来结束尾韵。在口感上，麦芽占主导地位，明确带有发芽大麦的甜味，会一直延续到中等长度的收口结束。

城堡"凯撒版"威士忌

单一麦芽威士忌，68% ABV，原桶装瓶强度。以一些巧克力和牛轧糖的香调开启，需要一些水来充分释放一种复合的风味，郁郁葱葱的绿色水果香气中隐约带有各种坚果香气。入口有一些木质烟熏的感觉，还有多汁的水果和麦芽的香气，与椰子和香草的味道混合在一起。收口非常的悠长，主要是麦芽和香草味。

城堡"古堡"威士忌

单一麦芽威士忌，50% ABV，通过苏玳桶熟成。来自滴金酒庄的苏玳桶赋予这款威士忌一种有独特的香气和性格。杏子的水果香气再加上一些甜葡萄的香气被推到了显眼的位置上，掩盖了只有在温和而悠长的余味中才有机会表现出来的麦芽香气。尝起来有杏子果酱的味道，并有悠长持久的葡萄和麦芽的甜味。

兰佳顿"老鹿"

兰佳顿"老熊"

兰佳顿

所有权：汉斯·庞贝格

创始年份：1857 年　产量：不详

兰佳顿（Langatun）酿酒厂始于 1857 年，当时雅各伯·庞贝格（Jakob Baumberger）完成了在慕尼黑的学业，作为一名刚刚毕业的酿造学硕士回到瑞士的家乡，并且在他父亲的农场修建了一家酿酒厂。3 年之后，他接管了在兰佳塔尔村庄附近的一家啤酒厂，并将其发展成了成功的企业。他接着又购买了村中山丘上一股清泉的使用权，并且修建了管道将水直接引入到他的酿酒厂中。

受惠于其曾祖父的远见卓识，第三代蒸馏师汉斯·庞贝格（Hans Baumberger）如今能够依赖其优质的泉水及其发芽大麦，可以说是这二者的结合奠定了其威士忌的品质。所用的大麦芽要么是经过轻度烟熏（"老熊"），要么是混合了未熏制的和轻度熏制的（"老鹿"）。用以熏烤大麦的泥煤取自于当地，而用来发酵的酵母则是产自英格兰的烈性酵母。

三重蒸馏，葡萄酒桶熟成

或许兰佳顿威士忌最为重要的元素就是在红铜壶式蒸馏器中进行的三次蒸馏。这对于欧洲的威士忌制造者来说很不寻常，他们比较喜欢二次蒸馏，这种三次蒸馏会让成品有种柔滑丝顺的麦芽口味特征。

熟成会为威士忌增加复杂度和细腻度。"老鹿"就在雪莉桶和霞多丽桶中熟成，而来自法国南罗纳河谷的教皇新堡葡萄酒桶用于"老熊"的熟成，后者会给予威士忌一种深度琥珀色。

品鉴笔记

兰佳顿"老熊"

单一麦芽威士忌，40% ABV，于"教皇新堡葡萄酒"的酒桶熟成。在橡木桶中呈现出的葡萄酒元素可以很容易地被觉察到：一种厚重的红褐色，具有木头和泥煤美妙风味及典型的麦芽香气，再带有一抹轻微的葡萄酒的口感。

兰佳顿"老鹿"

单一麦芽威士忌，40% ABV，于雪莉酒和霞多丽酒的桶熟成。一款非常复杂且优雅的威士忌。起初是一种丝滑柔顺的麦芽香气特质，然后是一种蜂蜜、木头、香料的混合体的味道，最后是烘烤的香气。口感上带有苦巧克力和烟草的味道，并且会继续萦绕在余味之中，伴随着更进一步的葡萄酒香调和复杂度。

195

洛汉

所有权：洛汉酒业有限公司

创始年份：1999 年　产量：5 万升

啤酒是洛汉啤酒厂的主要产品，该啤酒厂是瑞士东北部的阿尔卑斯山脉脚下仅存的一家酿酒厂。在 1886 年，洛汉（Locher）家族在阿彭策尔州建立这家啤酒厂时，他们无法预见 5 代后他们的啤酒桶不仅用于酿造啤酒，而且还用于生产单一麦芽威士忌。

提出酿造威士忌的想法的人是卡尔·洛汉（Karl Locher），他 40 岁时萌生了要在 60 岁时喝到自己生产的麦芽威士忌的想法。由于在第二次世界大战前，他的啤酒厂就已经开始进行蒸馏了，所以这不过是让蒸馏器再度复苏、重新开始制造烈性酒的举动。1999 年，在瑞士对谷物蒸馏合法化之后，该厂第一次对本地大麦芽进行了蒸馏。

桑蒂斯峰威士忌的发展

自 1999 年开始生产威士忌以来，酿酒厂已经发布了多个版本的桑蒂斯峰威士忌（Santis Malt），以该地区最高的山峰命名。这款威士忌按照不同的酒精强度进行装瓶，并且它们之中的大部分是在常规的 200 升或者更大一些的常规啤酒桶中进行熟成，但是"西格尔版"（Edition Sigel）则是在非常小的只有 50-75 升的桶中熟成。

正如现在的大多数的瑞士威士忌一样，来自桑蒂斯峰的麦芽威士忌以其水果风味和充满香料味的大麦芽特征而闻名。在所有的桑蒂斯峰麦芽威士忌中，啤酒桶负责提供一大部分的香气特征。或许在很短的几年，我们就能从桑蒂斯峰或者其他瑞士酿酒厂生产的高年份威士忌中感受到更多的烘烤香气和坚果风味。

品鉴笔记

桑蒂斯峰麦芽威士忌"三合一版"（桶强泥煤）
单一麦芽威士忌，52% ABV，原桶装瓶强度，在啤酒桶中熟成。闻起来有泥土、木质和香料熏制的香气。口感以焦糖为主导，但在威士忌中大量呈现的水果风味与泥煤风味中很好地达成了平衡。在收口时，这二者及香料味都得到了呈现。

桑蒂斯峰麦芽威士忌"桑蒂斯峰版"
单一麦芽威士忌，40% ABV，在啤酒桶中熟成。精心挑选的小型啤酒桶给予这款威士忌一种令人惊讶的新鲜绿色无花果的风味，以及一种非常低程度的水果风味。香料风味在余味中是一种非常悠长且占主导地位的香气。

桑蒂斯峰麦芽威士忌商标

桑蒂斯峰麦芽威士忌"1130 桶"

桑蒂斯峰麦芽威士忌"三合一版"

列支敦士登

列支敦士登人口稀少，以其银行业和为富人提供开设保密账户的服务而闻名。这个袖珍国家拥有来自山区的水源和家族蒸馏的传统，威士忌制造在当地开始只是时间问题。

透瑟"透星顿"

透瑟"透星顿三代"

透瑟

所有权：透瑟蒸馏有限公司

创始年份：2006 年　产量：约 230 升

与当今许多其他威士忌生产商一样，马索·透瑟（Marcel Telser）因为去过苏格兰旅行，于是有了制造自己的威士忌的想法。经过几年在自己的酿酒厂进行配方实验后，他终于在 2009 年 7 月将他的第一款列支敦士登威士忌推向市场，并将其命名为"透星顿"（Telsington）。

如同水晶一般清澈的山泉水从泉眼中涌出，这就是透星顿成功的主要因素。酿造使用的谷物是大麦，但与苏格兰单一麦芽威士忌的生产不同，麦芽汁会静置 10 日，以便实现完满的发酵状态。蒸馏过程由马索的父亲监督，而蒸馏所用的红铜壶式蒸馏器仍旧使用传统的木柴加热方式。威士忌随后在拥有 500 年历史的酒窖中陈酿，地窖具有天然土壤层，通过土壤和当地采购的黑皮诺葡萄酒桶的交换作用，赋予威士忌温和的特性。

品鉴笔记

透星顿

单一麦芽威士忌，42% ABV，在黑皮诺葡萄酒桶中熟成，非冷凝过滤。闻起来有一些麦芽气息，但在其背后可以清楚地感受到红酒的香气。隐约的泥炭香气和烟草香气使这款酒的第一印象更加完美。入口后葡萄酒的风味再度呈现，而后有一些烘烤的香调。麦芽的甜味贯彻整个收口过程，有种令人惊讶的香料风味伴随苦巧克力的风味。

自 1880 年以来，透瑟家族就在其传统的木制建筑中酿造啤酒，但直到 2006 年才开始进行蒸馏。

伯肯霍夫

这家19世纪的酿酒厂的核心产品是中性谷物烈性酒（Neutral grain spirit），位于德国西部的威斯特瓦尔德地区，而该地区近来也将威士忌列入其业务范围。伯肯霍夫（Birkenhof）酿酒厂发售的第一款威士忌名叫"逝去的山"（Fading Hill），这仅仅是开始，随着更多的基于不同谷物的桶装烈性酒生产出来，它们都被贮藏在该厂的新仓库中，等待着熟成及调和成为不同过桶风格的产品。

逝去的山3年款"2012年份"（单一麦芽，65% ABV，原桶装瓶强度，在波本桶中熟成）闻起来有水果和麦芽的香气，辅以蜂蜜和香草的香气。入口有明显的酒精感，带有水果、蜂蜜和一些杏仁的味道。麦芽味中带有一点苦味的余味。让人想起一种熟成时间更久的盖尔烈性酒（Gaelic spirit）。

蔻莉茉

这家酿酒厂坐落于巴伐利亚森林之中，使用发芽的巴伐利亚夏季大麦和该地区清澈的水生产威士忌。2006年，该酿酒厂的第一批威士忌被蒸馏出来，并于2009年以3年熟成的年份发布。"蔻莉茉"（Coillmór）这个名字来自盖尔语，意思是"巨大的森林"——指的是它的位置和使用来自苏格兰的双重蒸馏方法。

蔻莉茉3年款（单一麦芽，46% ABV，单桶，美洲橡木桶熟成）闻起来有很多水果香气，主要是梨及一些饼干的香气。口感再次呈现浓郁的果味，带有苹果和梨的味道，在这之上有些许的柑橘味道。中等长度的收口浓烈且有水果感。

艾特

以水果白兰地而闻名的汉斯·艾特（Hans Etter）和他的家族于2007年转向蒸馏威士忌，只使用当地种植和发芽的大麦。其威士忌从附近洞穴的泉水之中获得到了复杂度和柔顺感，熟成则是在当地的一个葡萄酿酒厂用的小橡木酒桶中进行的。

约奈特威士忌（Johnett，单一麦芽，42% ABV，葡萄酒的小酒桶熟成）。宜人的麦芽香气为主导的香气。蜜饯风味、清淡的香料味和一些坚果味营造出非常顺滑和平衡的风味，在中度悠长余韵中收尾。

金卡露

约奈特威士忌

芬奇

该品牌的威士忌来自德国西南部的施瓦本地区，三重蒸馏法及使用酿酒厂自家农场的斯佩尔麦和小麦是这家酿酒厂的威士忌的特点。酒款都是3-5年陈酿，3年熟成是在小橡木桶中熟成，大多数酒桶都盛放过松香葡萄酒（retsina，一种加过松香的希腊葡萄酒）。由斯佩尔麦制作的4年陈酿威士忌则是在波特酒桶中陈酿。

芬奇（Finch）4年熟成"施瓦本高地威士忌"（谷物威士忌，40% ABV）用70%的斯佩尔麦和30%的小麦制造，谷物香气是闻香的主调，其次是香草和一些木质气息。尝起来是新鲜的面包和香料的味道。巧克力的苦调会出现在中等长度的收口中并占据主导地位。

锤锻炉

温和纯净的泉水及非泥煤的大麦芽为该酿酒厂的威士忌提供了很大一部分的柔顺感。使用小型的壶式蒸馏器，以及各种不同原酒的木桶，其中包括菲诺酒、曼萨尼亚酒、阿蒙提亚多酒、奥罗索酒、奶油雪莉酒、马德拉酒（Madeira）、马萨拉酒（Marsala）及波特酒。

格伦·埃尔斯"酿酒厂特别版"（单一麦芽，45.9% ABV，熟成过程中联合使用仅用过一次的菲诺酒桶、曼萨尼亚桶、阿蒙提亚多桶、奥罗索桶和奶油雪莉桶）一些风干的水果香气，之后是一些新鲜的水果香气。香草和焦糖味也有所呈现，尝起来是非常饱满且复杂的酒体。为该酒的太妃糖和木质组合风味提供最大贡献的似乎是奶油雪莉桶。收口再度贯穿着雪莉酒的特征。

海特·安克尔

海特·安克尔（Het Anker）牌啤酒厂因其制造的优质比利时啤酒而闻名，酿酒厂是金卡露三料啤酒（Gouden Carolus Tripel beer）的制造商。该厂也制造杜松子基调的荷兰式金酒。在2003年，酿酒厂试验了一款三重蒸馏的威士忌——一家致力于威士忌生产的酿酒厂自此建立，配备苏格兰佛塞斯制造的壶式蒸馏器。在2008年，一款三年熟成的麦芽烈性酒同样以"金卡露"（Gouden Carolus）为名进行了装瓶，但只有很小批量。

解放

解放（Liber）酿酒厂作为一家始建于西班牙的格拉纳达地区的合作社，弗兰·佩莱格里纳（Fran Peregrina）一直希望利用本地杰出的自然资源，而该厂对他来说可谓是梦想成真。这家酿酒厂制造了一款非冷凝过滤的单一麦芽威士忌，并冠以"魅惑"（Embrujo）之名，装瓶时为40%ABV，并经过约5年陈酿。在这里熟成过程很快，烈性酒的蒸发速度是苏格兰的3倍。尽管如此，这款威士忌尝起来仍然年轻，虽然可以体现出其不错的质量，但这仍然是有待改进的一款产品。

格拉纳达的魅惑（单一麦芽，40% ABV）酒体单薄，带有橙子的香调，与常见的水果风味不同，但仍然带有一些谷物的味道。

文岛

文岛（Spirit of Hven）酿酒厂是一家位于丹麦和瑞典之间海峡岛屿上的微型酿酒厂，于2011年以非常有限的数量装瓶了第一款威士忌。该酿酒厂计划生产两款截然不同的威士忌，一款是水果和香草口味的新鲜威士忌，另一款按照其说法是烟熏风味伴有海藻的风味。

"天空女神"（Urania，单一麦芽，45% ABV，美国、法国和西班牙的橡木桶熟成）香气浓郁，带有新鲜的木头、草本植物和胡椒的香气，加入少许水之后会释放出隐约的香草香气。胡椒味在油质的口感上得以延续，还有甘草和一丝烟草的味道。收口悠长，带有青草的香调并收束于柑橘和苹果的味道中。

乌斯·海特

亚特·范·德林得（Aart van der Linde）是乌斯·海特（Us Heit）啤酒厂的主人，同时也是一个狂热的威士忌爱好者，并且自2005年以来一直在装瓶"弗里斯骏马"（Frysk Hynder）这个年轻且产量极小的威士忌品牌。亚特喜欢用他的威士忌做试验，所以他的酒款就有了很多种不同的口感，并且在熟成过程中在不同的时间段使用不同的木桶。

弗里斯骏马3年"雪莉桶熟成"威士忌（单一麦芽，43% ABV，雪莉桶熟成）非常美味，有着丰满的酒体及与众不同的雪莉香调。

弗里斯骏马

格拉纳达的魅惑

瓦布赫希

近200年以来，酿造荷兰式金酒一直是瓦布赫希（Wambrechies）酿酒厂存在的理由，但近年来又增加了威士忌这么一个理由。酿酒厂使用双重蒸馏法，但不使用壶式蒸馏器，而是用柱式蒸馏器。由此生产的烈性酒往往在3年内装瓶，酒体有些单薄和纤细，但是更陈年的版本是值得期待的。

瓦布赫希8年款（单一麦芽，40% ABV）香气细腻，带有茴香籽、香草和谷物的香气。该酒款口感顺滑，带有精致的麦芽风味，以及生姜和巧克力的辛辣的余味。

威登瑙尔

当奥斯瓦尔德·威登瑙尔（Weidenauer）于1997年用燕麦和斯佩尔麦生产威士忌的时候，他将自己的产品与其他奥地利酿酒商区分开来。对于蒸馏而言，燕麦是一种不同寻常的谷物，也很棘手，因为它的收成有限。谷物发芽是由当地麦芽商完成的，但是研磨、用酶制醪（跟美国酸醪威士忌很像）及双重蒸馏都是在威登瑙尔自己的厂中完成。熟成是在崭新的中等烧制的115升桶中完成的，这会迅速为最终产品带来淡淡的颜色和香气。

瓦尔德维特勒尔威士忌（Waldviertler，单一燕麦芽威士忌，42% ABV）一开始闻起来有种令人惊讶的新鲜水果香气，香草香气紧随其后。燕麦麦芽在口感上非常甜，这种甜味会一直延续到收尾。

齐格勒

近150年来，齐格勒家族（Ziegler）一直在蒸馏优质烈性酒，主要是水果白兰地。经过多年熟成之后，如今威士忌已经增加到了他们的经营项目之中。当地的有机大麦在附近的一家酿酒厂中进行发芽，而该厂也为齐格勒的家庭酿酒厂制浆。酒液在小型蒸馏器中进行双重蒸馏，产生的清澈烈性酒在轻度烘烤的法国橡木桶或栗木桶中熟成。

"金液"（Aureum）1865（单一麦芽，43% ABV，在波本桶中完成过桶）隐约的花香和干牧草香给人留下第一印象，尝起来也有轻微的花香，并带有额外的饼干风味。香草风格的余味来自波本桶。

JIM BEAM

KENTUCKY
DISTILLERS
DSP-KY-78
HAPPY BIRTHDAY
Thompson
SOUR MASH
BOURBON WHISKEY
RC-53 G
SERIAL NO. 1
FILL DATE: 12-A-27
NELSON

美国产区

美国

在过去的很多年，美国的威士忌一直处于边缘地位。尽管美国拥有规模庞大的酿酒厂，但这样的酿酒厂在历史上并不多见。事实上，不久以前，除了肯塔基州的波本威士忌生产商之外，美国的威士忌只在田纳西州的几个重要酿酒厂、俄勒冈州波特兰市的几个小酿酒厂，以及旧金山地区的两家酿酒厂生产。而为什么威士忌在美国发展不起来，原因始终成谜。也许是因为本地威士忌与备受追捧的苏格兰和爱尔兰威士忌相差甚远，导致美国中产阶级几代人往往对其不屑一顾，将其作为一种低劣的蓝领饮料放在底层货架上。

产区特点
波本威士忌依旧是美国特有的主流威士忌。在酿造原料中，玉米至少占51%，尽管这一比例通常要高得多，并由其他谷物（通常是杂交的大麦和小麦或黑麦）来补充麦芽汁。法律规定，该威士忌只能使用新的白橡木桶进行熟化。

作者推荐
水牛足迹酿酒厂为游客提供世界上最好的"酿酒厂历史之旅"的服务。
天堂山酿酒厂生产的威士忌的多样性和绝佳的游客中心使这家巴德斯敦酿酒厂成为游客的必去之地。

地区盛事
旅游当局通过官方帮助推动波本威士忌的复兴。为了扩大威士忌的影响力，每年9月在波本"首都"巴德斯敦举办的"肯塔基波本威士忌节"（the Kentucky Bourbon Festival）是绝对不可错过的。

不过，这一切都改变了。自21世纪的第2个10年开始，美国出现了一场微型蒸馏变革。在撰写这本书时，这场变革仍在全面展开。然而，即使在这之前，肯塔基州的酿酒师已经扭转了波本威士忌的形象，为它重新赢得了尊重。优质的波本威士忌和限量发行的年度酒在世界各地的国际比赛中广受好评。

很多人认为酿造优质苏格兰威士忌需要使用软水，但在肯塔基州，情况恰恰相反。这里的水虽硬却富含钙质，非常适合培育强壮的赛马和酿造优质的波本威士忌。肯塔基州的夏季漫长炎热而冬季酷寒凛冽，是加速波本威士忌熟成的理想之地。当然，波本威士忌并非美国唯一的威士忌。黑麦威士忌、小麦威士忌和玉米威士忌都深受美国人民喜爱。甚至在新一批威士忌制造商出现以前，美国还产出过其他种类的威士忌，包括单一麦芽威士忌。尽管美国正在发生翻天覆地的变化，但情况一如既往：就像单一麦芽威士忌和苏格兰如影随形的关系一样，如果你在任何地方发现美国威士忌，你的目光最终还是会落到肯塔基州。在那里，独特口感的威士忌正在源源不断的生产着。

凭借标志性的橡木片和红蜡蜡封，美格威士忌从众多酿酒厂中脱颖而出。

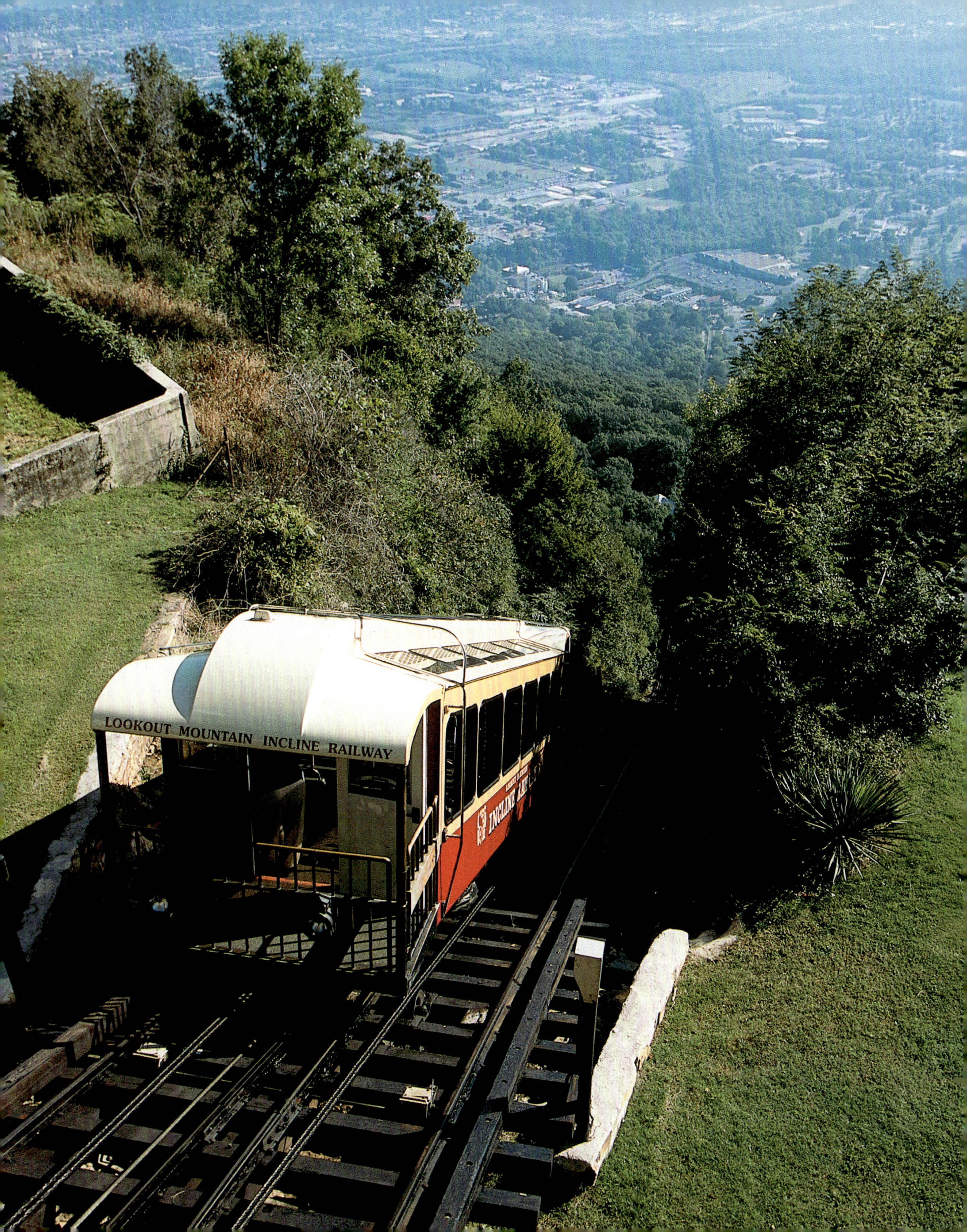
LOOKOUT MOUNTAIN INCLINE RAILWAY

金宾

所有权：金宾酒业集团
创始年份：1993年　产量：400万升

在肯塔基州有两种类型的酿酒厂：精致而规模小的酿酒厂和大型的酿酒厂。金宾波本威士忌在两个地方生产，其中一个地方在肯塔基州的克莱蒙特，毫无疑问，这家酿酒厂属于第二种类型。

正宗的波本威士忌，庞大的生产规模

事实上，金宾波本威士忌是世界上最大的波本威士忌品牌。除了两种核心威士忌，还有其他几种威士忌也在这里生产。但是，这并不意味着它没有生产正宗的波本威士忌，也不意味着质量不合格。

金宾酿酒厂的布克·诺伊的雕像展现了他轻松和热情的心情。

金宾酿酒厂的"威士忌教授"伯尼·吕贝尔斯（Bernie Lubbers）说："我们和其他人一样严格遵守规则，只是我们的规模更大而已。"他原本是一名专业喜剧演员，现在是受人尊敬的波本威士忌和金宾波本酒的宣传大使。直到现在，这家酿酒厂的许多秘密还被妥善封存着。虽然该场地对游客开放，但是酿酒厂本身是禁止游客进入的。这种情况在2012年9月才有所改变，一条穿过酿酒厂的游客通道正式开放。"这很重要，"吕贝尔斯说到，"因为现代威士忌爱好者越来越想要了解波本威士忌生产的技术细节。"

小批量烈性酒

除了生产核心的金宾波本酒品牌外，克莱蒙特还生产"小批量"的波本威士忌系列——诺布

诺布溪9年

金宾"黑牌"波本威士忌

溪、贝克尔、布克尔和巴兹尔·海登。有人说，"小批量"并不真正存在，但吕贝尔斯也很快对这一点提出异议。他说："这些威士忌中使用的酒精来源于生产金宾波本酒的蒸馏器，都是依照金宾酿酒厂的基本配方提取的，但切割点不同，威士忌的熟化方式也不同。几年前，当我们用完诺布溪的时候，记录显示我们有大量的'非陈年'波本威士忌，但我们没有使用它，因为它不是诺布溪。"

挥洒汗水，努力创新

金宾波本威士忌是世界上最畅销的波本威士忌。对于美国威士忌来说，这是一个最好的时代，在创新和新产品方面，金宾酿酒厂也没有掉队，酿酒大师弗雷德·诺伊（Fred Noe）说道："我们在2011年推出了一款名为'红鹿'（Red Stag）的樱桃味波本威士忌，它成为我们最红的一款产品，紧随其后我们又推出了一款蜂蜜味波本威士忌。人们似乎很喜欢这款酒，它为我们带来了新的受众人群。"

然而，这并不意味着口味传统的威士忌爱好者愿意看到他们最喜欢的威士忌被取代了，与此同时，金宾酿酒厂也在忙于为未来打造新产品。

"我们正在寻找生产优质威士忌的新方法，"诺伊说到，"例如，恶魔之痕（Devil's Cut）是一种波本威士忌，我们通过加水搅动空桶，来使威士忌从木头中渗出。它被称为恶魔之痕而不是天使分享（Angel's Share）。我们还推出了黑麦版的诺布溪，黑麦的酿熟期更加长久。"

品鉴笔记

金宾"黑牌"波本威士忌

43% ABV。一瓶优质的波本威士忌所能带来的一切都在这里。在桶中的额外熟成年限使它与标准的"白标"版本相比，酒体更饱满、橡木香气更浓郁、灼热感更强烈，但也有大量的香草、蜂蜜、皮革和炖煮水果的味道。

诺布溪9年纯波本威士忌

50% ABV。尽管有比这酿造更久的波本威士忌，但9年对波本威士忌来说是一个很长的熟成期。而且这款酒是双桶陈酿。橡木、香料和令人愉快的坚果味，混合上熟透的杏子和红色浆果，再加上隐约的黑麦气息，使它极为诱人。

巴兹尔·海登8年纯波本威士忌

40% ABV。这款酒证明了柔和的口感在波本威士忌的生产中占有一席之地。这是一款清淡、精致、类似于开胃酒的波本威士忌，其柠檬和橙子的成分占比比其他波本威士忌的都多。它虽然缺乏些许其他酒款拥有的冲击力，但却增添了多样性。

布克尔·诺伊

在金宾的"小批量波本威士忌系列"中，许多威士忌是以波本威士忌传奇人物的名字命名的，包括布克尔·诺伊，在金宾酿酒厂工作了40多年的酿酒大师，也是现任酿酒大师弗雷德·诺伊的父亲。布克尔用自己的名字命名酿酒厂有史以来的第一桶烈性波本威士忌。他的慷慨好客是众所周知的。一位来访者被告知，如果他不请自来出现在布克尔的家里，他将得到食物、饮料和一段时间的住宿的款待。起初，他很惊讶，犹豫不决，但最终还是被说服了。当他回来时，有人问他是否真的得到了食物、饮料和住的地方。"没有，"他回答道，"布克尔先请我喝了一杯。"

布克斯正宗圆桶波本威士忌

巴兹尔·海登8年纯波本威士忌

水牛足迹

所有权：萨泽拉克公司
创始年份：1787年 **产量**：450万升

你可以放眼世界寻找，很少有酿酒厂能像位于法兰克福的巨大的水牛足迹（Buffalo Trace）酿酒厂那样具有如此强烈的历史感。这家酿酒厂位于山的一侧，一直延伸到宽阔的俄亥俄河的支流——肯塔基河，从各方面来看它都很重要。水牛足迹酿酒厂的历史可以追溯到该地区开垦之初。对于一个美国的威士忌制造厂来说，它的历史比大多数苏格兰酿酒厂都要久远，简直令人难以置信。

该地区有丰富的水资源、可耕地及可以提供运输的河流，这些都保证了该地区日后的繁荣。从上游的月光酒庄到蓝草牧场地区的特许酿酒厂，肯塔基河很快就与威士忌的酿造联系在一起了。1787年，当时水牛足迹还被称为李氏镇，位于此处的酿酒厂开始将威士忌顺河运往新奥尔良。当时，威士忌的势头很足，到1810年，肯塔基州拥有超过2000家酿酒厂。

酿酒厂的兴衰

水牛足迹酿酒厂曾出过一些很厉害的酿酒师。其中一位酿酒师乔治·T. 斯塔格（George T. Stagg）在1878年买下这家酿酒厂，并在1904年以自己的名字命名酒厂。它通过获得生产药用威士忌的许可证而在禁酒令期间里幸存下来，这显然对1925年生产100万瓶威士忌颇有好处。1933年禁酒令结束后，酒厂的生产能力稳步提高。到1939年，酒厂雇用了1,000名员工。然而，到20世纪90年代初，由于波本威士忌行业的变化，员工人数骤降到50人，酿酒厂面临倒闭的危险。

这家酿酒厂经历了漫长的岁月所带来的诸多困难，但是随着大面积的翻新和1999年改名为水牛足迹酿酒厂重新回到了巅峰，生产了一系列世界闻名的标志性波本威士忌酒，包括乔治·T. 斯塔格、奇鹰（Eagle Rare）、W. L. 韦勒（W. L. Weller）和凡·温克（Van Winkle），以及旗舰品牌水牛足迹。

值得参观的地方

在酿酒厂的游客中心，你会看到酿酒厂员工的黑白老照片，还能看到那些开辟了美洲北部市场并确保波本威士忌未来的老式桨叶蒸汽船。

如果你幸运的话，某名工作人员可能会在其

水牛足迹波本威士忌

酒厂的水塔是"波本威士忌王国"中心地带的一个标志性的地标。

美国产区

中一张照片中指出他的曾祖父。在这里，你会比在其他任何地方都更能意识到，威士忌的酿造是一条不断运动的"传送带"。我们踏上这条传送带，然后有一天我们又走下来，但它一直在慢慢地代代相传。

空出一天时间去参加"酿酒厂历史之旅"吧！这里的导游会讲述一个又一个关于酿酒厂的不可思议的故事，让你惊喜不已。在参观过程中，你将进入酿酒厂的中心地带，穿过熟化仓库，并登上屋顶，欣赏肯塔基州乡村的迷人景色。你还将看到一个小型蒸馏器，酿酒厂正在那里进行微蒸馏实验，以期与新一轮的美国威士忌竞争。

水牛足迹

> 小故事

酿酒厂的名字来源于1775年最初的定居点的一条小路，称为水牛足迹。这是由大量的美国野牛或水牛群在这片土地上开辟的一条道路。数十万的野牛曾经在美国的大平原上迁徙，数量如此之大，它们需要花费几个小时才能通过平原。野牛会在这里缓慢地穿过肯塔基河相对狭窄和浅的河段。后来，一些定居者发现野牛开辟的这些宽阔而清晰的道路是非常有用的运输路线。

品鉴笔记

水牛足迹波本威士忌

45% ABV。这是一款优质的波本威士忌。入口甜美而清淡，散发着柑橘和香草的味道，然后感受到橡木、黑麦和太妃糖的混合风味。

奇鹰单桶17年波本威士忌

45% ABV。每年一次性批量发布，所以味道会有一些变化。对于波本威士忌来说，17年是一段漫长的岁月，但橡木的风味并不占主导地位，而是为太妃糖、黑麦、谷物和蜂蜜的相互碰撞提供了一个干燥和辛辣的口感。

乔治·T. 斯塔格波本威士忌

70% ABV，原酒，非冷过滤，批量威士忌，行动快速你才能得到它，因为这真的很抢手——它是世界上最好的威士忌之一。口感：黑巧克力、冰糖樱桃、一些甘草和你能想象到的最美味的黑麦风味会溢满你的喉咙，浓郁的味道能持续数小时。

奇鹰单桶10年波本威士忌

埃尔默·T. 李波本威士忌

四玫瑰

所有权：麒麟啤酒公司
创始年份：1910 年　**产量**：180 万升

作为一家与竞争对手截然不同的威士忌酿酒厂，四玫瑰（Four Roses）在肯塔基州的声誉略显古怪。100 多年的历史底蕴加上西班牙天主教修道院的建筑风格，酿酒厂的建筑从外观上看更像是西班牙殖民时期的庄园。酿酒厂和周围黑暗郁郁的波本酒仓库屹立在一起，虽显得不协调但却很有氛围。仅出于这一原因，就值得你前往该酿酒厂好好参观一番。

酿酒厂的运作方式也与其他地方的波本酿酒厂不同。四玫瑰酿酒厂一直是美国的一个谜，因为它的波本威士忌很少在美国销售，那些听说过它的人往往会认为它与实际生产的产品非常不同。一方面是由于历史原因，另一方面是因为它的生产商是日本啤酒巨头麒麟啤酒公司。

品牌转型

许多年前，四玫瑰是一种廉价的混合威士忌，质量一般但销量很大。它在 1888 年酒款首次推出后，便大获成功，随后搬到了当时位于劳伦斯堡的最先进的酿酒厂。今天，四玫瑰酿酒厂酿造的威士忌仍旧与众不同，与肯塔基州的其他威士忌一样好。但是直到最近，麒麟啤酒公司才向日本和一些欧洲市场出口波本威士忌，同时在国内，它也在费尽心思摆脱以往的负面影响。

酿酒大师吉姆·拉特利奇（Jim Rutledge）的不懈努力让四玫瑰在国内声名鹊起。他多年来的付出，帮助酿酒厂吸引了大批海外游客，可这家酿酒厂在国内还是相对默默无闻，这种情况有些奇怪。

拉特利奇现在应该已经退休了，但他离不开酿酒厂，他依旧是肯塔基州的高调人物。四玫瑰进入国内市场后，开始在各种地方大放光彩。这个事实令他狂喜不已。他津津有味地说："我们会继续开拓美国市场，此外，四玫瑰酿酒厂成功地将我们的波本威士忌引入土耳其和加拿大第二大省份——安大略省。在这一成功的基础上，现在我们正计划面向另外一两个加拿大省份。2011 年是非常成功的一年，全球个案销售比 2010 年增长了 42%。2012 年 4 月，含有 35% 黑麦谷物和 K 酵母的烈性酒——四玫瑰'限量版单桶波本酒'进入美国市场。"

四玫瑰"小批量"

四玫瑰"黄标"

酿酒厂建筑采用了建厂时流行的西班牙天主教修道院的建筑风格。

四玫瑰组合

对四玫瑰来说，酵母是不得不提的重要之物，因为该酿酒厂的运作方式与日本酿酒厂的运作方式相同。波本威士忌作为三种核心产品投放市场，针对不同的市场和不同的场合推出了许多特别版本。几种威士忌是用不同的配方和酵母组合制成的，这些组合在一起就可以酿出标准的四玫瑰产品。最好的4种威士忌被选入四玫瑰"小批量系列"（Small Batch），其余的成为"单桶"（Single Barrel）产品。该酿酒厂还根据许可生产其他知名的波本威士忌，包括布利特（Bulleit）和"总统贮藏"（President's Reserve）款。

拉特利奇对酿酒厂的进步感到自豪，并且，他似乎对全国各地新酿酒厂的崛起并不担心，他说："我相信，在未来几年里，我们将继续看到'精品'酿酒厂进入美国威士忌市场，一些酿酒厂肯定能为特色威士忌开发出有利可图的市场，但对美国威士忌市场的总体影响将微乎其微。我相信，肯塔基州八大波本酿酒厂的未来非常光明，它们的销售额将实现在国内和全球的持续增长。"

品鉴笔记

四玫瑰"黄标"波本威士忌

40% ABV。正如其黄色的名字一样，这款波本酒没有大多数酒那么咄咄逼人，味道更柔和。它是一款口味复杂的波本酒，蕴含香草、橡木和橙子的气息，带有浓郁的蜂蜜香气。余味带有些许黑麦气息。

四玫瑰"小批量"波本威士忌

45% ABV。与标准瓶装酒并无不同，但水果和香料的风味更胜一筹。余味有浓郁的蜂蜜和香料气息，柑橘类水果甜味时隐时现。

四玫瑰"单桶"波本威士忌

45% ABV。到目前为止，这是标准系列中最佳的版本。味道因批次而异，但这款酒有浓郁的水果、香草和橡木的风味，带来了一种全新的味觉感受。余味长久。

四玫瑰"单桶"波本威士忌

天堂山

所有权： 夏皮拉家族

创始年份：1934 年　产量：225 万升

虽然天堂山（Heaven Hill）可能不是许多人最熟悉的波本威士忌的品牌，但它是一个大型的酿酒厂，近年来发展迅速，似乎正在不断壮大。

该酿酒厂由夏皮拉家族独立控股和运营，有两个重要部分：位于路易斯维尔的大型生产基地，在 1996 年 11 月原酿酒厂被大火烧毁后迁入，是蒸馏烈性酒的地方；还有一个非常时尚的游客中心，靠近巴德斯敦附近的一些成熟仓库。游客中心相对较新，里面有一个讲述波本酒故事的综合展览、一个商店和一个木桶形状的品尝室，游客可以在这里品尝一些酿酒厂最好的威士忌。

游客的体验还包括步行穿过邻近田地里的巨大仓库。尽管工作人员可能已经厌倦了谈论这件事，但他们还是会告诉你，有场持续燃烧了好几天的大火烧毁了这里的大部分仓库。

著名的波本威士忌品牌

虽然美国以外的许多威士忌爱好者可能并不熟悉该公司，但其品牌天堂山的系列产品包括伊万·威廉姆斯（Evan Williams）和以利亚·克雷格（Elijah Craig）这两个传奇波本威士忌品牌。企业宣传总监拉里·卡斯（Larry Kass）说："天堂山酿酒厂还有很多品牌，它将顺应美国威士忌的发展趋势朝着未来乘风破浪。"

卡斯指出："天堂山是唯一一家生产所有风格的美国威士忌（波本威士忌、黑麦威士忌、小麦威士忌和玉米威士忌）的主要生产商。作为世界第二大波本威士忌生产商，我们地位独特。毫无疑问，在美国本土和国际上，年轻、富裕的男性消费者对波本威士忌和其他风格的美国纯威士忌都感兴趣。你可以从以下事实中看到这一点：在我们行业中，那些制造传统的纯黑麦威士忌的酿酒厂已经被收购了。伯恩海姆肯塔基纯小麦威士忌和芳醇玉米肯塔基纯玉米威士忌等品牌越来越受欢迎，这进一步证明了美国威士忌消费者现在追求口味的多样性。我们这些波本威士忌的生产商和营销者将继续在法律允许的严格范围内，继续试验桶装成品、谷物、陈酿方法和其他区分产品的方法。"

格鲁吉亚月亮
玉米威士忌

钱柜 12 年

伊凡·威廉波本威士忌

展望未来

仔细看看这家由克雷格（Craig）和帕克·比姆（Parker Beam）父子俩监管的酿酒厂最近的业绩，你会发现它将独立家庭企业带来的所有好处和巨大规模带来的所有经济效益完美地结合。天堂山酿酒厂的规模仅次于金宾酿酒厂，其仓库可容纳超一百万桶威士忌。

虽然现在在肯塔基州的酿酒厂中，单桶酒和特殊瓶装酒的发行已经司空见惯，但天堂山这么做已经很多年。2012 年，第 18 款伊万·威廉姆斯单桶年份波本威士忌顺利推出。这家企业总是能迅速应对全新挑战，并将肉桂和樱桃味的波本威士忌列入其产品系列。

卡斯说道："近年来，我们有许多亮点，几乎多到无法总结。随着新产品的问世，我们未来大有可为。"

品鉴笔记

伊万·威廉单桶年份波本威士忌

43.3% ABV。味道简单直接的波本威士忌。糖果和香草的甜味浓郁，夹杂着橡木和黑麦的气息。回味相对较短，但它是一种圆润可口的威士忌。

利亚克雷格 12 年波本威士忌

47% ABV。这种威士忌现在是由伯恩海姆的蒸馏威士忌制成的。有人尝不惯它的味道。它的味道的确不像是陈年了 12 年之久的肯塔基威士忌。但是，忽略酿熟期，只根据它自身的优点来判断，它是一款很好的波本威士忌。糖果、水果、橡木和黑麦的味道很好地融合在一起。

伯恩海姆原味肯塔基纯小麦威士忌

小麦威士忌，45% ABV。这款威士忌可以说是天堂山产出的最佳威士忌，尽管里顿豪斯系列的黑麦威士忌也毫不逊色。小麦圆润的柔和感，可口的柠檬、橙子和蜂蜜味道，带来味觉上的享受。主调的辛辣感非常美妙。

瑞顿黑麦 100

最佳单桶波本威士忌

伊万·威廉姆斯品牌每年都会推出单桶波本威士忌，这已经成为肯塔基州的一种风俗习惯。但近年来，该公司又推出第二个年度发行系列——"帕克匠心收藏"（Parker's Heritage Collection）。该系列让酿酒大师帕克·比姆有机会推出一些最稀有、最特别的威士忌。最近几年，他陆续推出桶装高麦芽威士忌和在白兰地酒桶中酿造的威士忌。然而，值得称道的是，在美国经济低迷的背景下，公司还特意下调 2011 年的发行价格，保证大量威士忌爱好者仍然可以喝得起威士忌。过去的几年里，公司已经在价格和质量之间找到平衡点，成功打造了一些价格合理但却屡获殊荣的陈年波本威士忌。

伯恩海姆原味纯麦威士忌

杰克·丹尼

所有权：百富门公司

创始年份：1866年　产量：150万升

在威士忌爱好者眼中，杰克·丹尼（Jack Daniel's）威士忌的存在是理所当然的。在最糟糕的时候，人们对杰克·丹尼威士忌避之不及，大骂它不是"正宗的威士忌"。这对一个品牌而言，极为不公平。即使在杰克·丹尼威士忌备受冷落的那些年里，它也为世界威士忌的发展付出了比其他品牌更多的心血。

完美的成功范例

事实上，该品牌已经完成了三项营销壮举，完全值得我们敬佩。第一，它让年轻人相信喝威士忌是一件很酷的事情；第二，在深色酒市场低迷的时候，它为一种棕色酒打造了一个成功的故事；第三，让饮酒者相信，这款酒看起来是一个小众但优质的品牌，但实际上它是一个商业怪物。

去酿酒厂参观一下，你会发现员工们正在加班加点地辛劳工作。林奇堡本身是一个禁酒的小镇，所以你在这儿买不到酒，但它却是酿酒厂的圣地。当你在一家又一家出售丹尼·杰克商品的商店闲逛，看见从领章到哈雷·戴维森摩托车等商品时，你能真切感觉到丹尼·杰克在小镇的影响力，堪比可口可乐和哈雷。

酿酒厂的参观体验

丹尼·杰克酿酒厂本身就像一个威士忌版本的迪士尼主题公园。如果你停下来吃点东西，会发现工作人员穿着合身的美式休闲服，食物也都是家常菜，像是美国奶奶做的苹果派之类的东西。

有一列小火车在这片广阔的土地上行驶，但许多较大的生产设施（例如装瓶厂）都远离酿酒厂的旅游区。你所看到的生产区域远远不足以生产大量的威士忌，你不会亲眼看到超过100万升威士忌的熟化过程。沿着小路，穿过精心开垦的草坪，在现场走一圈，你会看到关于"杰克先生"和他的继任者的小纪念碑，还有一个小棚屋，在那里你可以看到杰克·丹尼踢过的保险柜。脚踢保险柜的行为造成他脚部感染，最终离世。但提到这一点并不是要破坏游客参观杰克·丹尼酿酒厂的体验——杰

杰克·丹尼"单桶"田纳西威士忌

杰克·丹尼"老7号田纳西威士忌"

莱姆·莫特罗（Lem Motlow）是杰克的侄子，接管了威士忌酿造的生意，他的名字仍保留在酿酒厂的标志上。

克·丹尼的威士忌与田纳西州和邻近的肯塔基州的其他威士忌一样，是按照严格的标准酿造的，而且酿酒厂的环境宜人，不会让人失望。

林肯郡过滤法

杰克·丹尼是田纳西威士忌，而不是波本威士忌。田纳西州的威士忌是用林肯郡的工艺酿造的，这使它不具备成为波本威士忌的资质。肯塔基州的人会告诉你，这种过滤法会使威士忌口感变得更柔和，但田纳西州的人们会争辩说，这种工艺是为了改善威士忌，使它的口感更加醇厚。如果它没有这种效果，那么省略过滤工艺将降低成本。

根据这种工艺，将田纳西州的威士忌倒在厚厚的糖枫木上，引燃烧成木炭。这就是杰克·丹尼和他的同行乔治·迪克尔（George Dickel）引以为傲的木炭醇化过程。有一些波本酒瓶上也会标注木炭过滤，但这是不一样的：威士忌在木桶中陈年后再经过木炭过滤，去除木桶中的漂浮杂质。

杰克·丹尼系列

杰克·丹尼第一次就抓住了威士忌市场营销的重点，不用后人浪费心力修改。因此，在基本的杰克·丹尼"老7号"（Old No.7）的基础上，只有3款延伸系列——"田纳西蜂蜜"（Tennessee Honey）"绅士杰克"（Gentleman Jack）和杰克·丹尼"单桶田纳西威士忌"（Single Barrel Tennessee Whiskey）。曾几何时，几乎只能在酿酒厂里发现这些品牌的影子，但现在它们的销售范围遍布美国。"田纳西蜂蜜"是一种威士忌利口酒，"绅士杰克"是"老7号"的柔和版，但两者都是针对不常喝威士忌的消费者。如果有人告诉你杰克·丹尼威士忌不是真正的威士忌，请向他们介绍"单桶"系列——它们和许多上等波本威士忌一样优质，这一点毋庸置疑。

品鉴笔记

杰克·丹尼"老7号田纳西威士忌"

田纳西威士忌，40% ABV。烤焦的太妃糖、坚果脆片和熟透的炖水果的味道，混合浓郁、丰富的糖果和玉米气息。大多数人喜欢混合饮用，但在炎炎夏日，往这款威士忌中加些冰块也是不错的选择。它的口感比想象中更令人惊艳。

杰克·丹尼"绅士杰克威士忌"

田纳西威士忌，40% ABV。这是为那些对威士忌不感兴趣但又想体验杰克·丹尼的消费者准备的——有甜美的玉米味，夹杂着柑橘、橡木和香料的气息，余味持续时间短暂。

杰克·丹尼"单桶田纳西威士忌"

田纳西威士忌，45% ABV。现在谈论的威士忌是于1997年首次推出，每一桶都不尽相同。你会从中品尝到各种各样的味道，有柑橘类水果、太妃糖、香草、黑樱桃、黑巧克力、果仁、咖啡、山核桃和甘草的风味，值得一品。

"7"的魅力

成为杰克·丹尼酿酒厂的酿酒师，就像成为巴伐利亚啤酒厂的首席酿酒师或者一家主要俱乐部的明星足球运动员一样。因此像现任酿酒师杰夫·阿内特（Jeff Arnett）那样，在短短7年内就获得这一职位，确实很特别。更重要的是，杰克·丹尼的核心品牌就是"老7号"，而杰夫只是这个品牌历史上的第7位酿酒大师。他会告诉你这让他倍感幸运。"老7号"这个名字据说是指杰克·丹尼的女人缘。虽然他没有结婚，但据说他是个很有女人缘的男人。有人认为这个品牌的"7"代表他女朋友的数量。

杰克·丹尼"绅士杰克威士忌"

美格

所有权：金宾酒业集团
创始年份：1954 年　**产量**：80 万升

关于美格（Maker's Mark）酿酒厂和它所在的肯塔基州地区，有一些明显的怪异之处。尽管现在是塞缪尔家族（Samuels family）运营该酿酒厂，但酿酒厂又在在全球饮料巨头金宾酒业集团的控制之下，塞缪尔家族也没有别的办法。当然，世界上没有任何地方的威士忌体验能与这家酿酒厂带来的体验相媲美。

肯塔基州有一个相当大的天主教社区。当你接近酿酒厂时，你会看到几十座圣母玛利亚像被安置在看起来像是浴盆的地方，这是因为它们本身就是浴盆。关于浴盆有这样一个故事：一个浴盆推销员无法使当地居民重视定期洗澡的价值，于是他想出了一个绝妙的主意，买了几百尊圣母像，一夜之间扭转了他的命运。

规模的错觉

塞缪尔家族的另一个怪癖是强调自己的苏格兰血统，并以苏格兰的方式拼写"威士忌"这个词。

穿过花园，你可以进入酿酒厂。酿酒厂花园里有来自世界各地的各种树木，小路两旁排列着老式消防车和附属建筑。整个场地整齐划一，酿酒厂都是由深色木头搭建，红色柱廊和尖桩篱笆围绕在外。

但是外表是有欺骗性的，生产商可能会给你留下这样的印象：这是一家生产小批量精品威士忌的酿酒厂，但这只是一种错觉。除了几家酿酒厂之外，这家酿酒厂生产的酒水比所有苏格兰麦芽酿酒厂都多。不过，它现在已经达到了有史以来最大的规模，因为经过两三次扩建后，酿酒厂后面的水源利用也达到了极限。

你只需要在酿酒厂附近环顾，就能看到美格在全球范围内获得成功的证据。进入游客区域，你会发现照片中塞缪尔一家的目光会紧跟着你。如果你是美格的"大使"（你可以在官网注册成为大使），人们会在你自我介绍的时候为你唱歌和跳舞。现场有一个时尚前卫的酒吧、一个商店，还有一个站台，你可以在站台里给一瓶波本威士忌上贴上自己的标签，然后蘸上标志性的红蜡，让它成为你的专属。

塞缪尔家族

除了规模小的错觉外，酿酒厂的所有权同样给人造成错觉，因为尽管美格现在是金宾酒业集团的一部分，但它仍然与塞缪尔家族有所联系。它是塞缪尔买下了伯克斯酿酒厂来生产他的新款威士忌，这是肯塔基州仍在使用的最古老的酿酒厂。

美格

由比尔·塞缪尔（Bill Samuels）一手创立的，塞缪尔是波本威士忌行业里的传奇人物，第二次世界大战后从商界退休，在听取了路易斯维尔威士忌生产商，包括帕皮·范·温克尔（Pappy Van Winkle）的建议后，他开始酿造一种波本威士忌。他的目标是酿造一种不喜欢威士忌的人也会喝的威士忌，一种受众群体不止蓝领工人的威士忌。他通过在配方中调高小麦的比例来实现这一目标。

据说是老比尔的妻子从白银和黄金行业中获得启发，想出了美格这个名字，她认为世界上不需要另一种带有酿酒师姓氏的波本威士忌。小比尔·塞缪尔在 2011 年卸任总裁兼首席执行官之前一直负责经营他父亲创立的公司。他还表示，酒款印有罗马数字"V"的标志是个错误，应该改为"VI"——鉴于目前比尔·塞缪尔有阅读障碍，这是一个有趣的变化。阅读障碍也可能是塞缪尔拥有跳出固定思维、不断提出新想法的能力的原因。

小比尔的遗产

然而，这种创新能力没有运用到威士忌中，或者至少在 50 多年的时间里没有。美格是用一种配方制成并陈年相同时间的产品。但是，当小比尔·塞缪尔接近退休年龄时，他一想到人们只会记住他是公司的管理者、不会留下任何遗产，顿觉失落。

这一番深思熟虑的结果是他在 2010 年 8 月推出"美格 46"。这款威士忌采用标准的装瓶方式，带有深邃的烘烤橡木气息。"美格 46"的名称来自生产过程中烘烤和炭化的特殊木条的编号。

品鉴笔记

美格波本威士忌

46% ABV。甜美、易饮的顶级威士忌，小麦口感顺滑圆润，有浓郁的谷类风味，余韵包含白胡椒的辛辣味，平衡各种味道。糖果、玉米、水果和蜂蜜的香气夹杂其中。

"美格 46"波本威士忌

47% ABV。加强了美格的标志性味道，并将糖浆、烤橡木、太妃糖和黑巧克力的味道注入其中。这就像标准瓶装酒的成人版，如果说标准瓶装酒类似于牛奶巧克力，这款威士忌就相当于黑巧克力。

独特的方法

如今，美格算得上是一家大型酿酒厂，但它的做法仍然与竞争对手略有不同。它使用的谷物是在一个使用滚筒系统而不是锤子系统的研磨机上研磨的，因为酿酒厂认为锤子系统产生的热量会使味道更苦。此外，为了保持一致性，仓库里的酒桶是轮换的，这对波本威士忌来说至关重要。每批威士忌使用的酒桶相对较少，而且味道没有太大的差别。

"美格 46"波本威士忌

野火鸡

所有权：金巴利集团
创始年份：1869 年　**产量**：500 万升

如果你想证实美国威士忌，特别是波本威士忌的发展状况良好，那就去野火鸡（Wild Turkey）酿酒厂看看吧。作为肯塔基州比较传统的酿酒厂之一，它从来没有金宾或者水牛足迹那样的规模和影响力，也没有"伍德福德珍藏"（Woodford Reserve）或者美格那样精致和小批量生产的感觉。事实上，直到最近它还处在崩溃的边缘，而且这个品牌的状况也没有好到哪里去。

金巴利的投资

传奇酿酒大师吉米·罗素（Jimmy Russell）在 90 多岁的时候比许多 45 岁的男性还要精力充沛，喜欢环游世界。他经常与布克·诺（Booker Noe）及朱利安·范·温克尔（Julian Van Winkle）、埃尔默·李（Elmer T. Lee）、帕克·比姆和吉姆·拉特利奇等人一起度过欢乐时光，但现在他也有很多值得期待的事情，因为 2009 年从保乐力加集团收购野火鸡酿酒厂的金巴利集团在 2011 年建立了一座酿酒厂，能够将波本威士忌的产量从 2,300 万升提高到 5,000 万升，使其成为世界上最大的威士忌生产厂之一。退休员工、当地政要及吉米·罗素和他的儿子兼助理酿酒师的埃迪（Eddie）都参加了揭幕仪式。

"这家公司自豪地展示了它在肯塔基州的根基，它在肯塔基州的投资收获了巨大的成功，赢得了全世界的尊重，"肯塔基州州长史蒂夫·贝希尔（Steve Beshear）当时说，"这次商业扩张不仅将为肯塔基州的人们带来更多潜在的就业机会，还将推动这个杰出企业持续、稳定和长久的发展。"

金巴利集团首席执行官鲍勃·昆兹·康塞维茨（Bob Kunze Concewitz）在新酿酒厂的开业时，评论道："这次投资体现了我们对标志性的野火鸡家族品牌的发展前景充满信心。"

新厂新气象

新的酿酒厂与旧的酿酒厂截然不同，它采用了最新的能源效率设施和环保设施，加装了改进的排放控制、改善的水循环过程和可再生燃料系统。

野火鸡肯"塔基烈性酒"

罗素珍藏 10 年波本威士忌

新工厂于 2011 年投入使用，用新设备酿造的首批陈年野火鸡波本威士忌在 2016 年推出。

金巴利集团还打算改变野火鸡略显疲惫的形象。据说，如果一个肯塔基州的乡下人问你在喝什么，你只需说上一句"101"，然后请他喝上一杯，你就会收获一个"挚友"。21 世纪以来，许多威士忌的主要品牌都在通过推出高端产品来重塑自己的形象。野火鸡一度消失在人们的视线中。现在，由埃迪·罗素创造的名为野火鸡"81"的新混合品牌已经成功推出。该系列的其他产品也将进行整改，并且已经在美国和大洋洲进行了包装和品牌重塑。

"火鸡"腾飞

在金巴利集团收购野火鸡之前，该系列就已经在进行扩张了，野火鸡的品牌知名度日益升高。金巴利集团的发言人对这些变化有感而发："这对酿酒厂来说是一个激动人心的时刻，游客可以在一个现代、实用的环境中体验正宗的波本威士忌，了解威士忌的人都知道野火鸡是一个非常厉害的品牌。现在是时候让这个品牌再创辉煌了。"

品鉴笔记

野火鸡"101"波本威士忌

50.5% ABV。作为蓝领酒吧饮品的波本酒之父，它现在的表现不负众望。黑巧克力和樱桃的味道夹带着浓郁的黑麦香料和蜂蜜橡木的香味。

野火鸡"81"波本威士忌

40.5% ABV。这款威士忌是针对年轻一代的饮酒者和鸡尾酒热潮研发的。它毫无顾忌地淡化了玉米、橡木和香料的味道，因此口感温和、圆润。它是波本威士忌对混合苏格兰威士忌的回应。余味持续时间短，却又宜人、甜美。

罗素珍藏 10 年波本威士忌

45% ABV。2007 年推出的小批量罗素黑麦威士忌，以父子俩酿酒团队的名字命名。这款酒不同寻常，一方面是有葡萄的味道，夹杂着油滑的气息和橡木、胡椒粉的风味，另一方面是糖浆和焦糖的味道。糖和香料的组合复杂、醇厚与深刻，值得一品。

名称来源

狩猎野火鸡是美国南部的一项重大活动，就像是召唤火鸡活动一样——模仿一只雌火鸡去吸引雄火鸡，方便你能射杀它。电视台上甚至播出以火鸡模仿者为主角的比赛，并给出了丰厚的奖金。野火鸡品牌诞生于1940年，其灵感来自肯塔基州一年一度的野火鸡狩猎活动。当地的酿酒商带着一桶特殊的波本酒参加庆祝活动是一种传统。当时控股这家酿酒厂的纽约公司的总裁托马斯·麦肯锡（Thomas McCarthy）从仓库中挑选了一批"101"纯波本威士忌带到了狩猎场。几年后，人们开始询问："有没有野火鸡波本威士忌？"该品牌由此诞生。

野火鸡"81"波本威士忌

野火鸡"101"波本威士忌

伍德福德珍藏

所有权：百富门公司

创始年份：1994 年

如果你正在寻找一家古香古色、坐落在迷人的乡村的酿酒厂，那么百富门公司的伍德福德珍藏酿酒厂就是你的理想之地。老拉布罗特（Labrot）和格雷厄姆（Graham）酿酒厂拥有和美国威士忌一样的历史意义。威士忌传奇人物以利亚·佩珀（Elijah Pepper）和詹姆斯·克劳（James Crow）就是在这里对波本威士忌的制作过程进行了微调，他们虽然没有发明这种酒，但是确保了酒品的一致性和提高了质量，让其拥有了光明的未来。

百富门公司在肯塔基州路易斯维尔市拥有杰克·丹尼酿酒厂和旧时光（Early Times）酿酒厂，但伍德福德珍藏酿酒厂与它们截然不同。你需要穿过该州一些最美丽的地方才能到达这里。比如很多巨大的种马场，那里饲养着世界上最好的赛马，英国君主和很多政要都在那里拥有牲畜。在这里养马的原因和酿造威士忌相同：从富含钙的硬水盆地中汲取水源。这水不仅可以酿造出优质的波本威士忌，而且浇灌了马匹赖以生存的草原，有助于饲养强壮的动物。

突破界限

伍德福德珍藏酿酒厂本身似乎更像是一个模型，而不是一个工作场所。由主人精心修复，坐落在一片葱茏的自然美景中。它拥有一个时尚的游客中心、绝佳的视野，以及一条全面且内容丰富的游览线路——不是最长的线路，因为该酿酒厂真的是一个"小小的作坊"，里面的设施都很小。在游客中心，过去的记忆从未被遗忘，毫不意外的是，该酿酒厂在美国威士忌故事中的地位不断被提及。

但不要错误地认为酿酒厂正在退步，因为百富门公司有一个精力充沛、好奇心旺盛且毫无争议的酿酒师克里斯·莫里斯（Chris Morris），他准备突破威士忌的界限。想知道这个界限在哪，只需看看一年一度的"大师系列"发布会，其中包括在索诺玛-卡特勒美国葡萄酒桶中熟化的波本威士忌、一种"甜麦芽浆"威士忌、一种四粒麦芽威士忌，以及在陈年橡木桶中熟化的波本威士忌。

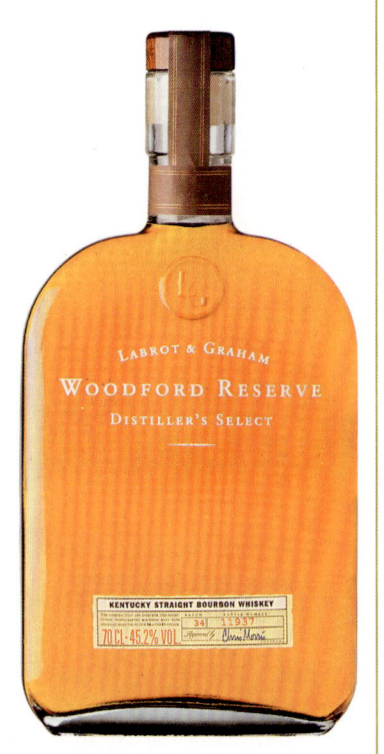

伍德福德珍藏"酿酒厂精选"

伍德福德珍藏"四谷物大师系列"

仓库里有实验性的枫木和山核桃木桶，以及用燕麦制成的威士忌。莫里斯说："人们质疑我们是否在瞎搞波本威士忌，但是我们的这种做法已经有了很长的历史。我们将保持核心威士忌不变，这是一款很棒的威士忌，我们很高兴看到当我们改变一部分工艺或引入新事物时会发生什么。"

罐式蒸馏的波本威士忌

伍德福德珍藏酿酒厂区别于其他酿酒厂的主要原因在于蒸馏室内装有类似于苏格兰单一麦芽威士忌的罐式蒸馏器。波本威士忌通常是在带有倍增器的柱状蒸馏器上生产的，通过柱状蒸馏器蒸馏出的麦芽浆稠度像粥一样。使用罐式蒸馏器就没有这个问题，因为在麦芽威士忌生产过程中，谷物被去除，只有液体进入蒸馏器。波本威士忌麦芽浆会导致蒸馏器温度过高，因此百富门公司请来了当时在格伦马里工作的苏格兰蒸馏师，最终通过调整蒸馏器以保持麦芽浆流动，解决了这个问题。

莫里斯说："我们为我们在这里生产的波本威士忌感到非常自豪。它不同于其他任何产品，其质量远远超过其价格。"伍德福德珍藏酿酒厂旗下的威士忌的确是一种特殊的波本威士忌，带有黑麦的辛辣和复杂而圆润的味道。

品鉴笔记

伍德福德珍藏"酿酒厂精选"波本威士忌
45.2% ABV。丰满、柔顺、时尚、口感丰富的波本威士忌，包括焦太妃糖、葡萄干、炖桃子和杏子，以及生姜、肉豆蔻、肉桂、辣椒等一系列香料的香气。这款波本威士忌像一个精心烘焙的面包，还带有山胡桃和红甘草的味道。

伍德福德保留区"大师系列调味橡木处理"
波本威士忌，45.2% ABV。带有脆脆的太妃糖、黑巧克力、浓郁的蜂蜜和焦糖的味道，以及大块橡木和香料的香气。这是一款口感醇厚的波本威士忌，混合着绿色水果和一些红色浆果的味道。

老森林人"生日波本"
波本威士忌，47% ABV。厚实、物美价廉的波本威士忌，含有甜甜的蜜饯水果、滑石粉和带有一丝烟草味的桃花心木雪茄盒的味道。黑麦味在味蕾上拉开，在糖、香料及酸甜之间完美平衡。

非凡四谷物

波本威士忌通常由3种不同的谷物组成，其中以玉米为主，并在新的白橡木桶中成熟。然而，伍德福德珍藏酿酒厂使用黑麦含量高于正常水平的麦芽浆，使其具有甘草味。但酿酒师克里斯·莫里斯和他的团队热衷于看看使用4种谷物时会发生什么。他们将玉米、大麦麦芽、黑麦和小麦结合在一起，创造了"大师系列"系列中的"四谷"，这是一款油腻、味道浓郁的威士忌，让许多波本威士忌爱好者感到震惊。

老森林人"禁酒令废除波本威士忌75周年"

A. 史密斯·鲍曼

所有权：萨泽拉克

创始年份：1935 年

席卷美国威士忌行业的龙卷风正在吞噬其发展道路上的一切，其中包括老旧的酿酒厂。A. 史密斯·鲍曼（A.Smith Bowman）酿酒厂是在废除禁酒令后成立的，是弗吉尼亚州唯一的全规模酿酒厂。弗吉尼亚州的威士忌产量曾超过肯塔基州，几十年来一直在生产弗吉尼亚绅士波本威士忌。正如新酒商杜鲁门·考克斯（Truman Cox）所解释的那样："A. 史密斯·鲍曼酿酒厂的工作人员一直在努力重新专注于微型酿酒厂的工作，在我们的产品上投入了更多的工艺和精力，我们可以在限量版小批量和单桶的'先锋精神'系列中看到他们的这个重心。"

考克斯说："随着拥有 33 年经验的酿酒大师乔·丹格勒（Joe Dangler）退休，酿酒的责任已经移交给了我。在微型酿酒厂繁荣之前，我们曾是肯塔基州以外的波本酿酒厂。鲍曼家族在波本威士忌行业有着伟大的传统，我希望为史密斯·鲍曼和他的子孙们的传统增添荣誉。作为一家微型酿酒厂，我们是独一无二的。大多数新酿酒厂都是从零开始的。我们本就是一家大型蒸馏公司，但在 20 世纪 90 年代我们失去了对工艺的关注。现在，我们优化了我们的领域和产品供应，以便我们能够专注于质量，提供超优质的酒。

不幸的是，与啤酒和伏特加相比，威士忌的发展速度非常缓慢，而且实验性的东西需要时间才能更加成熟。我理解要推出新型威士忌以保持必要的利润流动，但当货架上的威士忌能在桶中达到成熟度时，我们将真正看到一些优质的产品和来自公众的兴奋。"

品鉴笔记

弗吉尼亚绅士

波本威士忌，40% ABV。这是一款带有柠檬和血橙味道的清淡波本威士忌，适度的强度和柔和的味道令人印象深刻。

弗吉尼亚绅士

亚伯拉罕·鲍曼"黑麦威士忌"

鲍曼波本

铁锚蒸馏公司

所有权：格里芬集团
创始年份：1993 年　**产量**：3.15 万升

弗里茨·梅塔格（Fritz Maytag）是美国精酿界和小型酿酒厂的传奇人物，拥有这个地位的部分原因在于他开设了一家精品酿酒厂，生产世界上最受尊敬和欢迎的威士忌，数量少到一瓶难求。梅塔格从 1965 年开始经营位于旧金山的历史悠久的铁锚蒸汽酿酒厂（Anchor Steam Brewery），但直到 1990 年代初，他才增加了一家小型酿酒厂。

"老波特雷罗"（Old Potrero）18 世纪风格威士忌和"老波特雷罗霍塔林"（Old Potrero Hotaling's）通过在小铜壶蒸馏器上蒸馏的方式重现了原始的美国威士忌。"霍塔林"（Hotaling's）的名字来源于一个坚固的威士忌仓库，该仓库在 1906 年的一场地震和火灾中幸存下来。"老波特雷罗纯黑麦威士忌"由 100% 黑麦制成——这是最难酿造的威士忌之一，是世界级的威士忌，并在全球各地赢得了无数奖项。

2010 年，铁锚蒸汽酿酒厂被出售给总部位于旧金山的投资公司格里芬集团，新的所有者拥有丰富的酒类行业的经验，他们对威士忌雄心勃勃，并且正在进口一些苏格兰最好的麦芽。他们还增加了一些令人兴奋的其他烈性酒组合，并且其总裁大卫·金（David King）是一位在英国威士忌界享有盛誉的人物。因此，对于一家变迁中的蒸馏公司来说，这是激动人心的时刻。

品鉴笔记

老波特雷罗"纯黑麦威士忌"
单一麦芽黑麦威士忌，45% ABV。有辣椒、水果和木头的风味。甘草和山核桃的味道忽进忽出，整个威士忌的口味复杂多变。抓住它的味道就像在大风中控制住了风筝。

老波特雷罗"18 世纪风格威士忌"
单一麦芽黑麦威士忌，62.55% ABV，原桶强度，在铜罐中蒸馏出 100% 黑麦麦芽浆，然后在新的轻度烘烤橡木桶中陈酿一年。呈现出花香、坚果味、香草和香料味。口感顺滑，余味悠长，有薄荷、蜂蜜、巧克力和胡椒的味道。

老波特雷罗"纯黑麦威士忌"

老波特雷罗"18 世纪风格威士忌"

铜狐狸

所有权：瑞奇·沃什蒙德
创始年份：2000 年　**产量**：7 万升

这家酿酒厂是沃什蒙德（Wasmund）单一麦芽威士忌的产地，该威士忌由瑞奇·沃什蒙德（Rick Wasmund）——一位酿酒界的传奇人物酿造。长期以来，他一直怀有制作苏格兰风格单一麦芽酒的想法，一次神奇的苏格兰之旅让他亲眼看见了威士忌的制作和蒸馏过程，这促使他在国内开创了自己的事业。

2000 年，沃什蒙德成立了铜狐狸（Copper Fox）酿酒厂，后来又收购了一家现有的弗吉尼亚酿酒厂作为向世界推出同名威士忌的跳板。沃什蒙德以传统的苏格兰方式酿造大麦，在一个小的双罐中生产酒，仍然是单桶批次。

但沃什蒙德不想照搬苏格兰悠久的方法——在生产中运用了自己的方法。他在酒液蒸馏过程中发挥了创造力，也进行了创新。

"我们是北美唯一一家用自己的大麦酿造麦芽的酿酒厂，也是唯一一家用苹果和樱桃木烟来给麦芽调味的酿酒厂。"沃什蒙德说，"我们非常注重风味，一次只生产一桶。酒精是不经冷冻过滤的，以保持完整的风味。"

铜狐狸在其陈酿过程中也采用了创新技术，采用了一种原始的"芯片和桶"方法使酒精成熟，这大大加快了成熟的速度，目前，沃什蒙德对该酿酒技术严格保密。正如他所说，最终产品是"不像苏格兰威士忌，不像波本威士忌，只是走在我们自己道路上的美国威士忌。"

2005 年，这家小酿酒厂搬到了位于蓝岭山脚下的新址，为游客提供亲自酿酒的机会，并有机会挑选自己的桶装工具，以便定制属于顾客的沃什蒙德酒——这是这家创新型酿酒厂的又一次尝试。

品鉴笔记

沃什蒙德单一麦芽威士忌

单一麦芽，48% ABV，非冷冻过滤，这种酒的蒸馏时间相对较短。虽然花香和辛辣的味道可能不会表现出来，但活泼多汁的气味是一种赠品，轻微的余味和缺乏复杂性也是它的附加值。口感上具有葡萄干和令人愉悦的甜烟熏味。

沃什蒙德单一麦芽酒

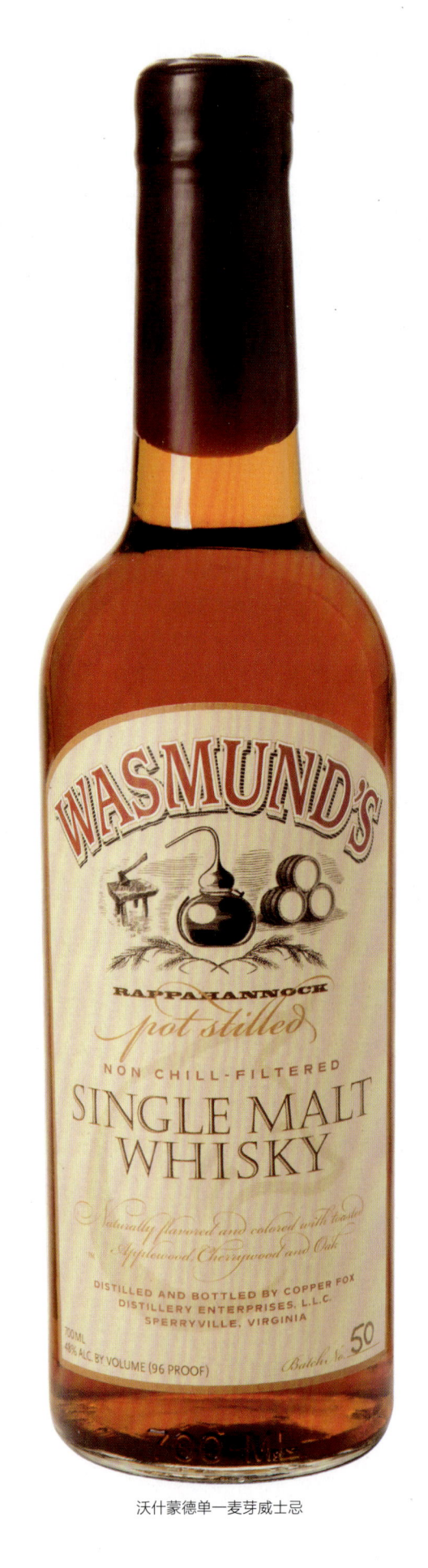

沃什蒙德单一麦芽威士忌

清溪

所有权：斯蒂芬·麦卡锡
创始年份：1986 年　**产量**：不详

清溪（Clear Creek）酿酒厂早在 1986 年就由史蒂夫·麦卡锡（Steve McCarthy）创立，是最初一批微型酿酒厂的一员，与美国许多其他威士忌酿酒厂不同，它不仅生产单一麦芽威士忌，而且还使用大量泥炭处理过的大麦。

该酿酒厂位于太平洋西北部俄勒冈州波特兰附近美丽的胡德山脚下，最初是利用该地区家庭果园丰富的农产品生产果酒和白兰地。麦卡锡从奥地利和瑞士学到了使用传统的欧洲蒸馏器的技能。

该酿酒厂生产的威士忌被称为麦卡锡俄勒冈州单一麦芽威士忌，是一种泥煤含量很高的威士忌，使用从苏格兰进口的泥煤大麦。

麦卡锡说："在苏格兰的麦芽威士忌中，我认为我们最接近的是拉加维林（Lagavulin）——一款泥煤味很浓、很浓郁的威士忌。目前，这款酒的装瓶时间只有 3 年，但我们认为对于这样一款年轻的威士忌来说，它的口感非常平滑。成品是一款顺滑的威士忌，回味出人意料的干净。由于我们陈年时间尚短，所以产量非常有限。"

事实上，酿酒厂的分销是很有限的，库存往往会很快售罄，每批新产品都有一个待发货名单。尽管如此，人们仍在努力确保麦卡锡的一些产品可以在美国大部分地区找到，现在也出口一些到欧洲。

这种威士忌最初在以前的雪莉酒桶中熟化两三年，然后在俄勒冈州风干橡木桶中熟化 6-12 个月。尽管当地橡木赋予了俄勒冈州威士忌独特的风味，但因为它是由从苏格兰引进的泥煤大麦麦芽制成的，所以麦卡锡认为："如果俄勒冈州是苏格兰，我们的威士忌将是单一麦芽苏格兰威士忌"。

品鉴笔记

麦卡锡的俄勒冈州单一麦芽威士忌

单一麦芽威士忌，42.5% ABV。鼻腔里仿佛有铅笔屑和精致的柑橘与苦涩的柠檬、橘子的清爽味道。回味不是很复杂，但在平衡感与美味上做得很好。

麦卡锡的俄勒冈州单一麦芽威士忌

干飞

所有权：干飞蒸馏公司
创始年份：2007 年　**产量**：13.5 万升

时尚的瓶子、酷炫的"红色干飞"（Dry Fly）品牌，以及不相关的名称，使干飞（Dry Fly）酿酒厂成为美国小型酿酒厂几年前自我定义的几个指标之一。这是否是一个风格胜于实质的案例还有待观察，因为这家酿酒厂是自禁酒令时代以来华盛顿州的第一家仍然前景良好的合法酿酒厂。肯特·弗莱斯曼（Kent Fleischmann）、唐·波芬罗思（Don Poffenroth）和帕特里克·多诺万（Patrick Donovan）是干飞酿酒厂的三人酿酒团队，他们的酒赢得了很多奖项，并因一款波本威士忌赢得了特别的赞誉，这种威士忌在复杂性上掩盖了其"年轻"的弱点，这是一个好兆头。除了波本威士忌和小麦威士忌之外，该团队还使用从德国进口的 450 升的特制罐子生产伏特加和金酒。

酿酒厂的名字源于这三个人对钓鱼的热爱，建立酿酒厂的想法是他们在太平洋西北部旅行时构思的，他们把鱼竿甩到了地球上最美丽的地方之一。他们说，分发酿酒厂的烈性酒是与他人共享快乐的一种方式。他们只使用在可持续农场种植的当地原材料酿酒。然而，分享这些华盛顿谷物的机会非常有限——该团队计划每年只销售 1.2 万-1.5 万箱酒，每箱 12 瓶。他们也在帮助小型酿酒厂推广自己的风格，在自己的酿酒学校为潜在的酿酒师提供培训。

品鉴笔记

干飞"华盛顿小麦威士忌"

小麦威士忌，40% ABV。口感非常柔和，正如你所期待的小麦威士忌，有新鲜出炉的橙子烤饼、肉桂吐司、白胡椒和薄荷的味道，让口感更加完美。

干飞"华盛顿波本 101"

波本威士忌，40% ABV。这款 101 波本威士忌是第一款来自华盛顿州的威士忌——陈酿仅 3 年，由玉米、未加盐的小麦和大麦蒸馏而成，复杂程度非同寻常，带有强烈的香料味。口感：香草的温暖和焦糖的甜味相互平衡。

干飞华盛顿小麦威士忌

乔治·迪科尔

所有权： 英国帝亚吉欧公司

创始年份： 1870 年　**产量：** 1,500 万升

乔治·迪科尔（George Dickel）是一家有好故事和好酒的酿酒厂。大约在 150 年前，乔治·迪科尔用当地的纯净水创建了这家酿酒厂。在 1894 年他去世时，这家酿酒厂是田纳西州现存最古老的保留了自己名字的企业。1910 年禁酒令在田纳西州实施后，酿酒厂转移到了肯塔基州，但这个名字仍然存在。1937 年，酿酒厂被申利公司收购后，直到 1958 年，才回到田纳西州，在靠近旧酿酒厂的地方修建了一家新的酿酒厂，由此催生了一个新的管理体制。在新酿酒厂，迪科尔笔记中的配方得以复兴。

该公司遵循林肯县的流程，通过木炭墙注入新的酿造酒精。但迪科尔还发现，冬季酿造的威士忌比夏季酿造的威士忌更顺滑。因此，乔治·迪科尔品牌是田纳西州唯一一款在进入木炭熟化罐之前将威士忌冷却，以过滤掉油脂和脂肪酸的威士忌。

还有另一个小的插曲：乔治·迪科尔宣称因他的产品像最好的苏格兰威士忌一样顺滑，所以他总是把威士忌拼写为"whisky"而不是"whsikey"，以此来保持与苏格兰威士忌的一致。

品鉴笔记

乔治·迪科尔"8 号"

田纳西威士忌，40% ABV。口感顺滑，易于饮用，甜而圆润的威士忌，带有焦糖、坚果、淡淡的香料及一些木炭和橡木的味道。

乔治·迪克尔第 12 号

田纳西威士忌，45% ABV。散发着水果、皮革、奶油糖果的芳香，还有一丝木炭和香草的味道。口感丰富，有黑麦、巧克力、水果和香草的味道。回味时有香草太妃糖和干橡木的味道。

乔治·迪克尔"单桶精选"

田纳西威士忌，43% ABV。浓郁的玉米、蜂蜜、坚果和焦糖的香气，与柔和的香草、香料和烤坚果形成一个整体。回味绵长，奶油般柔滑，带有杏仁和香料的味道。

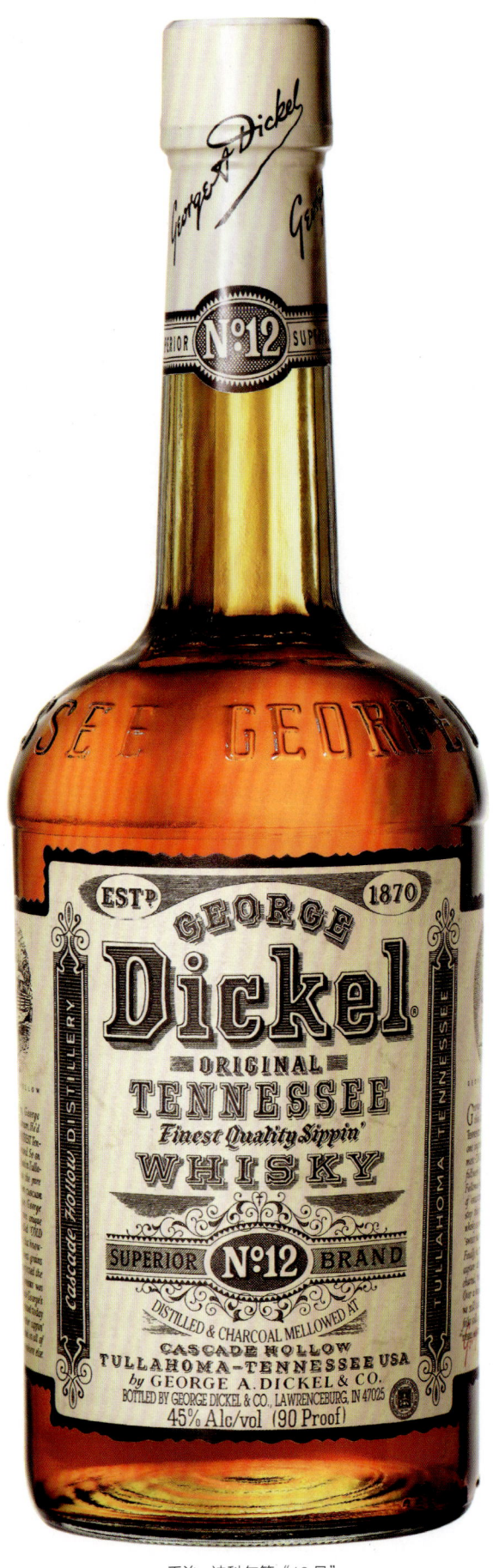

乔治·迪科尔"单桶精选"

乔治·迪科尔"8 号"

乔治·迪科尔第"12 号"

肯塔基波本

所有权：肯塔基波本蒸馏有限公司
创始年份：1935 年

从某种意义上说，肯塔基波本（Kentucky Bourbon）酿酒厂可以说是肯塔基州最新的酿酒厂，尽管这家酿酒厂生产威士忌已有很多年的历史。酿酒厂最初由汤普森·威利特（Thompson Willett）作为威利特酿酒公司成立，该公司在 2010 年之前一直是一家独立的公司，生产自己的高档和陈年波本威士忌。其名单上有许多威士忌，包括："约翰尼·德拉姆"（Johnny Drum）、"威利特"（Willett）、"巴德斯顿"（Bardstown）系列和"诺亚磨坊"（Noah's Mill）。自 20 世纪 80 年代初以来，该公司不再自己蒸馏酒，因此这些威士忌都含有从其他地方购买的烈性酒。

该公司还通过为其他公司装瓶赚钱，负责现有的数十个威士忌品牌，这些品牌标榜着"在肯塔基州巴德斯顿瓶装"，许多品牌还声称在那里蒸馏过威士忌——因此，该公司很可能使用了从巴顿酿酒厂沿途购买的威士忌。

几年前，一个决定改变了游戏规则，那就是在这块土地上建造一座新的酿酒厂。该公司及时完成了这项工作，成为复苏的美国威士忌市场的一部分，在撰写本书时，该公司刚刚开始将新的威士忌引入贸易展，如拉斯维加斯的威士忌展——这是这家羽翼未丰的酿酒厂的意向声明，因为该展览可以说是全世界的威士忌爱好者和经销商都关注的。

预计在不久的将来会有一些稳步发展的威士忌出现——早期的样品确实非常令人兴奋和鼓舞人心。

威利特"波本桶珍藏"

约翰尼·德拉姆

品鉴笔记

诺亚磨坊 15 年

波本威士忌，57.15% ABV。手工装瓶，小批量生产，这是一款非常古老且上等的波本威士忌，口感柔软、圆润，辅以辛辣的橡木味。玉米和谷物也给威士忌带来了甜味。

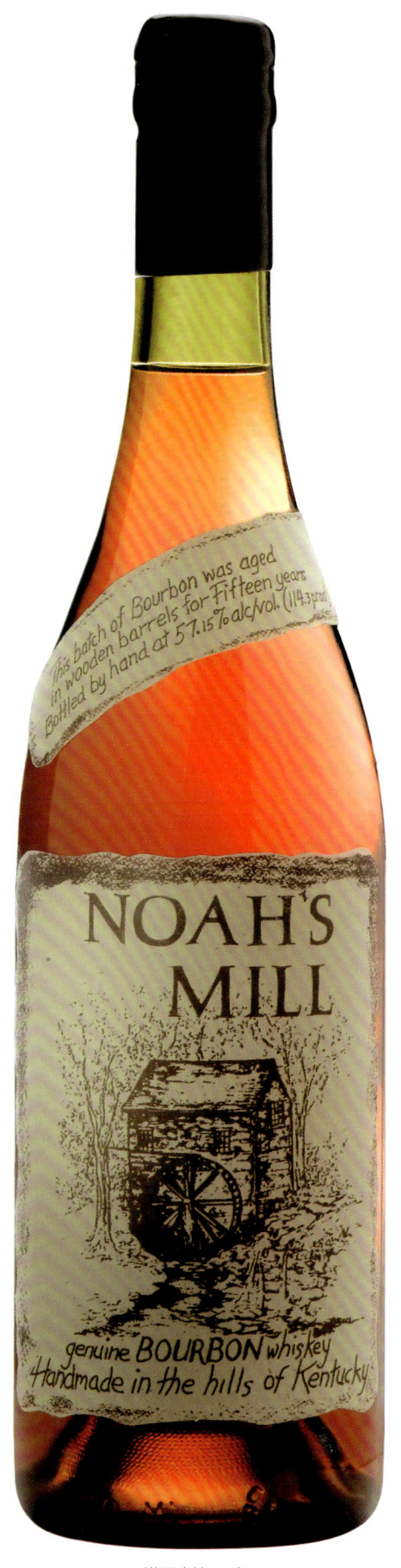

诺亚磨坊 15 年

利奥波德兄弟

所有权：斯科特和托德·利奥波德

创始年份：1999年

科罗拉多州有数量惊人的酿酒厂，生产各种不同的烈性酒，其中一些正在生产威士忌。利奥波德兄弟（Leopdd Bros）酿酒厂由斯科特·利奥波德（Scott Leopold）和托德·利奥波德（Todd Leopold）创立。斯科特有制造业背景，专注于环境可持续的工艺，而托德获得了酿酒方面的证书，之后在德国酿酒厂工作，他们一起创立的酿酒厂得益于各自的技能。

利奥波德以其酒的质量而闻名，并赢得了各种奖项，尤其是其高品质的伏特加。几年前，这家酿酒厂开始生产威士忌，专门生产小批量混合威士忌，并以180升的铜罐蒸馏器为灵感，借鉴了19世纪传统的威士忌生产技术。除了核心品牌，酿酒厂还生产了一系列水果酒。

虽然利奥波德威士忌的生产规模相对较小，但受益于小型酿酒厂的热潮，它在美国各地都可以买到，在英国也越来越多。这家酿酒厂不对公众开放，但接受当地的酒类商店的工作人员前来参观。

利奥波德兄弟"纽约苹果"

品鉴笔记

利奥波德兄弟

"小批量威士忌"，美国玉米黑麦威士忌，40% ABV。这是一款年轻的酒，玉米和黑麦占主导地位，口感柔软而温和，具有梨、香草、冰糖和檀香的气味。

利奥波德兄弟"纽约苹果"

调味威士忌，40% ABV。这种威士忌与纽约州种植的苹果混合并在波本酒桶里进行进一步陈酿。橡木桶给酒加入了橡木、葡萄干和香草的余味，而甜苹果和酸苹果的混合与烧焦的橡木余味完美平衡。

利奥波德兄弟"乔治亚桃子"

调味威士忌，30% ABV。桃子汁与小批量威士忌混合，在波本酒桶中熟化。具有桃子甜酒混合着橡木、香草和葡萄干的味道。

皮埃蒙

所有权：皮埃蒙酿酒厂

创始年份：1997年

年轻时，前纽约居民乔·米切莱克（Joe Michalek）定期前往南部各州参加音乐节和纳斯卡赛车比赛。在一次旅行中，他得到了一些私酿的桃子酒，这令他印象深刻，于是他开始研究起非法酿酒及其与纳斯卡的联系——纳斯卡是一项非常受欢迎的运动，在这项运动中，私酒持有人驾驶定制的超级引擎汽车，将他们的库存运往边境，这种行为因为电视剧《哈扎德公爵》而出名。

月光（Moonshine）威士忌是用玉米制作的，以粗犷著称，米切莱说他试过的月光威士忌并非如此，而是令人惊讶地顺滑圆润。他最终进入酿酒行业，并于2005年创建了皮埃蒙（Piedmont）酿酒厂，这是北卡罗来纳州唯一一家获得许可的酿酒厂，也是自禁酒令颁布以来的第一家酿酒厂。他选择了一种优质烈性酒，它在传统的铜锅中蒸馏，仍然使用以玉米为主的配方，还包括其他秘密成分。

后来加入酿酒厂的还有纳斯卡赛车界的明星，他在走私月光酒时期学会了驾驶技巧。赛车手有自己的酿酒配方，制作了"午夜月光三桶"（Midnight Moon triple）蒸馏酒和一系列带有水果风味的酒，于玻璃罐中装瓶，类似于私酒最初销售的容器。这两款酒都是40%酒精浓度的三重蒸馏酒。酿酒厂计划在未来开放参观，目前有一家纪念品商店，但威士忌必须从拐角处的一家酒类商店购买。

卡洛莱月光

品鉴笔记

卡洛莱"月光"私酿玉米威士忌

玉米威士忌，40% ABV。甜味，以玉米味为主，还有各种各样的其他味道，包括一些过熟的苹果、香草和香料味，也包括肉桂、丁香和姜味。

少年约翰逊的"午夜月光"玉米威士忌

玉米威士忌，40% ABV。在铜质蒸馏器中经过三次蒸馏，圆润、细腻，带有棉花糖甜味。

老里普·范·温克尔

所有权： 朱利安·范·温克尔
创始年份： 1896 年

如今，老里普·范·温克尔（Old Rip Van Winkle）酿酒厂的第三代和第四代传人朱利安（Julian）和普雷斯顿（Preston）在肯塔基州的威士忌产量中占据着独特的地位。他们推出的威士忌是高端威士忌，酿酒厂的一些波本威士忌超过了 20 年，而且库存极其有限。最初，这些威士忌是由当时老霍夫曼酿酒厂的所有者——朱利安的祖父生产的，但如今，范·温克尔威士忌是在布法罗街按照原始的波本威士忌配方，以极少的量生产。

范·温克尔一家因为缺货而把所有的时间都花在了补足库存上，这让他们非常沮丧。"我们会在这里给一家酒吧一些存货，而其他所有酒吧都会问，为什么它们不能有同样的存货。"普雷斯顿说，"让一个人开心，就会让其他人沮丧。"

这是一个令人沮丧不已的原因，虽然酿酒厂无疑在为未来的需求储备更多库存，但范·温克尔从中得到的唯一好处是，你需要足够的耐心来制作优质的波本威士忌，威士忌的繁荣并没有消失。

"极限是不存在的，"普雷斯顿说，"美国似乎对高档烈性酒有无限的兴趣，所以高档美国威士忌有很大的发展空间，在欧洲和亚洲也有巨大的潜力。我不认为这列'火车'很快就会减速，我只希望我们有更多的桶来跟上'火车'的速度。"

品鉴笔记

范·温克尔父亲"家庭珍藏"
15 年波本威士忌，53.5% ABV。经典的陈年波本威士忌，带有尖锐、涩味的木料和辣椒香，配以柔软的太妃糖坚果和炖桃子、肉桂和檀香口味。丰满、辛辣、橡木味饱满。

老里普·范·温克尔 10 年
波本威士忌，45% ABV。焦糖和糖蜜味充斥鼻腔，然后是蜂蜜和丰富而辛辣的水果味充满上颚。回味悠长，并带有咖啡和甘草的味道。

老里普·范·温克尔 10 年

范·温克尔"家庭珍藏黑麦"

范·温克尔父亲"家庭珍藏"

罗格

所有权：罗格酿酒厂
创始年份：2006 年

这家罗格（Rogue）酿酒厂或许比其他任何酿酒厂都更能在几年前的美国小型啤酒酿造革命和标志着新千年的微蒸馏革命之间划清界限。罗格酿酒厂生产优质啤酒，通过年轻人的热情打开市场，自 2006 年以来，它在波特兰的法兰德斯街的酒吧里酿制蒸馏酒。

"坏家伙麦芽啤酒"（Dead Guy Ale）诞生于 20 世纪 90 年代初。2008 年，俄勒冈州的生产商推出了他们的"坏家伙"威士忌。该威士忌是用 4 种麦

罗格的旗舰店"融合酒吧"坐落在俄勒冈州纽波特历史悠久的海湾边。

芽蒸馏而成的。从啤酒厂发酵出来的麦汁被带到附近的酿酒厂，在那里用 570 升的铜罐蒸馏器进行二次蒸馏。再在烧焦的美国白橡木桶中，进行短暂的陈酿。

"坏家伙"威士忌陈酿时间短，还有一段路要走。"俄勒冈州单一麦芽威士忌"陈酿时间稍长，前景更广阔。酿酒厂的蒸馏器也用于酿造朗姆酒、伏特加和杜松子酒，因此很难估计威士忌的产量，但每年可能会达到 2.6 万升。

品鉴笔记

罗格"坏家伙"威士忌
单一麦芽，40% ABV。成熟度很低，强度相对较低，口感较薄。有一些胡椒、柠檬，以及蔬菜沙拉味，很难让人喜欢。

罗格"坏家伙"威士忌

罗格"俄勒冈州单一麦芽威士忌"

斯特纳汉

所有权：科罗拉多州斯特纳汉威士忌公司
创始年份：2004 年　产量：17 万升

斯特纳汉（Stranahan）酿酒厂是威士忌爱好者乔治·斯特纳汉（George Stranahan）和杰西·格雷伯（Jess Graber）的创意，成立于 2004 年。酿酒厂也是科罗拉多州有史以来第一家获得许可的酿酒厂。斯特纳汉的科罗拉多威士忌以其主要来自州内的谷物和来自落基山脉的水而自豪，它是用邻近的飞狗啤酒厂（Flying Dog Brewery）生产的 4 种麦芽汁蒸馏而成的。蒸馏工作在肯塔基州路易斯维尔著名的文多姆铜业公司制造的蒸馏器中进行，然后将酒精放入烧焦的新美国橡木桶中。每批威士忌的瓶装的容量为 2-6 桶。

这家酿酒厂不仅生产其核心的科罗拉多威士忌，正在扩展业务到实验性的、不同寻常的威士忌。例如，2011 年发布了"雪花"（Snowflake）系列中的第 10 款威士忌，这反映了微型酿酒厂的信心不断增强。

"它被称为'顶峰雪花之谜（Conundrum Peak Snowflake）'，"乔治·斯特纳汉说，"它在新白橡木桶中陈酿 2-5 年，然后被我们重新装满 3 个威士忌桶，陈酿 2 个月，转移到一个白橡木西拉酒桶中，之后我们再陈酿 3 个月，以获得酒桶余味。装瓶之前我们再一次用新鲜的西拉木桶将其进行快速陈酿，以此来获得浓郁的果香和橡木味。"

由于酿酒厂每周只生产 12 桶威士忌，很多人都对此忧心忡忡。然而，如今威士忌正处在好时候，这家酿酒厂雄心勃勃，安装了新的蒸馏器和其他先进设备，目标是将其装瓶产量翻两番。毫无疑问，这是一个值得期待的酿酒厂。

斯特拉纳汉的科罗拉多威士忌

品鉴笔记

科罗拉多州斯特纳汉威士忌
单一麦芽，47% ABV。糖和香料的完美混合，几乎是李子味的、类似利口酒的焦香和焦糖混合物，再加上打磨过的木材和胡椒口感。不是寻常的味道，效果非常好。

"闯入者"波本威士忌

圣乔治

所有权：圣乔治
创始年份：1982 年　产量：不详

圣乔治（St. George）酿酒厂是由出生于巴伐利亚州的约尔格·鲁普夫（Jörg Rupf）在 1982 年创立的，考虑到他的德国背景，他自然而然地从蒸馏水果利口酒开始运作酿酒厂。虽然这家酿酒厂现在生产各种烈性酒，从苦艾酒到朗姆酒，但在该公司的心中有着特殊地位的是单一麦芽威士忌——这在很大程度上可以归因于该酿酒厂的共同所有者兰斯·温特斯（Lance Winters）的热情。

"兰斯·温特斯最初是被威士忌的制作吸引进入酿酒业。"该公司的一位发言人说，"在圣乔治酿酒厂建立之前，兰斯已经做了 5 年的酿酒师。当他意识到酿造啤酒和酿造威士忌的关系时，他向我们展示了他啤酒酿酒师的名片，并致力于威士忌酿造工艺。"

这家酿酒厂自 2000 年开始生产威士忌，这些威士忌每年都要分批生产，按批次编号，而且产量高达两位数。每一批与上一批略有不同，因为他们能够从旧桶中提取出每一批新桶的内容，这样做可以增加每批产品的风味和表现力。很明显，这家酿酒厂非常重视威士忌的生产。正如温特斯所说，"酒是次要的，它是我们工作中的偶然。酒只是作为载体来承载我们的核心，而核心就是我们正在制作的东西——气味、细微差别和我们特殊的原料。"

品鉴笔记

圣乔治单一麦芽威士忌
单一麦芽，43% ABV，在波本酒桶、法国橡木桶、波特酒桶和雪莉酒桶中熟成。这家酿酒厂使用不同的木材而不是泥煤来干燥大麦，所以酒款具有烟熏的坚果味。这种酒在波特桶、雪莉酒和波本威士忌中成熟，可以得到干果、肉豆蔻、肉桂、一些柠檬和软可可的风味。

"闯入者"波本威士忌
波本威士忌，43% ABV。这瓶肯塔基波本威士忌不是在圣乔治蒸馏的，而是从 80 个不同的桶中挑选出来的，充满了加州的风味。香蕉和一丝玉米的香味没有让人感觉到很多香料和烟熏味，回味是充满活力的果酱味。

坦普顿

所有权：印第安纳州劳伦斯堡酿酒厂

创始年份：2001 年

这是你能找到的最古怪、最受尊敬的威士忌酿酒厂之一。自 2006 年上市以来，坦普顿（Templeton Rye）酿酒厂在质量方面赢得了好的口碑。

虽然现代版的坦普顿黑麦威士忌是在 1,150 升铜罐中蒸馏而成的优质威士忌，但在新的烧焦橡木桶中陈酿之前，它作为阿尔·卡彭地下酒馆（Al Capone speakeasies）的主打威士忌的历史保证了它的地位。

传说，最初的坦普顿黑麦威士忌是在禁酒时代由艾奥瓦州小镇坦普顿的居民非法生产的。由于其口感顺滑，迅速成为当时的优质威士忌之一，价格居高不下。这吸引了臭名昭著的犯罪分子阿尔·卡彭的注意。据说这是他最喜欢的威士忌，他把它加入了他的走私活动，在全国各地的非法酒馆出售坦普顿黑麦威士忌。

即使在禁酒令被废除后，威士忌仍在秘密生产，并一直是非法的。直到世纪之交，一位名叫斯科特·布什（Scott Bush）的企业家从祖父那里听说了威士忌，并对这个行业产生好奇。布什看到了一个重新创造它的机会，最终与克霍夫家族取得了联系。克霍夫家族与非法蒸馏业务有着历史渊源，最初对分享他们的酿酒技术和食谱持谨慎态度。然而，酿酒师阿尔方斯·克霍夫（Alphonse Kerkhof）的孙子基思·克霍夫（Keith Kerkhoff）与布什结成了伙伴关系，并将配方传了出去。

今天的坦普顿黑麦实际上是在印第安纳州生产的，并运到艾奥瓦州装瓶。两人在坦普顿新建了一家酿酒厂，但目前只专注于生产限量版实验威士忌。酿酒厂对游客开放，如果您提前预约，可以参观。

三八酿酒厂标志

三八

所有权：思科啤酒厂

创始年份：2000 年　**产量**：1.5 万升

总部位于马萨诸塞州的三八（Triple Eight）酿酒厂虽然被归类为微型酿酒厂，但它是为数不多的独立生产商之一。兰迪（Randy）和温迪·哈德森（Wendy Hudson）与迪恩（Dean）和梅丽莎·朗（Melissa Long）在 20 世纪 90 年代末成立了这家酿酒厂。

威士忌只是这家小型酿酒厂生产的众多产品之一，该厂还蒸馏伏特加、杜松子酒和朗姆酒，并以其水源井"最佳 888"命名。在 2000 年前后，酿酒厂将注意力转向生产烈性酒，现在生产的一系列酒，包括烈性酒及一种烈性苦艾酒。

酿酒厂还生产了一种单麦芽威士忌，他们称之为"峡谷"（Notch）。为了获得苏格兰威士忌的精髓，酿酒厂还求助了乔治·麦克莱门特（George McElements），他曾是格拉斯哥莫里森-波摩酿酒厂的生产经理和伊斯莱-波摩酿酒厂所有者。当地条件有助于生产单一麦芽威士忌，因为岛上浓雾弥漫的空气和炎热的夏季有助于加快酒的成熟期。

"峡谷"是南塔基特有史以来生产的第一款合法威士忌，它是从酿酒厂生产的啤酒中蒸馏出来的，在波本威士忌桶和美国威士忌桶中至少熟化 8 年。游客可以预约参观工厂和品尝酒款。

坦普顿黑麦

品鉴笔记

坦普顿黑麦

黑麦威士忌，40% ABV。这种制作精良的小批量黑麦威士忌获得了良好的声誉。该酒具有预期的辛辣和丰富、饱满、醇厚的味道，但也有像波本威士忌一样的皮革和干果的味道。回味干爽、辛辣。

品鉴笔记

"峡谷"单一麦芽威士忌

单一麦芽，44.4% ABV。不同于西海岸苏格兰单麦芽威士忌，"峡谷"是一种易于饮用的威士忌，含有大量香草、脆果及源于酒桶中熟成的橡木味。

图特希尔敦

所有权：威廉·格兰特父子公司

创始年份：2001 年　产量：3.5 万升

如果问威廉·格兰特父子公司的彼得·戈登（Peter Gordon）为什么总是在正确的时间做出正确的决策，他会说这是运气，当然这是一种谦虚的说法。

彼时正值苏格兰麦芽威士忌热潮，戈登投资了自己的谷物酿酒厂、"三只猴子"（Monkey Shoulder）等开创性产品，并成为几代人以来第一家购买爱尔兰威士忌的苏格兰公司。报告称，格兰特选择这家酿酒厂，是他首次进军迅速扩张的美国小型酿酒市场的举措。图特希尔顿（Tuthilltown）酿酒厂是纽约自禁酒令以来的第一家威士忌酿酒厂，曾有一段时间纽约有几十家农场酿酒厂，酿酒厂正是从这里受到启发，以哈德逊（Hudson）的名字销售的图特希尔敦威士忌，成功地吸引了时尚的新一代威士忌爱好者。

图特希尔敦酿酒厂生产一系列创新的威士忌，包括婴儿波本（baby Bourbon）威士忌、黑麦威士忌和迷人的四谷物威士忌，它们都用时髦的瓶子包装。这家酿酒厂的原料大部分由本地生产。酿酒厂的酒款拥有了大量的支持者和不断增长的市场，是一家值得关注的酿酒厂。

哈德逊"四谷物波本"

哈德逊"单一麦芽"

哈德逊"曼哈顿黑麦"

哈德逊"婴儿波本"

品鉴笔记

哈德逊"婴儿波本"

波本威士忌，46% ABV，在小型美国橡木桶中陈酿，这代表着纽约的两个第一：这是该地有史以来第一个波本威士忌，以及自禁酒令以来第一个合法蒸馏的威士忌。这是一款经典的波本威士忌，没有肯塔基州的同类威士忌那么复杂的口味，但有着令人愉悦的甜味，是一种极好的鸡尾酒配料。

哈德逊"曼哈顿黑麦"

黑麦威士忌，46% ABV。这是纽约州 80 多年来首次蒸馏的威士忌。口感带有花香，回味顺滑，有一种非常明显的黑麦味。

哈德逊"纽约玉米"

玉米威士忌，40% ABV。这款未经陈酿的玉米威士忌由 100% 纽约州玉米制成，口感柔和、甜滑，带有淡淡的香草和焦糖味道。也是"婴儿波本"威士忌的基酒。

SHELTER POINT
DISTILLERY

CARL

STILL WATERS DISTILLERY
SINGLE MALT WHISKY
DATE: 5/10
CASK: 4

加拿大产区

加拿大

加拿大有多大？从西部不列颠哥伦比亚省到东部的新斯科舍省的格伦维尔，开车大约需要 80 个小时。东西之间近 6,400 千米的距离会让您感叹这个国家的幅员辽阔。在两个大洋之间，我们将穿越沿海三角洲、巨大的山脉、平坦的草原、连绵起伏的丘陵、郁郁葱葱的农田，以及相对贫瘠的加拿大地盾区域，它从五大湖向北延伸到北冰洋，覆盖约国土面积的一半。在加拿大，从一家酿酒厂开车到另一家酿酒厂通常意味着比穿越整个苏格兰的距离还要长。这就是为什么在加拿大"威士忌产区"一词是不准确的。

产区特点

加拿大威士忌的风格是甜辣味明显，回味有柑橘的味道。关于这种风格还有一个有趣的来源：位于安大略省温莎市的海勒姆·沃克酿酒厂是加拿大历史最悠久的酿酒厂，生产 3 种不同风格的酒，黑色水果风味的是"加拿大俱乐部"（Canadian Club）；奶油味的是"格布森"（Gibson's）；而酥脆的橡木和蜜饯香的是"威瑟"（Wiser's），每一种酒都体现了加拿大威士忌的标志性风格。

作者推荐

海勒姆·沃克酿酒厂有着悠久的历史，它位于底特律河边，在禁酒令时期，朗姆酒商经常光顾这里。后来伊丽莎白二世和菲利普亲王来访时，酿酒厂还为"不列颠尼亚号"皇家游艇提供了一个泊位。

地区盛事

加拿大的威士忌季节从 1 月的第 3 个周末开始，为期 3 天的维多利亚威士忌节每年在维多利亚的太平洋大酒店举行。这是加拿大唯一可以在 1 月看到春花的地方。5 月中旬，位于多伦多的罗伊·汤姆森音乐厅（Roy Thomson Hall）会举行名为"多伦多精神""Spirit of Toronto"的威士忌爵士乐盛会，这是加拿大历史上最悠久的威士忌表演。然后，作为圣诞节的序曲，"威士忌专场表演"（Whisky Live）将在 10 月来到多伦多。不列颠哥伦比亚省、阿尔伯塔省、新不伦瑞克省和纽芬兰省的小型节日填补了加拿大威士忌日历的空白。

距离使得人们去加拿大的酿酒厂旅游变得不切实际，事实上，从法律层面来说也不可能。自 2001 年以来，通过卡车运输到美国的食品必须由取得安全资质的工厂生产。由于美国购买了加拿大近 70% 的威士忌，邀请威士忌爱好者进入酿酒厂参观的风险太大，因此威士忌爱好者只能简单欣赏和品尝此地的威士忌。除了少数酿酒厂，加拿大的成品威士忌都是通过混合各种威士忌制成的，所有威士忌都在一家酿酒厂生产，这种产品被简单地称为"加拿大威士忌"。首次使用"黑麦"这个词来描述加拿大威士忌的时间可以追溯到"小麦威士忌"时期。有人决定在小麦泥中加入少量黑麦，自此一种新的威士忌风格诞生了。顾客很快纷纷要求"黑麦"以确保他们的威士忌是用少量黑麦谷物制成的。20 世纪 50 年代，美国的酿酒商认为黑麦威士忌至少需要 51% 的黑麦谷物。这是有道理的，因为美国黑麦在新烧焦的橡木桶中熟成，任何低于 51% 的原料都会在浓郁的橡木味中消失。但随着加拿大酿酒厂重复使用他们的酒桶，黑麦谷物的味道也可以在非常低的浓度下从酒桶中散发出来。

海勒姆·沃克酿酒厂坐落在安大略省温莎市的河畔，与底特律隔河相望，气势磅礴。

除了山脉、冰雪，加拿大还是一片肥沃的土地，适合种植耐寒的谷物。

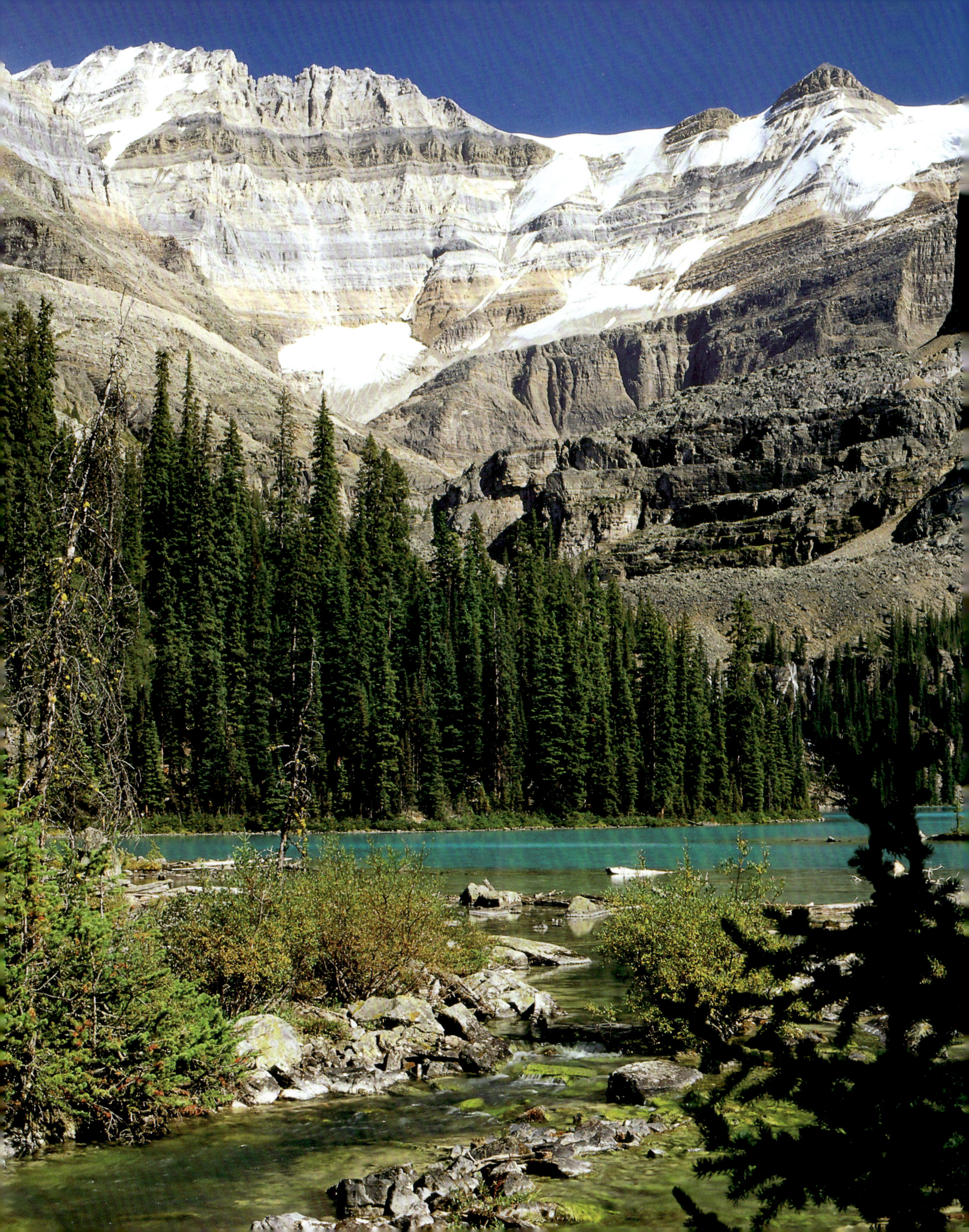

艾伯塔酿酒厂

所有权：金宾酒业集团

创始年份：1946 年　产量：20 万升

一些威士忌爱好者只要知道他们喝的是黑麦威士忌，就觉得有额外的乐趣，也许是它的名字促使人们花更多时间品味它的古怪。黑麦之所以如此特别，是因为它富含其他谷物中不具备的某些风味元素，而有经验的威士忌制造商知道如何突出这种独特的黑麦风味。

酿酒厂经理罗布·图尔（Rob Tuer）说："我们根据黑麦的特点生产威士忌，将醇类分离，使其单独成熟。"要知道这种黑麦的特性，品尝新蒸馏的烈性酒最有启发性。艾伯塔酿酒厂（Alberta Distillers）的谷物酒散发出橡木、霉菌和玉米的味道，在新橡木桶里陈年 3 年后，酒的颜色看起来颇像威士忌，但在口感上，黑麦展现了其特有的丁香、生姜和爆裂的胡椒味，谷物酒则呈现出奶油般的柔软口感。

奇怪的是，宣称黑麦含量高的威士忌往往比黑麦谷物含量保密的威士忌更受好评。艾伯塔酿酒厂是世界上唯一一家以 100% 黑麦为原料生产大部分威士忌的大型酿酒厂，它的员工深知这一点，他们宣称的高黑麦威士忌为他们赢得了无休止的赞誉，而他们生产的其他威士忌，如"艾伯塔春天"（Alberta Springs）和"温莎加拿大人"（Windsor Canadian），往往只出现在威士忌行家的"雷达"下。

捣碎黑麦粒

1946 年，这家酿酒厂在卡尔加里贫瘠的边缘地区建成时，黑麦是当地种植最普遍的谷物，该酿酒厂是专门为加工黑麦而设计的。艾伯塔酿酒厂只使用普通的未经腌制的黑麦。但是，如果没有麦芽，黏稠的麦芽浆还能实现吗？艾伯塔省的酿酒师里克·墨菲（Rick Murphy）解释说："其他酿酒厂之所以不使用黑麦，是因为担心麦芽浆的黏度。我们在蒸馏谷物时使用商业酶，但我们用黑麦、大麦和小麦培育酶。"它们在 3 个酶反应器中交错生长 7-10 天，以确保始终有充足的新鲜酶可用。

专门用于谷物糖化的商业酶纯度很高，对黑麦的效果要差得多，而艾伯塔酿酒厂自制的酶是多种酶的混合物。这些酶和淀粉一起分解细胞壁和其他碳水化合物，最重要的是分解黏性葡聚糖。虽然蒸馏黑麦谷物的过程非常混乱，其他酿酒厂往往会关闭工厂进行彻底清洁，但在艾伯塔酿酒厂，蒸馏黑麦是一个常规过程。这就是为什么这

加拿大西部拥有适合黑麦生长的草原和从落基山脉流下的清澈水源。

小故事

威士忌还是房地产？

0.16 平方千米在寸土寸金的卡尔加里房地产市场上算得上是一大片土地。目前，艾伯塔酿酒厂位于该区域。但是，外国母公司能长久地拒绝房地产的利润吗？艾伯塔酿酒厂当然是一家土生土长的酿酒厂，但它归跨国公司金宾酒业集团所有。但愿该公司的管理层能够抵御住诱惑，让艾伯塔酿酒厂继续为人们生产佳酿吧！

家酿酒厂的黑麦威士忌生产总量几乎是北美其他所有酿酒厂总和的 3 倍之多。

纯黑麦威士忌

最近，一场所谓的"黑麦复兴"运动促使美国生产商加大了纯黑麦威士忌的生产。但威士忌并不是一夜之间就能酿成的，在黑麦成熟到可以装瓶之前，美国的酿酒商正在依赖加拿大来满足他们日益增长的需求。还有什么选择比艾伯塔酿酒厂更好呢？事实上，加拿大最好的纯黑麦之一——马斯特森黑麦，是由卡尔加里工厂生产的各种黑麦精心混合的产物。

热闹的工厂

和里克·墨菲（Rick Murphy）一起在工厂漫步激发了威士忌作家的灵感：工人们在 9 层货架的仓库里与桶"搏斗"，这些仓库散发着成熟威士忌浓郁的香味，巨大的空桶堆积如山，等待着装满充满希望的新酒。当熟成的威士忌从吱吱作响的桶中倒出，倒入一个不锈钢的倾倒槽中准备混合时，定制的运输工具会在场地周围运送酒桶。头顶上，长长的舷梯将威士忌和烈性酒带到一个泵站，油罐车和海运集装箱将被装满运往国外……

室内，两条装瓶线的工人每年要装 64 万箱威士忌，有超过三分之一的威士忌是由 100% 的黑麦谷物制成的。是的，加拿大人喜欢这里的黑麦，艾伯塔酿酒厂是他们的最爱之一。

品鉴笔记

温莎加拿大人
混合加拿大威士忌，40% ABV。干净的橡木、黑麦香料、白巧克力和奶油焦糖平衡了强烈的肉桂味和胡椒味。口感简单而丰满。

艾伯塔春天 10 年
混合加拿大威士忌，40% ABV。芳香的香料、腌菜和黑麦香气在味蕾上逐渐变成香草、奶油糖果、枫树糖浆和黑甘草的味道。橡木味与果香混搭，最后以柑橘味收尾。

马斯特森 10 年
加拿大纯黑麦威士忌，45% ABV。干燥的谷物、麻袋和潮湿的黏土味道，使烟草和香甜的香草味更加明显。它的果香、甘草和太妃糖抵消了姜辣味。这是一款非常复杂的威士忌，酒体结构非常巧妙。

温莎加拿大人

艾伯塔春天 19 年

马斯特森 10 年

科林伍德酒标

加拿大雾

所有权：布朗-福曼公司
创始年份：1967年　**产量**：125万升

牙买加的奥乔里奥斯的风景可能很壮观，但戴维·多宾（David Dobbin）在那里度假时吸引他目光的却是一件明显的加拿大物品：一瓶加拿大雾威士忌。因为在不久之前，多宾接管了位于安大略省的加拿大雾（Canadian Mist）酿酒厂。而现在，一瓶加拿大雾威士忌出现在他度假地的酒吧里，这显然是一个吉兆。

成就威士忌专家

1967年，加拿大迎来了建国100周年纪念。加拿大人挥舞着国旗举办了第67届世博会。在科林伍德，除了官方活动外，还有人在这一年建立了一家酿酒厂。正是在这家酿酒厂，多宾最终找到了他的威士忌。

化学学科背景使多宾在食品和饮料行业取得了成功，但30年后，他准备迎接一个全新的挑战。多宾惊讶地发现，制作烈性酒和制作食品饮料之间有许多共同之处。他意识到，虽然酿制威士忌很难，但却有很多可借鉴的对象。

小镇自己的威士忌

加拿大雾在美国非常受欢迎，随着多宾抵达科林伍德，人们的期待已在空气中弥漫。酿酒团队仍在庆祝加拿大雾"黑钻"（Canadian Mist "Black Diamond"）的推出，这是一种果味浓郁、口感醇厚的酒，因此经常出现在鉴赏家的餐桌上。进一步扩大产品线的计划已经在进行中，很快成为2011年加拿大威士忌的轶事——威士忌本身被取名为科林伍德。当然，威士忌需要很多年才能成熟，这意味着多宾抵达时，科林伍德威士忌早已经完成了酿造。在35名经验丰富的员工的努力下，科林伍德取得了巨大的成功。

地方自豪感

科林伍德威士忌是一款不同寻常的加拿大威士忌。和其他许多酒一样，它从黑麦和谷物酒开始混酿，但当黑麦和谷物酒成熟并混合在一起后，它们就被放在一个巨大的"混合桶"里，里面放着烤

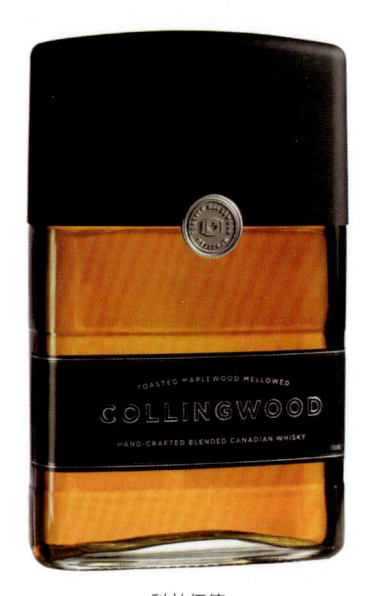

科林伍德

加拿大雾"黑钻"

休伦湖为加拿大雾酿酒厂提供了淡水。

枫木棍。还有什么比用枫木制成的威士忌更有加拿大特色呢？

"科林伍德威士忌对整个社区产生了巨大的影响。"多宾热情地说，"人们真正地认同它，当地人因它感到自豪。"17家当地企业也有同样的感受。

多宾将把酿酒厂搬到科林伍德形容为一次奇妙的冒险。"我们社区有很多游客，所以有很多便利设施，但这里很安静，偶尔会有一只鹿走进我们的院子。我妻子很喜欢这里。从我们的前门走两分钟就到湖边了，往另一个方向走两分钟可以滑雪。"

但最让他兴奋的还是威士忌。"这个行业的传统有着其他任何行业都无法企及的美妙之处——工匠的触觉，这也是精神上的感受。"他继续说到，"在一个仓库里，有着成千上万桶威士忌，呼吸带有酒香的空气，这种感受我以前从未有过。如果人们想知道威士忌是怎么制作的，我可以告诉他们。"

漫漫返家路

按照加拿大的标准，加拿大雾是一家中小型酿酒厂。它捣碎谷物，蒸馏发酵啤酒，陈酿威士忌并在现场调配，但它没有装瓶线。虽然距当地的酒类商店只有2.4千米，但威士忌必须从酿酒厂走一条漫长而迂回的路线才能到达。其间是一段1046千米的不锈钢罐车之旅，前往肯塔基州路易斯维尔进行装瓶，再向北966千米前往多伦多进行配送，最后再行驶160千米回到科林伍德之家。

古老的谷物和冰川

大约在1万年前，冰川融化之前，休伦湖是加拿大最早的猎人和采集者的主要领地。如今，休伦湖是加拿大雾酿酒厂唯一的淡水来源。谷物是加拿大雾威士忌的主要成分，由北美洲第一批农民在大约6000年前开始种植。

品鉴笔记

加拿大雾
调和加拿大威士忌，40% ABV。具有干草、坚果、麦芽、新鲜水果、可乐、辣椒和黑麦的味道。回味有新鲜的淡啤酒、太妃糖、香草和柠檬皮的味道。

加拿大雾"黑钻"
调和加拿大威士忌，40% ABV。黑麦、水果、椰子、玫瑰和焦糖的味道。浓郁的白胡椒与巧克力包裹的生姜味道相得益彰。奶油般的近乎蜡般的口感被柑橘类的味道覆盖。该酒款更饱满，更圆润，更有分量，比原版更富有表现力。

科林伍德
单一蒸馏混合加拿大威士忌，40% ABV。玫瑰、干果、康科德葡萄、黑樱桃和烟草味覆盖在黑麦的口感上。饱满圆润的酒体中充满了辣椒的辣味，抵消了桃子的单宁酸，这是一种独一无二的体验。

加拿大雾

海勒姆·沃克

所有权：保乐力加集团
创始年份：1858 年　产量：5,500 万升

1858 年，由于当时的禁酒趋势，作为底特律的谷物经纪人、酿醋商和威士忌研究者的海勒姆·沃克将事业重心转向威士忌生产的决定还是非常危险的。作为一名谷物经纪人，沃克知道温莎地区尚没有一家成熟的面粉厂。温莎地区位于底特律河的另一边，离他的家不远，但需要穿过边境进入加拿大。美国公民沃克就是这样在加拿大站稳脚跟的。

几个月内，将进口的美国谷物研磨成威士忌原料就占据了沃克研磨业务的一半。在加拿大的气候条件下，耐寒玉米的种植经历了一个多世纪的试验。当时，大多数酿酒商用小麦酿造威士忌。沃克对美国谷物市场非常了解，并成为加拿大最早以玉米为主要原料生产威士忌的酿酒商之一。他模仿加拿大的小麦酿酒厂，加入少量黑麦以增加风味，他的酿酒厂最终成为加拿大少数使用黑麦麦芽的酿酒厂。正如酿酒大师唐·利弗莫尔（Don Livermore）所解释的那样，"黑麦麦芽赋予了酒体独特的辛辣风味，但在口感上提供了一种平滑的余味。"

桶装混合

从一开始，沃克就以高质量的威士忌而闻名。他通过用木炭填充的高木柱过滤威士忌来"矫正"威士忌。很快，他转向在白橡木桶中熟化，就像许多其他加拿大酿酒厂已经在做的那样。沃克没有使用混合谷物，而是尝试在玉米酒中加入新蒸馏的黑麦酒，然后将混合物装入桶中。他认为，将烈性酒分开蒸馏，然后桶装混合，当烈性酒在成熟过程中结合在一起时，可以改善味道。时至今日，海勒姆·沃克酿酒厂最著名的威士忌"加拿大俱乐部"仍然是桶装混合的。

沃克的黑麦

海勒姆·沃克酿酒厂的威士忌仍然保留着在威士忌中使用黑麦麦芽的传统。黑麦谷物蒸馏是出了名的困难，许多酿酒厂将产量限制在混合所需的最低限度，因为黑麦谷物中的黏性聚葡糖可能会毁掉整桶酒。唐·利弗莫尔使用麦芽和未发芽黑麦的混

吉布森 18 年 "珍稀"

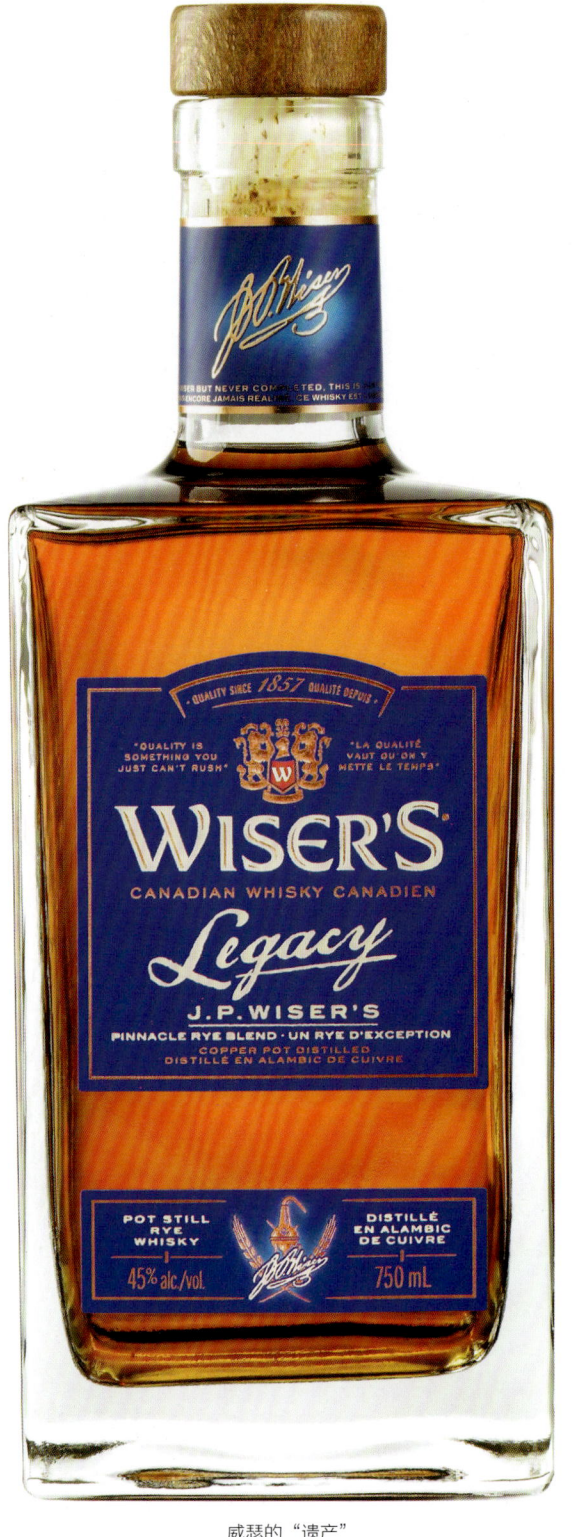

威瑟的 "遗产"

合物来克服这种黏性。利弗莫尔说:"由于黑麦麦芽会产生一种包括葡聚糖酶和蛋白酶在内的酶混合物,可以分解黑麦仁中固有的葡聚糖。添加麦芽可以改善麦芽浆在烹饪、发酵、蒸馏和干燥过程中的'流动性'。"他补充道,"碾磨发芽的黑麦要容易得多,因为谷粒更易碎,在碾磨谷物的锤式碾磨机上也更容易。"

坚硬的黑麦通常被描述为"玻璃状",很难碾磨。不过,对于利弗莫尔来说,使用黑麦的最大挑战是麦芽谷物本身的来源,因为很少有酿酒商使用它,但该传统工艺和黑麦在威士忌中的独特特性确保了黑麦威士忌一直在海勒姆·沃克酿酒厂占有一席之地。

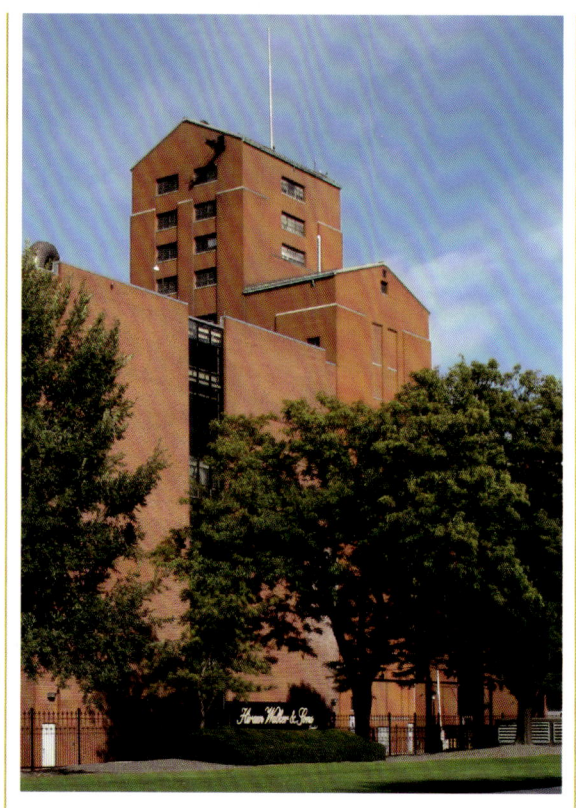

酿酒厂所在的沃克维尔镇,现在是温莎市保存完好的历史建筑遗产区。

酿酒厂的历史

海勒姆·沃克创立了加拿大俱乐部品牌。在禁酒令时期,哈里·哈奇(Harry Hatch)已经拥有位于多伦多的酿酒厂,后来还收购了海勒姆·沃克酿酒厂。1994年,联合利昂集团收购了海德姆·沃克酿酒厂,后于2005年被保乐力加集团接手,并将加拿大俱乐部品牌出售了给金宾酒业集团。

品鉴笔记

威瑟的"遗产"

罐式蒸馏加拿大黑麦威士忌,45% ABV,黑麦威士忌的典范,有着芬芳的紫丁香和肉桂香气,熟成后融入水果、温和的木屑和卡纳瓦克彩虹(Kahnawake Rainbow)烟草的味道。接下来是一种由薄荷、牛奶和酸黑麦面包混合而成的复杂口感,同时还带有一丝柑橘味。

加拿大俱乐部12年"经典"

"经典"桶装混合单一酿酒厂加拿大威士忌,40% ABV,具有太妃糖、白胡椒和水果的味道。

吉布森18年酒"珍稀"

混合单一酿酒厂加拿大威士忌,40% ABV,具有清脆干净的加拿大橡木、富含奶油糖果和新鲜甜玉米的味道。辛辣的黑麦和淡淡的胡椒味将雪松的香气转化为浓郁的蜜汁。

加拿大俱乐部12年"经典"

凯特岭

所有权：凯特岭酒业公司

创始年份：1971 年

几十年前，约翰·霍尔（John Hall）将他的四十溪（Forty Creek）威士忌推向了市场，并迅速成为加拿大最著名的威士忌制造商。今天，任何了解加拿大威士忌的人都知道约翰·霍尔。

霍尔说："毫无疑问，我已经用四十溪威士忌达成了我最疯狂的梦想。然而我的梦想并没有就此结束。我的梦想以激情、耐心和创造力展开，我相信我的威士忌之旅才刚刚开始，还有更多美好的事情要到来。"

霍尔在温莎的海勒姆·沃克酿酒厂附近长大，对化学和微生物学非常着迷，他一直认为自己最终会在酿酒厂酿造威士忌。霍尔常说："事实证明，我热爱酿酒，而且擅长酿酒。酿酒师是一个将科学和艺术完美结合的职业。"

曲棍球、枫糖浆和加拿大威士忌

"在安大略省成功经营葡萄酒行业 22 年之后，到 1992 年，我才冒出了当威士忌制造商的想法。"霍尔解释说，"这些年来，我从酿酒师转向了企业管理。我希望回到我的梦想之初。加拿大威士忌是我们国家的标志性产品之一，在国际上享有盛誉，就像枫糖浆和曲棍球一样。我迫不及待地想把创造力和激情带回我们国家的酿酒业。"

这种创造力和激情的结合是霍尔的特点。作为一名学生，他在学校和各种乐队一起演奏萨克斯管。现在，他通过酿造威士忌来满足自己的创作欲望。

霍尔表示："我的酿酒背景影响了我的威士忌风格，并形成了四十溪的标志性风味。在研究鸡尾酒和食品趋势时，也可以找到许多有趣的想法。不过，我尽量不去看其他加拿大酿酒厂在做什么，因这会限制我的选择。"

一年一度的"朝圣"

每年 9 月，加拿大威士忌爱好者都会涌向安大略省的格里姆斯比，品尝约翰·霍尔最新出品的威士忌。这场"朝圣之旅"始于 2007 年"小批量精选"（Small Batch Reserve）系列的发布。当霍尔决

四十溪"约翰私桶 1 号"

四十溪"双桶珍藏"

定邀请人们参观他的酿酒厂时，他不知道会发生什么。后来，一个一年一度的"朝圣"传统诞生了。收藏家们现在需要提前几个月预定酒款。

这些特别发行的威士忌中最有趣的可能是一款叫作"联邦橡木"（Confederation Oak）的威士忌。当霍尔得知当地的一片橡树林正在被砍伐时，他立即购买了几棵巨树，并将它们运到了密苏里州制成木桶。霍尔用这些独特的加拿大桶来酿造精选威士忌，生产出了口感最绵密的威士忌。为什么叫它"联邦橡木"？因为这些橡树似乎是从1867年加拿大联邦成立时栽种的小树苗长成的。

十年磨一剑，一朝天下知

约翰·霍尔是加拿大最著名的酿酒商，但他的威士忌却是在得克萨斯州被认可后才在加拿大国内大受欢迎。在得克萨斯州迅速而广泛的认可使他在加拿大"一夜成名"。他的"约翰私桶1号"（John's Private Cask No.1）在加拿大年度威士忌奖上被评为"2011年加拿大年度威士忌"。

品鉴笔记

四十溪"精选桶"
单一酿酒厂混合加拿大威士忌，40% ABV，具有丰富的焦糖、奶油雪莉酒、奶油玉米和黑麦味道。

四十溪"双桶珍藏"
单一酿酒厂混合加拿大威士忌，40% ABV，具有辛辣的香料和舒缓的香草焦糖味，然后是柠檬、奶油、橙子和椰子味。尾调辛辣，带有香草太妃糖和柑橘的味道。

四十溪"约翰私桶一号"
单一酿酒厂混合加拿大威士忌，40% ABV。酒中充满了姜、胡椒和丁香的味道。

四十溪"精选桶"

格伦诺拉

所有权：	格伦诺拉酿酒厂
创始年份：1990 年	产量：5 万升

从红色的布列顿角花岗岩和马布高地大理石中涌出的 20 股淡水泉注入了迷宫般的溪流中,将晶莹剔透的泉水注入麦克莱伦的小溪,这样的场景出现在一张加拿大的明信片中。秋天的金色和红色点缀着崎岖的峭壁,仿佛一场自然的烟火表演,宣告了又一轮冬季蒸馏的开始。

1773 年,加拿大的苏格兰移民来到新斯科舍省后不久,就开始蒸馏朗姆酒和苹果酒,当时并未酿制威士忌。

有人声称是苏格兰人发现了加拿大。如果是这样的话,为什么苏格兰人要等 220 年后才在新斯科舍省生产出他们的第一杯威士忌呢?除此之外,1990 年,当格伦诺拉(Glenora)酿酒厂的第一滴酒蒸馏出来时,人们发现它是甜的纯麦芽酒,而事实上,这款酒是从苏格兰进口的大麦蒸馏而来的,用来捣碎大麦的水来自麦克莱伦的小溪。

品鉴笔记

格伦·布雷顿 10 年"珍藏"
单一麦芽,40% ABV,具有香草奶油味和焦糖的味道。过熟的苹果和棉花糖主导着一种未定义的果味。

格伦·布雷顿 17 年陈"冰酒桶"
单一麦芽,54.6% ABV,冰酒桶余味、水果、秋叶和烤谷物的味道首先打开味蕾。甜、咸、微辣,灼热的胡椒和鲜亮的绿色水果的味道随之而来。

格伦·布雷顿"格伦之战"
单一麦芽,43% ABV。首先是甜苹果酱、杏子、黄李子和玫瑰花瓣的味道。接踵而来的是潮湿的土壤、新鲜切下的干草和坚果味,最后是辣味。口感丰满,口鼻留香。

海伍德"世纪百年"

格伦·布雷顿 10 年"珍藏"

海伍德

所有权：	海伍德蒸馏有限公司
创始年份：1974 年	产量：250 万升

对于海伍德(Highwood)蒸馏有限公司来说,最新的时尚词汇是"灵活",指对变化的情况做出快速反应。在加拿大的酿酒厂中,海伍德酿酒厂可能是最灵活的。充足的陈酿威士忌库存和完全的地方控制让海伍德成为真正的创新者。然而,没有什么能比得上它对美国威士忌日益增长的趋势的反应速度。

由于急需现金流,一些美国小型酿酒厂在等待威士忌成熟的同时还销售新蒸馏的酒。他们称这种产品为"白威士忌"。在加拿大,这不是合法的威士忌,但美国法规允许在边境以南给它贴上这样的标签。

白威士忌和伏特加一样清爽,味道鲜美,已经成功打入鸡尾酒市场。海伍德酿酒厂的做法却不同:他们通过木炭过滤完全熟成的威士忌,陈酿最长可达 10 年之久,并在多次试验后成功地去除了颜色,同时保留了黑麦威士忌风味的关键元素。由此产生的"白猫头鹰"(White Owl)威士忌非常成功,供不应求。一种新的、添加香料的"白猫头鹰"威士忌将这一创新实验提升到了另一个水平。

不过,海伍德酿酒厂并没有放弃其传统的威士忌。该厂每天从黑麦或小麦中提炼威士忌来制作"世纪(Centennial)"系列。他们为其高端的"世纪"系列产品购买了成批的谷物威士忌,并在工厂里进行陈酿。

品鉴笔记

白猫头鹰威士忌
单一酿酒厂加拿大黑麦白威士忌,40% ABV,具有柑橘类水果、焦糖和辣椒的味道,伴随着清脆的橡木单宁,可以说是有史以来最美味的白威士忌。

世纪精选 21 年
单一麦芽,40% ABV,具有玉米香味,细致入微,极具启发性。口感虽然微妙,却复杂多变,有雪松香、轻微的花香和牛棚里的干草味。辛辣中还伴随着柑橘的清冽。

海伍德"世纪"
混合加拿大威士忌,40% ABV,具有辣椒和柠檬的味道。油脂感丰富,口感饱满,尾调略酸。

庇护所

所有权：帕特里克和基姆·埃文斯
创始年份：2011 年　**产量**：15 万升

迈克·尼科尔森（Mike Nicholson）在苏格兰一些著名的酿酒厂做了 30 年的酿酒师后，准备退休到加拿大温哥华岛——至少他是这么想的。但不久后，当地一家新成立的酿酒厂的合伙人就听到了尼科尔森到来的消息，也没费多大力气就说服他加入他们的新酿酒厂。庇护所（Shelter Point）酿酒厂的名字很贴切，要在加拿大荒野里开车 3 小时才能到达。这是一个酿造威士忌的好地方，坐落在大麦田边的一片树林里。老板帕特里克（Patrick）和基姆·埃文斯（Kimm Evans）计划自己种植大麦。

一开始，酿酒厂就被规划为一个旅游地，拥有一个舒适静谧的休息室，游客可以观看酿制威士忌的过程。不过就目前而言，游客唯一能带回家的威士忌是老板从另一家酿酒厂带来的"5 年加拿大黑麦威士忌"。

静水单一麦芽

品鉴笔记

庇护所新酒
麦芽烈性酒，65% ABV，细腻的麦芽，伴随着烘焙谷物的精华，带有一点梨味，逐渐过渡到一般的果味。

庇护所四月龄烈性酒
烈性麦芽酒，65% ABV。当木桶把麦芽变成麦香，把谷物变成坚果香，一切都有了希望。强烈的果味很快就会充满口腔。

庇护所 5 年黑麦
黑麦威士忌，40% ABV。前调是鲜榨苹果汁的香味，随之是辛辣的加拿大黑麦和果味。丝滑的硬糖奶油味掩盖住黑麦的涩感，薄荷味给酒精带来一丝清新。康科德葡萄味只是序曲，伴随着少量玫瑰水和辛辣味，小麦的味道慢慢变甜。尾调是清新的柠檬味，升华了整体的口感。

庇护所 5 年黑麦

静水

所有权：巴里·伯恩斯坦和巴里·斯坦
创始年份：2009 年　**产量**：3.6 万升

在多伦多北部边缘的安大略省的康科德市，合伙人巴里·斯坦（Barry Stein）和巴里·伯恩斯坦（Barrg Bemstein）指着闪闪发光的铜壶和圆柱蒸馏器，露出灿烂的笑容。在他们旁边堆放的是越来越多的熟成威士忌酒桶。几年前，当两位单一麦芽威士忌爱好者也是最好的朋友同时选择退出公司的激烈竞争，追求自己的威士忌梦想时，他们的妻子还担心情况会很糟，但他们创建的团队很快就获得了成功。

最近，该团队在运营中加入了加拿大威士忌的传统。除了酿制单一麦芽威士忌，他们还开始蒸馏玉米——加拿大威士忌中最顺滑的谷物，之后开始蒸馏标志辛辣的谷物——黑麦。制作玉米威士忌非常简单，工人将玉米捣碎，然后在卡尔牌蒸馏器中蒸馏。然而，事实证明，蒸馏黑麦是一个相当大的挑战。

正如伯恩斯坦回忆的那样："我们前一天晚上把黑麦泥发酵，第二天回来时这里被水淹没了，到处都是黑麦泥。"黑麦是一种难消化、会出泡沫、有黏性的谷物，这是他们一开始得出结论。但后来，经过他们仔细排查，很快发现了导致该事故的原因：封闭的发酵罐上的一个堵塞的阀门导致压力积聚，致使发酵的麦芽浆喷到了地板上。团队从这次事故中吸取了教训，如今酿酒师们对每一个环节都会进行 3 次检查。

品鉴笔记

静水"玉米新酒"
新酒，63% ABV。这种新蒸馏的玉米酒的酒体如奶油般顺滑，呈现令人惊讶的颗粒状。

静水"黑麦新酒"
新酒，63% ABV。虽然味道淡淡的，但具有真正的加拿大黑麦辛辣、胡椒和焦甜太妃糖等味道，是一款很有前途的酒。

静水"麦芽新酒"
新酒，63% ABV。在波本威士忌桶中陈酿 1 年，椰子和菠萝的热带气息令人垂涎欲滴，而新橡木桶陈酿则加强了水果的味道。

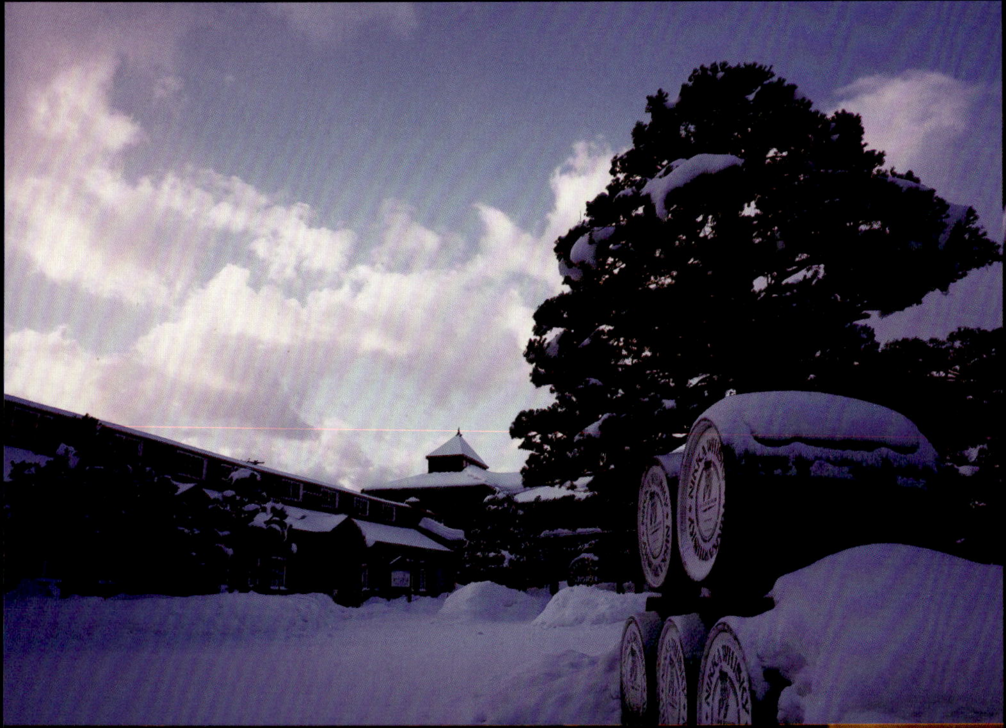

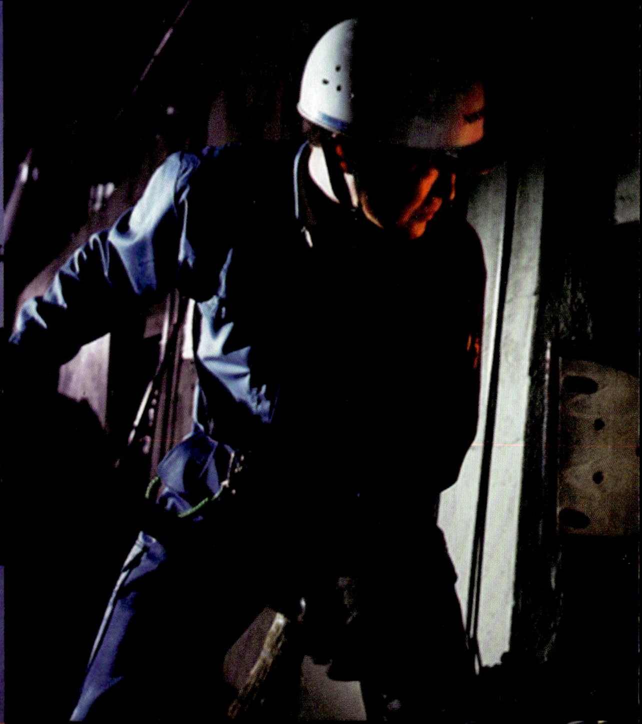

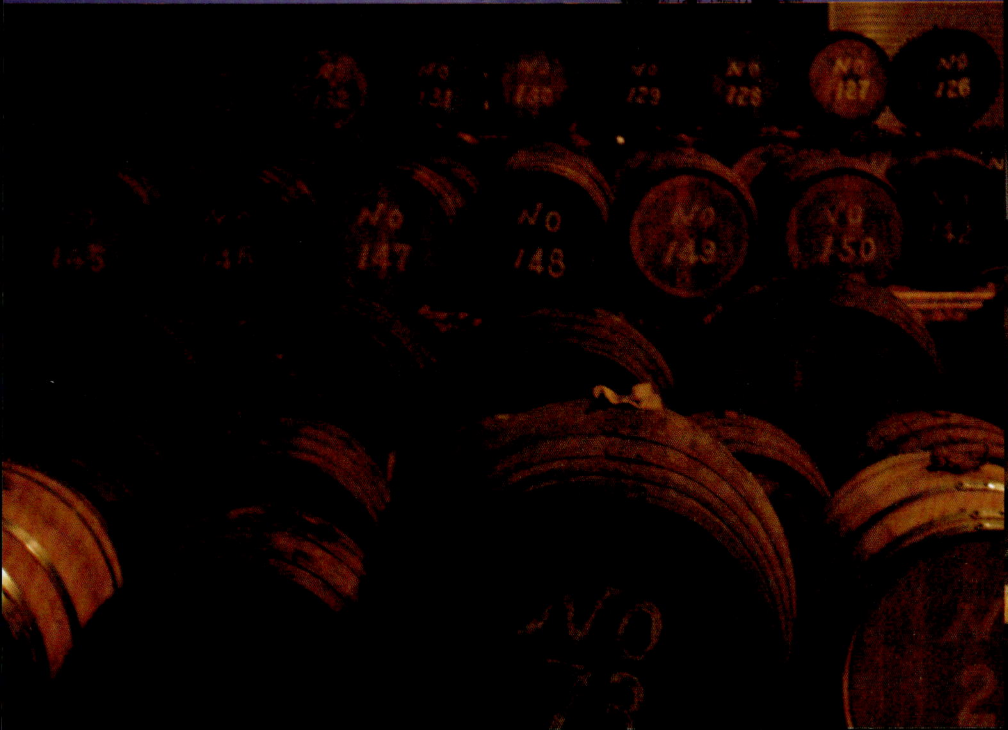
No 127
No 126
No 147
No 148
No 149
No 150

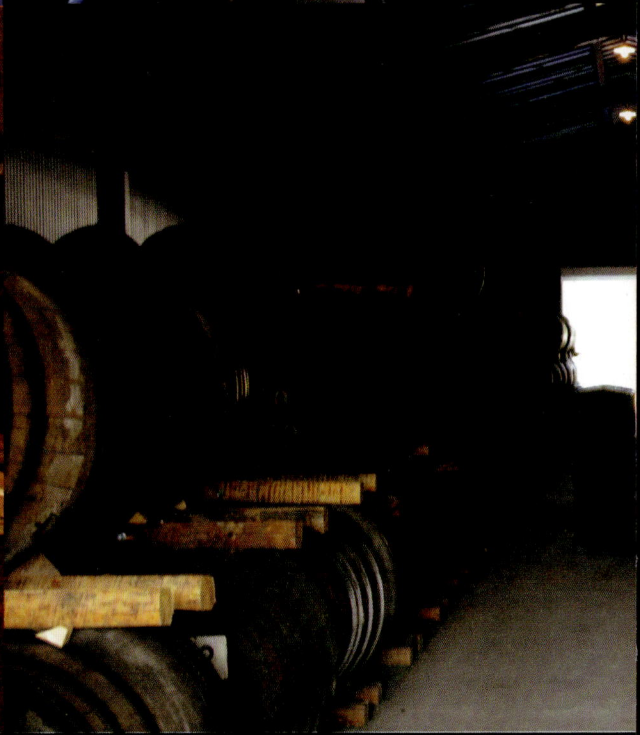

日本产区

日本

虽然爱尔兰在过去一直享受着威士忌复兴的乐趣，美国也已经成为新酿酒厂的温床，但没有任何一个国家像日本一样在威士忌的世界中留下如此不可磨灭的印记。尽管日本酿造威士忌的历史可以追溯到几十年前，这个过程很曲折。日本酿造威士忌最初是从效仿苏格兰开始的，做了很多的努力去学习苏格兰优秀的酿酒厂。然而近年来，在威士忌作家和麦芽爱好者的支持下，日本威士忌已经形成了自己的势头，并且获得了无数的奖项，这使得日本威士忌正式成为了尖端等级。

产区特点

日本威士忌生产的本质是在极少数的酿酒厂中生产每一种可以想象的风格。主要生产商无论是三得利还是一甲都在竭尽全力地确保他们拥有各种年份、泥煤或者非泥煤的威士忌，并让它们有效地在雪莉桶和波本桶中熟成。日本甚至使用了新的木材为威士忌带来了创新，而在其比较老的威士忌中似乎形成了高水平的自然特性，有几分似蘑菇的风味。

作者推荐

余市位于北海道北部的岛屿，虽然去往余市的交通很不方便，但是其美丽的海岸风光、漂亮的酿酒厂建筑及迷人的博物馆都值得让人到此一游。

地区盛事

"东京威士忌专场演出"（Whisky Live Tokyo）是由威士忌杂志组织的历史最悠久的威士忌活动，现在已经发展成为所有威士忌的全面庆典，它吸引了苏格兰威士忌的精英队伍和全世界最热情的威士忌粉丝的参与。

可以说日本现代威士忌酿造始于1997年席卷亚洲的金融危机，这迫使许多日本威士忌酿造商放弃酿造威士忌而转向酿造本土烈性酒。原本日本威士忌不被大众所接受，大家更钟爱苏格兰麦芽威士忌，直到近年日本威士忌才开始在海外引起人们的注意。2003年，一款日本威士忌在威士忌排行榜中名列前茅，被威士忌杂志评为了在全世界范围内难找到的"最佳中的最佳"。

被日本南部阿尔卑斯山的森林小径环绕的白州酿酒厂是日本海拔最高的酿酒厂。

日本威士忌的成功意味着陈年威士忌非常得难以寻找并且价格异常昂贵，主要是因为生产厂商也无法预测未来的需求，也没有放置足够的麦芽来进行时间的熟成。

随着该趋势的发展，日本威士忌的热度正在上升，但其非常高的质量及数十年的经验应该足以让日本保持在世界威士忌热潮的最前沿。

宫城峡酿酒厂的高科技运营与其位于宫城县山麓的宁静位置形成鲜明对比。

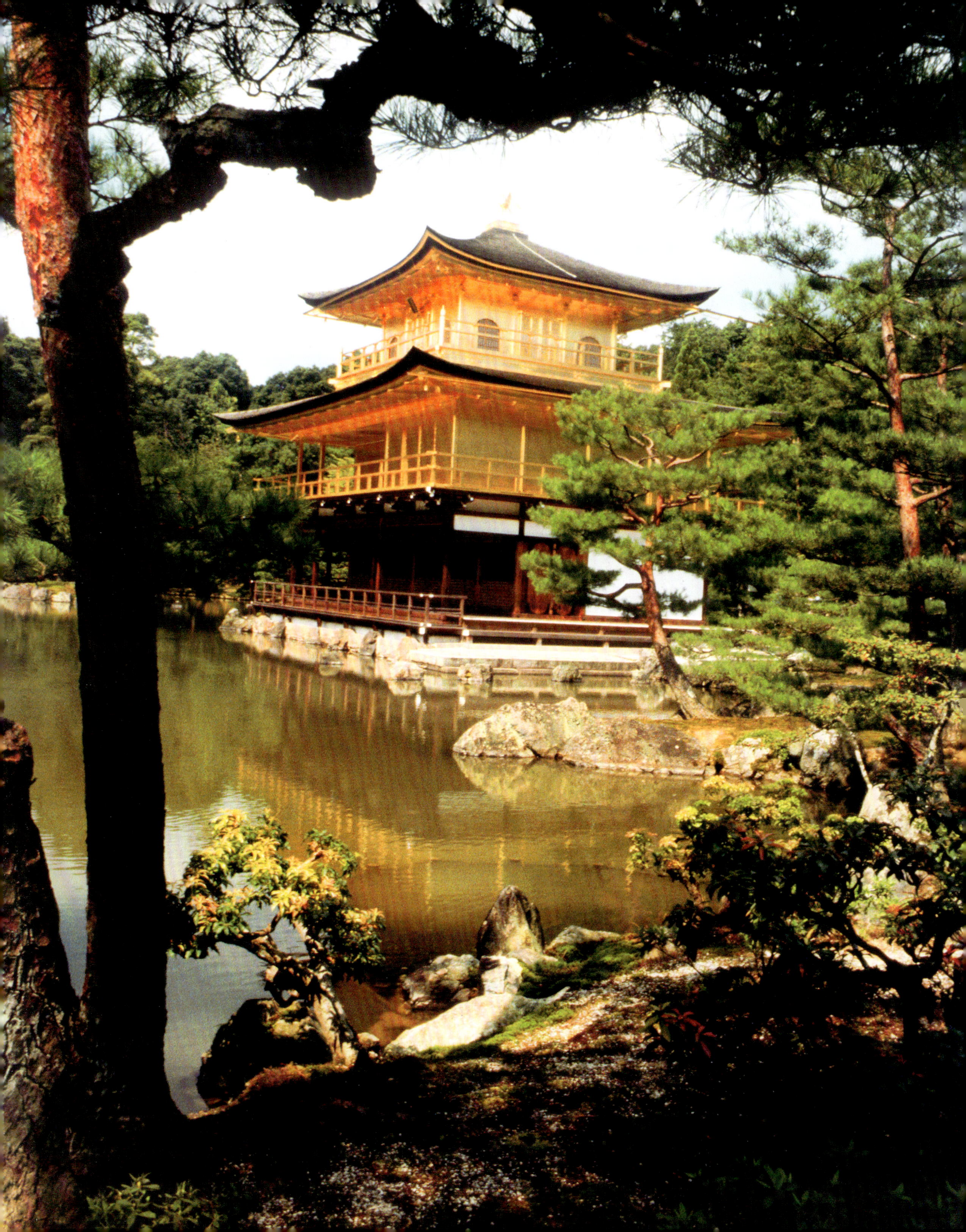

秩父

所有权：肥土伊知郎
创始年份：2007 年　**产量**：12 万升

当肥土伊知郎（Ichiro Akuto）决定在日本开设自己的酿酒厂时，这不仅仅是他梦想的实现，这更是他对自己承诺的实现。事实上，伊知郎的家族与日本的酒精饮品生产有着近 400 年的悠久的关联。"自从 1625 年以来，我的家人就一直在秩父（Chichibu）制造清酒，"他说，"因此，在这个对于家族拥有着意义重大的地方来建造新酿酒厂对我来说是有意义的。我的祖父在 20 世纪 40 年代建造了羽生（Hanyu）酿酒厂，当它于 2000 年关闭并且于 2004 年被拆除时，我认为这不应该是我们家族酿酒历史的结局。我们于 2007 年年底开始在秩父工作，在 2008 年年初获得了蒸馏许可证。在 2011 年，我非常自豪地发布了秩父'第一'（The First），那是一款来自我的新酿酒厂酿造的 3 年单一麦芽威士忌。"

伊知郎的产品

在那段时间，伊知郎并没有坐在那浪费时间，他寻找并购买了老的日本威士忌的囤货。在这过程中，他因为一系列殊荣且优质的新产品获得了令人尊敬的地位，其中包括非常稀有的轻井泽老式麦芽酒及重雪莉酒和重泥煤酒。

伊知郎还开发了非常受欢迎的"扑克牌"（Card）系列，其中每瓶酒的标签上都有不同的扑克牌牌面。他说："推出这一系列是因为他想让人们在酒瓶背面认出他们最喜欢的麦芽，而无须去研究标签和年份等。"这些威士忌是伊知郎从 400 桶"羽生"单一麦芽桶中提取的。

另一个系列的版本被称为"伊知郎"（Ichiro's Malt），如果您有幸找到其中的任何一款，建议品尝一下，因为它们即稀有又非常适合饮用。该系列其中之一的"预定水楢木"（Mizunara Wood Reserve），被誉为纯麦芽威士忌并且在秩父酿酒厂熟成、装桶及装瓶。而另一款酒被称为"双酿酒厂"（Double Distilleries），它们再次在秩父酿酒厂进行了装桶和装瓶，这些酒应该是从特殊渠道采购来的少量日本麦芽制成的。

伊知郎"麦芽和谷物"

伊知郎"双酿酒厂"

秩父"第一"

酿酒厂拥有从苏格兰进口的设备，并且可能拥有世界上唯一的日本橡木发酵池。

秩父的到来

秩父"第一"于2011年年底问世，3年间从烈性酒上的转变颇为引人注目。这是第一款没有泥煤味但口感令人惊讶的饱满的威士忌。其惊人的熟成程度不仅仅取决于气候条件，还取决于伊知郎在每个阶段对酿酒过程的关注。很明显，他是一个非常重要的蒸馏天才，他将在未来对日本威士忌产生巨大的影响。

展望未来

日本酿酒厂混合不同风格的威士忌来为自己提供尽可能多的选项并不罕见，但是在秩父会有吗？

"这是一个很好的问题，"伊知郎说，"这是一个小型酿酒厂，我想要灵活性。我们选择了特殊形状的小型蒸馏器，创造了3款不同类型的烈性酒。我已经尝试过通过冷却温度来创造不同的烈性酒的厚度。当然，大多数威士忌的风味还是来自木桶熟成，我们主要采用旧波本桶和一些日本橡木桶。"

近年来，日本并没有回避他们面临的问题。正当全世界开始对日本威士忌产生浓厚兴趣的时候，库存的短缺、海啸和随后的辐射问题所带来的三重打击及许多新兴产区的威士忌的出现都威胁着日本威士忌的市场，但是伊知郎很乐观。"我对我的威士忌在国际上的积极反应感到兴奋，"他说，"我会继续生产最好的单一麦芽威士忌。只要威士忌品鉴师和威士忌爱好者继续喜欢我的威士忌，我就会继续保持乐观。"

品鉴笔记

秩父"第一"

单一麦芽，61.8% ABV，在旧波本桶中陈酿，虽然只有3年，但它的口感却有令人惊讶的丰富和充实。这是一桶在旧波本桶中成熟的麦芽威士忌，加水后口感细腻而精致，拥有着柠檬草、泰国香料、酸橙和柠檬的风味。

秩父"新生波本桶"

62.5% ABV，在新鲜的波本桶中陈酿，这款6个月的秩父仅发售了262瓶。它太过于年轻，在法律上不能被称为威士忌，不仅酒是新生的，酒桶也使用了新鲜的波本酒桶。加水会释放出一大波浸在辣椒里的酸橙巧克力的风味，具有甜甜的香草味。

百分百的努力

小故事

肥土伊知郎并不满足于像长久以来日本生产威士忌的方式一样去生产新威士忌。他有一个更大的梦想：生产一款真正可以被称为"土生土长"的日本威士忌。日本威士忌的两大巨头一甲和三得利都使用的是澳大利亚或者苏格兰的麦芽及从其他地方进口的酒桶。伊知郎旨在用不同的方式做事。"我的梦想是创造第一款百分之百的日本威士忌。我们种植了大麦，找到了日本泥煤的来源，并且已经开始使用日本橡木制成的发酵池，所以这是可能成为现实的。我希望未来有一天，能拥有20年的秩父或者完全是日本制造的威士忌！"

秩父"新生波本桶"

宫城峡

所有权：余市

创始年份：1969 年　产量：拥有 500 万升

宫城峡（Miyagikyo）酿酒厂成立于 1969 年，是余市经过 3 年研究旨在帮助其扩大产量而建立的。据说，酿酒大师竹鹤政孝花费了大约 3 年的时间来寻找第二家酿酒厂的完美设立地点，当他品尝到某地的水时，他立刻宣布该地点就是最适合的目的地。真实的情况可能的确如此，但这只是故事的一部分，今天一甲的员工会告诉你，高湿度和纯净的空气也是制造高品质单一麦芽威士忌的理想场所的重要因素。

该酿酒厂位于仙台市，从东京坐高铁，花上 2 个小时即可到达。由于这个原因，它也被称为仙台酿酒厂，但该酿酒厂位于宫城县山脚下的一个乡村。

该地区风景优美，以拥有茂密的森林、瀑布和众多的温泉而闻名，酿酒厂本身也被群山环绕。然而，平静的环境与高科技和高自动化的酿酒厂形成了鲜明的对比，酿酒厂大部分生产过程都是由最先进的计算机来控制的。

出乎意料的威士忌

与所有的日本酿酒厂一样，宫城峡是以多种方式生产麦芽威士忌的，其中的一两种可以被认为是非常出乎人意料的。它的麦芽从苏格兰和澳大利亚进口，至少在某种层面上来说，其目的是模仿苏格兰麦芽威士忌。酿酒厂有 8 台蒸馏器生产传统的单一麦芽威士忌，而木桶则储存在只有两层楼的传统酒窖中。主要是因为酿酒厂位于地震带的中部，次要的原因则是模仿苏格兰的熟成方法。宫城峡酿酒厂最常见的酒款果味浓郁、香气优雅，使用了大型的蒸馏器来蒸馏酒液。

酿酒厂还拥有通常用于制作波本威士忌或谷物威士忌的科菲式（塔式）蒸馏器，而且还有各种不寻常的工艺。例如，这里会使用科菲式蒸馏器从玉米、大麦麦芽和两者的混合物中制作威士忌。这种做法曾经在苏格兰很常见，但是现在却很少见了。事实上，苏格兰威士忌协会（Scotch Whisky Association，以下简称"SWA"）不赞成这种做法。正是使用了科菲式蒸馏器制作单一麦芽威士忌，让罗曼湖酿酒厂对 SWA 造成了巨大的困扰。

宫城峡 15 年

宫城峡 10 年

新一甲产品

酿酒厂也是一些新系列一甲威士忌的酿造中心，这些威士忌已经开始出现在世界的舞台上。一甲威士忌的品牌经理并不担心海啸所造成的问题。"由于日本威士忌只是刚开始被公众所知晓，所以预计在不久的将来，它的声誉将继续提高。"经理说，"日本威士忌仍然有很大的成长空间，尤其是考虑到其内在的品质已经被国际专家和鉴赏家广泛地认可。我们还打算更多地关注美食领域的本地创新者，他们将一甲威士忌融入到了他们自己创造的作品中。"

宫城峡酿酒厂还有一个巨大的游客中心，里面有一个典型的日本餐厅和一个酒吧，可以品尝所有一甲威士忌，游客可以在那里感受威士忌和美食相结合的美妙。

品鉴笔记

宫城峡 10 年

单一麦芽，45% ABV。因为只能感受到一些若有似无的花香，所以用鼻子闻不是最好的感受方式，但是在味觉上有绿色水果、淡淡的橡木味及一丝香草和奶油太妃糖的味道，容易入口且让人觉得愉快。

宫城峡 15 年

单一麦芽，45% ABV。熟成年份使得这款威士忌拥有着水果和鲜花的香气，口感肥厚多汁，有黑醋栗、李子、葡萄、香草和摩卡的味道，而余味又如雪莉酒般令人愉悦。

一甲 12 年"单一科菲麦芽"

单一科菲麦芽威士忌，大麦麦芽泥，55% ABV。这款威士忌非常优秀，也打破了传统规则。它的前调是波本威士忌般的抛光橡木、热带水果、黑巧克力、苦咖啡和红色浆果的味道，后调是更柔软的波本香草、太妃糖和香草冰激凌的味道。

一甲 12 年"单一科菲麦芽"

水割风格

> 小故事

加水、加冰饮用日本威士忌的方式越来流行，它被称为水割（mizuwari）。因为该饮用方式很受欢迎，以至一甲专门针对该市场发布了"更年轻"的指示。越来越多的人认为这种饮用方式将会蔓延到其他地方，威士忌也越来越多地以加入花式冰块的方式饮用。

一甲"纯麦芽红"

山崎

所有权：三得利集团

创始年份：1921 年　产量：700 万升

坐落于日本最大的岛屿——本州岛南端的山崎（Yamazaki）酿酒厂，位于东京和大阪之间，是日本威士忌的发源地。从 20 世纪 20 年代的山崎酿酒厂开始，直至如今日本最新的酿酒厂秩父，它们所实践的不仅仅是麦芽威士忌实际上的生产，更是日本威士忌应当不断试验、挑战现状、创新和发展新风味的精神内核。

日本威士忌的发源地

鸟井信次郎（Shinjiro Torii）购买土地并创建了日本的第一家威士忌酿酒厂，聘请了在苏格兰习得酿造经验的科学家及威士忌酿造专家——竹鹤政孝。从此，山崎酿酒厂逐渐发展成了世界最大的、也是最具魅力的麦芽威士忌酿造机构之一。

日本的各酿酒厂之间不会交换自己的麦芽威士忌原酒制作混合威士忌，为了追求卓越，这意味着他们需要具备酿造多种不同威士忌的能力。山崎酿酒厂的蒸馏室有着各种形状和大小的蒸馏器，共有 6 个蒸馏器及 2 个不同的发酵罐。各种组合搭配的蒸馏器协力运作，使用各种不同的酵母，使酿造出的威士忌具备各种不同的风味。熟成于烈性酒桶、葡萄酒桶、加强型葡萄酒桶、利口酒桶及烘烤过的原始桶等不同风味的橡木桶中之后，便呈现出了各式各样不同风味的威士忌。关于这里生产过多少种不同的威士忌，坊间存在着许多猜测，大部分人认为有 125 种，但这至今都是个秘密，在酿酒厂之外，没有任何人真正知道这个数字。除了这众多风味之外，山崎酿酒厂还会生产一些无泥煤、轻泥煤和重泥煤风味的威士忌。

这意味着山崎的每一款单一麦芽威士忌都是酿酒厂通过完全不同的方式酿造熟成的，即便大多数单一麦芽威士忌的酿造皆是如此，这家酿酒厂的风味变化依旧比几乎其他任何酿酒厂都更为明显。因此，尽管山崎的威士忌非常优秀，但直到近年来才风靡于世界的其他角落，这也是情理之中了。

山崎的崛起

据酿酒大师宫本迈克（Mike Miyamoto）所言，我们几乎能够确定三得利威士忌开始迅速崛起的时间点。"自 2003 年'山崎 12 年'（Yamazaki 12-year-old）拿下国际烈性酒挑战赛（International Spirits Council，以下简称'ISC'）金奖后，日本威士忌

酿酒厂通体红砖的外观令村民们将它比作一个巨大的半导体收音机。

山崎"波本桶"

就赢得了世界各地的认可，"他说，"在日本本土，过去3年内对威士忌的需求一直在增长。这股风潮令许多新手第一次体验到了威士忌的魅力，因此威士忌爱好者的数量也持续增长，我们也希望将如今主要以日本为中心的市场拓展到海外。威士忌通常被当作餐前酒或餐后酒，而通过人们对日本料理日益浓厚的兴趣和三得利威士忌与料理的良好搭配，我们希望威士忌也能成为像葡萄酒一样的餐中酒。"

全球的兴趣

山崎种类繁多的麦芽原酒不仅为单一麦芽威士忌的产出提供了的复杂性和多样性，更为创作世界一流的混合威士忌提供了完美的平台。山崎的母公司三得利，使用山崎生产的各种麦芽原酒制作的混合威士忌同样取得了成功。该公司的旗舰混合威士忌"响"（Hibiki）获奖无数，不止一次在各大国际威士忌赛事中获得"世界最佳混合威士忌"（World's Best Blend）的称号。

人们对日本威士忌日益浓厚的兴趣也为山崎酿酒厂带来了大量的游客，酿酒厂相应的设施也日益完善。酿酒厂推出了导览服务，游客们可以在此参加各种品鉴会和活动，还能在酿酒厂旁的威士忌博物馆品鉴各种不同种类的威士忌。

本土发展趋势

如果说日本威士忌通过很长一段时间的发展才在世界范围内获得充分的认可，那让日本的年轻人认可它可以说花费了更长得时间，尽管威士忌一直风靡于日本这片土地。事实上，有许多提供苏格兰威士忌的小酒吧经营于日本的主要城市，但直到2010年，日本本土的威士忌才开始风靡——用"山崎10年"（Yamazaki 10-year-old）威士忌调和的嗨棒酒开始流行于日本的年轻人之间。与此同时，威士忌还要面对一个强劲的本土竞争对手——烧酒。

品鉴笔记

山崎10年

单一麦芽威士忌，40% ABV，熟成于美国橡木桶。口感柔和顺滑，混合香蕉、苹果、香草和大麦的香气。一款淡雅、顺口、令人垂涎的威士忌，尾韵中带有太妃糖和香草的香气。

山崎18年

单一麦芽威士忌，43% ABV，熟成于美国、西班牙和日本橡木桶的世界顶级的18年威士忌。混合了杞果、猕猴桃和各种热带水果的复杂口感，比预期更甜，带有橡木桶和香料的气息。尾韵独具一格，带有日本威士忌的独特风味。

山崎"波本桶"

单一麦芽威士忌，48.2% ABV，熟成于波本桶，采用非冷凝过滤，限量1000瓶。于2011年推出的两款波本桶威士忌之一，另一款是泥煤款的白州，这是一款真正美妙绝伦的威士忌。口感柔和而精致，浓郁的焦糖香草冰激凌气息，令人回味无穷。

山崎18年

山崎10年

余市

所有权：一甲

创始年份：1934 年　产量：200 万升

伫立于北海道札幌以西 50 千米的余市（Yoichi）酿酒厂拥有注目的鲜红色瓦片屋顶及高大的石墙，令人印象非常深刻。它是日本北部岛上唯一的一家酿酒厂，也是日本所有酿酒厂中气候最接近苏格兰的一所。余市酿酒厂坐落于一个三面环山、面朝大海的小渔村里，在许多人心目中，它也是日本最美的酿酒厂。山崎酿酒厂的第一位蒸馏师竹鹤政孝于 1934 年成立了大日本果汁株式会社，并于 1952 年更名为一甲威士忌蒸馏有限公司，而余市酿酒厂便是他在此基础上建立的。

威士忌的发展传承

在日本威士忌的发展历史中，竹鹤拥有重要的地位，为山崎酿酒厂带来了自己的蒸馏知识，也令三得利踏上了成为日本最大威士忌生产商的道路。通过一甲，他也塑造出了日本威士忌史上另一个举足轻重的角色。

竹鹤出生于清酒酿造世家，大学时期他便登上了从日本开往苏格兰的远洋轮船，远渡重洋，一心所图便是探求苏格兰威士忌的酿造秘密，并将酿造知识带回日本。他在格拉斯哥大学进修应用化学，之后就去了斯佩塞，最终进入了埃尔金附近的朗摩酿酒厂学习，并在那里接受了他第一次为期一周的威士忌酿造速成课程。接着他又在坎贝尔镇的赫佐本酿酒厂当学徒，完善了自己的技艺，并与一位名叫杰西·诺贝达·科万（Jessie Roberta Cowan）的女孩坠入了爱河。随后，竹鹤于 1920 年带着他的新婚妻子及来之不易的威士忌专业知识回到了日本。竹鹤很快就被三得利的创始人鸟井信次郎（Shinjiro Torii）看中并达成了合作关系，他们便联手将日本这枚旗帜牢牢地伫立在了威士忌制造的版图上。

酿酒厂原名为北海道酿酒厂，于 1940 年开始正式生产威士忌且每年只有 15 万升的产量，不过此后产量已大幅增加。然而直到 20 世纪 80 年代，酿酒厂才推出了第一支单一麦芽威士忌，而直到 2001 年公司被收购、酿酒厂改名为余市酿酒厂之后，一甲威士忌这个名字才开始被使用。除了生产

一甲余市 20 年

一甲余市 10 年

一甲余市 15 年

创始人竹鹤政孝和他的苏格兰妻子丽塔，曾共同居住于酿酒厂内的一栋石筑小楼中。

威士忌与战争

1940年，酿酒厂的第一瓶威士忌问世时距离珍珠港事件只有一年之久。在那个全球冲突的时期，日本的农业和工业都被投入到战争当中，而此时的一甲为何能生产威士忌这种奢侈的饮品，还能步入公司历史上首次真正健康盈利的状态？答案在于，威士忌长久以来一直都是日本海军军官们最喜好的酒精饮品。既然由于国际上的冲突及贸易上的封锁，威士忌已不可能再进口，那么维持日本军官士气的重担就交到了日本威士忌生产商的手中，余市酿酒厂甚至被指定为拥有大麦和燃料方面特权的军事生产商。

一些日本最知名的单一麦芽威士忌之外，余市也是一甲生产一些混合麦芽威士忌和调和威士忌的中心。

和所有的日本酿酒厂一样，余市酿酒厂会生产许多不同风味的麦芽原酒，但若谈及自己的风格，那就是口感浓郁、油腻而饱满，具有泥煤和烟熏风味的威士忌。酿酒厂的用水来自流经泥煤层的地下水——这也是日本唯一的一处泥煤层，但此处的泥煤并不被用于烘干大麦。酿酒厂拥有自己的麦芽窖和传统的宝塔型烟囱，但这些都已不再使用。

余市的个性

凭借其沿海的地理位置，余市生产的威士忌可与艾雷岛和苏格兰西海岸酿酒厂相媲美，而造就余市威士忌中的咸香和药味的不仅仅是其地理位置，还有酿酒厂自己的蒸馏器。

然而，造就余市不同个性的关键在于酿酒厂对于木材的使用。余市拥有自己的制桶厂，用日本的新橡木制作酒桶。被称为水楢木的日本橡木比欧洲或美国的橡木孔隙更大，且比起其他橡木，水楢木在酿造过程中会产生过于浓烈的颜色和风味，因此在熟成过程中，威士忌往往会从水楢木桶中过桶到传统橡木桶中继续熟成。

近年来，余市威士忌取得了巨大的成功并斩获了不少奖项。而与其他历史更久远的日本威士忌酿酒厂一样，余市也被其成功所困扰着。在千禧年初期之前，一甲的所有者并没有预想到即将迎来的巨大成功，也就未曾预备下足够库存的陈酿原酒。因此，余市的一些陈年酒款也已是一瓶难求。

如果你来到东京，酿酒厂也许并不是最方便去参观的，但这里依然值得一游，除了美不胜收的自然风景之外，酿酒厂还建有一个游客中心及讲述竹鹤和他苏格兰妻子的故事的博物馆。

品鉴笔记

一甲余市 10 年
单一麦芽威士忌，45% ABV。拥有相当丰富饱满的酒体，带有些许烟熏风味及水果罐头的香气。引人入胜、口感圆滑，适口性强且伴随适当的油滑的口感，尾韵略涩。

一甲余市 15 年
单一麦芽威士忌，45% ABV。口感纤细，入口带有烟熏味和花香，带有厚重盐味、胡椒、太妃糖、杏和梨子的浓郁香味充斥口腔，其中也有一丝山核桃的味道。

一甲余市 20 年
单一麦芽威士忌，52% ABV。香气复杂浑浊，带有泥土气息，风味突出，带有一丝工业油的气味。混合了秋日森林、海浪沙滩、烤鳟鱼、香料、橡木和黑巧克力的气息，从四面八方向口腔内席卷。味觉在口腔内翻涌，挑逗着味蕾，回味悠长。

白州

所有权：三得利集团

创始年份：1999 年　产量：300 万升

虽然白州（Hakushu）酿酒厂可能是三得利两家酿酒厂中知名度较低的一家，但它也是极为迷人的一家。它是日本位置最高也最偏远的酿酒厂，位于日本南部，从东京乘坐快车到这约需两个半小时，酿酒厂周围环绕着天然森林，有可供人们步行或骑单车的小径。除了优越的地理位置之外，白州酿酒厂还建有博物馆及游客中心。

引发"工薪族"热潮

白州酿酒厂建于 1973 年，正值三得利威士忌酿造公司成立 50 周年之际，此时三得利正搭上了日本威士忌热潮的便车，而这样的热潮在一定程度上正是三得利自己发起的。三得利的成功建立在满足日本白领阶层，或者说"工薪族"的酗酒习惯之上，而这些推动了国家经济扩张的工薪族最爱的就是水割式威士忌酒。而三得利推出的调和型威士忌旨在即使被稀释到这个程度也能保有其自身独特的风味。

从 1929 年的"白札"（Shirofuda）或"白标"（White Label）混合威士忌开始，到 1937 年的"角瓶"（Kakubin）、1946 年的"托利斯"（Torys）和 1960 年的"三得利皇冠"（Suntory Royal）威士忌。三得利在 20 世纪 50 年代通过推出一系列酒吧的方式，形成男性下班后饮酒的新风潮，以确保其市场方面乃至饮品需求方面的主导地位。这些名为托利斯的酒吧在当时取得了惊人的成功，高峰期时的数量超过了 1500 家。直到 20 世纪 80 年代，"三得利皇冠"成了世界上最畅销的威士忌品牌，仅在日本就交易了超过 1500 万箱。

高品质的未来

白州庞大的酿酒厂主要是为了满足易饮调和威士忌的需求所建立的，而当这种繁荣景象在 1990 年代结束时，白州西酿酒厂也被迫关门。但三得利创始人的儿子佐治敬三（Keizo Saji）在 20 世纪 60 年代子承父业，成为父亲公司的总裁，而他也相信优质调和威士忌和单一麦芽威士忌的未来。为此，三得利于 1989 年推出了"响"系列优质陈年调和威士忌，其中白州酿酒厂的作用至关重要，并且在 1994 年，白州酿酒厂推出了与三得利和山崎地位并列的自产单一麦芽威士忌。凭借其气候凉爽的山区地理位置和来自山泉的软水源，白州形成了自成一派的标准风格：清新、干净且富有果香。然而近年来白州也有推出不同风格的限量版威士忌的趋势，例如富有美妙的蜂蜜口感的白州"波本桶"（Bourbon Barrel）威士忌和一款名为白州"重泥煤"（Heavily Peated）的威士忌。

白州酿酒厂位于日本南部山脉的高处，曾是世界上最大的麦芽威士忌酿酒厂。

白州 18 年

白州 12 年

品鉴笔记

白州 12 年
单一麦芽威士忌，43.5% ABV。初闻是带有松木和割后草地味道的轻盈松软的香气。清新利落的口感，带有薄荷的香气。

白州 18 年
单一麦芽威士忌，43% ABV。拥有如湿漉的树叶一般的青涩香气，闻上去有如在潮湿的森林间漫步。充斥着烤橡木、新鲜的水果、松软苹果和甜麦芽味道的口感，更有橡木桶的香味。余韵稍长。

白州"重泥煤"
单一麦芽威士忌，48% ABV。也许你会被它的名字所误导，但这绝对是一款令人愉悦的酒。柠檬、酸橙和甜瓜等味道在这款酒的味觉表现中非常突出，而泥煤则不得不如一个受挫的拳击手一般在这些复杂的味道之间穿梭，打出烟熏味的重拳。这场拳击赛不是淘汰制，但泥煤很可能会得更高分。

轻井泽

所有权：肥土伊知郎

创始年份：1955 年　产量：不详

撰写一个已经关闭的酿酒厂很不寻常，但大量来自轻井泽（Karuizawa）酿酒厂的优质威士忌正进入世界威士忌的市场，而威士忌爱好者们也渴求了解关于这家酿酒厂的更多信息。此外，该酿酒厂剩余股权的持有者也正在进行一些新的计划。

轻井泽酿酒厂于 1955 年建立于一座活火山上，海拔 850 米，是日本威士忌酿酒厂中海拔最高的一家。酿酒厂周围的气候致使这里 80% 的水分都被蒸发，因而影响到威士忌的熟成。轻井泽生产的威士忌保有了较高的酒精度，但香气和风味也依旧浓郁。

士兵般坚毅

轻井泽酿酒厂建造以来都在用最传统的方式酿造威士忌，使用 100% 从苏格兰进口的"金色承诺"大麦原料、小型蒸馏器和欧洲的雪莉橡木桶。遗憾的是，轻井泽已于 2000 年停止酿造威士忌。

"酿酒厂的风格被定义为'像士兵般坚毅'，"收购轻井泽剩余库存的肥土伊知郎说，"酿酒厂的威士忌粗犷、强度高，还非常大胆地运用了雪莉风格，是非常棒的威士忌。我们意在将库存中的轻井泽威士忌带给尽可能多的酒客，售完即止。未来我们将继续发售单桶威士忌，因为之前的酒款已经赢得了很多奖项。此外，我们也正在创立'浅间魂'（Spirit of Asama）威士忌，挑选于 1999 年和 2000 年最后入桶的轻井泽威士忌进行调配并小批量生产。这款威士忌由一位非常杰出的日本酿酒大师调制而成。这些威士忌也是日本酒水历史的一部分。"

品鉴笔记

轻井泽 1971 桶号 6878

单一麦芽威士忌，64.1% ABV。强烈的感官冲击，丰富的味觉体验令人一时难以体会到它的全部。异域的果香、杏子果酱和梅干的味道，蜜桃的香气夹杂在雪莉酒和橡木桶的海浪中向口腔席卷而来。这款酒不适合胆小的人，但它仍然是一场味觉上的享受。

轻井泽 1986 桶号 7387

单一麦芽威士忌，60.7% ABV。初闻香气扑鼻，随后是混合了无花果和果酱香气的紧致干燥的口感。夹杂着坚果和梨的香气，淡淡的硫黄味，还有令人愉悦的辛辣味。

轻井泽 1981 桶号 6256

轻井泽 1986 桶号 7387

轻井泽 1971 桶号 6878

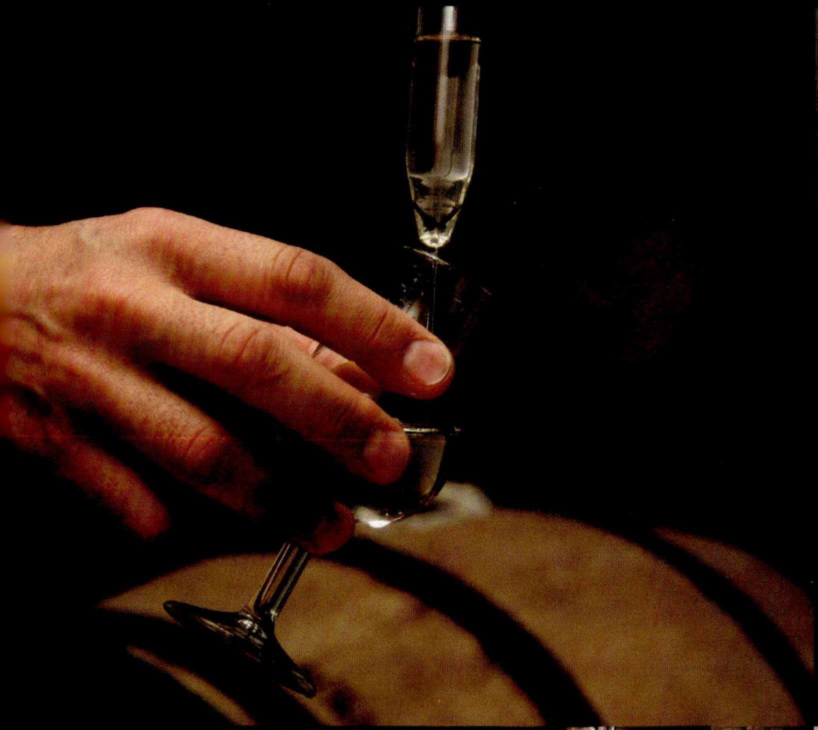

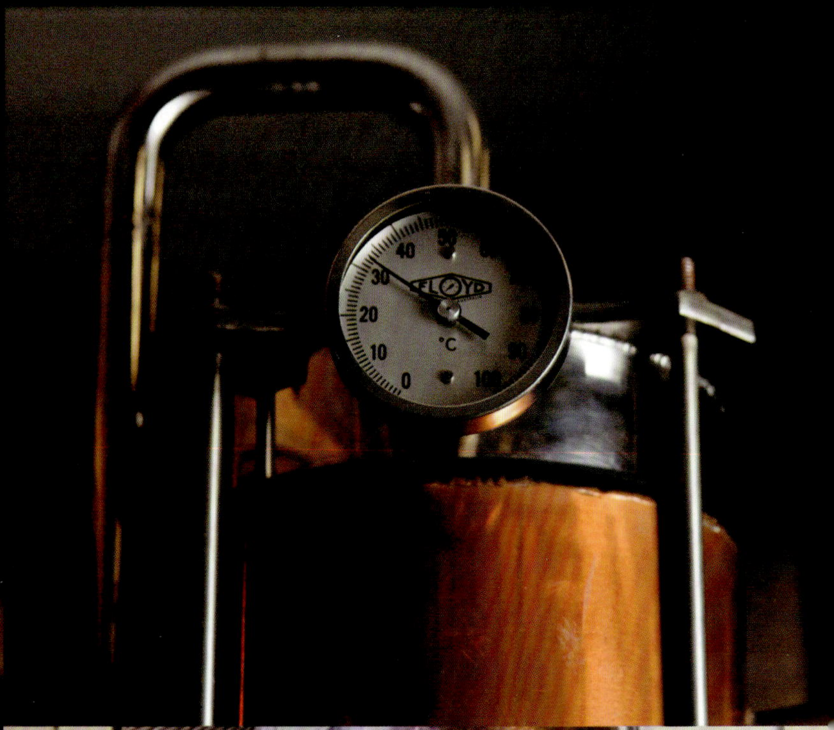
FLOYD
°C

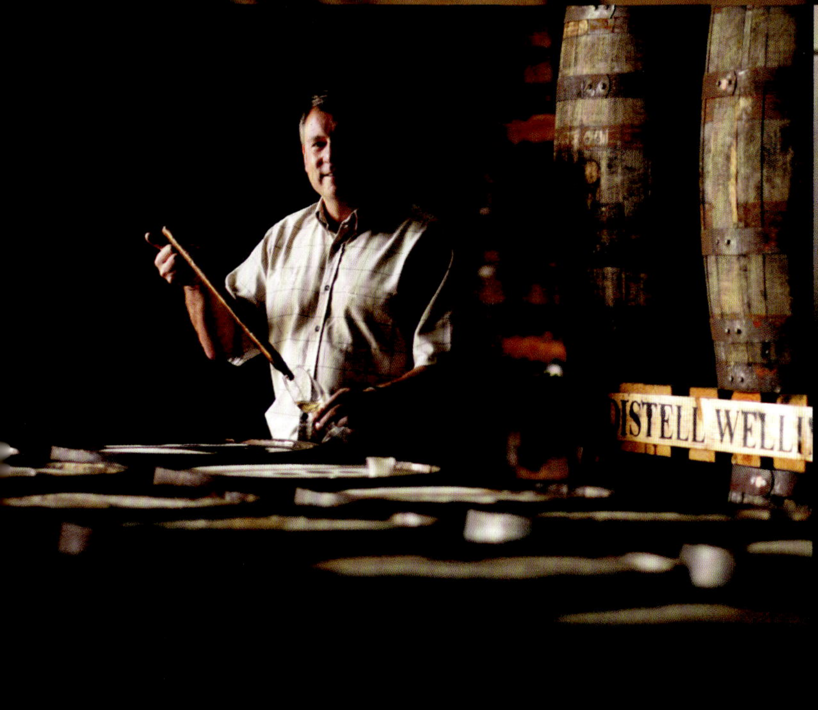
ISTELL WELL

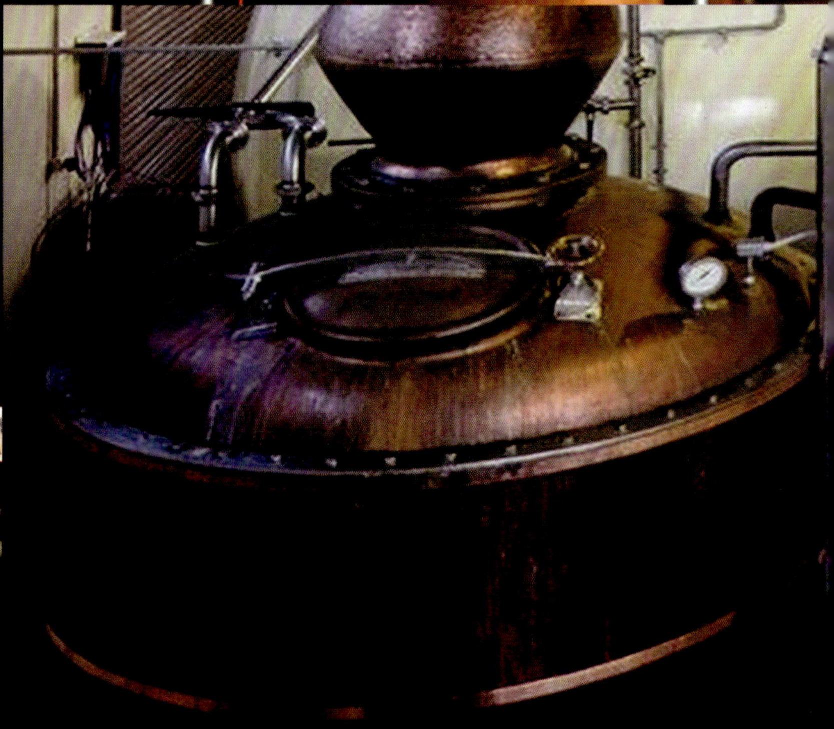

新兴产区

澳大利亚

澳大利亚这个幅员辽阔的国家以炎热的气候闻名，气候条件完全不适合威士忌酿造。40年前，也没有人认为澳大利亚适合生产像样的葡萄酒，但看看现在发生了什么。事实上，位于大陆南部的塔斯马尼亚非常适合制作谷物烈性酒，那里拥有丰富的水资源、温和的气候、大量的泥煤及种植谷物的理想条件。近年来，威士忌开始在维多利亚州蓬勃发展。珀斯和阿德莱德附近也建立了酿酒厂，这里没有澳洲大陆其他地区的太过炎热的问题，温和的气候还能加速酒的熟成。

产区特点
澳大利亚威士忌尽管总体上存在多样性的风格，但一种新兴的核心风格正在崛起。

作者推荐
澳大利亚本地威士忌的先驱者是拉克（Lark）、沙利文角（Sullivan's Cove）和面包山（Bakery Hill），他们现在都在酿造非常优质的威士忌。紧随其后的是南特（Nant）、莱恩伯纳斯（Limeburners）和老霍巴特（Old Hobart）等酿酒厂，这些酿酒厂现在仍在稳步提升品质。在他们之后，这个区域里很多年轻厂商已经开始运营，但都还没有准备好装瓶出品。

地区盛事
澳大利亚最大的问题是，没有太多苏格兰威士忌品牌来到悉尼和墨尔本，曾经有品牌在悉尼尝试举办过一场威士忌节，但褒贬不一。不过，该国确实有一个活跃的威士忌爱好者组织，即"澳大利亚麦芽威士忌协会"，他们多次举办过自己的威士忌节。

澳大利亚威士忌可能尚处于起步阶段，但人们越来越相信澳大利亚风格将成为威士忌领域中新兴的中坚力量。截至目前，像许多其他澳大利亚产品一样，大部分澳大利亚威士忌都被销往东南亚市场，这个领域正在逐步成为国家经济的未来。10年间，澳大利亚发生了翻天覆地的变化，欧洲市场已经不再是重中之重。

澳大利亚的蒸馏历史可以追溯到殖民时代。许多澳大利亚威士忌的酿造灵感来自苏格兰，但考虑到喜好爱尔兰威士忌的人数众多，越来越多的其他风格的谷物威士忌也逐渐融合了进来，这也并不令人意外。

赫利尔大道（Hellyers Road）酿酒厂位于塔斯马尼亚岛北部海岸，其生产的威士忌与岛上的其他威士忌都有所不同。

炎热干燥的澳大利亚灌木丛区域不利于生产威士忌，但沿着温带海岸区域的酿酒业正在蓬勃发展。

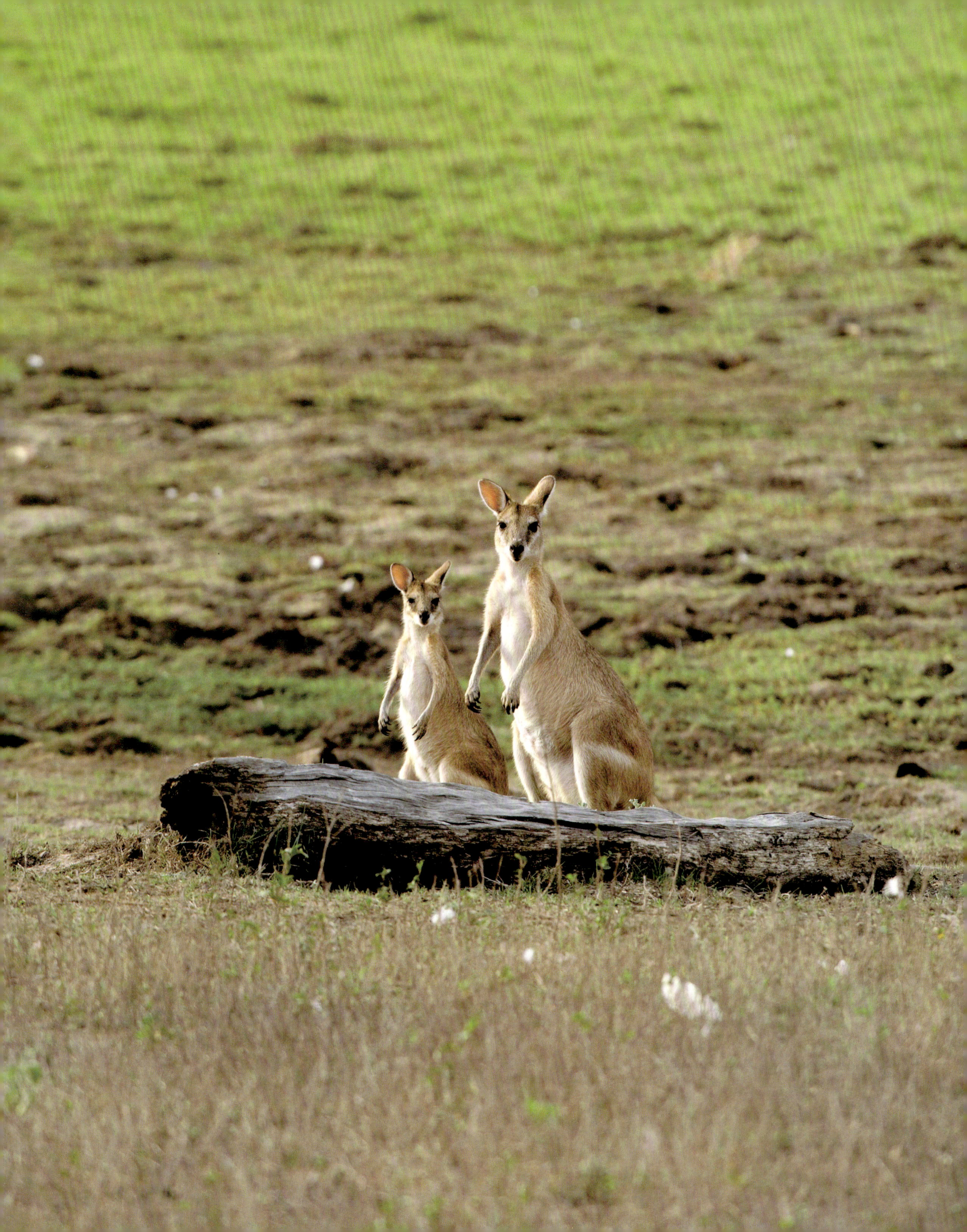

顶级酿酒厂

面包山

所有权：大卫·贝克

创始年份：1998 年　**产量**：10 万升

澳大利亚正在经历一场威士忌革命，就像它的葡萄酒一样，它既被以非常严肃的方式对待，但同时又以一种令人耳目一新的新方式呈现。在塔斯马尼亚，酿酒商们建立了一个威士忌社区，并通过团结一致的力量提升了他们的形象。但在此之前，大卫·贝克（David Baker）曾独自与困难斗争，并酿造出了南半球最好的威士忌。

贝克之前是一名生物化学家，后来转行做威士忌的蒸馏，建立了他自己的酿酒厂，采取与苏格兰单一麦芽威士忌几乎非常相似的方式，制造泥煤和非泥煤风格的威士忌。经过多年的奋斗，酿酒厂现在开始收获丰厚的回报。

"由于缺乏工程学方面的专业知识，在一个不是传统威士忌制造国的地域建立单一麦芽酿酒厂的路上满是荆棘。"大卫·贝克说，"无论是酿造我们的原麦汁还是蒸馏原酒，缺乏技术专长意味着我们必须独立进行所有的研究、开发和设计。"

奋斗与成功

试错得到了回报，这家酿酒厂很快就制造出了优质威士忌。出乎意料的崎岖波折给贝克带来了困难：没有现成的社团可以依靠，贝克成了一头独狼。他是一名战士，也是一名幸存者，现在已经累积了足够的库存并且已经开始出口他的威士忌。

"在面包山酿酒厂，2011 年是非常平稳的一个年份，"贝克说，"持续蒸馏我们的威士忌并储藏它们一直是我们的主要关注点，同时也在各种新兴的出口市场上实现了增长。"

面包山酿酒厂酿造了 5 种表现不同风格的威士忌。"我们的不同之处在于我们有着非常长时间的发酵过程，"贝克说，"我们相信这会进一步增强酒的风味和特性。然后，我们通常将初馏酒液二次蒸馏至 72%ABV，然后灌装入 200 升或 100 升的美国橡木桶中，桶陈酿时调整至 65%ABV。由于墨尔本与苏格兰的气候条件不同，我们可以更快地实现熟成，并在陈酿第 8 年时装瓶我们的单桶威士忌。"

面包山"经典麦芽"威士忌

面包山"泥煤麦芽"桶强威士忌

面包山让人想起淘金热时代，当时淘金者顶着平原炎热的气候来这里探寻财富。

走向未来

贝克的酿酒厂成立于1998年，乘着新世界威士忌的增长浪潮，见证了巨大的变化，但他对未来依然感到兴奋。"最近最令人满意的风潮是本地和海外公众越来越接受我们的威士忌。11年前，麦芽威士忌消费者对来自非传统威士忌酿造国家的威士忌只是一种好奇，但一旦看到我们的威士忌有着同样高的品质，甚至在某些情况下会表现得更好，情况就变得对我们更加有利。"贝克表示，"从现在开始，我们将扩大规模，酿酒厂一年365天都营业，加大我们的产量，使我们能够发展到新的舞台。新的市场一直持续开放，面包山酿酒厂将营销重点放在非传统地区。"

品鉴笔记

面包山"经典麦芽"威士忌

单一麦芽，46% ABV，非冷凝过滤。令人惊讶的精致香气，带有新鲜草地、甜麦芽、杜松子、蜂蜜和柑橘的香气。口感有饱满的绿色水果味道，但有一丝橙子、香草、足够的木质和胡椒味来平衡这款酒的味道。

面包山"泥煤麦芽"

单一麦芽，59.5% ABV，原桶装瓶强度，非冷凝过滤。浓郁的泥煤、新鲜沙拉、葡萄和甜瓜的香气，以及大量的泥煤、饼干、苹果、血橙和甜椒的味道。加水稀释后会散发出一系列复杂的味道，余味以胡椒和泥煤味为主。

面包山"双木"威士忌

单一麦芽，46% ABV，非冷凝过滤。带有类似水果罐头中甜熟的果香。口感柔顺、圆润，并带有异国水果风味。非常易饮，甜美而平衡，与香草、桃子和夏季浆果相得益彰。

面包山"双木"威士忌

黄金的代价

这家酿酒厂所在地区的名字因19世纪中叶的淘金者起义事件而声名远扬。该地区曾吸引过大量的淘金者，他们被迫为极小的地块购买昂贵的淘金许可证，不管他们是否真的能在此找到黄金，在弥漫着纷争和醉酒的氛围中，警察野蛮地使用暴力的行为也让他们吃了不少的苦头。最后，一群矿工在蓝色的南十字星旗帜下做出了反抗，但经过数天的对峙，政府军通过暴力的手段镇压了这次反抗。

拉克

所有权：比尔·拉克
创始年份：1992年　**产量**：12万升

现代澳大利亚威士忌行业的故事始于比尔·拉克（Bill Lark），也终于比尔·拉克，有很多报道将其称为塔斯马尼亚威士忌的教父。

塔斯马尼亚威士忌重生

有一天，比尔·拉克和朋友出去钓鱼时，思考着是否有可能在塔斯马尼亚酿造一款类似卡杜的优质苏格兰风格的麦芽威士忌，毕竟在许多方面，酿造一款优质的威士忌需要满足相当多的条件，塔斯马尼亚便拥有丰富的资源：世界一流的大麦、纯净的水源、沼泽的泥炭，最重要的是，适合熟成的温度及湿度的平和气候。拉克决定试一试，但在海关总署申请许可证时，发现该岛受到一项已有150年历史的禁运法的约束。他努力游说，争取到了该法案的废除，并引发了在澳大利亚兴起的威士忌复兴。

"当我们开始时，"拉克说，"只是想看看我们是否可以在塔斯马尼亚制造优质的麦芽威士忌，并不一定是想建立一个行业。事实上，这里的威士忌很快就被证明具有优良的品质，随后，围绕着威士忌的生意都迅速地发展了起来。"

而海关总署方面的反应，则满是赞许。拉克说："他们从一开始就非常支持，我认为相比平淡的日常工作，对威士忌酿造法的改变明显是更令他们兴奋的，他们帮了大忙。"。

禁止在塔斯马尼亚制造烈性酒的法律可以追溯到该岛还是一个囚犯殖民地的时代，当地居民擅长制作烈性药酒，严重影响了食物供应，并导致了塔斯马尼亚成为一个喧闹、无法无天的"醉岛"。如今，塔斯马尼亚是一个祥和有序的地方，但这里的人们天生有一种令人愉快的老式澳大利亚的叛逆。

有影响力的酿酒厂

拉克酿酒厂位于霍巴特市附近，四周环绕着农田，坐落在岛上的葡萄酒产区的中心地区。2012年初，当地计划在此地引进高地牛种群作为特色产业，此地有着与苏格兰高地相似的广袤草原、崎岖的丘陵和粗犷的自然美景。酿酒厂隐身于农场的附属建筑中，规模很小。有一家澳大利亚本土公司专门为拉克酿酒厂建造了蒸馏器，尽管现在岛上有两三家酿酒厂都拥有相似的设备，但这恰恰反映了比

虽然酿酒厂位于霍巴特郊区，但拉克酿酒厂在市区的海滨设有办公室和商店。

拉克单一麦芽"桶强威士忌"

尔·拉克对那里蓬勃发展的威士忌行业的影响。

自1992年成立他们的酿酒厂以来，拉克的员工们一直坚持亲力亲为地手工酿造威士忌，并由蒸馏小组亲自品尝蒸馏后的烈性酒，然后依照实际情况而不是固有的配方去调整结束蒸馏的时间。这种方式显示了这里的工作人员对酿造越来越有信心，游客甚至可以通过这种方式蒸馏出于自己独一无二的拉克威士忌。

小规模手工酿造方法体现在酿酒厂对泥煤的使用，泥煤是从塔斯马尼亚中部高地的沼泽中手工挖出来的。由于塔斯马尼亚本土植物群的影响，拉克声称本地泥煤与苏格兰泥煤略有不同。尽管拉克尊重苏格兰的传统酿造方式，但从不抵触创新，并开发了一种独特的"后熏制法"来熏制麦芽，为威士忌赋予了独特的泥煤风味。

拉克选用四分之一桶进行熟成的决策进一步延续了酿酒厂"越小越好"的主旋律，这不仅加快了自然熟成的速度，同时还为威士忌提供了丰富的特性，这些举措都有助于使拉克威士忌在完成阶段大放异彩，用"小"方法造就"大"风格。

输送到世界各地

如果这家酿酒厂给人留下的印象像是一家苏格兰微型酿酒厂，那么霍巴特市中心的"品鉴中心"会提供不同的视角。品鉴中心楼上是行政办公室，给人一种更加商业的感觉；楼下有酒吧、商店和休息区——一切都很国际化。比尔证实，在澳大利亚威士忌行业已经很成熟。他说："我们的生意做得非常棒，这些商业活动占用了我现在的大部分时间，我们正在持续开拓新市场，东南亚有大把的机会。这对整个澳大利亚来说都是激动人心的时刻。"确实如此，比尔的传奇被载入了一篇正在徐徐展开的故事中。

品鉴笔记

拉克单一麦芽威士忌"单桶"

单一麦芽威士忌，43% ABV，单桶，四分之一波特橡木桶熟成。口味厚重、大胆，但在初尝之后会显得更加圆滑、微妙。世界上恐怕再也找不到一款威士忌尝起来有这款酒的感觉。这就像是熟透的苹果经过熬煮，再浸入茴香利口酒或本尼迪克特甜酒中，赋予其草本植物的风味，然后再像马德拉酒一样催熟，使橡木风味充分融入其中，令人分外愉悦。

女性蒸馏师

拉克一直是澳大利亚威士忌行业的领跑者，几年前，拉克任命他的女儿克里斯汀（Kristy）为酿酒厂的蒸馏师。以男性为主的澳大利亚威士忌界对这次的任命感到困惑，但这项任命完全说得通，因为克里斯汀从小便是在蒸馏车间及其父亲对蒸馏的热情的环境中长大。克里斯汀现在已经卸任，组建了自己的家庭，但她为自己曾经在澳大利亚传奇的酿酒厂工作过而感到自豪。

拉克单一麦芽威士忌"单桶"

塔斯马尼亚

所有权：帕特里克·马奎尔
创始年份：1994年　产量：2.4万升

虽然很多人认为塔斯马尼亚（Tasmania）酿酒厂的重生归功于拉克酿酒厂的比尔·拉克，但事实上，帕特里克·马奎尔（Patrick Maguire）在澳大利亚威士忌的故事中也扮演着关键角色。尽管他乐于退居二线，默默地从事威士忌的制造和出口业务，但他实际上是这整篇威士忌故事的关键，岛上的其他酿酒商，甚至连拉克都承认这一点。

马奎尔最初开业时与拉克进行合作，但不久之后他就开展了自己的业务，最终将沙利文角打造成澳洲大陆周边岛上最知名的澳大利亚威士忌品牌，而且该品牌几乎是当时唯一一款在海外进行大批量销售的产品。

抵制劣质威士忌的酿酒厂

澳大利亚作为流放之地的历史是有据可查的，甚至沙利文角在其广告和营销活动中都直言不讳地提到过这一点。澳大利亚由于拥有数量庞大的英国和爱尔兰裔公民，威士忌能够在这里蓬勃发展也就不足为奇了。但是，当年大部分非法制造的私酿完全不能算是威士忌，只不过是品质很差的烈性酒，几乎没有人试图酿造真正名副其实的威士忌。事实上，当比尔和马奎尔等澳大利亚威士忌制造商开始酿造真正的单一麦芽威士忌时，他们不遗余力地与那些劣质酿酒厂保持距离，并极力避免参与澳大利亚政府关于取消最低熟成时间的倡议，而是坚定地与苏格兰酿酒厂保持一致。

文化遗产的潜力

当马奎尔建立自己的品牌时，他意识到现存的威士忌品牌的营销潜力，如果不能为传统品牌找到一个优秀的切入点，这个品牌将陷入一个严峻的局面，不仅可能从此销声匿迹，甚至可能抹黑整个澳大利亚单一麦芽威士忌行业。马奎尔认识到的是，一款好的威士忌需要有一个好的名字和一个用于讲述了威士忌产地故事的标签。通过了解塔斯马尼亚早期殖民史及沙利文角的故事，马奎尔决定以1804年由大卫·柯林斯（David Collins）船长发现并在之后成为英国人在霍巴特的定居地而命名的沙利文角这个名字作为品牌名称。

假如您曾喝过早期以沙利文角为名装瓶的威士忌，可能会觉得大失所望。早期的产品极为平庸，虽然它们代表了早期真正用心酿造像样的单一

沙利文角威士忌得名于早期英国人在塔斯马尼亚的霍巴特的定居点。

沙利文角"法国橡木桶威士忌"

麦芽威士忌的尝试，但它们只能算是对苏格兰威士忌的拙劣的模仿。沙利文角威士忌的历史分为3个不同的时期，从早期的严峻时期，中期的"还不错，但我为什么要买"及至晚期的"哦，你好，你们有什么新动向"。2011年，酿酒厂装瓶了一款年份为11年的威士忌，这款酒成为澳洲陈年年份最久的酿酒厂官方装瓶威士忌（尽管该国的一家独立装瓶商推出过一款年份更老的威士忌，不过无法确定是否为这家装瓶商独立酿造的），从此，分销合同从世界各地纷至沓来，沙利文角威士忌再也不是那只丑小鸭了。

化茧成蝶

澳大利亚威士忌仍在进步中，一只蝴蝶挣扎着挣脱它的蛹，没有一家酿酒厂比沙利文角更能代表这一点。由于马奎尔专注于威士忌的营销，使得他几乎没有多余的时间去完善其他细节。这与其说是一家酿酒厂，不如说是将一堆蒸馏设备胡乱堆放在了霍巴特郊区的某个工业区内的一个大型仓库中，您必须仔细观察才能在混乱的杂物中找到蒸馏设备。

品鉴笔记

沙利文角"双桶威士忌"

单一麦芽，40% ABV。这款酒分别在波本桶和波特桶中熟成，散发出甜美的果味和大量香草的气息，但也富有干净清爽的麦芽香气。在口感上，红色浆果、太妃糖、浆果馅饼和甜味香料等风味混合在一起。余味中长，令人愉悦。

沙利文角"美国波本橡木桶熟成威士忌"

单一麦芽，60% ABV。香气紧致不易散开，所以是一款需要加水饮用的威士忌。一旦加水，就会感受到一种清新、活泼、纷繁的香气。味道好似在口中上下跳跃，但波本桶特殊的香草和蜂蜜的味道能够完美地被味蕾捕捉到。余味则是一些春季水果的新鲜感和精致的香料的味道。

沙利文角"法国橡木波特桶熟成威士忌"

单一麦芽，60% ABV。这款酒可以说是酿酒厂酒款系列里的王者，它有丰富的浆果和一些柑橘类水果的香气，如果您加水将酒精度降低一些，则会体验到另一种乐趣。它仿佛是一个大水果拼盘，配上清爽的麦芽香气，非常易饮，是一款具有厚重感的麦芽威士忌。

游乐场趣事

澳大利亚威士忌在很短的时间内取得了很大的进步，该国的酿酒商已经开始认真践行他们自己的标准。但情况并非总是如此，在早期，有些人会想尽办法去赢得大众的信任。"沙利文角的前任老板过去常常带游客参观他所谓的'酿酒厂'，但实际上并没什么值得参观的，"比尔·拉克说，"他用音乐和灯光来粉饰他的'酿酒厂'，当他按下开关时，'酿酒厂'看起来和听起来都像极了一个真的游乐场。"

沙利文角"美国波本橡木桶熟成威士忌"

大南方蒸馏公司

所有权：卡梅隆·赛姆
创始年份：2004年　**产量**：20万升

大南方蒸馏公司是一个足够宏伟的名字，但当您身临其境，您会觉得它实至名归，而其创始人卡梅隆·赛姆也称得上是真正的澳大利亚威士忌的先驱之一。在品尝酿酒厂最新推出的名为"莱恩伯纳斯"（Limeburners）的威士忌时，每一口都可以品味到大洋洲大陆的宏伟。

接受挑战

"莱恩伯纳斯"已经迎来属于它的时代，它是一款能够轻易成为焦点并自信地探索前人未曾涉足之领域的威士忌。但情况并非总是如此一帆风顺，起初酿酒厂犯了一个致命的错误：将第一批威士忌过早地装瓶，导致酒精味道很浓，令人难以下咽。

酿酒厂除了要面对外部经济环境的影响，还要适应当地气候。在许多方面，处于塔斯马尼亚州和维多利亚州的酿酒厂都相对好过一些，这些地区的人口众多，而且他们在食品和饮品制造方面有着悠久的历史，这至少为酿酒厂提供了某种形式的蓝本作为参考。不过，奥尔巴尼并不具备这些便利条件，一方面是内陆的炎热气候，另一方面是充满海盐味的沿海强风，赛姆正在做澳大利亚先驱者们一直在做的事情——接受自然元素的挑战，并以不知疲倦的精神征服它们。

在实践过程中，赛姆发现海上强风导致这里的熟成过程相对较慢。但摒除这一点，充足的纯净水源、泥煤和大麦使奥尔巴尼有能力成为威士忌制造的理想之地。

"莱恩伯纳斯"以单桶批次装瓶，因此每种酒的表现都不尽相同。这款威士忌以殖民时期，囚犯烧石灰的地点命名，该酿酒厂是现在澳洲最先进的酿酒厂，拥有实战经验丰富的巴伐利亚籍蒸馏师，专门制造小批次精品烈性酒。

品鉴笔记

莱恩伯纳斯"桶强"威士忌

单一麦芽，61% ABV，非冷凝过滤。一款具有类似于利口酒品质的厚重型威士忌。这款酒使用的酒桶是澳大利亚白兰地桶和波本威士忌桶，造就了一种温和、带有蜂蜜味和茴香味的威士忌，还带有新鲜的葡萄及麦芽的味道。

莱恩伯纳斯"利口酒"威士忌酒

在西澳大利亚，威士忌制造商必须应对树木稀少的内陆环境和相对炎热的气候。

莱恩伯纳斯"桶强"威士忌

赫利尔大道

所有权：塔斯马尼亚威士忌公司
创始年份：1997 年　**产量**：20 万升

赫利尔大道（Hellyers Road）是塔斯马尼亚最大的酿酒厂。它造就了一种完全不同于岛上其他任何威士忌的风格，因为塔斯马尼亚已经证明自己有能力制造各种不同的威士忌风格。赫利尔大道与苏格兰低地威士忌有着更多共同点，并不坚持塔斯马尼亚岛上其他的威士忌厂商的主张。

赫利尔大道的历史

该酿酒厂是贝塔乳业的全资子公司。贝塔乳业是塔斯马尼亚当地农民在 1950 年左右成立的大型牛奶制造合作社，以行业先驱亨利·赫利尔（Henry Hellyers）的名字命名。早在 19 世纪，他是第一个探索该岛内部的人，他所展现出的决心和精神是该公司威士忌制造业务的灵感源泉，其发展威士忌业务的主张是为了实现多元化经营并避免被澳洲大陆上的其他强大乳业公司吞并。

与初出茅庐的其他酿酒厂一样，这里的第一批装瓶的威士忌十分平庸，但赫利尔大道从那时起就开始走多样化路线了，提供了许多不同的风格，其中大部分酒款在岛上或大洋洲大陆的精选店内销售。其销售的酒主要有两种风格，"原味"和"泥煤"，以及两种变体："轻微泥煤"采用前者并添加少量后者，而"黑比诺葡萄酒桶过桶"则是将"原味"酒液在黑比诺葡萄酒桶中过桶熟成。

品鉴笔记

赫利尔大道单一麦芽"原味"威士忌

单一麦芽，46.2% ABV，美国白橡木桶熟成，非冷凝过滤。浓郁的酒精感令你不禁要张口哈气，尽管如此，它仍旧是一款充满果肉感、多汁且拥有青草和葡萄香气的威士忌。带有丰富的麦芽味道，干净易饮。

赫利尔大道单一麦芽"泥煤"威士忌

单一麦芽，46.2% ABV，美国白橡木桶熟成，非冷凝过滤。微妙、复杂、制作精良的威士忌，泥煤并不占主导地位，但增加了其所需要的深度。有柑橘、香草及明显的花香味。

赫利尔大道单一麦芽"原味"威士忌

赫利尔大道单一麦芽"泥煤"威士忌

南特

所有权：巴特家族
创始年份：2005 年　**产量**：3 万升

在塔斯马尼亚的所有酿酒厂中，当谈到满足现代威士忌爱好者的需求时，南特酿酒厂是最合适的，它在与拉克酿酒厂的比赛中遥遥领先，两家酿酒厂分别处于两个极端，一家在喧闹的霍巴特市中心，另一家则需要开车前往遥远的乡下。

南特拥有着近乎完美的蒸馏场所，他们的每一个决策都经过了深思熟虑，这里的产品来自其所有者认真的投资决策，也难怪其所有者会以此为荣。

想要找到南特酿酒厂的位置，需要经过一番探索：它离霍巴特市很远，建立于农村地区，必须沿着一条乡间小路走下去。附近有一座被修复的水车，一条美丽的小溪从中穿过，你会发现，酿酒厂里全都是崭新的建筑。

厂里面的一切正像是人们对小型手工酿酒厂所期待的样子。澳大利亚制造的蒸馏器与拉克使用的相似。松木和不锈钢发酵罐同时陈列于此，南特使用两种设备来分别酿造不同的威士忌，只是为了看看两者是否真的有区别。这里制造的威士忌陈年时间较短，但与在澳大利亚所能找到的任何威士忌一样精致。厂内有会议区、带露台的酒吧区及可供游客放松身心的宁静乡村环境，游客会情不自禁地沉醉其中享受全部的体验项目。南特计划在费菲地区的金斯·巴恩斯高尔夫球场建造一个相似的酿酒厂。如果他们这样做的话，这对在澳大利亚的苏格兰人来说才是一件真正的乐事。

建于 1823 年的水驱动面粉厂，现在被南特用来磨碎大麦麦芽制作威士忌。

品鉴笔记

南特"雪莉桶威士忌"（2011 年装瓶）
单一麦芽，43% ABV，雪莉桶熟成。年轻威士忌的酒香依然存在。这瓶威士忌的装瓶时间刚刚 3 年，但有精致的红色浆果味、纤细的甜味与一种雪莉桶带来的渐变浮现的复杂风味。这是一款精致的酒。

南特"波特桶威士忌"（2011 年装瓶）
单一麦芽，43% ABV，波特桶熟成。考虑到它的年份，可以说这是一款厚重的威士忌。波特桶比大多数木桶在熟成过程中更能够将各种不受欢迎的风味安定下来，而丰富的红醋栗、黑莓、覆盆子和蓝莓水果风味已经在争夺口腔的注意力。

南特"波特桶"威士忌（2011 年装瓶）

老霍巴特

所有权：凯西·奥沃瑞
创始年份：2007 年　**产量：**不详

这家酿酒厂的名字与实际并不符合，老霍巴特（Old Hobart）酿酒厂根本不在老霍巴特市，它建立在一座依山而建的现代郊区住宅的附属建筑和车库中，距离海岸线仍有一段距离，俯瞰着塔斯马尼亚迷人的海岸线。

灵感来自私酿酒

酿酒厂的老板凯西·奥沃瑞（Casey Overeem）是一位富有且非常精明的本地商人，对威士忌充满热情，关于他的故事绝无杜撰。他对威士忌的兴趣最初是在 20 世纪 80 年代初的一次前往挪威的探亲之旅中点燃的。在一个人们难以取暖和对酒精征重税的国家，私酿酒或"家烧"（hjemmebrent）的制作很常见，而在那里，奥沃瑞第一次见识了小规模蒸馏。"很多人的地窖里都有微型蒸馏设备，我真的很佩服他们，所以回家后我也开始尝试这种制酒方式，"他说。

奥沃瑞又花了 20 年的时间去研究和实验，后来，他的朋友——拉克酿酒厂的比尔·拉克掀起成功的改革运动，修改了在塔斯马尼亚延续了百年历史的禁止小规模蒸馏的法律。老霍巴特酿酒厂终于在 2005 年获得了蒸馏执照。在此之后，奥沃瑞前往苏格兰进行实地考察来巩固他自学到的制酒技术，苏格兰对他来说是威士忌制造的精神故乡，在此他参观了大约 15 家酿酒厂，并高兴地发现他们乐于与他分享知识并提供建议。

没有意外

与南特酿酒厂一样，老霍巴特酿酒厂有 2 种威士忌可供选择。奥沃瑞投资购置了与南特和拉克相同的蒸馏器，是澳大利亚制造，比苏格兰的任何蒸馏器都小，但结构设计依旧合理，并不落后。

奥沃瑞将时间和精力投入到了选择木桶上，他的威士忌遵循新兴的塔斯马尼亚风格，即在小型波特桶中进行熟成。他对目前塔斯马尼亚的酿造风格充满信心，觉得没有必要急于追赶任何当前新的潮流。

奥沃瑞"雪莉桶熟成威士忌"

奥沃瑞"波特桶熟成桶装强度威士忌"

品鉴笔记

奥沃瑞"波特桶熟成桶装强度威士忌"

单一麦芽，64% ABV，原桶装瓶强度，在法国橡木波特四分之一桶中熟成。香气明显，果味浓郁，但酒体本身仍在开发中，仍然充满非常年轻、未调教和粗糙的质感，而且味道充盈口腔。这就像看到一个青少年球板投手加入了高等级的球队：有些球投出去是任性的，但力量、能量和热情都在。在味觉上的体验已经让人开始期待这款酒的未来。

奥沃瑞"雪莉桶熟成桶装强度威士忌"

贝尔格罗夫

彼得·比格内尔（Peter Bignell）不同于一般的蒸馏师。他出生于农村，精通沙雕和冰雕，还曾修复过一架水动力风车。他还建造了一个生态酿酒厂，在酿酒厂中蒸馏他自己农场种植的黑麦——任何曾经蒸馏过黑麦的人都知道，这绝非易事。这家小型酿酒厂距离出品适合装瓶的威士忌还有很长的路要走，但其已经装瓶的"白色黑麦"（White Rye）烈性酒具有独特的味道。虽然现在下定论还为时尚早，但储藏在波特桶中的熟成时间意味着比格内尔的威士忌几乎可以成为一种独特的黑麦威士忌，而且肯定会成为塔斯马尼亚不断扩大的威士忌行业的另一个重要的助燃剂。

贝尔格罗夫"白色黑麦"烈性酒（Belgrove White Rye），40%ABV，干净清新，带有独特的薄荷口味，还带有甘草、山核桃和胡椒的味道。

胡彻利

人们通常认为如果有人在澳大利亚这样的地方酿造威士忌，他们必须遵循苏格兰威士忌的传统。情况并非总是如此，澳大利亚还有其他的威士忌风格，新开发的谷物配比正在将威士忌带入新的领域。胡彻利（Hoochery）酿酒厂的雷蒙德·B.（Raymond B）威士忌由100%的玉米原汁制成，如果在美国这款酒将被称为波本。该酒之后会被倒入红木桶中，陈年后，口感和余味顺滑。

在胡彻利酿酒厂，仓库的橡木桶中熟成的烈性酒将被装瓶为雷蒙德·B.威士忌。

麦基

达米恩·麦基（Damian Mackey）是麦基（Mackey's）酿酒厂的创始人。2009年，塔斯马尼亚当地的威士忌爱好者团体曾报告说他们品尝过该厂的样酒。然而，截至2012年，该厂还没有发售一款威士忌，据说在2011年10月，该厂购置了新的蒸馏器。

不过，我相信未来的某个时候，麦基（Mackey's）威士忌一定会在塔斯马尼亚州横空出世。

南部海岸

澳大利亚威士忌正在迅速地发展出一些统一的本国特色，尽管酿酒厂之间可能相距甚远。由于雪莉桶供不应求，来自澳大利亚的大部分威士忌都在波特桶中熟成，通常装在100升的小桶中，加速熟成过程。南部海岸酿酒厂生产的极小批次的威士忌，已经引起了人们的注意。老板伊恩·施密特（Ian Schmidt）一开始只是将蒸馏威士忌作为一种爱好，他认为苏格兰威士忌已经影响这个世界太久了，该歇一歇了，而制作优质的威士忌对他来讲非常容易。

南部海岸"第5批威士忌"（Southern Coast "Batch 5"）在美国橡木波特桶中陈酿，酒精度各不相同，富有杏子、太妃糖、梨子和木头的香气，口感丰富甜美，带有蜂蜜、烤坚果、椰子、杏仁糖和柑橘类水果的味道。

贝尔格罗夫"白色黑麦"

雷蒙德·B.威士忌

一个可追溯至1910年的翻新铁路站棚是酿酒厂的主要建筑。

廷本铁路小屋

这家酿酒厂的历史可以追溯到刚刚修建维多利亚州铁路的时代。本地区威士忌的历史甚至比这更古老，威士忌制造商汤姆·德莱尼（Tom Delaney）在该地区生产私酿威士忌的历史已经延续了很多年。廷本铁路小屋（The Timboon Railway Shed）酿酒厂是一个旅游中心，出售当地产品及各种酒，包括一款从苏格兰威士忌获得灵感的单一麦芽威士忌，在50升和90升的波特桶中熟成。

廷本（Timboon）单一麦芽，45%ABV-50%ABV，在橡木桶中熟成，具有果味麦芽的味道及一些巧克力牛奶、蜂巢、葡萄干、柑橘和红色浆果味道。

三联画

作为一个神秘的酿酒厂，三联画（Triptych）酿酒厂算是一个新生儿，在撰写本文时，关于它的信息非常少。据三联画酿酒厂的员工说，他们只做小批量的威士忌，三联画在其网站上被定义为"由三部分组成的作品"，最显著的特征是"三个伙伴，一个愿景"。据说三联画不仅小批量生产单一麦芽威士忌，同时也生产美国、加拿大和爱尔兰风格的威士忌。这么雄心勃勃的酿酒厂，值得期待。

维多利亚山谷

虽然尚未装瓶任何威士忌，但维多利亚山谷（Victoria Valley）酿酒厂体现了澳大利亚威士忌行业日益增长的信心和迅速发展的规模。"在离家不远处就有一家新的威士忌厂商"，本地人说道，他们对此感到无比兴奋，这家酿酒厂是由与塔斯马尼亚州的威士忌名人比尔·拉克所关联的一个商业集团创建的。现在，在总经理兼首席酿酒师大卫·维塔莱（David Vitale）的指导下，维多利亚山谷酿酒厂将所有的注意力都集中在生产优质威士忌上。产品上线后，维多利亚山谷酿酒厂将成为澳大利亚最大的麦芽威士忌生产商，未来它很可能会销售多款威士忌，因为他们正在各种不同类型和大小的酒桶中熟成烈性酒。该酿酒厂将大量的酒桶出口到东南亚地区。

野天鹅

天鹅谷多年来一直以优质的水果、葡萄酒和啤酒而闻名，对野天鹅酿酒厂（Wild Swan Distillery）背后的团队而言，烈性酒没有道理不成为该地区传奇的一部分。野天鹅由安格瓦家族（Angove family）经营，约翰·安格瓦（John Angove）带来了曾在加拿大酿酒厂工作的经验，同时他也是狂热的家酿爱好者。在我撰写本文时，野天鹅酿酒厂尚未出品任何威士忌，但正在生产伏特加酒和杜松子酒，该酿酒厂于2008年在旧金山世界烈性酒大赛中获得了第一个国际奖项。

廷本单一麦芽

新西兰

鉴于新西兰很大一部分人口是苏格兰后裔，而且新西兰南岛和苏格兰高地之间存在着很多相似之处，新西兰似乎是酿造优质单一麦芽威士忌的理想之地。然而，现实情况并非如此乐观，除了人口不足的问题，新西兰还有着世界上最多的家酿烈性酒。据说有两三家酿酒厂项目正在筹备中，但目前该国威士忌产业仍旧依赖日渐减少的老酒库存。

新西兰威士忌公司

所有权：新西兰威士忌公司
创始年份：2009 年　**产量**：无

公司位于一个新西兰小镇中的一个拥有 125 年历史的海港边。然而，在深入了解后，你会发现这里其实是由一个澳大利亚人在运营。不过，之前曾在塔斯马尼亚州参与资助和建立南特的格雷格·拉姆塞（Greg Ramsay）非常重视新西兰威士忌。在从达尼丁市已停业的柳岸酿酒厂（Willowbank Distillery）购买了其最后一批库存酒后，该公司兑现了自己的承诺，出品了两款新西兰有史以来最好的威士忌，以庆祝 2011 年在新西兰举办的橄榄球世界杯取得的成功。"接触，暂停，冲锋"（Touch. Pause. Engage）是一款 24 年的威士忌，是在 1987 年新西兰全黑队首次，同时也是上一次赢得世界杯的那一年蒸馏的，而"证明"（Vindication）是一款 16 年的威士忌，是在 1995 年蒸馏的，这是新西兰全黑队之前最后一次杀入决赛的年份。

品鉴笔记

新西兰 1987 "接触，暂停，冲锋！"威士忌
单一麦芽，49% ABV-60% ABV，原桶装瓶强度，橡木桶熟成。这款酒的核心是非常柔和的香蕉和香草冰激凌风味，转变为苹果和新鲜出炉的甜面包风味道。只有淡淡一丝橡木味，但有足够的胡椒味来平衡麦芽味道。尝起来不像一款 24 年的酒，更多的是一种奶油、蜂蜜味带来的愉悦感。

新西兰 2011 "证明"威士忌
单一麦芽，52.3% ABV，原桶装瓶强度，橡木桶熟成。这款酒的核心是活泼的柠檬雪糕、甜肉桂和苹果丹麦面包风味，再加上一点盐和胡椒粉，还有一些清晰的麦芽味道。在橡木桶中陈酿 16 年的迹象很少，但桶装强度意味着充盈的口感，这个年份的柳岸原酒就像是经过了"涡轮增压"一样。

南岛 21 年

新西兰 1987 "接触，暂停，冲锋"

汤姆森

所有权：马特和瑞秋·汤姆森
创始年份：未提供　**产量**：不详

说到威士忌，新西兰塔斯曼海对面的邻居更加引人注目。事实上，新西兰本土威士忌的信息是通过一个澳大利亚人成立的新西兰威士忌公司及已经倒闭的柳岸酿酒厂的旧库存酒来传递的。柳岸酿酒厂曾拥有新西兰最大的威士忌品牌——拉默洛（Lammerlaw）、米尔福德（Milford）和威尔森（Wilson's）。但现在，除了一些非常小的制造商，如凯厄波伊（Kaiapoi）和霍卡努伊（Hokanui）外，该国目前没有其他威士忌制造商。

汤姆森（Thomson）酿酒厂也是其中一家装瓶商，该公司正在装瓶旧的柳岸库存酒并重新建立新西兰威士忌的声誉。那么，新西兰威士忌行业是否正在慢慢重新崛起？

"我真的不认为这个进程会很慢，"瑞秋·汤姆森（Rachael Thomson）说，"很多的情况下是因为消费者没有更多的选择，所以大多数人认为没有新西兰威士忌这样的东西，他们只是没有接触过它。新西兰有很多人喜欢喝威士忌，人们总是有他们最喜欢的品牌，通常默认情况下的选择是苏格兰威士忌或爱尔兰威士忌，这只是一个教育和认知的影响，当人们看到汤姆森是新西兰威士忌时，他们会很高兴，就像他们觉得威士忌以某种方式植根于他们的祖国。对我们来说，我们拥有自己本土的产品和品牌也是完全合理的。人们对新西兰威士忌的兴趣肯定在增长，而且很快，随着人们对新西兰威士忌建立的认知越来越多，人们尝试到它的机会也会越来越多。2011年是我们赢得忠实客户最多的一年，他们相信我们的品牌能够提供出色的威士忌，这将是汤姆森的百年基石。我们正在开发一些新的单桶装瓶，并扩大我们在新西兰的基地。我们将继续巩固自己的地位，确保威士忌能够持续在此发展！"

新西兰南岛迷人的风景。

品鉴笔记

汤姆森8年威士忌
调和威士忌，40% ABV，波本桶熟成，非冷凝过滤。这款调和威士忌并没有关于其中有多少种原酒或原产自哪里的详细信息。但这是一款清淡、易于饮用并让人停不下来的威士忌，带有花香、辛辣味和淡淡的柑橘味，还带有一丝胡椒味。

汤姆森10年威士忌
单一麦芽，40% ABV，波本桶熟成。一款轻盈的麦芽威士忌，非常像低地风格威士忌，具有轻盈、多汁、奶油的口感，余味带有一些胡椒类香料味道。

汤姆森18年威士忌
单一麦芽，46% ABV，单一桶装（197瓶），波本桶熟成，非冷凝过滤。汤姆森迄今为止最好的装瓶酒。有橡木、香料、香草、柠檬和青柠，以及一些太妃糖混合在一起的香味。

汤姆森18年

南非

南非的威士忌产业正在迎头赶上。以热爱葡萄酒和啤酒而闻名的新兴中产阶级产生了对优质苏格兰威士忌的急切需求，南非威士忌制造商模仿苏格兰威士忌的生产方法来满足当地需求。不过，现在有迹象表明，南非国产威士忌正在向一种明显的南非本土风格进化。

马车夫

所有权：莫里茨·卡尔迈尔

创始年份：2006 年　产量：1,350 升

鉴于南非的国土面积和该国消费的啤酒数量，令人惊讶的是，这里竟然没有相应数量的威士忌制造商。在莫里茨·卡尔迈尔（Moritz Kallmeyer）决定尝试效仿苏格兰单一麦芽威士忌之前，詹姆斯·塞奇威克（James Sedgwick）酿酒厂是本土唯一的制造商。对于马车夫（Drayman）酿酒厂来说，虽然现在还仅仅处于起步阶段，但种种迹象表示这家酿酒厂拥有光明的未来。

当卡尔迈尔在 20 世纪 90 年代中期放弃他原先的职业并专注于制作精酿啤酒时，他已经走在了时代的前沿，虽然精酿啤酒现在已经发展得十分成熟。卡尔迈尔的动力来源于他的两个抱负——享受做他喜欢做的事情的乐趣，将优质的风味啤酒带给南非人民。

今天，他仍在制作小麦啤酒、烟熏啤酒和拉格啤酒，甚至还有蜂蜜啤酒。当然还少不了"曼普尔"（Mampoer）——一种仅存于南非本土的、从各种水果中蒸馏出来的火辣烈性酒。曼普尔出品时装在一个用带刺铁丝网包裹的瓶子里，酒精浓度为 50%。

威士忌的科学

卡尔迈尔的酿酒厂位于比勒陀利亚附近的高原，而马车夫是有史以来第一个在那里生产威士忌的酿酒厂。这家酿酒厂的主人明显有科学学科的背景，卡尔迈尔的网站翔实且大量地提供了他多年来在酿造和蒸馏威士忌过程中记录的细节。卡尔迈尔是一个有激情的人，他的目标是按照苏格兰高地的风格蒸馏富含水果香气的威士忌。这是一个雄心勃勃的目标，但他从没有表明过他会做出像苏格兰单一麦芽威士忌一样好的东西。

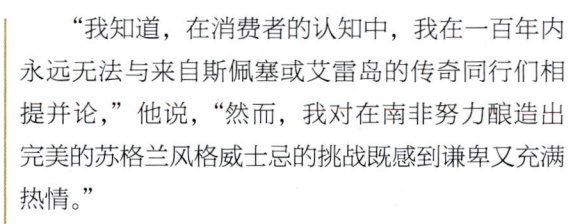

"我知道，在消费者的认知中，我在一百年内永远无法与来自斯佩塞或艾雷岛的传奇同行们相提并论，"他说，"然而，我对在南非努力酿造出完美的苏格兰风格威士忌的挑战既感到谦卑又充满热情。"

卡尔迈尔开了个好头，一款 4 年陈酿的雪莉桶威士忌的香气已经明显比它的年份来得更成熟，卡尔迈尔将其归因于高原的独特条件，这里的气候条件会强化整个蒸馏过程。

索莱拉系统

大多数刚刚起步的酿酒厂都转向生产伏特加和杜松子酒，而马车夫酿酒厂则引入了索莱拉系统来酿造威士忌。他使用了 8 个 225 升的法国橡木桶，前 4 桶是在 2006 年装满的，其余的则每隔 6 个月装入一次苏格兰威士忌或南非本土威士忌。

最终在 2009 年，酿酒厂从第一个木桶中取出一部分酒并装瓶，然后从储藏时间第二久的木桶中取酒重新装满第一个木桶，再从第三个桶中取酒装入第二个桶，以此类推。没有一个酒桶会被完全清空，这个过程一直在进行，并总是从储存最久的酒桶中取出威士忌装瓶。卡尔迈尔鼓励消费者将特制的 4.5 升酒桶带回家，并在家中设置自己的索莱拉系统，这样每次饮用时都能直观地感受到威士忌不同的变化。

品鉴笔记

马车夫"高原"

单一麦芽威士忌，43% ABV，在美国橡木原酒桶中熟成并经过 4-5 次重新装填。这是仍在时刻变化的一款酒，浆果、橙子和葡萄的味道掩盖了微弱的麦芽香气，但它似乎是拼凑在一起而不是完全结合在一起，之后是一些香草和柑橘的味道，以及一些尾调中散发出的香料味道。

马车夫"高原"

詹姆斯·塞奇威克

所有权：迪斯特集团

创始年份：1991 年　产量：270 万升

这家酿酒厂的历史可以追溯到 19 世纪，但它的威士忌生产计划在 1991 年才真正开始启动，因此千万不要认为詹姆斯·塞奇威克（James Sedgwick）酿酒厂是老派的酿酒厂。

2009 年，酿酒厂进行了升级和扩建，配备了新设备并增加了产能。这些改进包括引进了苏格兰的福赛斯（Forsyth）制造的 2 台新式蒸馏设备，其设计风格与艾雷岛的波摩酿酒厂风格相同。

未来的抱负

安迪·瓦茨（Andy Watts）是这家酿酒厂的蒸馏师，他曾是一名板球运动员，从英国来到南非执教板球并从此定居南非。他表示来自南非的威士忌正在不断发展，并逐渐开始获得国际上的赞誉。"自 1994 年以来，来自世界其他地区的威士忌的引入及本土新的威士忌饮用者市场的兴起，让我们能够创造出具有自己独特特征的新风格威士忌，"他说，"我们尊重老牌威士忌生产国的传统，但我们不会被它们束缚。"

酿酒厂正计划着在未来进一步的创新和实验，令人期待的是南非威士忌的故事仅仅才刚开始。

作为酿酒厂升级的一部分，旧的熟成仓库被翻新并改造成品酒中心，下一步的计划是将其向公众开放。

品鉴笔记

三艘船 5 年威士忌

调和威士忌，43% ABV。富有个性，具有果味汽水和一些泥煤味，让人想起苏格兰高地风格的单一麦芽威士忌。余味悠长，柔顺。

三艘船 10 年威士忌

单一麦芽，43% ABV。令人惊讶的微妙和精致，带有一些盐和胡椒的味道，还有泥煤的味道，以及比 5 年款更柔和的水果味。

贝恩"开普山威士忌"

谷物威士忌，43% ABV。波本桶熟成。闻起来有花朵、甜香草和太妃糖的香气。口感上先是大量的蜂蜜、香草和一些柑橘类水果味，然后又是蜂蜜和一些回甜的余味。

贝恩"开普山威士忌"

三艘船 5 年

三艘船 10 年

印度

　　印度生产的"威士忌"比世界上任何其他国家都多。问题是，其中酿制威士忌的许多原料都超出了普遍接受的威士忌的定义范围，用糖浆酿酒的品牌数不胜数。印度大多数国际生产商都在国内销售质量参差不齐的调和威士忌，其中许多酒款由印度本土"威士忌"和苏格兰威士忌的成分混合组成。

雅沐特

所有权：雅沐特酿酒厂
创始年份：1948 年　**产量**：20 万升

　　班加罗尔是一座烈日炎炎下到处充满交通堵塞的城市，城市分为两面，一面是有着绿树成荫的街道、美丽的花园和令人惊叹的印度教寺庙的场景，另一面是充满了灰尘、污垢和汽车尾气的场景。虽然这座城市正在努力改变现状，但正如印度的大部分地区一样，这里的贫穷和富有并存。财富涌入这里，新技术领域是这里的热门生意。进步意味着改变，雅沐特酿酒厂（Amrut Distillery）原本阴暗的办事处已经被废弃并等待拆除。雅沐特酿酒厂坐落在班加罗尔的郊区，一个距离市中心不到 1 小时车程的地方。

糖浆和麦芽

　　这家酿酒厂本身成立于 1948 年，为军队提供廉价酒精，后来逐渐发展成为以糖浆为基础的调和"威士忌"的生产商，销售至印度本土市场。雅沐特最出名的可能是它的印度白兰地，尽管这种酒是用单宁含量过高的葡萄制成的，并冠以葡萄酒的名义出售，但它其实更像一种浓郁可口的白兰地。

　　酿酒厂的老板不打算为他们的烈性酒使用糖浆而道歉，即使这种做法受到了威士忌爱好者们的反对。"尝尝我们的威士忌，味道还不错，"老板说，"请想想我们在哪里。我们需要粮食来养活人民，制造威士忌并不是当务之急。但我们只能竭尽所能，用我们能用的原材料来酿酒。"

　　因为这种特有的威士忌，雅沐特酿酒厂创始

卡纳塔克邦除了是印度 IT 行业的中心，同时还拥有很多美丽的寺庙及麦芽威士忌！

雅沐特"融合"

人的孙子里奇·拉奥·贾格代尔（Riki Rao Jagdale）一直在研究是否有可能将这种威士忌带到纽卡斯尔，并在英国销售印度威士忌。贾格代尔不仅认为可行，并且还得到了阿肖克·乔卡林甘的协助。乔卡林甘是雅沐特酿酒厂英国分厂的总经理，负责雅沐特大部分的全球扩张业务。当然，扩张的主要原因还是威士忌本身有着令人赞叹的品质，从仓库中储存的木桶熟成的样品来看，它的味道越来越好。

"有时我们一度怀疑这是否可行，我们犯过错误，并在此过程中遭遇了一段低谷时期，"里奇的父亲尼尔坎塔·贾格代尔（Neelakanta Jagdale）说，"但是整个过程我们都非常认真地对待，我们一直在试验很多木桶，尝试不同的东西。"

背离传统

酿酒厂所在的位置位于森林边界的街道边，在这里，猴子可能会在蒸馏室制造麻烦，这里是传统威士忌酿酒厂和典型印度特色的奇怪组合。蒸馏室里摆满了一大堆蒸馏器，其中的核心是生产雅沐特威士忌的印度制造的罐式蒸馏器。酿酒厂的运营方式是劳动密集型的，在装瓶车间，由全职和兼职的女工组成的团队手工装瓶每一瓶威士忌。

品鉴笔记

雅沐特"桶强泥煤"

单一麦芽，62.8% ABV，原桶装瓶强度，非冷凝过滤。起初它的香气显得收敛，但加水后香气会迅速爆炸，像身处在一个熏鱼摊位，然后是一些沙砾、油脂和烟熏香气。味觉上以甜美的水果味和烟熏味为核心迅速蔓延。它既诱人又与众不同，余味悠长且辛辣。

雅沐特"融合"

单一麦芽，50% ABV，由印度大麦和苏格兰泥煤大麦混合制成，新的美国橡木桶熟成。以任何人的标准来衡量，这都是一款世界级的威士忌，它混合了来自苏格兰的泥煤麦芽和来自印度的非泥炭麦芽。如此这般导致的结果就像是造就了一个威士忌中的散打运动员，黑巧克力香气试图与核心的泥煤香气争雄，而水果、胡椒和橡木香气也在相互攻击。

雅沐特"波托诺瓦"

单一麦芽，62.1% ABV，混用美国新橡木桶和波本桶熟成，而后转移至波特桶，然后再重新装入波本桶。另一款世界级的威士忌，就像烟花秀的演出即将接近顶峰，但却瞬间消逝，令人如此难以忘怀，具有橙子、黑巧克力、香料、蓝莓、黑醋栗和胡椒风味。

环境问题

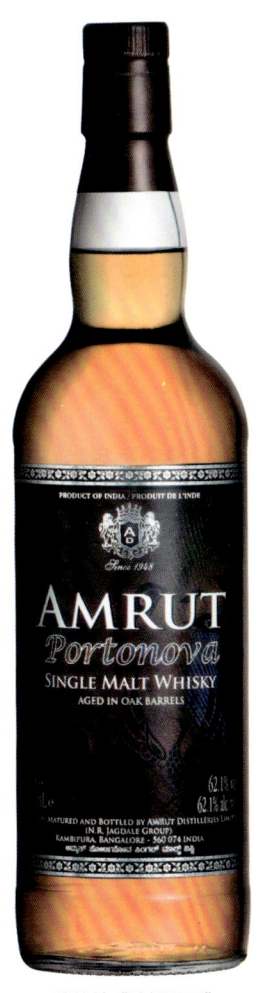

雅沐特酿酒厂非常重视他们应承担的环境责任，在那里几乎没有产生任何浪费。酿酒厂尽可能多地回收利用，因处在水资源十分宝贵的国家，他们投资了很多钱在节水设备上。酿酒厂还拥有一个用于碳化和重新碳化木桶的小型制桶厂，并开发了自己独特的烘烤木桶内部的方法：一个箍桶匠拿着一个经过改造的接在一根长管末端的喷灯，当点燃它时，另一个箍桶匠则围绕火焰旋转木桶。这是个解决这种传统问题的巧妙且典型的印度式实用解决方案。

雅沐特"泥煤"

雅沐特"波托诺瓦"

麦克道尔

所有权：印度联合酒业公司

创始年份：1971年　产量：不详

大多数印度"威士忌"是用糖浆、大米或大麦进行连续式蒸馏制成烈性酒，再混合其他威士忌精华，有时也会混合苏格兰麦芽或谷物制成的威士忌。长期以来，人们一直试图缩小印度和欧洲对威士忌的定义之间的差距，当印度联合酒业公司的所有者维杰·马利亚（Vijay Mallya）收购了怀特-麦凯有限公司时，印度与苏格兰的联系又近了一步。

印度麦芽威士忌的诞生

印度联合酒业公司与许多其他印度本土公司的不同之处在于，它生产真正的单一麦芽威士忌，威士忌在其位于果阿的庞达地区的酿酒厂生产，被称为庞达（Ponda）酿酒厂或麦克道尔（McDowell's）酿酒厂。苏格兰人安格斯·麦克道尔（Angus McDowell）于1826年在马德拉斯创立了麦克道尔公司，当时它是一家专门销售酒类和雪茄的贸易公司。该公司于1951年被维杰（Vijay）的父亲和联合酿造的所有者维塔·马利亚（Vittal Mallya）收购。麦克道尔的"第一"（No.1）苏格兰威士忌和"精选印度麦芽"威士忌（Selected Indian Malts）于1968年推出，获得了巨大成功，现在是世界第四大畅销威士忌。

使用与苏格兰麦芽威士忌相同的蒸馏方式生产的麦克道尔"单一麦芽"威士忌装瓶时年份尚短，只有3-4年，但果阿的炎热气候和温度变化加速了它的熟成。该酿酒厂没有尝试在印度以外销售他们的单一麦芽威士忌。印度市场如此巨大，很难准确地了解其产量，但如果你想找到印度产威士忌，它有很大概率会出现在该国比较高档的酒店中。

麦克道尔"第一"

品鉴笔记

麦克道尔"单一麦芽"

单一麦芽，42.8% ABV，橡木桶熟成。酒体轻而多汁，带有麦片和生姜的味道，还有一些柑橘和蜂蜜的味道。

麦克道尔"单一麦芽"

麦克道尔第一"铂金版"

巴基斯坦

长久以来，巴基斯坦关于酿制威士忌一直很矛盾。因为巴基斯坦确实存在少数的非穆斯林群体，并且该国可以容忍制造酒精，因此穆里（Murree）酿酒厂的所有者能够在受限的销售点销售威士忌和其他酒精饮料。

穆里

所有权：伊思梵尼雅鲁·汗·巴纳拉斯
创始年份：1899年　**产量**：52万升

穆里酿酒厂位于巴基斯坦最北部，靠近首都伊斯兰堡，是这个国家唯一的酿酒厂。穆里酿酒厂最初成立于19世纪中期，在即将迎来20世纪之前，又增加了蒸馏业务。它最初是为了满足在该地区服役的英国士兵对啤酒和烈性酒的需求而建造的，尽管后来巴基斯坦曾一度采取措施将其关停，但最终该酿酒厂获得了特殊豁免，所以它的非穆斯林所有者可以继续运营这家酿酒厂。

穆里酿酒厂已有100多年的历史，它还是亚洲最古老的企业之一。政府豁免它有着充分的理由：在该厂停产的情况下，巴基斯坦出现了非法威士忌，并且发生了人们因饮用该威士忌而中毒身亡的事件。

尽管如此，穆里酿酒厂仍有着一段曲折的历史。酿酒厂曾多次被关闭，地方和中央政府对其施加了严格的规定，例如不能进行出口贸易，将产量削减到一小部分，并支付一笔有争议的税收。由于没有出口市场，大多数穆里威士忌是通过巴基斯坦的酒店销售的，任何有文件证明自己不是穆斯林的人都可以购买。

穆里的威士忌生产

得到该酿酒厂产量的准确数字是一件很难的事情。它在室外有4台蒸馏器，室内有2台蒸馏器，可以生产大量威士忌，但该酿酒厂被认定它的实际产量远低于其产能，同时还兼具有生产工业酒精的任务。

这里的烈性酒由苏格兰麦芽制成，并在凉爽的地窖中熟成。这家威士忌制造商非常努力地模仿苏格兰的单一麦芽风格，这真的是太难了，该酿酒厂威士忌的熟成年份最久的可达到21年。酿酒厂出品的12年威士忌展现出的是过淡的颜色，表明要么这里用的是陈旧的橡木桶，要么就是这里的条件根本不利于熟成。

品鉴笔记

穆里12年"千禧珍藏"

单一麦芽，43% ABV。清淡，花香扑鼻。口感是一种奇怪的脱节感，带有很弱的水果、一些麦芽和蔬菜的味道，余味还有些胡椒的味道，轻盈醇香。

穆里"金色陈酿"

穆里8年"经典麦芽威士忌"

图片版权说明

Key: a-above; b-below/bottom; c-centre; f-far; l-left; r-right; t-top

DK Images
Original photography by Peter Anderson © Dorling Kindersley: 15fl, cl, fr; 23cl; 38b; 42; 45l; 60b; 61l; 62tl; 64; 66l, tr; 68r; 69l; 70l; 72t; 74; 75b; 80–81; 83; 84l, br; 89; 90bl, r; 91r; 95; 103; 106bl; 107; 110r; 113l; 114br; 115t; 116; 120r; 123; 129l; 130; 131c; 140; 141br; 144–145; 152tl, r; 156; 176l; 177r; 180; 181c; 189; 192; 195tl; 207l; 220; 222r; 229l; 236tl; 237b; 241; 243; 247; 251; 259b; 266l; 267; 268t; 269; 280l; 281l

10fl, Alex Havret © Dorling Kindersley; 16bl, Tim Daly © Dorling Kindersley; 17cr, Ian O'Leary © Dorling Kindersley; 21tl, © Dorling Kindersley; 21cr, Peter Anderson © Danish National Museum; 24tl, Alex Havret © Dorling Kindersley; 28tl, Ian O'Leary © Dorling Kindersley; 32br, Alex Havret © Dorling Kindersley; 82bc, Linda Whitwam © Dorling Kindersley; 85tl, Paul Harris © Dorling Kindersley; 91bl, Alex Havret © Dorling Kindersley; 101tl, Joe Cornish © Dorling Kindersley; 102br, Paul Harris © Dorling Kindersley; 106br, Linda Whitwam © Dorling Kindersley; 112tr, Alex Havret © Dorling Kindersley; 114bl, Joe Cornish © Dorling Kindersley; 141tl, Paul Harris © Dorling Kindersley; 142br, Paul Harris © Dorling Kindersley; 153tl, Alex Havret © Dorling Kindersley; 160ar, Tim Daly © Dorling Kindersley; 164br, Bob Langrish © Dorling Kindersley; 203tr, Enrique Uranga © Rough Guides; 204br, Nigel Hicks © Dorling Kindersley; 206br, Peter Wilson © Dorling Kindersley; 209tl, Francesca Yorke © Dorling Kindersley; 228tr, © Dorling Kindersley; 234cr, Peter Hanneberg © Dorling Kindersley; 238cr, Paul Whitfield © Rough Guides; 245tl, Paul Tait © Dorling Kindersley; 254br, Katarzyna and Wojciech Medrzakowie © Dorling Kindersley; 262br, Terence Carter © Dorling Kindersley; 265tl, Katherine Seppings © Dorling Kindersley; 266br, Andrew Harris © Dorling Kindersley; 268bc, Andrew Harris © Dorling Kindersley; 270bl, Katherine Seppings © Dorling Kindersley; 277bl, Peter Bush © Dorling Kindersley; 280br, Dave Abram © Rough Guides

The publisher would like to thank the following for permission to reproduce their images:

Alamy Images: 6bl, V&A Images; 21tr, 19th era; 23bl, Patrick Guenette; **Asahi Group Holding:** 23t; **The Bridgeman Art Library:** 22tl, Apsley House, The Wellington Museum, London, UK/© English Heritage Photo Library; 22r, Private Collection; 21br, Private Collection/The Stapleton Collection; **Corbis:** 20bl, Gianni Dagli Orti; **Davin de Kergommeaux:** 207tr, br; 210l, 211br; 212–213; 214t; 215b **Mary Evans Picture Library:** 20r; **Science Photo Library:** 20cl, George Bernard; **TopFoto.co.uk:** 22cl, The Granger Collection, New York

Amrut Distillers; Andreas Bosch; Angus Dundee Distillers plc; Barry Bernstein and Barry Stein; The Batt family; Beam Global and Beam Inc.; Ben Nevis Distillery (Fort William) Ltd; The BenRiach Distillery Company Ltd; Berry Brothers & Rudd; Bill Lark; Brauerei Locher AG; Brennerei Telser Ltd; Brouwerij Het Anker; Brown Forman; The Bruichladdich Distillery Company Ltd; Burn Stewart Distillers Ltd (CL World Brands); Cameron Syme; Campbell Distillers Ltd; Casey Overeem; Chivas Brothers Ltd(Pernod Ricard); Cisco Brewers; Coordinated Development Services Ltd; The Cuthbert family; David Baker; Destilerias Liber; Diageo plc; Distell; Dry Fly Distilling Company; The Edrington Group; Etienne Bouillon; Glenglassaugh Distillery Company Ltd; The Glenmorangie Company Ltd; Glenora Distillers; Gordon & MacPhail; The Griffin Group; Gruppo Campari; Guy Le Lay; Hans and Julia Reisetbauer; Hans Baumberger; Hans Etter; Highwood Distillers Ltd; Ian Macleod Distillers Ltd; Ichiro Akuto; Inver House Distillers Ltd (Thai Beverages plc); Irish Distillers; Isfanyarul Khan Bhanaras; Isle of Arran Distillers Ltd; J. & A. Mitchell & Company Ltd; J. & G. Grant; Jean Donnay; Johann and Monika Haider; John Clotworthy; John Dewar & Sons Ltd; Julian Van Winkle; Kentucky Bourbon Distillers Ltd; Kilchoman Distillery Company Ltd; King Car Group; Kirin Brewery Company; Kittling Ridge Estate Wines & Spirits; La Martiniquaise; Lawrenceburg Distillers, Indiana; Loch Lomond Distillery Company Ltd; Mackmyra; Mark Tayburn; Matt and Rachael Thomson; Moritz Kallmeyer; Morrison Bowmore Distillers Ltd; Nadim Sadek; The Nelstrop family; New Zealand Whisky Company; Nikka; Patrick & Kimm Evans; Patrick Maguire; Peter Bignell; Piedmont Distillers; Rick Wasmund; Robert Fleischmann; Rogue; Ruedi Käser; Sazerac; Scott and Todd Leopold; The Shapira family; Signatory Vintage Scotch Whisky Company Ltd; SLYRS Destillerie GmbH & Company KG; Speyside Distillers Company Ltd; Spike Dessert; Stephen McCarthy; St. George Spirits; Stranahan's Colorado Whiskey Company; Suntory Ltd; Timboon Railway Shed Distillery; Tomatin Distillery Company Ltd; Tullibardine Distillery Ltd; United Spirits; Us Heit Distillery; Warenghem; The Welsh Whisky Company; Whisky Tasmania Pty Ltd; Whyte & Mackay Ltd; William Grant & Sons Ltd; The Zuidam family

关于作者

加文·D.史密斯（Gavin D. Smith）是世界著名的威士忌作家，也是这一领域的权威之一。他同时也是编辑、记者，为大众出版物提供专题材料，参与编辑20多本书。史密斯为第6版《迈克尔·杰克逊的麦芽威士忌伴侣》（Michael Jackson's Malt Whisky Companion）(2010)提供了品鉴笔记和编辑材料，其作品《发现苏格兰酿酒厂》（Discovering Scotland's Distilleries）于2010年春季出版。史密斯已经被授予苏格兰威士忌行业的最高荣誉"酒杯守护者"，他还会做一些咨询的工作，或者组织与威士忌相关的聚会，并辅导品酒。

多米尼克·罗斯克罗（Dominic Roskrow）做了20几年的记者，自1991年以来一直在撰写有关饮料行业的文章。在创办自己的公司之前，他担任了4年的《威士忌》（Whisky）杂志的编辑，并于2005年创办了《世界啤酒》（Beers of the World）杂志。他还是《威士忌酒》（Whiskeria）和他自己的在线杂志《世界威士忌评论》（World Whisky Review）的编辑，运营着W俱乐部网站。《威士忌作品》（The Whisky Advocate）是多米尼克出版的关于威士忌的第6本著作。他定期到世界各地参观酿酒厂，并就爱尔兰和世界各地的威士忌发表演讲。他是一名优秀的肯塔基上校队的守门员，偶尔会抽出时间观看他心爱的莱斯特城和新西兰全黑队的比赛。他住在诺福克，已婚，有3个孩子。

戴文·德·科戈默克斯（Davin de Kergommeaux）作为独立评论员，对威士忌进行了超过12年的分析、写作和讨论。他定期为一些饮料和生活杂志撰稿，也为一些相关网站撰稿。2011年，戴文被任命为《威士忌》（Whisky）杂志的加拿大特约编辑。他的第一本书《加拿大威士忌：便携专家》（Canadian Whisky: The Portable Expert）于2012年5月出版，他还为《世界威士忌地图集》（The World Atlas）和《1001种你死前必须品尝的威士忌》（1001 Whiskies You Must Taste Before You Die）撰稿。戴文经常被邀请担任国际威士忌比赛的评委，包括世界威士忌大奖等。自2003年以来，他一直担任"年度麦芽狂人奖"的评委，他也是"加拿大威士忌奖"的创始人、首席评委和协调人。

尤尔根·戴贝尔（Jürgen Deibel）从事烈性酒行业已有几十年，在世界各地举办威士忌和其他烈性酒的品酒会、研讨会和培训课程。他曾为《威士忌：权威世界指南》（Whisky: The Definitive World Guide）撰稿，并撰写了关于伏特加、龙舌兰和雪莉酒的书籍。1995年，尤尔根创立了自己的第一家烈性酒咨询公司。从那时起，他开始为生产商、进口商、分销商和贸易商工作。如今，他是戴贝尔咨询公司的老板，在德国的汉诺威和秘鲁的利马工作和生活。

致谢

关于作者的致谢

加文感谢以下人员对创作这本书时给予的帮助：Kirsteen Beeston, Morrison Bowmore Distillers Ltd; Jim Beveridge, Diageo plc; Sarah Burgess, Diageo plc; Andy Cant, Diageo plc; Graeme Coull, La Martiniquaise; Georgie Crawford, Diageo plc; Keith Cruickshank, Gordon & MacPhail; Graham Eunson, Tomatin Distillery Company Ltd; Kay Fleming, Diageo plc; Peter Gordon, William Grant & Sons Ltd; John Grant, J. & G. Grant Ltd; Ken Grier, The Edrington Group; Stuart Hendry, Ian Macleod Distilleries Ltd; Brian Kinsman, William Grant & Sons Ltd; Mark Lochhead, Diageo plc; Jim Long, Chivas Brothers Ltd; Dr Bill Lumsden, The Glenmorangie Company Ltd; Des McCagherty, Signatory Vintage Scotch Whisky Company Ltd; Neil Macdonald, Chivas Brothers Ltd; Frank McHardy, Springbank Distillers Ltd; Ewan Mackintosh, Diageo plc; Ewen Mackintosh, Gordon & MacPhail; Ian Macmillan, Burn Stewart Distillers Ltd; 'Ginger' Willie MacNeill, Morrison Bowmore Distillers Ltd; Dennis Malcolm, Gruppo Campari; Stephen Marshall, John Dewar & Sons Ltd; Gavin McLachlan, Springbank Distillers Ltd; Ann Miller, Chivas Brothers Ltd; Euan Mitchell, Isle of Arran Distillers Ltd; Dr Nick Morgan, Diageo plc; Douglas Murray, Diageo plc; Richard Paterson, Whyte & Mackay Ltd; Mark Reynier, Bruichladdich Distillery Company; Pat Roberts, Cognis Public Relations; David Robertson, Whyte & Mackay Ltd; James Robertson, Tullibardine Distillery Ltd; Colin Ross, Ben Nevis Distillery Ltd; Caitriona Roy, Richmond Towers Communications; Jacqui Seargeant, John Dewar & Sons Ltd; Colin Scott, Chivas Brothers Ltd; David Stewart, William Grant & Sons Ltd; Andrew Symington, Signatory Vintage Scotch Whisky Company Ltd; Gerry Tosh, The Edrington Group; Mike Tough, Diageo plc; Billy Walker, BenRiach Distillery Company Ltd; Anthony Wills, Kilchoman Distillery Company Ltd; Alan Winchester, Chivas Brothers Ltd

多米尼克：感谢为我提供帮助的酿酒师和威士忌制造商，他们经常抽出时间来回复我的问题。同时，我也要感谢我的家人，他们忍受了我极不正常的工作时间，以及在非工作时间从澳大利亚和亚洲打来的工作电话。

戴文在此感谢以下热心为他提供信息的人：Michael Nychyk at Highwood; David Dobbin, at Canadian Mist; John Hall and Beth Warner at Forty Creek/Kittling Ridge; Dan Tullio and Tish Harcus at Canadian Club; Carolyn McFarlane and Trevor Walsh at Gibson's; David Doyle and Don Livermore at Corby's; Rob Tuer, Rick Murphy and Jeff Kozak at Alberta Distillers; Donnie Campbell and Bob Scott at Glenora; Patrick Evans and Mike Nicholson at Shelter Point; Barry Bernstein and Barry Stein at Still Waters; Lorien Chilton and Tyler Schramm at Pemberton; Richard Zeller, Jim Knapp, Adam McCarthy and Keith Casale at Masterson's. 还要感谢 Janet de Kergommeaux and able nosing assistant Ronan Oneida de Kergommeaux.

于尔根：感谢 Petra Feiss, Helmut Knöpfle, and Erhard Ruthner 在我研究德国和奥地利威士忌时提供的帮助。我还要感谢德国、奥地利、瑞士的酿酒师和生产商们提供的信息。最后，我要感谢 Yvonne Deibel and Ruth Castillejo 的耐心和爱。

关于出版方的致谢

校对编辑：Holly Kyte
索引编辑：Susan Bosanko

英国DK出版社要感谢 Charlotte Seymour, Ligi John, Divya PR, and Aastha Tiwari for editorial and design assistance; Andrea Göppner at DK Verlag; Melita Granger and Rosie Adams at DK Australia; Jo Walton and Romaine Werblow for picture research; Thomas Morse for colour repro assistance; Michael Orson and everyone at Master of Malt for kindly supplying images and efficiently processing orders; Pat Roberts at Cognis Public Relations; Will Wheeler at Maloney & Fox; Aja Schmeltz at Tuthilltown; Greg Ramsay; Tom Holder at Experience Consulting; Olivia Plunkett at Marussia Beverages UK Ltd; and Christoffer la Cour and everyone at magPeople for helping to bring order to CAOS.